Daniel Schulte

Reinzeichnung

Das umfassende Handbuch

Rheinwerk
Design

Wir hoffen, dass Sie Freude an diesem Buch haben und sich Ihre Erwartungen erfüllen. Ihre Anregungen und Kommentare sind uns jederzeit willkommen. Bitte bewerten Sie doch das Buch auf unserer Website unter **www.rheinwerk-verlag.de/feedback**.

An diesem Buch haben viele mitgewirkt, insbesondere:

Lektorat Ruth Lahres
Korrektorat Petra Bromand, Düsseldorf
Herstellung Denis Schaal
Typografie und Layout Vera Brauner
Einbandgestaltung Mai Loan Nguyen
Satz III-Satz, Husby
Druck mediaprint solutions, Paderborn

Dieses Buch wurde gesetzt aus der TheSans (9,35 pt/13,7 pt) in FrameMaker.
Gedruckt wurde es auf mattgestrichenem Bilderdruckpapier (115 g/m²).
Hergestellt in Deutschland.

Bibliografische Information der Deutschen Nationalbibliothek:
Die Deutsche Nationalbibliothek verzeichnet diese Publikation in der Deutschen Nationalbibliografie; detaillierte bibliografische Daten sind im Internet über *http://dnb.dnb.de* abrufbar.

ISBN 978-3-8362-8151-5

1. Auflage 2021

Informationen zu unserem Verlag und Kontaktmöglichkeiten finden Sie auf unserer Verlagswebsite **www.rheinwerk-verlag.de**. Dort können Sie sich auch umfassend über unser aktuelles Programm informieren und unsere Bücher und E-Books bestellen.

Liebe Leserin, lieber Leser,

Ihre Aufgaben in der Reinzeichnung sind vielfältig. Je nachdem, ob Sie in einer Agentur, einem Unternehmen oder einer Druckerei beschäftigt sind, sind Sie mit den unterschiedlichsten Aufgaben betraut: Sie überprüfen und optimieren Layoutentwürfe im Hinblick auf Formate, Auflösungen, Raster. Sie erstellen Vorlagen. Sie blicken kritisch auf Layout und Typografie, überprüfen, ob technische Vorgaben und Corporate Design-Richtlinien eingehalten wurden. Sie adaptieren Dokumente für neue Formate und Sprachen und erstellen schließlich perfekt druckfähige Daten. Ein weites Feld!

Endlich gibt es nun auf dem deutschen Buchmarkt ein Handbuch, das all die Themen zusammenfasst, die Reinzeichnerinnen und Reinzeichner im Blick haben müssen. Praktisch und gut verständlich, mit hilfreichen Definitionen und Erklärungen zeigt Daniel Schulte hier, wie es geht.

Aber eigentlich bräuchte man in diesem Buch nur einen guten Tipp zu finden, und schon hat sich die Investition gelohnt! Mir ist es so gegangen, denn wir arbeiten im Verlag mit InDesign und PDF-Korrekturen. Irgendwie ist uns aber entgangen, dass man die PDF-Korrekturen jetzt einfach in InDesign öffnen und übernehmen kann! Das spart Zeit und Nerven, und wir haben diesen Hinweis des Buchs direkt für den Verlag übernommen. Auch Sie werden hier Tipps finden – nicht nur einen, sondern unzählige! Denn Daniel Schulte verrät Ihnen aus seiner langjährigen Erfahrung als Reinzeichner genau die Spezialfälle und Stolperfallen, die Sie vermeiden müssen und zeigt die kleinen Einstellungen, die Ihnen zu einem problemlos druckbaren PDF verhelfen.

Wenn Sie Fragen, Anregungen oder Kritik zum Buch haben, freue ich mich über Ihre E-Mail.

Ihre Ruth Lahres
Lektorat Rheinwerk Design

ruth.lahres@rheinwerk-verlag.de
www.rheinwerk-verlag.de
Rheinwerk Verlag · Rheinwerkallee 4 · 53227 Bonn

Inhaltsverzeichnis

Vorwort

Sie möchten in der Lage sein, grafische Layouts eigenständig für die Weiterverarbeitung vorzubereiten? Aber was bedeutet das eigentlich genau? Über 10 Jahren habe ich operativ als Reinzeichner gearbeitet, seit bald drei Jahren bin ich Abteilungsleiter der Druckvorstufe, und dennoch habe ich das Gefühl, dass in meinem engsten Familienkreis immer noch nicht ganz klar ist, was mein Berufsfeld eigentlich macht. Einen Vorwurf kann man dabei niemandem machen, denn die Reinzeichnung ist so viel mehr, als nur »alles geradezurücken« oder eine Druckunterlage richtig zu exportieren. Es braucht Erfahrung, welche Einstellungen oder Objekte zu Fehlern in der Weiterverarbeitung führen können. Es bedarf eines aufrichtigen Interesses für die Applikationen und die technischen Schritte in der Druckverarbeitung. Aber es erfordert auch eine Menge Sorgfalt, den Willen zur Perfektion und den Anspruch, die Verantwortung für ein Werbemittel zu übernehmen.

Was bietet dieses Buch?

Ich werde in diesem Buch versuchen, Sie an meinen Erfahrungen teilhaben zu lassen, aber auch konkretes Wissen zu vermitteln, mit dem Sie in der Lage sein werden, Reinzeichnungen selbst durchzuführen. Ob Sie nun Grafiker*in sind und die eigene Gestaltung selbstständig finalisieren möchten oder schon im Bereich der Reinzeichnung bzw. Druckvorstufe tätig sind und einen anderen Blickwinkel auf die tägliche Arbeit erhalten wollen: Dieses Buch wird Ihnen helfen, den täglichen Problemen der Reinzeichnung selbstbewusst entgegenzutreten. Ein Grundverständnis des Programms *InDesign* wird vorausgesetzt, hier gibt es bei Bedarf gute Kompendien vom Rheinwerk Verlag. Dieses Buch wird Ihnen nicht erklären, wie man einen Textrahmen aufzieht, sondern nur auf technisch relevante Schritte der Reinzeichnung eingehen.

In Kapitel 1 werde ich Ihnen Denkanstöße geben, welche Überlegungen vor Beginn der Reinzeichnung angestellt werden sollten, um das Projekt reibungslos durchführen zu können. Dies führt von der Vorbereitung bis hin zur Ordnerstruktur.

Anschließend wird im zweiten Kapitel die Basis für das Thema *Farbmanagement* gelegt. Diese Themen müssen vorab für jedes Projekt geklärt sein, damit Sie überhaupt beginnen können. Sie werden lernen, welche Einstellungsmöglichkeiten die Adobe Creative Cloud zu bieten hat und in welchen Farbräumen Sie sich bewegen werden.

In Kapitel 3 wird Ihr primäres Werkzeug vorbereitet: Wichtige Voreinstellungen in InDesign selbst sowie in Ihrem Dokument werden erklärt und mit anschaulichen Beispielen versehen. Hier finden Sie auch Anregungen zu einem komprimierten Workflow und praktischen Tipps, die Ihnen die Arbeit leichter machen.

In Kapitel 4 wird das Thema *Farbe* noch einmal aufgegriffen, diesmal allerdings in Bezug auf die Weiterverarbeitung. Prozess- und Sonderfarben werden detailliert erklärt und Ihnen anhand von Beispielen nahegebracht. Auch das Vorbereiten der Farben und ihrer Einstellungen für die Weiterverarbeitung kommt nicht zu kurz.

In Kapitel 5 befassen wir uns mit dem Thema *Transparenz*. Hier wird ein fundiertes Verständnis der verschiedenen Transparenz-Möglichkeiten vermittelt, das Sie für die finalen Schritte der Druckausgabe fit macht. Viele Entscheidungen während der Reinzeichnung basieren auch auf den hier gesammelten Kenntnissen.

Anschließend geht es ins Detail: Kapitel 6 befasst sich mit Typografie, Schriftarten und Leerräumen. Sie werden lernen, welche mikrotypografischen Regeln es gibt und wie diese anzuwenden sind. Außerdem werden Ihnen Automatismen wie GREP-Stile anhand von Beispielen detailliert erklärt.

In Kapitel 7 werden Sie lernen, wie mit grafischem Material umzugehen ist, wie Sie dieses prüfen und richtig in Ihrem Dokument verarbeiten. Auch hier gibt es viele Erfahrungswerte, mit denen Sie fundierte Entscheidungen treffen und diese auch technisch belegen können.

Kapitel 8 gibt konkrete Profitipps und Lösungen speziell für die Reinzeichnung. Hier finden Sie einen bunten Strauß an Ratschlägen, möglichen Vorgehensweisen der Zusammenarbeit und Datenzusammenführung bis hin zum Setzen arabischer Schriftsätze.

Im Anschluss werden in Kapitel 9 die in InDesign veranschaulichten Arbeitsschritte noch einmal in Illustrator erklärt, sodass Sie die Möglichkeit haben, sowohl in InDesign als auch in Illustrator eine Reinzeichnung durchzuführen.

Zuletzt wird die Ausgabe in Kapitel 10 und Kapitel 11 vorbereitet und mithilfe von detaillierten Schritten leicht verständlich gemacht. Sie werden lernen, welche Einstellungsmöglichkeiten der Export zur Verfügung stellt, und verstehen, was die Einstellungsfelder genau bedeuten. Durch die zuvor gesammelten Kenntnisse können Sie nun informierte Entscheidungen treffen, um den Datenexport optimal durchzuführen. Hier finden Sie außerdem viele Möglichkeiten, Ihre Arbeit zu prüfen und zu hinterfragen, um sicherzugehen, dass die Daten korrekt erstellt wurden.

In Kapitel 12 werden Ihnen Grundlagen zu den gängigen Druckverfahren und zur Weiterverarbeitung vermittelt. Hier können Sie auch immer schnell nachschauen, wenn Sie beim Erstellen der Daten unsicher sind.

Nach der Lektüre dieses Buches werden Sie keine Angst mehr haben, geschlossene Druckdaten eigenständig zu erstellen und zu verschicken. Sie werden wissen, was Sie tun, und unbequeme Fehlermeldungen nicht mehr einfach wegdrücken, sondern analysieren und entsprechend handeln.

Danke

Ich möchte mich an dieser Stelle noch einmal bei den tollen Menschen bedanken, die mich beim Schreiben dieses Buches unterstützt haben: Als Erstes möchte ich Ruth Lahres vom Rheinwerk Verlag danken, die das Projekt seit Beginn tatkräftig unterstützt und wertvollen Input geliefert hat, um das Buch zu dem zu machen, was es heute ist. Als Nächstes danke ich Marc Seele, der mit seiner Zeit und seinem Fachwissen zur Printproduktion einen hilfreichen Beitrag zu diesem Projekt geleistet hat. Und zu guter Letzt gilt mein größter Dank meiner Frau, die mir immer unterstützend zur Seite steht und immer an mich glaubt – dieses Buch ist für dich.

Abschließend wünsche ich Ihnen viel Freude mit diesem Buch! Ich hoffe, Sie erschaffen spannende Projekte mithilfe des hier vermittelten Wissens, und sollten Sie weitere Rückfragen haben oder an einem Austausch zum Thema Druckvorstufe und Reinzeichnung interessiert sein, kontaktieren Sie mich gerne über den Rheinwerk Verlag. Viel Erfolg!

Daniel Schulte

Kapitel 1
Erste Überlegungen zur Reinzeichnung

Bevor eine Reinzeichnung beginnt, sollten vorab gewisse Vorbereitungen für den Workflow, die Projektorganisation usw. getroffen werden.

1.1 Aufgabe der Reinzeichnung: Ein Überblick

Ein Projekt zur Erstellung eines Werbemittels oder jeglicher Druckprodukte beginnt mit der Findung einer kreativen und optisch ansprechenden Idee. Dieser Prozess kann sich über Wochen oder Monate hinziehen, bis das gewünschte Ergebnis erreicht und der Auftraggeber zufrieden ist. In dieser Zeit häufen sich die Vorschläge und Varianten für das Werbemittel. Würde man jeden einzelnen Vorschlag im Detail so genau erstellen, dass er druckfertig ist, würde der Ideenfindungsprozess dabei stark gestört, und Timings gegenüber dem Auftraggeber könnten nicht eingehalten werden.

Daher ist es nur selbstverständlich, dass im Findungsprozess jedes Layout – technisch gesehen – »quick and dirty« erfolgt. Bilder werden hier meist vorab in ihrer Dateigröße so reduziert, dass das Arbeiten schnell von der Hand geht.

Bildgröße

Für ein zügiges Arbeiten in der Kreationsphase empfiehlt es sich, Bilder mit 72 ppi und mit einer JPEG-Komprimierung abzuspeichern. So sehen die Bilder am Monitor gut aus und sind durch ihre kleine Dateigröße schnell zu verarbeiten.

Der Fokus liegt auf Kreativität und Geschwindigkeit, wohlwissend, dass das erstellte Layout später noch durch einen weiteren Prozess läuft, in dem detailliert die Aufbereitung für das jeweilige Ausgabemedium vorgenommen wird – die Reinzeichnung.

Prüfung des Layouts | Nachdem der Auftraggeber sich für eine Idee entschieden und das entsprechende Layout optisch freigegeben hat, beginnt die Arbeit der Reinzeichnung. Alle verwendeten Elemente werden geprüft:

- Stimmt das Anlageformat?
- Wie sieht es mit der Lizenzierung von Bildern und Schriften aus?

- Welches Druckverfahren wird verwendet?
- In welchem Farbraum bewegen wir uns?
- Wie viele Farben kommen zum Einsatz?
- Gibt es Veredelungen?
- Ist das Bildmaterial für das Zielmedium ausreichend?

Feinlayout aufbauen | Nachdem diese fundamentalen Fragen geklärt wurden, beginnt der zweite Teil der Reinzeichnung: der Aufbau eines Feinlayouts nach den technischen Vorgaben, die im ersten Schritt geklärt wurden. Häufig bedeutet dies einen kompletten Nachbau des Kreativlayouts basierend auf einem neuen Dokument mit definierten Vorgaben. Außerdem wird in diesem Schritt auch auf optische Merkmale wie Bündigkeit, Einheitlichkeit usw. geachtet, die im Zuge des »Quick-and-Dirty«-Prozesses teilweise zeitbedingt auf der Strecke bleiben. Dies ist ein wichtiger Bereich der Reinzeichnung.

Der Fokus liegt allerdings auch auf der technischen Anpassung an das Ausgabemedium. Ziel ist es, das gestaltete Layout optisch möglichst unverändert durch die technischen Einschränkungen zu bringen, damit der Auftraggeber seine freigegebene Idee später am besten unverändert geliefert bekommt.

Dateiorganisation und Bilder | Reinzeichner*innen müssen vorab jegliches Ausgangsmaterial aus dem Kreativlayout ablegen. Außerdem stehen sie im engen Austausch mit den Bereichen Produktion und Elektronische Bildverarbeitung (EBV). Sie beziehen so die drucktechnischen Anforderungen und gegebenenfalls verbindliche Bilder, die parallel zum Reinzeichnungsprozess ausgearbeitet und mit dem Kreativteam abgestimmt werden. Diese Bilder ersetzen später die niedrig aufgelösten Bilder aus dem Kreativprozess. Hierbei ist es hilfreich, vorab eine durchdachte Ordnerstruktur anzulegen, die alle Informationen und Daten sortiert zur Verfügung stellt.

Druckdaten erstellen und prüfen | Nachdem das Feinlayout nach drucktechnischen Vorgaben aufgebaut wurde, nennt man es Reinzeichnung. Dieses verbindliche Dokument kann nun verwendet werden, um Druckdaten zu erzeugen. Dies passiert häufig in Form eines Druck-PDFs nach einem vorher definierten PDF/X-Standard. Nach der Erstellung des Druck-PDFs wird auch dieses akribisch geprüft, da durch den Erstellungsprozess in den Bereichen Transparenzreduzierung, Komprimierung, Profilierung usw. erneut Fehler auftreten können. Auch muss geprüft werden, dass die Ausgabeinformationen im PDF korrekt hinterlegt sind.

Sofern das Druck-PDF alle Tests bestanden hat, empfiehlt es sich, einen farbverbindlichen Ausdruck (Kontrakt-Proof) auf zertifiziertem Proof-Papier mit einem Medienkeil zu erstellen. Das Proof-Papier ist abhängig vom Ausgabefarbraum und muss entsprechend gewählt werden. Nur wenn der Medienkeil des Proofs erfolgreich gemessen wurde, kann er als farbverbindliche Referenz an die Druckerei geschickt werden. Dies ist wichtig, da es bedingt durch das Druckverfahren immer zu farblichen Abweichungen kommen kann, die sich allerdings in den Toleranzen der ISO-Norm befinden. Mithilfe des Proofs hat die Druckerei die Möglichkeit, diesen Abweichungen gegenzusteuern und genau das Druckbild zu erzeugen, das mit dem Kreativteam und dem Auftraggeber abgestimmt wurde.

Proof

Ein Kontrakt-Proof nach ISO 12647-7 bzw. Medienstandard Druck enthält u. a. den UGRA-Fogra-Medienkeil, der die Basis für die Zertifizierung legt. Nach Messung des Medienkeils und Bestätigung des Prüfprotokolls, dass alle Werte innerhalb der Toleranzen liegen, ist der Proof farb- und rechtsverbindlich.

In modernen Prozessen gibt es bereits die Möglichkeit, anstelle von Hard-Proofs (Kontrakt-Proofs) mit Soft-Proofs zu arbeiten. Das bedeutet, das Druckobjekt wird an einem Monitor farbverbindlich dargestellt und kann an unterschiedlichen Orten zu selben Bedingungen bewertet werden. Hierbei müssen Licht- und Umfeldbedingungen sowie Monitorkalibrierung bei allen Parteien identisch sein. So lässt sich ein Proof auch ohne Ausdruck farbverbindlich abstimmen und freigeben.

Nachdem das verbindliche Druck-PDF nach Freigabe des Proofs an den ausführenden Dienstleister übergeben wurde, ist die Arbeit der Reinzeichnung beendet.

1.1.1 Unterschiede zwischen großen und kleinen Werbeagenturen/Unternehmen

In Werbeagenturen bzw. Unternehmen gibt es grundlegende prozessuale Unterschiede in der Erstellung von Werbemitteln. Kleine Agenturen beschäftigen häufig Mediengestalter*innen, die von der kreativen Idee bis zu druckfertigen Daten und elektronischer Bildverarbeitung (EBV) alle Aufgaben übernehmen. In diesem Fall handelt es sich um die klassische eierlegende Wollmilchsau. Natürlich ist es vorteilhaft, alles aus einem Guss zu bekommen, allerdings ist es hierbei oft schwierig, den einzelnen Arbeitsschritten die nötige Aufmerksamkeit zu schenken.

In größeren Agenturen gibt es häufig eine Trennung von Kreativteam und Druckvorstufe. Auch hier werden Bereiche wie Reinzeichnung, EBV und teilweise Produktion von einer Person bedient, allerdings wird die Ideenfindung von einem Kreativteam übernommen, das den vorab beschriebenen Prozess durchläuft und nach Freigabe eines Layouts die Daten gesammelt an die Druckvorstufe übergibt.

In großen, meist auch international tätigen Agenturen gibt es eine klare Trennung zwischen den Bereichen Kreation, Reinzeichnung, EBV und Produktion. Hier werden

Mitarbeiterinnen und Mitarbeiter mit jahrelanger Erfahrung in den einzelnen Nischen in die jeweiligen Abläufe gesetzt. So müssen die Gewerke der Druckvorstufe jede kleinste Abweichung vom Kreativlayout abstimmen und freigeben lassen. Häufig sind hier die Reinzeichner*innen nicht in der Bildbearbeitung tätig, da es eigene Bildbearbeitungsteams gibt, die in aufwendigen Arbeitsschritten die Bilder ausarbeiten. In der Reinzeichnung laufen hier alle Informationen aus der Produktion zu den technischen Vorgaben im Druck sowie die verbindlich ausgearbeiteten Bilder aus der EBV zusammen. Die Reinzeichner*innen bauen basierend auf diesen Informationen und Daten die Reinzeichnung auf und erstellen die druckfähigen Daten.

1.2 Anforderungen in der Reinzeichnung

Die Anforderungen sind vielfältig. Häufig wird technisches Wissen über den normalen Satz hinaus benötigt. Dazu gehören z. B. fundierte Kenntnisse in allen gängigen Druckverfahren, den Abläufen in der elektronischen Bildverarbeitung sowie ein hohes technisches Verständnis in Bezug auf das benötigte Ausgabemedium.

Neben den technischen Fähigkeiten sind es auch häufig die persönlichen Kompetenzen, auf die es ankommt. Stressresistenz, Selbstdisziplin und Eigenverantwortung sind quasi die Grundvoraussetzungen. Denn nach der Reinzeichnung wird das Werbemittel in seinem Aufbau nicht mehr inhaltlich verändert. Nachträgliche Änderungen und Korrekturen von Fehlern sind in der Regel mit ungeplanten Kosten, teilweise mit kompletten Neuproduktionen verbunden.

Häufig spezialisieren sich Reinzeichnerinnen und Reinzeichner im Laufe ihrer Karriere auf Literatur- oder Verpackungsreinzeichnung.

Kommunikation

Darüber hinaus muss man in der Reinzeichnung in der Lage sein, kreative Kommunikation richtig zu interpretieren, da andere Prozessbeteiligte häufig nicht im Fachjargon kommunizieren.

Anforderungen im Verpackungsbereich | Im Verpackungsbereich gibt es besondere Anforderungen: So wird eine hervorragende dreidimensionale Vorstellungskraft, ein technisches Verständnis für Stanzformen sowie ein fundiertes Wissen über Druckverfahren vorausgesetzt.

Im Bereich der Food-Verpackungen gibt es im Gegensatz zu Non-Food-Verpackungen wichtige gesetzliche Richtlinien, die sich regelmäßig ändern können – beispielsweise die Nährwerttabelle. Food-Verpackungen sind in der Reinzeichnung mit aufwendigen Prüfprozessen verbunden; die Königsdisziplin sind hierbei Verpackungen mit sehr umfangreichen Veredelungen wie beispielsweise Tabakwaren oder Beauty-Produkte.

Anforderungen im Literaturbereich | Im Literaturbereich hat man häufig mit Druckverfahren zu tun, die weniger technische Einschnitte in das bestehende Kreativlayout fordern. Dennoch benötigt man fundierte Kenntnisse in den einzelnen Papieren und Konfektionierungen, denn Faktoren wie Farbauftrag und Falztechniken können eine relevante Rolle spielen. Alles in allem sammelt sich über die Jahre einiges an Erfahrungen an, die für zukünftige Projekte hilfreich sein werden.

1.3 Projektorganisation

Da in der Reinzeichnung alle relevanten Informationen und Daten zusammenlaufen, ist es sinnvoll, eine durchdachte Ordnerstruktur zu erstellen.

Hierbei bietet es sich an, einen Hauptordner für das aktuelle Projekt zu erstellen, beispielsweise »Weihnachtsflyer«. In diesem Ordner werden dann alle Daten sortiert in weiteren Unterordnern abgelegt. Die komplette Ordnerstruktur könnte dann beispielsweise wie in Abbildung 1.1 aussehen.

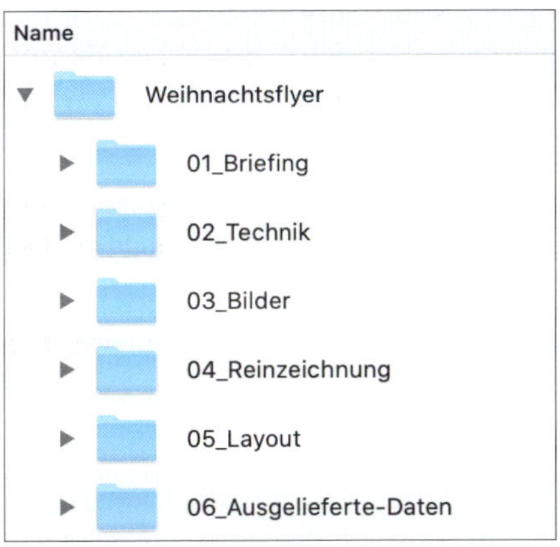

Abbildung 1.1 *Beispielhafte Ordnerstruktur eines Flyers*

- **Projektordner:** Dies ist der Hauptordner mit dem Namen des Projekts. Gegebenenfalls befindet sich dieser wiederum als Unterordner in einem übergeordneten Kundenordner.
- **01_Briefing:** Hier werden alle E-Mails, PDFs etc. abgelegt, in denen Informationen zu dem Projekt ausgetauscht werden. Bestenfalls erstellt die Reinzeichnung ein editierbares PDF mit den Briefing-Anforderungen, die zum Start der Reinzeichnung benötigt werden.
- **02_Technik:** In diesem Ordner werden alle technischen Vorgaben seitens der Druckerei oder der Produktionsabteilung abgelegt. Alle hier gespeicherten Informationen dienen als Basis für das Reinzeichnungsdokument.

- **03_Bilder:** Dieser Ordner beinhaltet nicht die Bilder aus dem Layout, sondern die final ausgearbeiteten Feindaten. Gegebenenfalls werden diese später aus der EBV-Abteilung nachgereicht, nachdem sie abgestimmt und freigegeben wurden.

Bilder

Am Ende des Projekts dürfen sich im InDesign-Dokument nur noch verknüpfte Bilder aus diesem Ordner befinden. Das bedeutet, dass auch ohne eine EBV-Abteilung die Bilder in den korrekten Farbraum gebracht werden müssen und ohne verlustbehaftete Komprimierungen hier abgelegt werden. Mehr dazu in Kapitel 7, »Einstellungen für Bilder und Vektoren«.

- **04_Reinzeichnung:** Hier werden alle InDesign-Dateien (InDesign-Dokumente, InDesign-Buch etc.) der Reinzeichnung abgelegt. Dies ist der wichtigste Ordner für die Reinzeichnung.
- **05_Layout:** Hier werden alle gelieferten Layouts aus der Kreationsabteilung abgelegt. Zu Beginn der Reinzeichnung werden alle Bilder und sonstige platzierten Daten aus diesem Ordner verknüpft. Nachdem alle Verknüpfungen geprüft und bearbeitet wurden, wandern sie verbindlich in den Ordner 03_Bilder.
  Eine sinnvolle Versionierung der übermittelten Layoutdaten lässt sich einfach durch eine weitere Ordnerstruktur nach Datum umsetzen: beispielsweise »20221231« für den 31. Dezember 2022. So werden die Daten direkt nach Überstellungsdatum sortiert. Jede Version der gelieferten Layouts sollte hier dauerhaft archiviert werden, um gegebenenfalls zu einem späteren Zeitpunkt jeden Stand griffbereit zu haben.
- **06_Ausgelieferte-Daten:** In diesem Ordner werden alle ausgelieferten Daten abgelegt, egal ob es sich um verpackte Daten oder Druck-PDFs handelt. Auch hier ist es zwingend erforderlich, jede Version dauerhaft zu archivieren.

Kapitel 2
Farbmanagement und Farbeinstellungen in der Adobe Creative Cloud

Wenn Sie das Farbmanagement vorab über die gesamte Creative Cloud synchronisiert einstellen, gestalten Sie sich den folgenden Prozess deutlich einfacher.

In diesem Kapitel werden die wichtigsten Farbeinstellungen innerhalb der Adobe Creative Cloud beschrieben. Das Definieren von Farbräumen und den zugehörigen Regeln wird als *Farbmanagement* bezeichnet. InDesign benötigt zum Arbeiten einen vorab festgelegten CMYK- und RGB-Arbeitsfarbraum. Dieser kann je Dokument frei festgelegt werden und stellt die Basis für jegliche Farbdarstellung und -konvertierung dar. Die Farbräume werden durch ICC-Profile definiert (siehe Abschnitt 2.4, »Grundlagen ICC-Profile und Profilfunktion«). Sie werden unterschieden in druckbare Farben und nicht druckbare Farben (siehe Abschnitt 2.2, »Farbräume«). Außerdem wird der Prozess der Farbkonvertierung aus dem Quell- in den Zielfarbraum detailliert erklärt (siehe Abschnitt 2.3, »Farbkonvertierungen in der Creative Cloud«).

2.1 Creative-Cloud-Farbeinstellungen synchronisieren

Die Adobe Creative Cloud bietet Ihnen die Möglichkeit, Ihr Farbmanagement an einem zentralen Punkt zu definieren: der Adobe Bridge. Hier können Sie CSF-Dateien (Adobe Color Settings File) importieren und über alle Anwendungen hinweg synchronisieren. Diese Synchronisierung sollten Sie auch auf jeden Fall durchführen; auf die Bedeutung der verschiedenen Begrifflichkeiten gehe ich später in diesem Kapitel genauer ein.

Öffnen Sie zunächst Adobe Photoshop, und wählen Sie im Menü **Bearbeiten > Farbeinstellungen**.

Dort können Sie nun Ihre **Arbeitsfarbräume** für RGB und CMYK sowie Graustufen und Volltöne definieren. Die Arbeitsfarbräume dienen den Grafikapplikationen als Grundfarbräume des Dokuments, die als Basis für die Farbdarstellung und -konvertierung verwendet werden (siehe auch Abschnitt 2.2, »Farbräume«, und Abschnitt 2.5, »Farbmanagement in InDesign«).

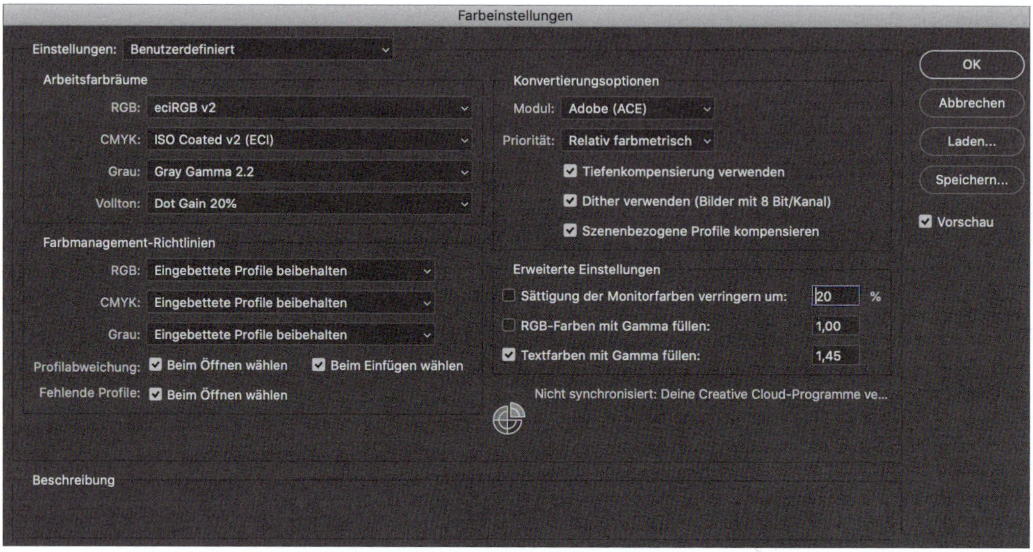

Abbildung 2.1 *Farbeinstellungen in Photoshop*

Die **Farbmanagement-Richtlinien** beinhalten den Umgang mit Abweichungen von den zuvor getroffenen Farbeinstellungen in der Creative Cloud (siehe Abschnitt 2.5.2, »Regeln für Profilmeldungen«). Der **Rendering Intent** (Dropdown-Feld **Priorität** rechts unter **Konvertierungsoptionen**) ist eine Konvertierungsmethode zur Farbkonvertierung in andere Farbräume (siehe Abschnitt 2.1.2, »Rendering Intent«).

Die Checkbox **Tiefenkompensierung verwenden** bewirkt, dass der Schwarzpunkt vom Quellfarbraum dynamisch an den Zielfarbraum angepasst wird. Das bedeutet: Ist der Schwarzpunkt des Quellfarbraums heller, so wird er im Zielfarbraum reduziert. Ist er dagegen dunkler, so werden die Schwarzpunkte dynamisch im Zielfarbraum verteilt, sodass sie nicht alle auf demselben Punkt liegen.

Das Aktivieren der darunterliegenden Checkbox **Dither verwenden** verhindert das Zusammenfassen von Farbpunkten im Zielfarbraum zu einem einzelnen Farbwert, sollten die Farben aus dem Quellfarbraum nicht vorhanden sein. Der Dither mischt nicht vorhandene Farben aus ähnlichen Farben im Zielfarbraum zusammen, was Fehler in Farbverläufen verhindern kann.

2.1.1 Standardprofile laden

Laden Sie sich im Vorfeld auf der Website der ECI mindestens die Standardprofile für den Offset- und Tiefdruck sowie den RGB-Farbraum der ECI. Diese können Sie in den Farbordnern der Adobe Creative Cloud ablegen, auf dem Macintosh unter **/Library/ColorSync/Profiles/** und unter Windows im Ordner **/WINDOWS/system32/spool/drivers/color/**.

Wählen Sie dann beispielsweise als RGB-Farbraum »eciRGB v2« und als CMYK-Profil »ISO Coated v2«. Sie können natürlich auch jeden anderen Farbraum wählen, den Sie in Ihrer täglichen Arbeit mit Ihren Kunden benötigen.

Website der ECI
Die Website der ECI finden Sie unter *http://www.eci.org*. Dort lassen sich alle Farbprofile der ECI kostenfrei herunterladen.

2.1.2 Rendering Intent

Wählen Sie, welche Konvertierungsmethode (Rendering Intent) Sie verwenden möchten. Gängig sind hier **Relativ farbmetrisch** und **Perzeptiv**. Der Rendering Intent kommt dann zum Tragen, wenn Bilder von einem Farbraum in einen anderen konvertiert werden. Hierfür legen Sie die Methode fest, also die Art und Weise, wie die Konvertierung stattfinden soll:

- **Relativ farbmetrisch** bedeutet, dass bei der Konvertierung die Weißpunkte von Quell- und Zielfarbraum aufeinandergelegt werden und die Farben sich entsprechend bei unterschiedlichem Weißpunkt mit verschieben. Alle Farbwerte außerhalb des Zielfarbraums werden an den äußersten Rand des neuen Farbraums gelegt.
- Bei der Konvertierungsmethode **Perzeptiv** wird abhängig von der Distanz zum neuen Farbraum nicht der äußerste Rand als Wert genommen, sondern den Abständen entsprechend die proportionalen Werte innerhalb des Farbraums. Es geht hier darum, den Gesamteindruck der Farben zu erhalten.

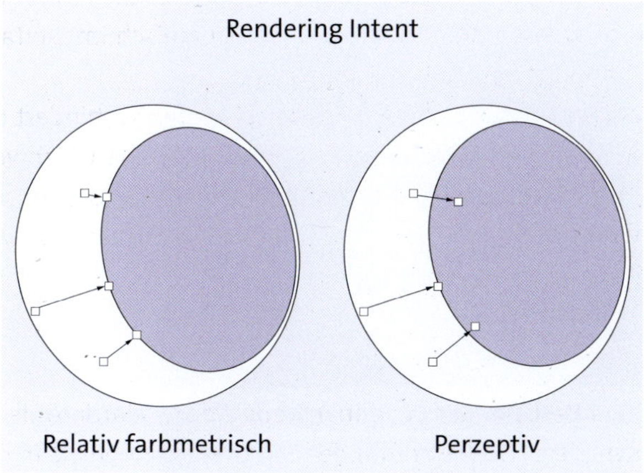

Abbildung 2.2 *Rendering Intent* ***Relativ farbmetrisch*** *und* ***Perzeptiv*** *in Bezug auf Farben, die im Zielfarbraum nicht existieren*

- **Sättigung** bewirkt ein Konvertieren mit dem Fokus auf der Farbsättigung. Beispielsweise bei Diagrammen kann dies nützlich sein, allerdings kommt es hier zu starken Farbverschiebungen. Die Methode ist daher für die Reinzeichnung nicht geeignet.

- Bei **Absolut farbmetrisch** wird im Gegensatz zum relativ farbmetrischen Verfahren nicht der Weißpunkt von Quell- und Zielfarbraum aufeinandergelegt, sondern die Farben werden exakt übertragen, sofern sie vorhanden sind. Alle Farbwerte außerhalb des Zielfarbraums werden an den äußersten Rand des neuen Farbraums gelegt.

2.1.3 Farbeinstellungen ablegen

Wenn Sie Ihre Einstellungen vorgenommen haben, klicken Sie in dem Dialogfeld auf die Schaltfläche **Speichern…** und legen die neuen Einstellungen unter Ihrem Wunschnamen auf Ihrer lokalen Festplatte ab. Auf dem Macintosh wählen Sie dieses Verzeichnis: **Users/[Benutzername]/Library/Application Support/Adobe/Color/Settings**

Ab Windows 7 und Vista legen Sie die Farbeinstellungen hier ab: **/Benutzer/[Benutzername]/AppData/Roaming/Adobe/Color/Settings**

2.1.4 Farbeinstellungen in der gesamten Creative Cloud synchronisieren

Öffnen Sie die Adobe Bridge, und wählen Sie auch hier im Menü **Bearbeiten > Farbeinstellungen**. Dort können Sie Ihr neu definiertes Farbsetting auswählen und über **Anwenden** mit allen Anwendungen in der Adobe Creative Cloud synchronisieren.

Abbildung 2.3 *Die neuen Farbeinstellungen wurden in der Adobe Bridge angewendet.*

Überprüfen Sie anschließend in den jeweiligen Anwendungen wie Adobe InDesign, Adobe Photoshop und Adobe Illustrator über **Bearbeiten > Farbeinstellungen** unbedingt, ob die Farbeinstellungen aus der Adobe Bridge auch wirklich synchronisiert sind. Andernfalls passen Sie dies entsprechend an.

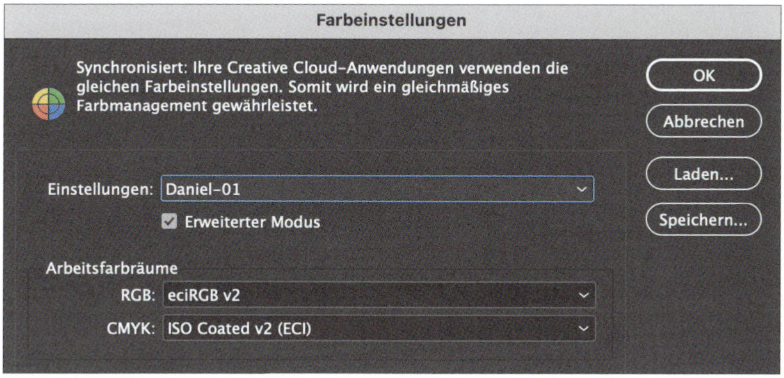

Abbildung 2.4 *Die Farbeinstellungen wurden in InDesign korrekt synchronisiert.*

2.2 Farbräume

Eines der wichtigsten Themen der Druckvorstufe und auch der Reinzeichnung ist das Thema *Farbräume*. Das menschliche Auge nimmt Farbe aus der spektralen Zusammensetzung des Lichts wahr. Alle wahrnehmbaren Farben lassen sich im Lab-Farbraum definieren, allerdings kann dieser weder an einem Monitor noch auf einem Bedruckstoff komplett abgebildet werden.

Abbildbare Farbräume sind beispielsweise der RGB-Farbraum oder der CMYK-Farbraum. Diese unterscheiden sich maßgeblich voneinander und finden in unterschiedlichen Bereichen ihren Einsatz. In der Reinzeichnung gilt es zu verstehen, wie diese Farbräume sich voneinander unterscheiden und wie man eine möglichst getreue Umwandlung von einem in den anderen Farbraum gewährleisten kann.

2.2.1 Lab-Farbraum

Der Lab-Farbraum bildet alle wahrnehmbaren Farben ab. Es ist ein dreidimensionaler Farbraum, der über die Achsen A und B die Farbe sowie über die Achse L den Helligkeitswert bestimmt. Da Lab der größte wahrnehmbare Farbraum ist, wird er von der Adobe Creative Cloud als Basis für die Darstellung beispielsweise von PANTONE-Farben verwendet. Weil er allerdings weder auf dem Monitor noch auf einem Bedruckstoff komplett dargestellt werden kann, darf er nicht als Arbeitsfarbraum eingerichtet werden.

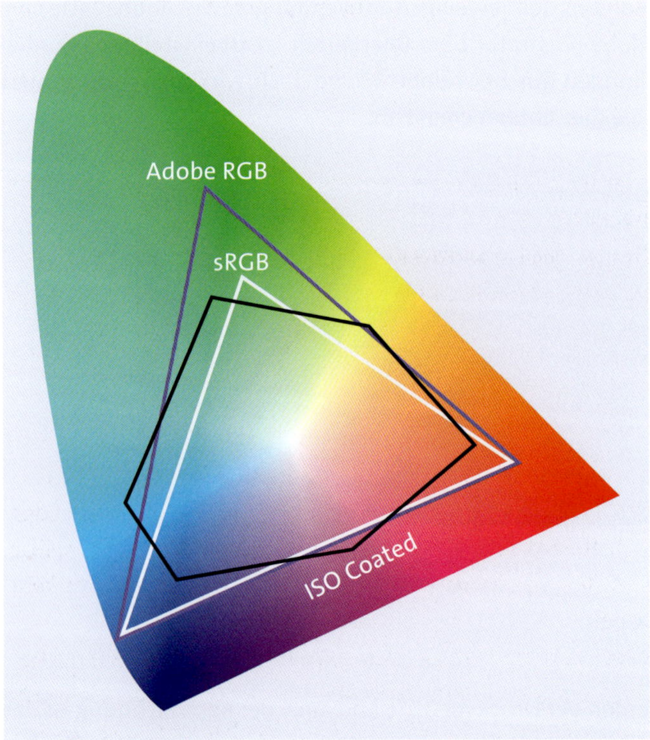

Abbildung 2.5 *Lab-Farbraum als »Schuhsohle« mit dem RGB-Farbräumen Adobe RGB und sRGB und dem CMYK-Farbraum ISO-Coated v2 im Vergleich*

2.2.2 RGB-Farbraum

Der RGB-Farbraum bildet Farben durch das additive Mischen der Grundfarben Rot, Grün und Blau ab – er ähnelt daher der Farbwahrnehmung des menschlichen Auges. Er wird auch Licht-Farbraum genannt, da er selbst auf der Addition verschiedener Wellenlängen des Lichts beruht. Dieser Farbraum wird für alle Displays verwendet, da jedes Pixel auf einem Display entsprechend rot, grün und blau leuchtet, um einen gewünschten Farbeindruck zu vermitteln. Basierend auf Primärvalenz, Gamma und Weißpunkt werden verschiedene RGB-Farbräume definiert:

- **Primärvalenz:** Die Farbvalenz bezieht sich auf die drei vom Auge wahrnehmbaren Farben Rot, Grün und Blau. Durch das Mischen der drei Primärvalenzen können alle Lichtfarben dargestellt werden.
- **Gamma:** Der Gammawert gibt die Helligkeit bzw. Dunkelheit eines Farbtons an. Je niedriger das Gamma, desto heller der Farbton.
- **Weißpunkt:** Der Weißpunkt legt das Intensitätsverhältnis der drei Primärvalenzen fest, also das Verhältnis der Maximalwerte von Rot, Grün und Blau.

Zu den gängigsten RGB-Farbräumen in der Druckvorstufe gehören:

- sRGB
- Adobe RGB
- eciRGB v2

Empfehlung für den RGB-Farbraum

Als Arbeitsfarbraum für die Creative Cloud ist »eciRGB v2« zu empfehlen, da er speziell im Druckbereich besonders gut einsetzbar ist: Er deckt die Farben aller gängigen Druckfarbräume ab und ist daher gut als Basis geeignet.

2.2.3 CMYK-Farbraum

Der CMYK-Farbraum bildet Farben in einem subtraktiven Farbmodell ab. Das bedeutet, die Farbe entsteht durch die Reflexion und Filterung bestimmter Farbanteile des Lichts. Im Gegensatz zum RGB-Farbraum basiert dieser Farbraum also nicht selbst auf Licht, sondern auf der Reflexion des Lichts auf einem Untergrund. Gibt es kein Licht, gibt es auch keine Farbe.

Der Bedruckstoff wird in den Farben Cyan, Magenta, Yellow und Schwarz (Key) bedruckt und reflektiert bei Lichteinfall entsprechend den gewünschten Farbeindruck. Je dunkler die Farbe ist, desto weniger Licht reflektiert sie. Die Farbbereiche werden für unterschiedliche Druckverfahren und Bedruckstoffe definiert. Zu den gängigsten in der Druckvorstufe gehören:

- ISO Coated v2
- PSO Uncoated ISO12647
- PSO Coated v3
- PSO Uncoated v3
- PSO LWC Standard
- PSO MFC Paper

Lassen Sie sich nicht von dem Präfix ISO und PSO verwirren. »PSO Coated v3« ist schlichtweg der Nachfolger von »ISO Coated v2« und »PSO Uncoated v3« der Nachfolger von »PSO Uncoated ISO12647«. Grund hierfür ist allein die neue Einheitlichkeit der Bezeichnungen für gestrichenes und ungestrichenes Papier.

Empfehlung für gestrichenes Papier

Sofern auf gestrichenem Papier gedruckt wird, empfiehlt sich »ISO Coated v2«. Es ist aktuell noch das meistgenutzte Offsetdruck-Profil und gilt sowohl für glänzende als auch matte Bilderdruckpapiere.

2.3 Farbkonvertierungen in der Creative Cloud

Wenn Sie in der Adobe Creative Cloud eine Datei von einem Farbprofil in ein anderes Farbprofil umwandeln, müssen Sie verstehen, wie der hinterlegte Konvertierungsprozess abläuft. Hier kommen die vorab erklärten Farbräume wieder ins Spiel. Die Konvertierung durchläuft folgende Farbräume:

- RGB > Lab > CMYK
- CMYK > Lab > CMYK
- CMYK > Lab > RGB
- RGB > Lab > RGB

2.3.1 Farbkonvertierung CMYK zu CMYK

Sie sehen also, dass auch die CMYK-Profile beim Umwandeln in ein anderes CMYK-Profil immer durch den Lab-Farbraum laufen.

Dies ist wichtig zu wissen, wenn Sie beispielsweise mit dem Farbkanal »Schwarz (Key)« ein CMYK-Bild aufbauen. Im Lab-Farbraum gibt es keinen eigenen Schwarzkanal, daher wird Ihre Arbeit in diesem Kanal durch den Farbprofilwechsel unter Umständen stark verändert.

Beispiel: Sie arbeiten in Adobe Photoshop ein Objekt mit einem Schatten aus. Den Schatten bauen Sie aufgrund des Druckverfahrens in einem langen Schwarz auf. Wandeln Sie dieses Bild in der Adobe Creative Cloud in einen anderen Farbraum um, wird der Schatten anschließend seine Farbwerte komplett verändern, da während des Schritts durch den Lab-Farbraum der Schwarzkanal entfallen ist. Zur Anschaulichkeit konvertieren wir im folgenden Beispiel ein reines Schwarz (K) in einen anderen Farbraum und schauen uns das Ergebnis an.

Langes Schwarz

Als langes Schwarz bezeichnet man einen Farbton, der im Vierfarbdruck primär aus dem Farbkanal K (Key) aufgebaut ist. Dadurch können Farbstiche später im Druck besser vermieden werden; allerdings ist der Farbton flacher als beispielsweise bei einem Tiefschwarz.

Abhilfe schafft hierbei Software von Drittanbietern, die eine Umwandlung ohne Schritt durch den Lab-Farbraum ermöglicht. Ein Hersteller ist beispielsweise die GMG GmbH & Co. KG mit ihrer Software »GMG ColorServer« oder GMG ColorPlugin für Photoshop. Darin wurde in Zusammenarbeit mit führenden Druckereien und Verlagen ein Verfahren entwickelt, das den Ist- und Zielfarbraum direkt über CMYK – ohne Umweg über den Lab-Farbraum – berechnet. Hierbei bleiben drucktechnisch relevante Eigenschaften wie zum Beispiel der Schwarzkanal im Zielfarbraum erhalten. Die Software arbeitet nicht direkt mit InDesign zusammen, sondern bedient sich des von InDesign erstellten Ausgabe-PDFs und wandelt dies in ein neues Ausgabe-PDF im neuen Zielfarbraum um.

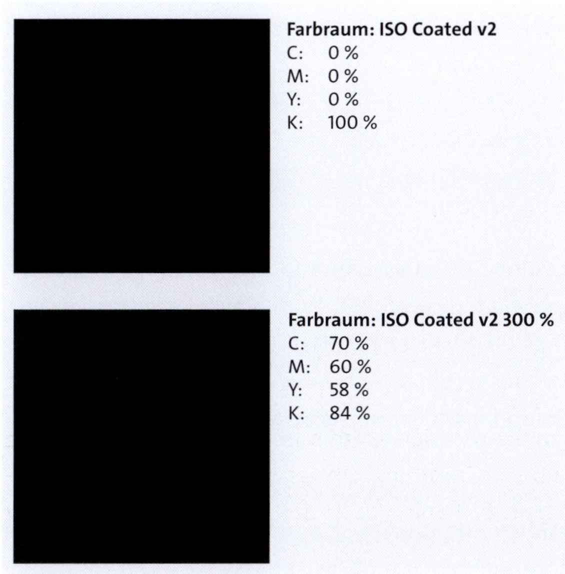

Abbildung 2.6
Oben: Farbraum »ISO Coated v2« mit reinem Schwarz.
Unten: In Photoshop wurde das Bild von »ISO Coated v2« zu »ISO Coated v2 300%« konvertiert. Der Schritt durch den Lab-Farbraum hat die Farbwerte des Schwarz zerstört.

GMG im Internet

Auf der Website von GMG (*www.gmgcolor.com*) finden Sie weitere Informationen und Preise zu den jeweiligen Produkten.

2.3.2 Farbkonvertierungen in einen anderen Farbmodus

Auch wenn Sie ein Bild im RGB-Farbmodus in der Adobe Creative Cloud zwecks Druckfähigkeit in den CMYK-Farbmodus konvertieren möchten, wird der Farbraum nicht direkt von CMYK zum Ziel-RGB-Farbraum umgewandelt, sondern in der oben genannten Reihenfolge: CMYK > Lab > RGB.

Grund hierfür ist, dass die Adobe Creative Cloud eine Farbraumanpassung immer mit Werten aus dem Lab-Farbmodus vornimmt. Außerdem ist zu beachten, dass der CMYK-Farbraum kleiner als der RGB-Farbraum ist. Daher muss die Adobe Creative Cloud bei der Konvertierung in den Farbbereichen, die sich außerhalb des neuen Farbraums befinden, Kompromisse eingehen. Hier kommt die vorherige Einstellung Ihrer Konvertierungsmethode zum Tragen. Die Einstellungen **Relativ farbmetrisch** oder **Perzeptiv** entscheiden, wie die Farbposition im neuen Farbraum festgelegt wird (siehe Abschnitt 2.1.2, »Rendering Intent«).

2.4 Grundlagen ICC-Profile und Profilfunktion

Die European Color Initiative (ECI) setzt sich aus einer Expertengruppe zusammen, die standardisierte ICC-Profile definiert.

ICC-Profile

Die ICC-Profile sind Datensätze, die einen Farbraum abhängig von Bedruckstoff und Druckverfahren sowie weiteren Faktoren definieren. So sind die oben genannten Farbbereiche jeweils als eigenes ICC-Profil auf der Website des ECI (*www.eci.org*) kostenlos verfügbar.

Da die Softwareentwicklung der Adobe Creative Cloud in den Vereinigten Staaten sitzen, sind in der Adobe Creative Cloud ab Werk ICC-Profile aus dieser Region voreingestellt. Diese werden allerdings weltweit eher selten verwendet, insbesondere in Europa. Daher sollten Sie sich vor der ersten Arbeit in der Adobe Creative Cloud die aktuellen Farbprofile der ECI laden und installieren (siehe Abschnitt 2.1.1, »Standardprofile laden«).

Beachten Sie dabei, dass nicht zwingend nur die neusten Profile geladen werden sollten, sondern auch ältere Versionen, da die Druckindustrie nicht direkt mit der Entwicklung eines neuen Profils ihre eigenen Standards anpasst.

Die Offset-Profile der ECI von 2009 sind immer noch sehr gängig; sie können alle kostenlos über die Website der ECI bezogen werden:

- ISO Coated v2 (ECI)
- ISO Coated v2 300% (ECI)
- PSO LWC Improved (ECI)
- PSO LWC Standard (ECI)
- PSO Uncoated ISO12647 (ECI)
- ISO Uncoated Yellowish
- SC Paper (ECI)
- PSO MFC Paper (ECI)
- PSO SNP Paper (ECI)
- PSO Coated NPscreen ISO12647 (ECI)
- PSO Coated 300% NPscreen ISO12647 (ECI)
- PSO Uncoated NPscreen ISO12647 (ECI)

Neu dazugekommen sind seit 2015 Profile, die optische Aufheller (OBAs) berücksichtigen:

- PSO Coated v3
- PSO Uncoated v3 (FOGRA52)
- sowie die DeviceLink-Profile für Konvertierungen von »ISO Coated v2« nach »PSO Coated v3« oder »PSO Coated v3« nach »ISO Coated v2«.

Optische Aufheller | Das wohl gängigste ICC-Profil in der Druckvorstufe ist aktuell wohl immer noch »ISO Coated v2«. Der Nachfolger »PSO Coated v3«, der schon 2015 herausgegeben wurde, behandelt primär ein Phänomen, das sich in den letzten Jahren immer stärker ausgebreitet hat: optische Aufheller (Optical Brightening Agents, OBAs). So geht der Trend bei den Papieren zu immer helleren Sorten, und hell bedeutet in diesem Zusammenhang meist bläulich. Dies kann man schön demonstrieren, indem man eine Schwarzlichtlampe vor ein Druckpapier mit OBAs hält. Im Gegensatz zu anderen Papieren wird dieses OBA-Papier unter der Schwarzlichtlampe stark leuchten. Papiere, die mithilfe von OBAs aufgehellt wurden, bieten als Bedruckstoff natürlich eine andere Ausgangslage als rein weiße Papiere.

Standard

»ISO Coated v2« ist immer noch das meistgenutzte Offsetdruck-Profil und kann immer dann verwendet werden, wenn keine genaueren Informationen der Druckerei vorliegen.

Um die Farben weiterhin verbindlich wiederzugeben, muss der OBA-Anteil in den Papieren im Druck berücksichtigt werden. Hierbei gilt es natürlich zu beachten, dass auch Kontrakt-Proofs im neuen »PSO Coated v3« auf speziellem Proof-Papier gedruckt werden müssen, die mit optischen Aufhellern versehen sind. Dasselbe gilt selbstverständlich auch für ungestrichene Papiere mit dem Profil »PSO Uncoated v3«.

2.5 Farbmanagement in InDesign

Auch wenn Sie die Arbeitsfarbräume über die Adobe Bridge definiert haben, können Sie natürlich in InDesign weiterhin mit allen anderen Farbräumen arbeiten.

Verwenden Sie beispielsweise den RGB-Arbeitsfarbraum »eciRGB v2« und platzieren ein iPhone-Foto mit dem Farbraum »Display P3«, erscheint erstmal keine Fehlermeldung. Hier liegt offensichtlich auch kein Fehler vor, da InDesign Farbräume außerhalb des Arbeitsfarbraums zulässt. Allerdings ist es wichtig, dies zu wissen.

Sie können sich den Farbraum jeder einzelnen Verknüpfung im Verknüpfungen-Bedienfeld über das Menü **Fenster > Verknüpfungen** unter den Verknüpfungsinformationen anzeigen lassen.

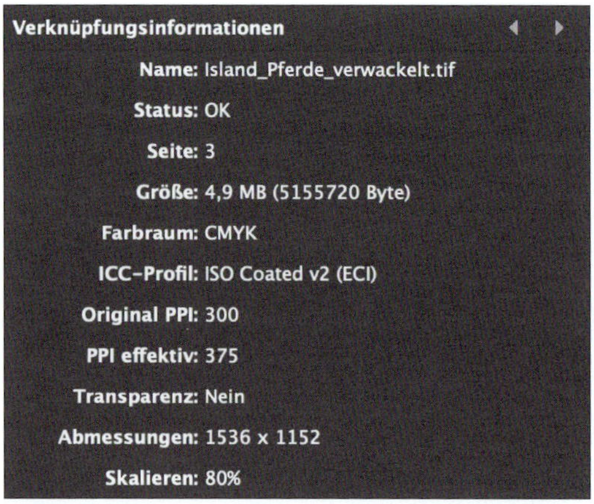

Abbildung 2.7 *Beispiel für Verknüpfungsinformationen*

2.5.1 Farbräume umwandeln

Möchten Sie dieses Bild nun in einen anderen Farbraum konvertieren, so haben Sie dazu drei Möglichkeiten:

Möglichkeit 1: Umwandeln in Photoshop | Sie öffnen die Bilddatei in Adobe Photoshop und wandeln das Farbprofil um. Hier wird Ihnen beim Öffnen des Bildes direkt ein Hinweis angezeigt, dass das Bild nicht im selben Farbraum wie Ihr Arbeitsfarbraum ist.

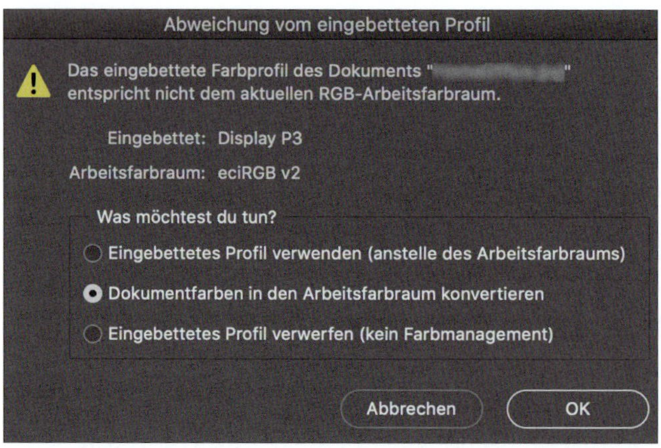

Abbildung 2.8 *Profilmeldung bei Abweichungen vom Arbeitsfarbraum*

Sie können das Bild hier direkt mit der Auswahl **Dokumentfarben in den Arbeitsfarbraum konvertieren** in den gewünschten Farbraum bringen. Anschließend speichern Sie das Bild verlustfrei (beispielsweise mit LZW-Bildkomprimierung), und InDesign wird die Verknüpfungsinformationen direkt aktualisieren. Sollten Sie den Hinweis beim Öffnen verpasst haben, können Sie das Bild auch nachträglich über **Bearbeiten > In Profil umwandeln...** verändern.

Möglichkeit 2: Farbmanagement in InDesign | InDesign bietet direkt die Möglichkeit, manuelles Farbmanagement auf einen Grafikrahmen anzuwenden. Gehen Sie hierzu mit einem Rechtsklick auf den Grafikrahmen, und wählen Sie **Grafiken > Farbeinstellungen für Bild...**

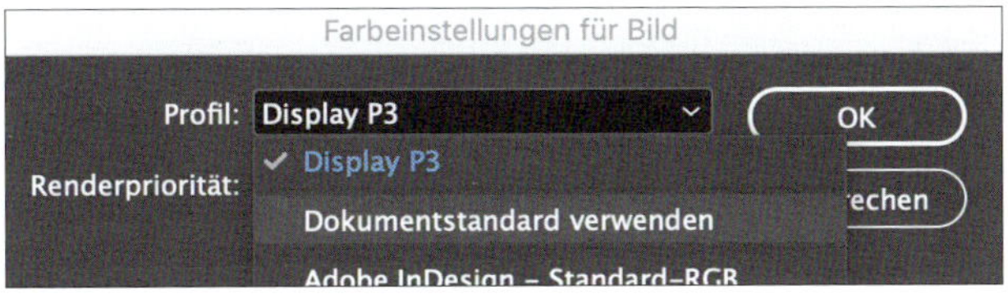

Abbildung 2.9 *Dialogfeld **Farbeinstellungen für Bild***

Im Dialogfeld ist das Farbprofil des verknüpften Bildes voreingestellt. Sie können dies allerdings auch beispielsweise auf Ihren Dokumentenstandard ändern, der hier dem RGB-Arbeitsfarbraum entspricht. Diese Einstellung gilt nur für denselben Farbmodus, also RGB zu RGB oder CMYK zu CMYK usw. Das Bild wird Ihnen daraufhin im neuen Farbraum optisch simuliert, und wenn Sie anschließend ein PDF ohne Farbkonvertierung exportieren, wird der neu eingestellte Farbraum für das Bild trotzdem korrekt ausgegeben.

Möglichkeit 3: Farbkonvertierung in der PDF-Ausgabe | Beim PDF-Export können Sie über den Reiter **Ausgabe** noch eine Farbkonvertierung für alle Objekte in einen fest definierten CMYK-Farbraum vornehmen.

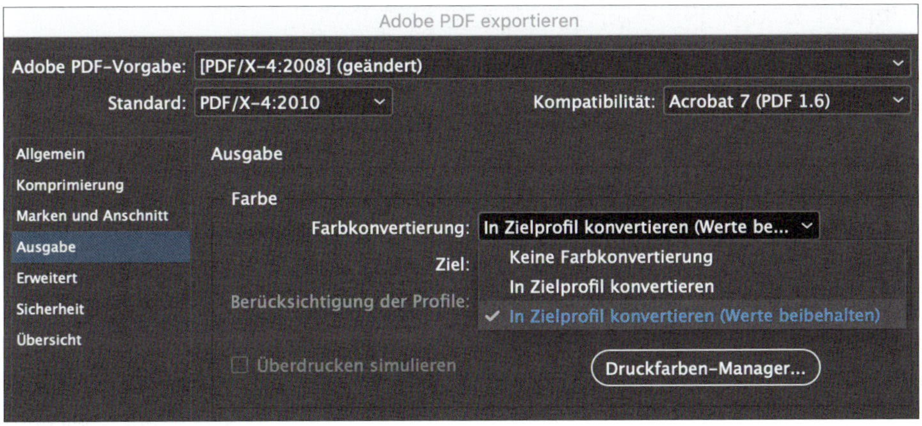

Abbildung 2.10 *Reiter **Ausgabe** im PDF-Export*

Wählen Sie hierzu zwischen zwei Optionen:

1. **In Zielprofil konvertieren:** Hierbei wird der Farbraum aller Bilder in den neuen Farbraum umgewandelt. Neben den Bildern werden aber auch die CMYK-Farbwerte von Vektorobjekten entsprechend auf den neuen Farbraum angepasst.
2. **In Zielprofil konvertieren (Werte beibehalten):** Hierbei werden nur die Bilder in den neuen Farbraum gebracht. Die CMYK-Farbwerte von Vektorobjekten bleiben unverändert. Dies kann gerade bei Corporate-Identity-Farbwerten eine wichtige Rolle spielen und ist meist zu bevorzugen.

Farbmanagement im PDF/X

Farbmanagement im PDF/X ist erst ab einem PDF/X3-Standard oder höher möglich, siehe Abschnitt 11.1, »PDF/X-Zertifizierung«.

2.5.2 Regeln für Profilmeldungen

Beim Öffnen von Dateien erhalten Sie in den meisten Programmen der Adobe Creative Cloud eine Profilmeldung, sobald eine Datei nicht Ihrem vordefinierten Arbeitsfarbraum entspricht. Dies können Sie in den Farbeinstellungen für die Adobe Bridge CC (siehe Abschnitt 2.1, »Creative-Cloud-Farbeinstellungen synchronisieren«) einstellen. Diese Einstellung sollten Sie immer aktivieren. Sie können natürlich immer noch nachträglich, wie oben beschrieben, die Farbprofile in Photoshop umwandeln.

Profilmeldungen in InDesign | Sie haben in InDesign anschließend im Menü **Bearbeiten** die Möglichkeit, den Arbeitsfarbraum zuzuweisen. Mit **Profil zuweisen** werden im Gegensatz zur Option **In Profil umwandeln** (siehe Möglichkeit 1: Umwandeln in Photoshop) die Farbwerte nicht verändert, sondern nur im neuen Farbraum dargestellt. Alternativ können Sie auch das abweichende Profil bestehen lassen:

- **Dokument nicht ändern:** Mit dieser Option werden die abweichenden Farbeinstellungen unverändert übernommen. Hierbei sollten Sie sichergehen, dass diese den technischen Vorgaben für Ihr Projekt entsprechen.
- **Dokument an die aktuellen Farbeinstellungen anpassen:** Hier können Sie nun wählen, welchen Farbraum Sie dem Dokument zuweisen möchten. Standardmäßig wird der Arbeitsfarbraum angeboten, Sie können allerdings in der Dropdown-Liste jedes installierte Farbprofil auswählen.

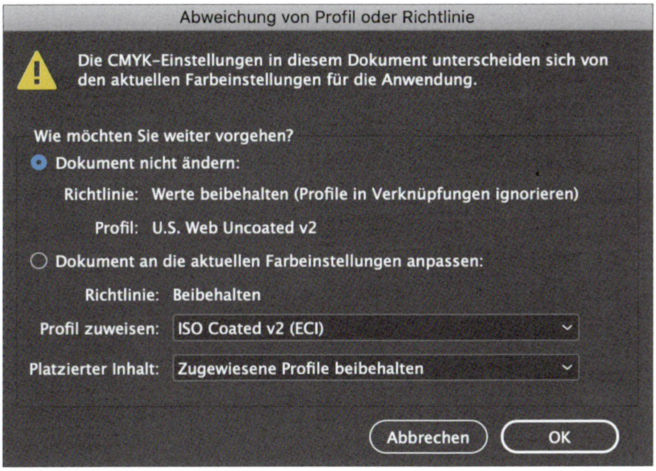

Abbildung 2.11 *Abweichung von Profil oder Richtlinie*

Profilmeldungen in Photoshop | In Adobe Photoshop sieht der Hinweis ähnlich aus, hier gibt es folgende Auswahlmöglichkeiten:

- **Eingebettetes Profil verwenden (anstelle des Arbeitsfarbraums):** Hierbei wird das abweichende Farbprofil ohne Anpassung übernommen und verwendet.
- **Dokumentfarben in den Arbeitsfarbraum konvertieren:** Mit dieser Option wird der abweichende Farbraum in den vordefinierten Arbeitsfarbraum konvertiert. Das Bild wird also farblich verändert.
- **Eingebettetes Profil verwerfen (kein Farbmanagement):** Damit wird das Bild im zugehörigen Farbmodus (RGB, CMYK etc) geöffnet, aber es werden keine Farbprofil-Tags hinterlegt.

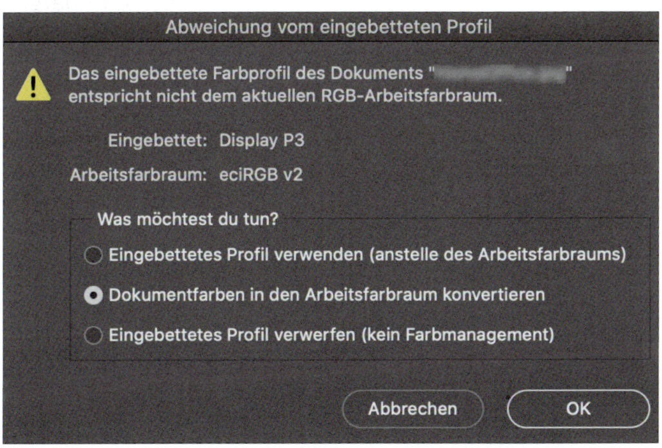

Abbildung 2.12 *Profilmeldung bei Abweichungen vom Arbeitsfarbraum*

Hinweise anzeigen lassen

Sie sollten sich die Hinweise bei abweichenden Farbräumen immer anzeigen lassen. So können Sie schnell sehen, ob ein Dokument von Ihrem vordefinierten Standard abweicht.

2.6 Medienneutraler Workflow

Abhängig vom Farbanspruch Ihres Projekts bietet es sich manchmal auch an, in einem medienneutralen Workflow zu arbeiten.

Medienneutraler Workflow im RGB-Modus | Hierbei wird ein Motiv in einem großen RGB-Farbraum ausgearbeitet, beispielsweise »eciRGB v2«. Anschließend wird dieses Bild in den unterschiedlichen Werbemitteln in der Druckvorstufe in den jeweiligen Dokument-Farbprofilen wie »ISO Coated v2«, »PSO Uncoated«, »PSO LWC Standard«, usw. platziert und erst beim Export in das abschließende Druck-PDF in den Ziel-CMYK-Farbraum umgewandelt.

Hierbei wird unterstellt, dass die Adobe Creative Cloud das Bild bestmöglich in den jeweiligen Farbraum konvertiert und man so über alle Werbemittel hinweg auf denselben Nenner kommt.

Der Vorteil ist, dass das Bild nur einmal ausgearbeitet und abgestimmt werden muss. Dadurch werden nicht nur Zeit und Ressourcen, sondern auch Kosten gespart. Gerade bei einer Werbekampagne in einer Vielzahl von unterschiedlichen Publikationen sind die genannten Vorteile so überzeugend, dass Unternehmen sich gerne für solch ein Modell entscheiden.

Medienneutraler Workflow im CMYK-Modus | Möchten Sie nicht den RGB-Farbmodus als Basis haben, sondern lieber CMYK, da Sie mit Dritten vorab eine Proof-Abstimmung vornehmen müssen, gibt es auch hierfür eine Lösung. Die European Color Initiative (ECI) hat den CMYK-Austauschfarbraum mit dem ICC-Profil »eciCMYK v2« entwickelt. Diesen können Sie auch proofen. Er stellt den größtmöglichen CMYK-Farbraum dar, wird aber mit den gängigen Druckverfahren nicht komplett abbildbar sein. Sie können ihn jedoch perfekt für einen medienneutralen Workflow in CMYK verwenden – unter der Voraussetzung, dass es sich ausschließlich um gedruckte Werbemittel handelt und nicht um digitale. Auch dieses ICC-Profil können Sie über die Website der ECI kostenfrei herunterladen und installieren.

Vorsicht im medienneutralen Workflow | Dieses Vorgehen ist bei Anzeigenflights in unterschiedlichen Publikationen oft sinnvoll, wenn Farbsensitivität nicht die größte

Rolle spielt. Bei Bildern von beispielsweise Textilien kann es jedoch zu einer problematischen Abweichung vom echten Farbwert führen. In diesem Fall müssen Workflows perfekt aufeinander abgestimmt sein, und selbst dann kann es vorkommen, dass die umgewandelten Farbbereiche noch auf dem verbindlichen Zielfarbraum angepasst werden müssen, um dem Original näher zu kommen.

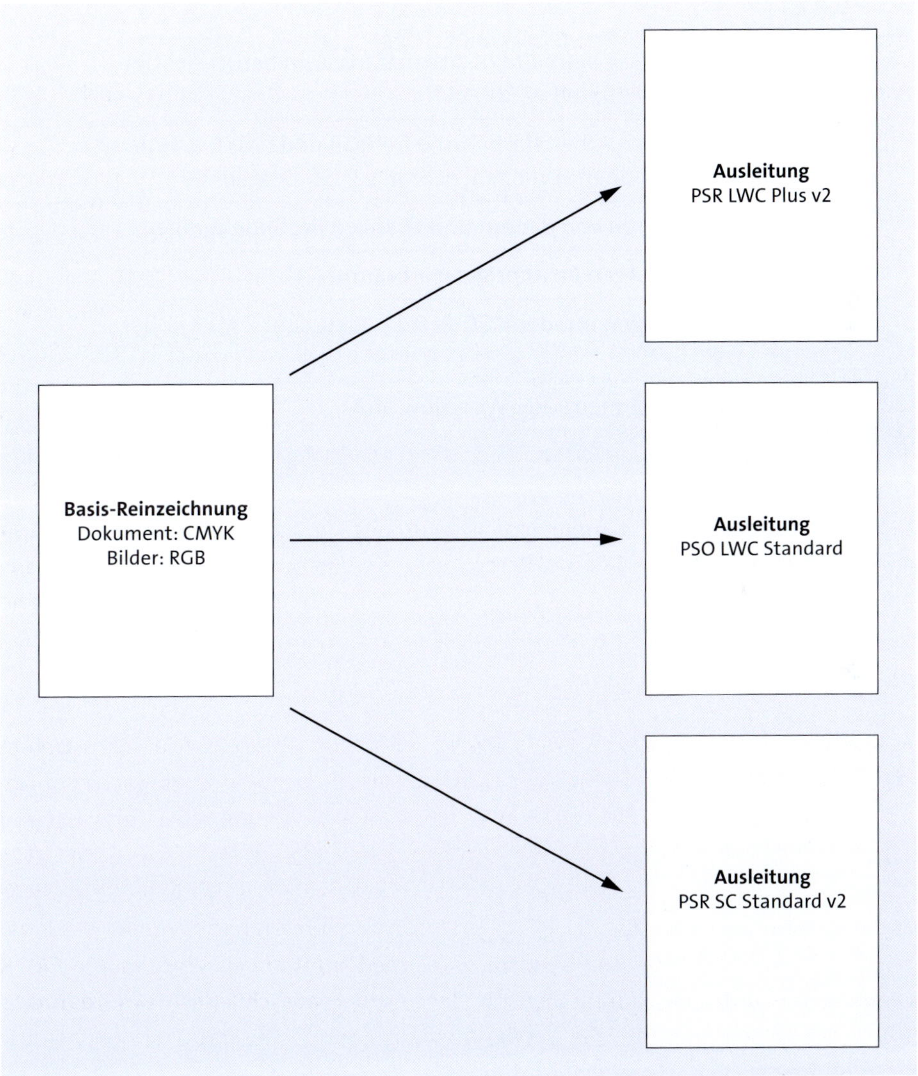

Abbildung 2.13 *Medienneutraler Workflow am Beispiel eines Anzeigenflights in verschiedenen Publikationen*

2.7 Checkliste: Farbmanagement

	Sind die Farbeinstellungen der Adobe Bridge mit der Creative Cloud synchronisiert?
	Wurden die Profilmeldungen bei Profilabweichungen und fehlenden Profilen aktiviert?
	Wurde der Farbauftrag beim CMYK-Arbeitsfarbraum berücksichtigt (beispielsweise »ISO Coated v2 300%«)?
	Wurden die korrekten Arbeitsfarbräume für RGB und CMYK definiert? Falls keine Informationen vorliegen: eciRGB v2, ISO Coated v2.
	Gab es beim Platzieren von Bildern und Grafiken Profilmeldungen?
	Sind alle Verknüpfungen im richtigen Farbraum?
	Gibt es Verknüpfungen mit dem ICC-Profil »Dokument-CMYK« oder »Dokument-RGB«?
	Bietet sich ein medienneutraler Workflow an?

Kapitel 3
Grundeinstellungen in InDesign

Machen Sie sich mit den Grundeinstellungen in InDesign für die Reinzeichnung vertraut, und treffen Sie nötige Vorbereitungen für Ihre Arbeit.

In diesem Kapitel werden einige Funktionen erklärt, die den meisten Nutzer*innen von InDesign bereits geläufig sein werden. Ich werde allerdings versuchen, die Einstellungen mit einem Blick durch die Brille der Reinzeichnung neu zu betrachten, und gegebenenfalls Denkanstöße geben, wie man schon im Vorfeld die richtigen Weichen stellen und damit das gesamte Projekt vereinfachen kann. Denn die hier vermittelten Grundlagen sind für das korrekte Arbeiten essenziell.

3.1 Richtiges Anlegen eines Druckdokuments in InDesign

Um ein neues Projekt in InDesign zu beginnen, müssen Sie sich als Erstes die Frage stellen, ob Sie ein neues **Dokument** oder ein neues **Buch** benötigen.

Eine Buch-Datei ermöglicht es Ihnen, mehrere InDesign-Dokumente an einem einzigen Ort zu bündeln und Optionen wie Seitenzahlen, Absatz- und Zeichenformate, Farben usw. zu synchronisieren. Dies ist besonders nützlich, wenn mehr als eine Person an einem Dokument arbeitet und wenn das zu erstellende Projekt eine hohe Seitenzahl aufweist. Wir beginnen mit einem neuen **Dokument**, werden das Thema **Buch** allerdings später in Abschnitt 8.3.1, »Bücher erstellen«, wieder aufgreifen.

Über das Menü **Datei > Neu > Dokument...** erreichen Sie das Dialogfeld zur Erstellung eines neuen Dokuments.

Altes Dialogfeld verwenden

Sie können auch in den Voreinstellungen über **InDesign > Voreinstellungen > Allgemein** auf die alte, klassische Ansicht des Dialogfelds wechseln. Da dieses schneller lädt und auch deutlich reduzierter ist, wird es von vielen Nutzern und Nutzerinnen noch gern verwendet.

3.1.1 Grundlegende Einstellungen im Dialogfeld »Neues Dokument«

Im Dialogfeld **Neues Dokument** können Sie neben den zuletzt verwendeten und gespeicherten Vorlagen im oberen Bereich zwischen den drei gängigen Zielmedien **Druck**, **Web** und **Mobil** wählen.

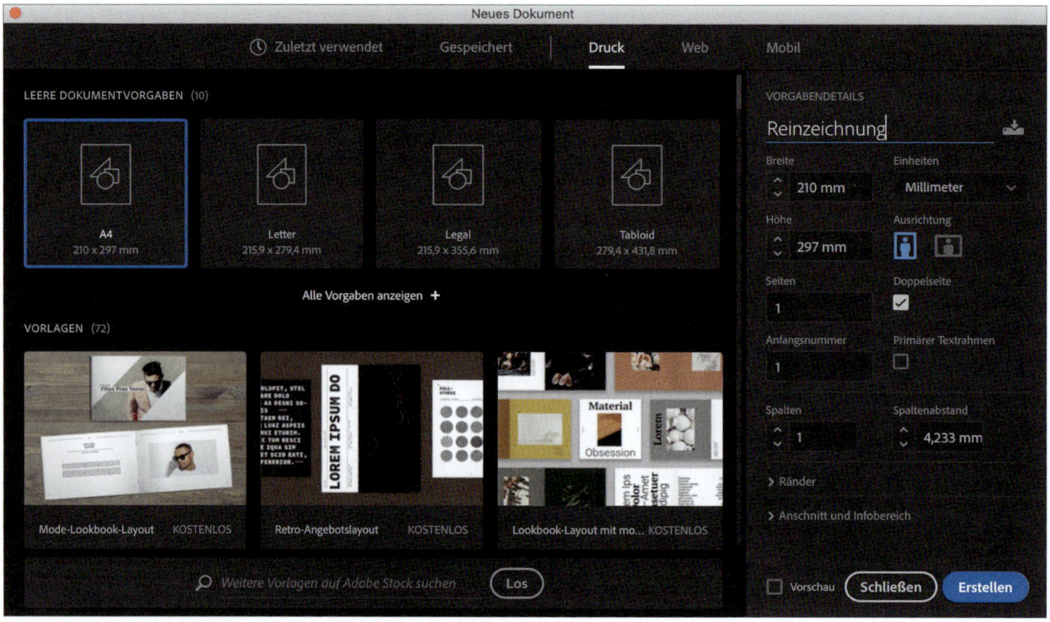

Abbildung 3.1 *Das Dialogfeld* ***Neues Dokument***

InDesign erleichtert Ihnen das Anlegen eines neuen Dokuments mit leeren Dokumentvorgaben für jede der drei Kategorien, hier z. B. A4, Letter usw., die darunter angezeigt werden.

Die Auswahl **Doppelseite** im rechten Bereich gibt an, ob Ihr Dokument nach dem Druck in der Weiterverarbeitung gebunden und vorab entsprechend ausgeschossen werden soll oder nicht. InDesign definiert dann automatisch die erste Seite als Titel und positioniert sie in Ihrer Seitenübersicht als Einzelseite rechts. Erst die Seiten 2–3 werden anschließend nebeneinandergestellt. Dies ist z. B. wichtig für den Anschnitt, der beim Ausschießen der Seiten später entsprechend der gegenüberliegenden Seite angelegt werden muss. Diese Aufgabe übernimmt InDesign für Sie.

Definition: Ausschießen

Anordnen der einzelnen Seiten auf einem Druckbogen, sodass diese nach dem Falzen in der richtigen Reihenfolge stehen.

Handelt es sich bei Ihrem Projekt allerdings um einen einseitigen Flyer, der nur von der Vorder- und Rückseite bedruckt wird, so müssen Sie diese Option abwählen, da Sie keine Doppelseiten benötigen. Dies kann auch bei einem vierseitigen Flyer der Fall sein, der nur mittig gefalzt wird. Auch hier benötigen Sie keine Titelseite, und der Anschnitt der gegenüberliegenden Seite ist durch den mittigen Falz fest definiert.

Die **Anfangsnummer** legt die erste Seitenzahl des Dokuments fest. So können Sie beispielsweise mit der Seite 2 starten, und InDesign entfernt bei der Auswahl **Doppelseiten** automatisch die Titelseite. Dies kann auch Sinn machen, wenn Sie ein großes Projekt in mehrere InDesign-Dokumente unterteilen, damit mehrere Reinzeichner*innen zeitgleich an dem Projekt arbeiten können oder die Belastung der zur Verfügung stehenden Hardware nicht zu groß wird. Hier empfiehlt es sich allerdings eher, mit einem InDesign-Buch zu arbeiten (siehe Abschnitt 8.3.1, »Bücher erstellen«).

Durch die Auswahl von **Primärer Textrahmen** legt InDesign auf jeder Seite innerhalb des Satzspiegels bereits vorab einen Textrahmen an. Diese befinden sich standardmäßig auf der »Ebene 1« und sind alle miteinander verknüpft. Vorteilhaft ist dies, sollten Sie anschließend ein längeres Textmanuskript in Ihr InDesign-Dokument importieren. Das tun Sie dann im ersten Textrahmen, und der Text verteilt sich automatisch über alle Seiten hinweg. Wirklich sinnvoll ist diese Funktion aber nur, wenn Sie komplett durchdeklinierte Zeichen- und Absatzformate (siehe Abschnitt 6.5, »Zeichen- und Absatzformate«) vorliegen haben, von denen auch nicht abgewichen werden darf.

Es ist außerdem möglich, von Beginn an die **Spalten** und den zugehörigen **Spaltenabstand** zu definieren. Dies bezieht sich entsprechend auch auf den primären Textrahmen und kann später natürlich uneingeschränkt verändert werden. So können Sie beispielsweise von Anfang an zwei Spalten mit einem Abstand von 5 mm festlegen, um diese Definition nicht nachträglich auf jeden Textrahmen anwenden zu müssen.

Spalten

Spalten werden meist vorab im Kreativlayout festgelegt. Allerdings kommt es im Eifer des Gefechts häufig zu Unregelmäßigkeiten im Kreativlayout bzw. zur Nichteinhaltung der zuvor definierten Grundregeln des Aufbaus. Daher bietet es sich an, beim Neubau in der Reinzeichnung diese Vorgabe zu Beginn zu definieren, um so eine Einheitlichkeit zu gewährleisten.

Dokumentvorgaben für Stanzformen | Anwender*innen, die häufig mit Stanzformen für den Verpackungsdruck zu tun haben, sollten sich mithilfe der Vorgabendetails eine eigene **Dokumentvorgabe** abspeichern, die beispielsweise mit einer Breite und Höhe von 1.500 mm definiert ist, um beliebige Stanzformen auf dem neuen Dokument platzieren zu können. Diese Dokumentvorgabe können Sie anschließend speichern und einstellen, dass sie standardmäßig für neue Projekte vorgeschlagen wird.

Klicken Sie dazu auf das Herunterladen-Symbol, und vergeben Sie für die Dokumentvorgabe einen passenden Namen. Anschließend klicken Sie auf **Speichern**.

Abbildung 3.2 *Speichern von Dokumentvorgaben*

Sie können dann bei jeder Verpackung basierend auf den echten Maßen der platzierten Stanzform diese Werte über das Menü **Datei > Dokument einrichten...** aufgerundet anpassen.

Aufrunden?

Eine Stanzform hat meist ungerade Werte. Wenn sie beispielsweise 500,74 mm breit ist, sollte das Dokument eine gerundete Dokumentenbreite von 501 mm haben.

3.1.2 Ränder, Anschnitt und Infobereich

Die folgenden Reiter sind im Dialogfeld **Neues Dokument** standardmäßig eingeklappt, für die Druckvorstufe allerdings essentiell: **Ränder** sowie **Anschnitt und Infobereich.**

Die **Ränder** definieren den Satzspiegel; so lassen sich layoutbezogene Abstände von oben, unten, links und rechts (innen und außen) definieren.

Der voreingestellte Wert von 12,7 mm sorgt häufig für Verwirrung. Grund hierfür ist der Standort des Mutterkonzerns – der ungerade Wert in unserem metrischen System entspricht genau 0,5 Inch. Die Ränder sollten allerdings nicht geringer als mit 3 mm definiert werden, da sonst im Falle eines Verschnitts in der Fertigung gegebenenfalls wichtige Inhalte beschnitten werden könnten. Moderne Druckereien in Europa schaffen zwar häufig bereits einen Verschnitt von unter 1 mm, dennoch fordern auch diese Druckereien nach außen einen Anschnitt von mindestens 3 mm. Daher stellt sich dem Anwender die Frage, weshalb diese Vorgabe nur in eine Richtung gehen sollte. Anschnitte wie Ränder von 5 mm und mehr sind heutzutage bei einer Produktion in Europa jedoch nicht mehr zwingend nötig.

Zu bedenken ist hier allerdings, dass bei umfangreicher Literatur gegebenenfalls Innenseiten verkürzt werden und ein Innenrand von 5 mm nötig werden kann. Diese Informationen sollten vorab von der Druckerei bzw. dem fertigenden Dienstleister bekanntgegeben werden.

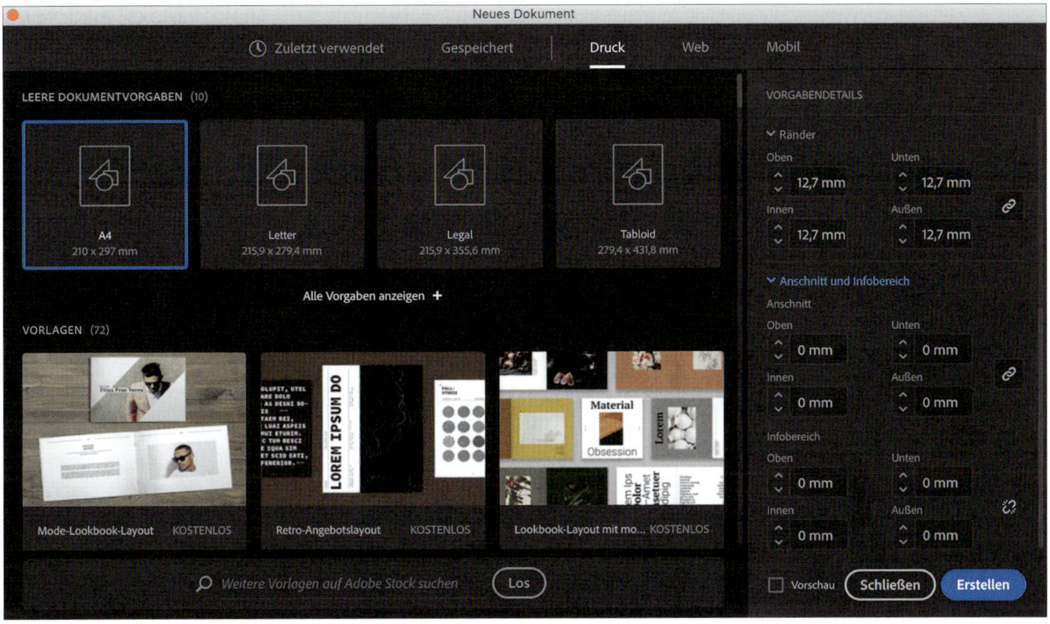

Abbildung 3.3 *Dialogfeld* ***Neues Dokument*** *in InDesign, Bereich* ***Ränder****,* ***Anschnitt*** *und* ***Infobereich***

Der Bereich **Anschnitt und Infobereich** definiert zwei wichtige Aspekte der Druckvorstufe.

Definition: Anschnitt

Der Anschnitt, auch »Beschnitt« genannt, definiert den überschüssigen Teil des Druckbilds, das in der Weiterverarbeitung abgeschnitten wird.

Der primäre Zweck des Anschnitts besteht darin, sogenannte Blitzer zu vermeiden. Durch die Weiterverarbeitung kann es im Schnitt des Bedruckstoffs immer wieder zu minimalen Ungenauigkeiten kommen, schließlich schneidet ein physisches Messer im Akkord. Sollte dieser Verschnitt nach innen ausfallen, so wird das Druckbild durch den Satzspiegel gesichert. Fällt der Verschnitt allerdings nach außen aus, sind dort ohne Anschnitt weiße Stellen des Bedruckstoffs zu sehen. Um dies in jedem Fall zu verhindern, ist der Anschnitt daher eine essentielle Einstellung in der Reinzeichnung.

Anschnitt unbedingt einstellen!

Der Anschnitt wird von der Druckerei definiert, beläuft sich aber standardmäßig auf 3 mm. Dieser Wert kann bedenkenlos übernommen werden, falls keine Informationen der Druckerei vorliegen.

Der **Infobereich** definiert einen zusätzlichen Raum für Informationen. Dies ist beim Ausschießen einer Broschüre eher selten von Nutzen – bei anderen Druckobjekten, wie beispielsweise Verpackungen, kann der Infobereich allerdings wichtige Informationen enthalten. Häufig findet sich im Infobereich ein Stempel mit Informationen wie Ansprechpartner seitens des Bestellers, Produktname und -art, verwendete Druckfarben usw. Sollten Sie nicht wissen, welche Informationen Sie in Ihrem Projekt weitergeben sollten, werden Sie höchstwahrscheinlich auf diesen Bereich verzichten können. Wichtig beim Infobereich ist, dass er normalerweise nicht im Druckbild erscheint – er dient lediglich dem Informationsaustauch.

3.2 Druckobjekte mit unterschiedlichen Seitengrößen in einem Dokument anlegen

In InDesign lassen sich innerhalb eines Dokuments verschiedene Formate anlegen. Dies ist beispielsweise bei Abformaten eines Werbemittels (siehe hierzu auch Abschnitt 8.9, »Liquid Layouts und alternative Layouts«), aber auch bei verkürzten Klappseiten (siehe Abschnitt 3.3, »Falztechniken und Buchrücken in InDesign anlegen«) hilfreich.

Sie müssen jedem neuen Dokument zwar ein Format zuweisen, das auch als Dokumentformat bestehen bleibt. Allerdings können Sie jeden einzelnen Druckbogen innerhalb Ihres Dokuments neu vermaßen.

Aktivieren Sie hierzu im Werkzeug-Bedienfeld das Seitenwerkzeug (⇧+P). Dann wählen Sie im Seiten-Bedienfeld die Seite aus, die Sie neu vermaßen möchten. Durch einen Klick auf den Druckbogen erhält dieser eine Markierung, und Sie haben die Möglichkeit, entweder per Maus + Alt die Breite und Höhe zu verändern oder diese Werte oben im Steuerung-Bedienfeld einzutragen. In der Reinzeichnung empfiehlt sich Letzteres, da nur so ein exaktes Arbeiten möglich ist.

Abbildung 3.4 *Steuerung-Bedienfeld des Seitenwerkzeugs*

Sie können über den Bezugspunkt festlegen, in welche Richtung sich der Druckbogen verändert, wenn Sie das Format ändern. Im Seiten-Bedienfeld wird das Format auch entsprechend proportional zum Originaldruckbogen angepasst. Wenn Sie also den Druckbogen von einem DIN-Format in ein quadratisches Format ändern, werden Sie direkt einen Unterschied wahrnehmen.

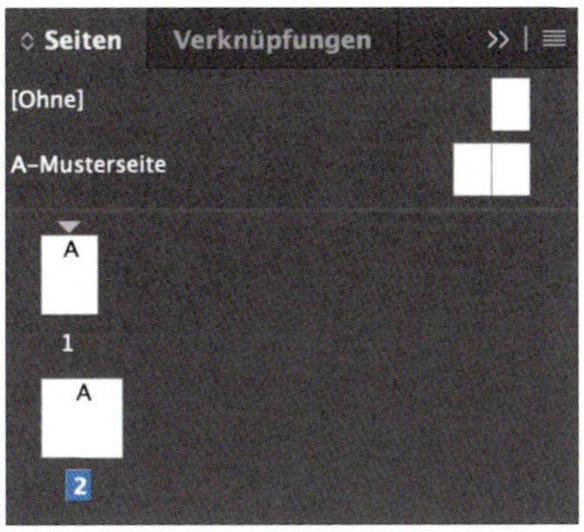

Abbildung 3.5 *Unterschiedlich große Seiten in einem Dokument*

Prüfung über den Preflight | Gefährlich kann es hierbei werden, wenn die Abweichung vom Dokumentformat nur versehentlich angelegt wurde. Dies kann im Eifer des Gefechts, besonders in der Kreationsphase, schnell passieren. Daher empfiehlt es sich, über den in InDesign integrierten Preflight zu prüfen, ob die Druckbögen voneinander abweichen.

Wählen Sie hierzu im Preflight unter **Fenster > Ausgabe > Preflight** in dem Reiter **Dokument** das Kontrollkästchen **Alle Seiten müssen das gleiche Format und die gleiche Ausrichtung haben** aus (siehe auch Abschnitt 10.9, »InDesign-Preflight«).

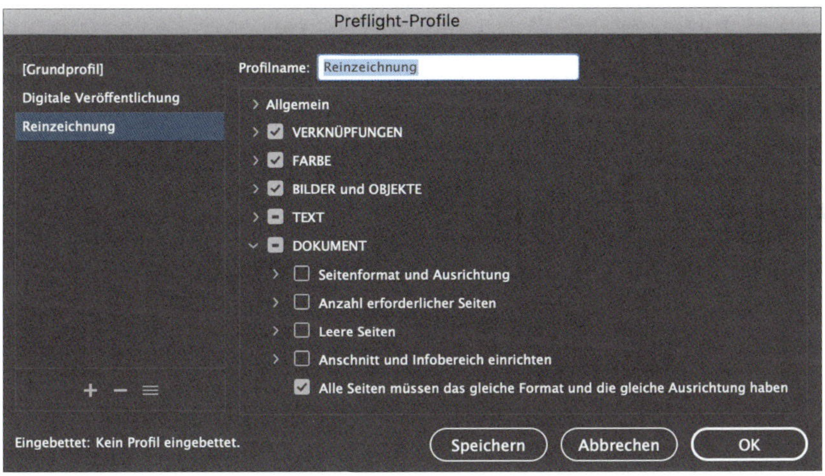

Abbildung 3.6 *Dialogfeld **Preflight-Profile***

Der Preflight wird Sie fortan sofort darauf hinweisen, sollte sich in Ihrem Dokument ein Druckbogen befinden, der vom Dokumentenformat abweicht.

Besonders nützlich ist diese Funktion immer dann, wenn Klappseiten verkürzt werden müssen. Bei einem Flyer mit Wickelfalz muss die innere Klappseite beispielsweise immer verkürzt werden, damit sie nicht gegen die äußere Klappseite stößt. Hierbei empfiehlt es sich, den Druckbogen um 1,5 bis 2 mm nach außen zu verkürzen. Dazu kommen wir nun ausführlich.

3.3 Falztechniken und Buchrücken in InDesign anlegen

Die vier in der Praxis gängigsten Falztechniken sind Einbruchfalz, Wickelfalz, Fensterfalz (Altarfalz) und Leporello- oder Zickzackfalz.

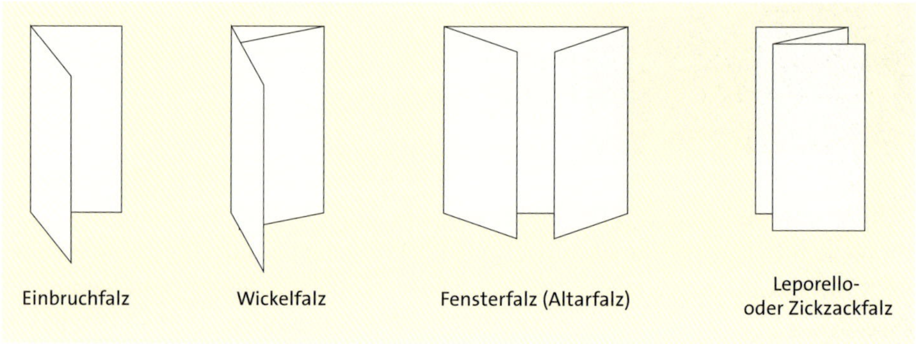

Abbildung 3.7 *Die gängigsten Falztechniken*

Die häufig für Flyer genutzten Falztechniken werden in InDesign am besten als zusammenhaltende Druckbögen angelegt und mit dem Seitenwerkzeug entsprechend gekürzt.

3.3.1 Einbruchfalz

Der Einbruchfalz ist die einfachste und deshalb auch verbreitetste Falzart – bei ihm wird der Druckbogen einmal in der Mitte gefalzt, sodass ein Bogen mit vier Seiten entsteht.

Abbildung 3.8 *Einbruchfalz mit Seitenreihenfolge. Bei der Nummerierung handelt es sich um die Lesereihenfolge, nicht um die Seitenreihenfolge in InDesign.*

Sie können ihn vergleichsweise einfach erstellen, indem Sie ein neues Dokument erstellen und ihm vier Seiten zuweisen. Nun aktivieren Sie die Auswahl **Doppelseiten** und belegen die **Anfangsnummer** mit 2, damit InDesign keine Titelseite für Ihr Dokument anlegt. Et voilà – Sie können direkt anfangen zu gestalten.

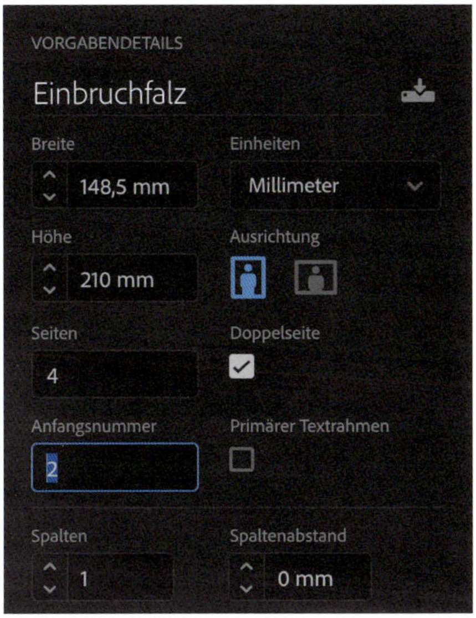

Abbildung 3.9 *Neues Dokument für einen Einbruchfalz*

3.3.2 Wickelfalz

Wie der Name bereits sagt, wird das Papier hier »gewickelt«. Beim Wickelfalz gilt es zu beachten, dass die Innenklappseite um 2 bis 3 mm verkürzt werden muss. Vergessen Sie dies, kann die äußere Klappseite nicht schließen.

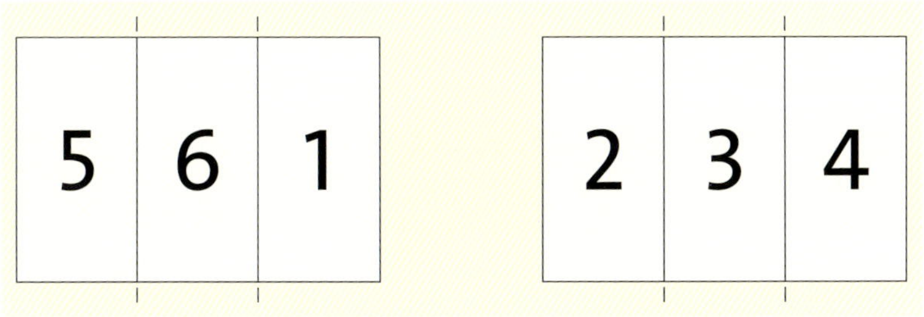

Abbildung 3.10 *Wickelfalz mit Seitenreihenfolge. Bei der Nummerierung handelt es sich um die Lesereihenfolge, nicht um die Seitenreihenfolge in InDesign.*

Legen Sie dazu ein neues Dokument mit sechs Seiten im Format DIN lang hoch (100 × 210 mm) an. Öffnen Sie anschließend das Seiten-Bedienfeld, und entfernen Sie auf Seite 1 den Haken bei **Neue Druckbogenanordnung zulassen**.

Ziehen Sie anschließend Seite 2 und Seite 3 mit der Maus neben Seite 1. Es erscheint nun ein Klammersymbol, das verdeutlicht, dass die Seite an den Druckbogen angeheftet wird. Springen Sie auf Seite 4, und entfernen Sie erneut den Haken bei **Neue Druckbogenanordnung zulassen**. Nun können Sie auch hier die Seiten 5 und 6 an den Druckbogen ziehen. Anschließend haben Sie zwei Druckbögen mit jeweils drei Seiten nebeneinander.

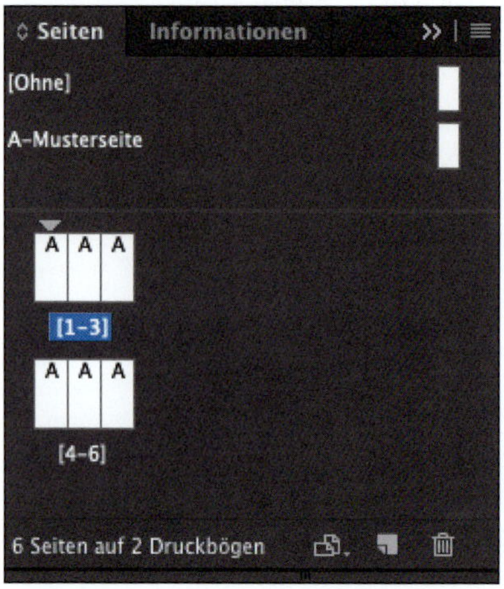

Abbildung 3.11 *Zwei Druckbögen mit jeweils drei Seiten nebeneinander*

Nun springen Sie auf Seite 1 und wählen das Seitenwerkzeug aus dem Werkzeug-Bedienfeld aus. Klicken Sie auf die Seite, setzen Sie den Bezugspunkt oben rechts, und reduzieren Sie die Breite um 3 mm. Ein Abstand von 3 mm wäre technisch für die Konfektionierung nicht zwingend notwendig, hier würden auch 2 mm reichen. Allerdings möchten wir aufgrund unserer Vorgabe DIN lang am Ende einen Druckbogen von 297 × 210 mm erzielen.

Abbildung 3.12 *Um 3 mm verkürzte Außenseite*

Da Sie Vorder- und Rückseite gestalten, müssen Sie nun auch auf Seite 6 springen und die Seite mit dem Seitenwerkzeug entsprechend um 3 mm verkürzen; diesmal muss der Bezugspunkt allerdings oben links gesetzt werden. Nun können Sie mit der Gestaltung beginnen bzw. die Gestaltung aus dem Kreationsteam auf Ihr neu erstelltes Dokument anwenden.

Abbildung 3.13 *Beispiel für einen sechsseitigen Wickelfalz-Flyer außen*

Abbildung 3.14 *Beispiel für einen sechsseitigen Wickelfalz-Flyer innen*

8- und 10-seitiger Wickelfalz | Neben dem 6-seitigen Wickelfalz gibt es auch noch einen 8- und 10-seitigen Wickelfalz. Hier werden eine bzw. zwei weitere Klappseiten außen angehängt, sodass die Klappseiten jeweils erneut aufgeklappt werden können. Hierbei gilt es zu beachten, dass jede weitere angehängte Seite entsprechend verkürzt werden muss. Je Falz reichen allerdings die technischen 2 mm aus.

Abbildung 3.15 *Um 2 mm verkürzte Außenseite*

Das bedeutet, dass nach der Verkürzung der Außenseite um 2 mm die zusätzliche Klappseite erneut um 2 mm verkürzt wird, also um 4 mm zur Ausgangsseite. Bei einem 10-seitigen Dreifach-Falz sogar entsprechend um 6 mm, dann um 4 mm und dann um 2 mm.

3.3.3 Fensterfalz (Altarfalz)

Beim Fensterfalz, auch Altarfalz genannt, wird wie beim Wickelfalz parallel gefalzt, allerdings werden hier die beiden äußeren Teile des Druckbogens nach innen gefalzt, bis sie sich fast berühren.

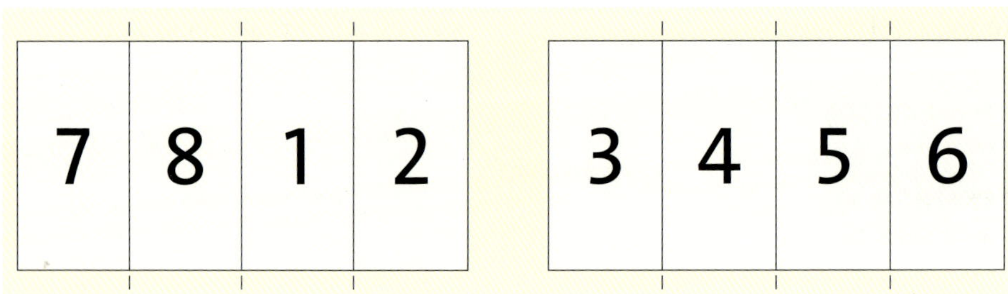

Abbildung 3.16 *Fensterfalz mit Seitenreihenfolge. Bei der Nummerierung handelt es sich um die Lesereihenfolge, nicht um die Seitenreihenfolge in InDesign.*

Auch beim Fensterfalz müssen die beiden äußeren Klappseiten etwas verkürzt werden, damit sie beim Falzen nicht gegeneinanderstoßen. Legen Sie dazu ein neues Dokument mit acht Seiten im Format DIN lang hoch (100 × 210 mm) an. Öffnen Sie anschließend das Seiten-Bedienfeld, und deaktivieren Sie auf Seite 1 im Bedienfeldmenü **Neue Druckbogenanordnung zulassen**.

Ziehen Sie anschließend Seite 2, 3 und 4 mit der Maus neben Seite 1. Es erscheint nun ein Klammersymbol, das verdeutlicht, dass die Seite an den Druckbogen angeheftet wird. Springen Sie auf Seite 5, und entfernen Sie erneut den Haken bei **Neue Druckbogenanordnung zulassen**. Nun können Sie auch hier die Seiten 6, 7 und 8 an den Druckbogen ziehen. Anschließend haben Sie zwei Druckbögen mit jeweils vier Seiten nebeneinander. Nun springen Sie auf Seite 4 und wählen das Seitenwerkzeug aus dem Werkzeug-Bedienfeld aus. Klicken Sie auf die Seite, setzen Sie den Bezugspunkt oben links, und reduzieren Sie die Breite um 1 mm. Springen Sie nun auf Seite 1, setzen Sie den Bezugspunkt oben rechts, und reduzieren Sie auch diese Seite um

1 mm. Wenn die beiden Außenseiten nun zusammengeklappt werden, bleibt ein Freiraum von jeweils 2 mm übrig.

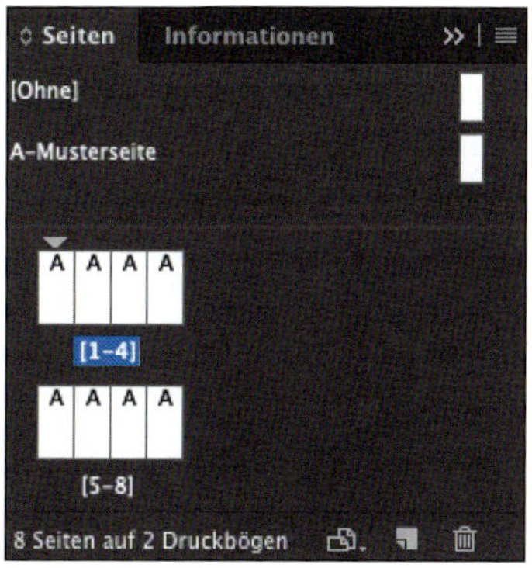

Abbildung 3.17 *Zwei Druckbögen mit jeweils vier Seiten nebeneinander*

Machen Sie dasselbe auf den jeweiligen Rückseiten 5 und 8, und schon haben Sie ein fertiges Dokument, das nach der Gestaltung in die Weiterverarbeitung kann.

Tipp

Sie haben auf diese Weise zwar bei der PDF-Ausgabe (siehe Abschnitt 11.3, »PDF-Export-Einstellungen«) später zwischen den Seiten 4 und 5 sowie 8 und 1 Falzmarken, obwohl hier nicht gefalzt werden soll. Allerdings empfiehlt sich dieses Vorgehen, da Sie so flexibler mit den Seiten arbeiten können, als wenn Sie mit dem Seitenwerkzeug die Doppelseiten zusammenfassen. Auch bei der Weiterverarbeitung in der Druckerei sollte es hier keine Probleme geben. Weisen Sie den Drucker sicherheitshalber darauf hin.

3.3.4 Leporello- oder Zickzackfalz

Der Leporello- oder Zickzackfalz hat dieselbe Seitenreihenfolge wie der 6-seitige Wickelfalz. Allerdings wird bei ihm die äußere Klappseite nicht nach vorne, sondern nach hinten gefalzt.

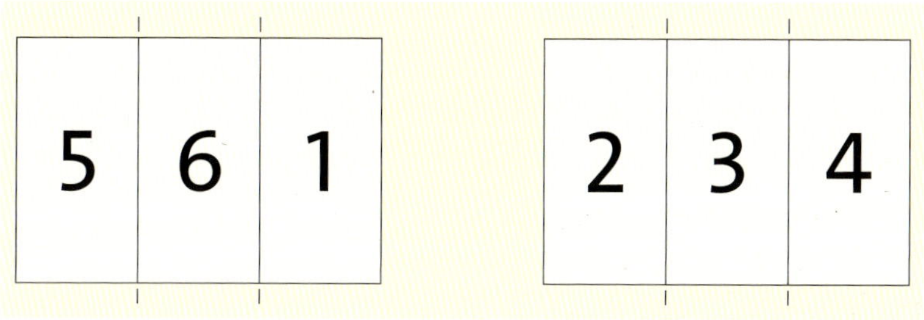

Abbildung 3.18 *Leporello- oder Zickzackfalz mit Seitenreihenfolge. Bei der Nummerierung handelt es sich um die Lesereihenfolge, nicht um die Seitenreihenfolge in InDesign.*

Hier gibt es glücklicherweise keine Seiten zu verkürzen. Legen Sie einfach ein neues Dokument mit sechs Seiten im Format DIN lang hoch (100 × 210 mm) an. Öffnen Sie anschließend das Seiten-Bedienfeld, und entfernen Sie auf Seite 1 im Bedienfeldmenü den Haken bei **Neue Druckbogenanordnung zulassen**. Ziehen Sie anschließend Seite 2 und Seite 3 mit der Maus neben Seite 1. Springen Sie auf Seite 4, und entfernen Sie erneut den Haken bei **Neue Druckbogenanordnung zulassen**. Nun können Sie auch hier die Seiten 5 und 6 an den Druckbogen ziehen. Anschließend haben Sie zwei Druckbögen mit jeweils drei Seiten nebeneinander.

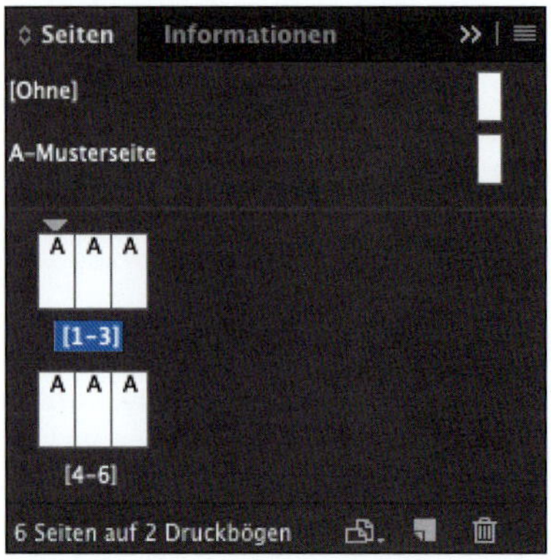

Abbildung 3.19 *Zwei Druckbögen mit jeweils drei Seiten nebeneinander*

Nun ist Ihr Dokument fertig für die Weiterverarbeitung. Markieren Sie sich allerdings noch die Seiten entsprechend der Reihenfolge für Ihre Gestaltung. Dies kann beim Leporello zu Verwirrung führen, wenn Sie nicht gut aufpassen.

3.3.5 Buchrücken anlegen

Haben Sie keine Klammerheftung, sondern einen Buchrücken, sollten Ihre InDesign-Dokumente entsprechend angepasst werden. Hierzu muss von der Druckerei die verbindliche Information kommen, wie stark der Rücken ist, also wie viele Millimeter Sie für den Buchrücken einplanen müssen. Gehen wir beispielsweise von einem Buchrücken von 10 mm aus.

Um einen Umschlag mit Buchrücken korrekt anzulegen, müssen Sie ein eigenes Dokument für den Umschlag ohne Doppelseiten erstellen. Falls Sie die empfohlene Ordnerstruktur nutzen (siehe Abschnitt 1.3, »Projektorganisation«), werden Sie im Reinzeichnung-Ordner nun zwei InDesign-Dokumente haben:

1. Umschlag
2. Innenseiten

Der Umschlag besteht, sofern es keine Klappseiten gibt, aus sechs Seiten, nämlich der U1–4 sowie den beiden Buchrücken innen und außen. Legen Sie dazu ein neues Dokument mit sechs Seiten im selben Format wie die Innenseiten an, allerdings ohne Doppelseiten. Nun wählen Sie die erste und vierte Seite aus und deaktivieren den Haken bei **Neue Druckbogenanordnung zulassen**. Sie können das Dokument nun erstmal ähnlich dem Wickelfalz anlegen (siehe Abschnitt 3.3.2, »Wickelfalz«). Nun gehen Sie allerdings auf die Seite 2 und ändern mit dem Seitenwerkzeug die Breite auf 10 mm – dies ist unser Buchrücken. Anschließend machen Sie dasselbe mit der Seite 5.

Abbildung 3.20 *Buchrücken auf den Seiten 2 und 5*

So einfach lässt sich ein Buchrücken in den Druckbogen integrieren; auch die Schnittmarken werden nun auf dem Druckbogen beim PDF-Export korrekt ausgegeben, ohne dass Sie diese händisch setzen müssen.

Allerdings stimmt die Paginierung noch nicht. Gehen Sie dazu auf die Seite 3, und öffnen Sie die **Nummerierungs- und Abschnittsoptionen** im Menü **Layout**.

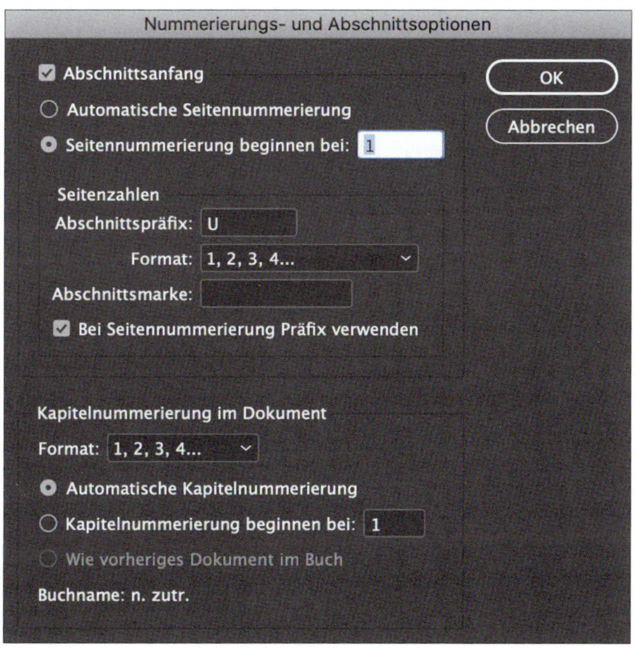

Abbildung 3.21 *Nummerierungsoptionen für Umschlagseite 1*

- **Abschnittsanfang:** Hier setzen Sie nun einen neuen Abschnitt (siehe auch Abschnitt 3.6.1 »Musterseiten für Literatur«).
- **Seitennummerierung beginnen bei:** Lassen Sie die Seitenzahl nicht automatisch laufen, da es sich in diesem Fall bei der Seite 3 um die Umschlagseite 1 handelt. Setzen Sie den Start händisch auf 1.
- **Abschnittspräfix:** Geben Sie den Umschlagseiten das Präfix »U«, damit Sie diese entsprechend als U1–4 kennzeichnen können. Setzen Sie auch den Haken **Bei Seitennummerierung Präfix verwenden**.

Nun wird Ihnen im Seiten-Bedienfeld die Seite 3 als U1 angezeigt. Setzen Sie jetzt auch bei den Seiten 1, 4 und 6 neue Abschnittsanfänge, und weisen Sie die entsprechende Bezeichnung zu. Sie können den Seiten 2 und 5 – den Buchrücken-Seiten – auch eine eigene Kennzeichnung zuweisen. Anschließend haben Sie einen sauber paginierten Druckbogen für den Umschlag mit Buchrücken.

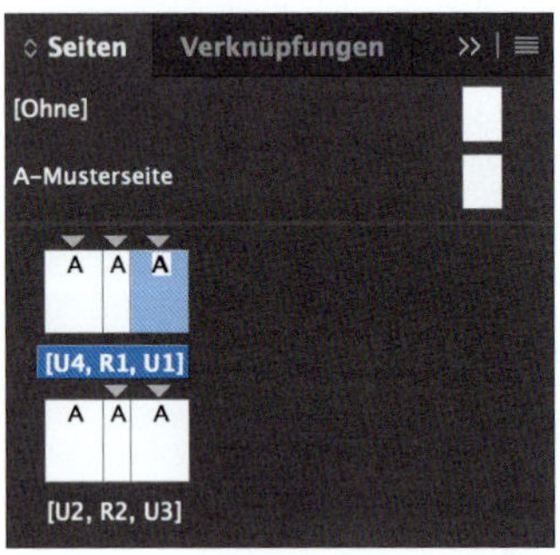

Abbildung 3.22 *Paginierte Umschlagseiten mit Buchrücken*

> **Falzmarken**
> Um Falzmarken müssen Sie sich bei dieser Herangehensweise nicht kümmern, da InDesign beim PDF-Export in Druckbögen die entsprechenden Falzmarken automatisch setzt.

3.4 Grundlinienraster

Das Grundlinienraster hat den Sinn, alle Textbausteine auf unterschiedlichen Seiten eines Dokuments immer auf denselben vertikalen Höhen parallel zueinander laufen zu lassen und ihnen dadurch eine gemeinsame Grundlinie zu geben. Dies nennt man Registerhaltigkeit.

Die Registerhaltigkeit ergibt ein bündigeres und dadurch auch angenehmeres Gesamtbild und verhindert außerdem bei dünnen Materialien das ungleichmäßige

Durchscheinen des Textes der Rückseite. Dieses Durchscheinen verändert nämlich nicht nur den Grauwert der Seite, sondern ist auch für den Leser unangenehm.

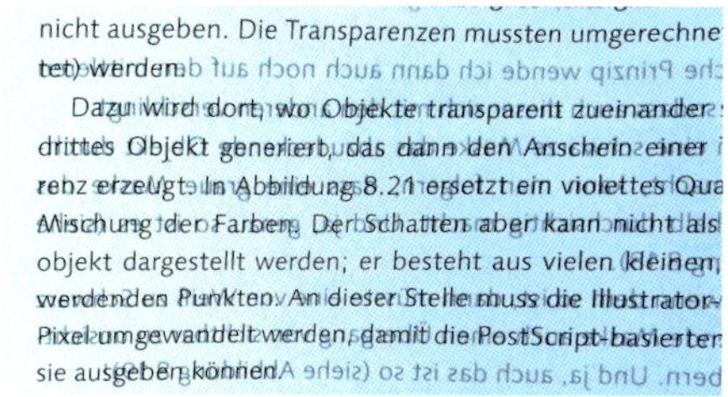

Abbildung 3.23 *Durchscheinen einer Rückseite – hier wurde allerdings registerhaltig gearbeitet.*

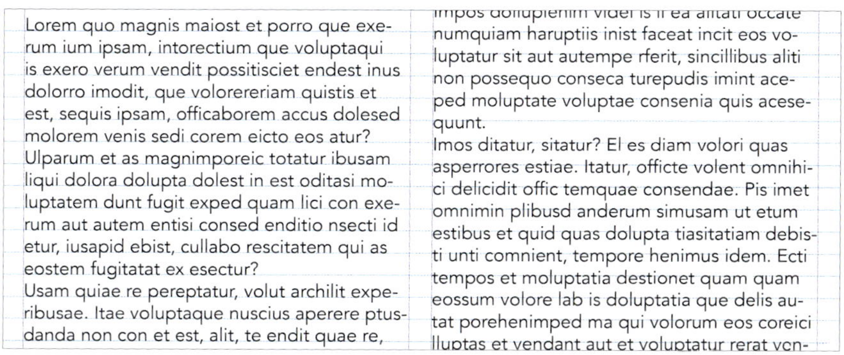

Abbildung 3.24 *Links ist der Text am Grundlinienraster ausgerichtet, rechts nicht.*

SCHRITT FÜR SCHRITT
Ein Grundlinienraster anlegen

1 Vorbereitung

Legen Sie als Schriftart für den Fließtext beispielsweise die »Avenir« von Adrian Frutiger mit einer Größe von 12 pt fest. Der von uns definierte Satzspiegel startet oben bei 20 mm, daher werden wir das Grundlinienraster so anlegen, dass die Versalhöhe, also die Höhe eines Großbuchstabens, exakt auf dem Satzspiegel liegt.

2 Grundlinienraster einblenden

Als Erstes müssen Sie sich das Grundlinienraster einblenden. Dies können Sie über das Menü **Ansicht > Raster und Hilfslinien > Grundlinienraster einblenden** erzielen. Zur exakten Positionierung legen Sie einen Textrahmen mit der entsprechenden Schriftart und -größe an und weisen ihm das Merkmal **An Grundlinienraster ausrichten** zu. Bestenfalls beginnt Ihr Text mit einem markanten Großbuchstaben, der die Versalhöhe deutlich zeigt – beispielsweise ein »M«. Nun legen Sie den Start des Grundlinienrasters in den Voreinstellungen so fest, dass die Versalhöhe Ihres Textes exakt auf der oberen Linie des Satzspiegels liegt.

Abbildung 3.25 *Die Versalhöhe wird exakt am Satzspiegel ausgerichtet.*

3 Anfang festlegen

Um den Beginn des Grundlinienrasters zu verändern, wählen Sie **InDesign > Voreinstellungen > Raster...** Unter dem Punkt **Anfang** können Sie den Start des Grundlinienrasters festlegen. Als Ausgangswert empfiehlt es sich, den Satzspiegel und die Schriftgröße zu addieren, beispielsweise: 20 mm + 12 pt. Diese Kombination von unterschiedlichen Einheiten in einer Rechnung wird InDesign Ihnen in diesem Dialogfeld direkt berechnen.

Bedenken Sie, dass sich jeder Buchstabe innerhalb eines Buchstabenkegels befindet und deswegen die Schriftgröße von 12 pt nicht exakt die Versalhöhe widerspiegelt. Daher sollten Sie sich basierend auf diesem Ausgangswert an den Realwert herantasten. Vergessen Sie dabei auch nicht, dass der Textrahmen etwas über dem Satzspiegel platziert sein muss, da der Schriftkegel höher als die Versalgröße ist und sich der Text sonst entsprechend selbst in die nächste Zeile umbricht.

4 Einteilung bestimmen

Sobald Sie den genauen Start des Grundlinienrasters definiert haben, legen Sie die Einteilung entsprechend Ihrem Zeilenabstand fest – beispielsweise 120 % bei einer Schriftgröße von 12 pt ergibt 14,4 pt.

5 Satzspiegel festlegen

Nun gilt es noch den Satzspiegel zu perfektionieren. Da sich der Abstand nach unten nun an dem Grundlinienraster orientieren soll, müssen Sie auch hier eine Anpassung vornehmen. Über **Layout > Ränder und Spalten...** passen Sie den Rand unten exakt auf die nächste Grundlinie an. Dies ist wichtig, damit Bilder und Grafiken, die sich am Satzspiegel orientieren, auch bündig mit der untersten Textzeile sind.

Abbildung 3.26 *Auf das Grundlinienraster angepasster Satzspiegel inklusive Bild am unteren Satzspiegelrand*

6 Anzeigeschwellenwert
Sie haben außerdem die Möglichkeit, über den **Anzeigeschwellenwert** festzulegen, bei welchem Zoomfaktor das Grundlinienraster in Ihrem InDesign-Dokument nicht mehr angezeigt wird. Ebenfalls können Sie über das Häkchen bei **Raster im Hintergrund** einstellen, ob Vektorobjekte oder importierte Bilder das Grundlinienraster überdecken sollen oder ob es weiterhin über diesen Objekten zu sehen ist.

Zeichen- und Absatzformate

Bei Verwendung eines Grundlinienrasters sollten Sie auch dringend mit Absatz- und Zeichenformaten arbeiten, um eine einheitliche Einhaltung des Rasters zu gewährleisten (siehe Abschnitt 6.5, »Zeichen- und Absatzformate«).

3.5 InDesign-Templates und verborgene Elemente

Templates bzw. Vorlagen in InDesign sind ein einfacher Start für Dokumente, die sich in regelmäßigen Abständen wiederholen. Es können Gestaltung, Formatierungen, Grundlinienraster, Musterseiten, Objekte, Verknüpfungen usw. vorab definiert werden, was die Weiterverarbeitung des Dokuments deutlich erleichtert.

3.5.1 Templates

Es ist nicht ungewöhnlich, wenn Ihnen globale Firmen für die Reinzeichnung einen Zugang zu ihrer hauseigenen Werbedatenbank geben. Dort finden sich neben den Corporate-Identity-Vorgaben (CI), Logo- und Bilddaten häufig auch InDesign-Templates, also Vorlagen, die Sie direkt herunterladen können. Hier sind Standards wie DIN-Formate schon nach CI-Vorgaben vorgebaut und müssen nur noch mit Inhalten befüllt werden.

Diese InDesign-Template-Dateien haben die Dateiendung INDT (InDesign Template). Wenn Sie die Datei öffnen, werden Sie dazu aufgefordert, sie unter einem neuen Namen abzuspeichern. So wird das Template durch die Bearbeitung nicht überschrieben, und Sie können es beliebig oft als Ausgangspunkt Ihrer Gestaltung verwenden.

Sie können aber natürlich auch selbst Templates erstellen. Gibt es beispielsweise eine Reinzeichnerin, die seit Jahren einen Kunden betreut und seine Corporate Identity in- und auswendig beherrscht, macht es Sinn, dass diese Mitarbeiterin für die einfachere Zusammenarbeit mit anderen Kollegen schon Templates unter Einhaltung der CI vorbereitet. Auch kann ein Creative Director die Optik für beispielsweise eine umfangreiche Broschüre gestalten und seinen Kolleginnen dann Templates zur

Verfügung stellen, die diese dann unter Einhaltung des vorab festgelegten Looks mit Inhalt befüllen.

3.5.2 Verborgene Elemente

Besonders gut funktioniert die Zusammenarbeit, wenn verborgene Elemente verwendet werden. Speziell beim Arbeiten mit einer detaillierten Corporate Identity sind Hilfslinien und auch Abstandsobjekte erforderlich, die der Gestaltung dienen, aber nicht gedruckt werden sollen.

> **Vorsicht!**
>
> Häufig werden hier einfach transparente Kästen in InDesign aufgezogen, da diese auf den ersten Blick nicht sichtbar sind. Allerdings werden diese Elemente im Ausgabe-PDF mitexportiert. Bei einem PDF basierend auf PostScript erzeugt die Transparenzreduzierung hier gegebenenfalls Fehler im Bild, die nicht notwendig wären.

Es empfiehlt sich, nicht druckende Elemente auf eine eigene Ebene mit einer sprechenden Bezeichnung zu setzen, beispielsweise »corporate identity« oder »Designelemente«.

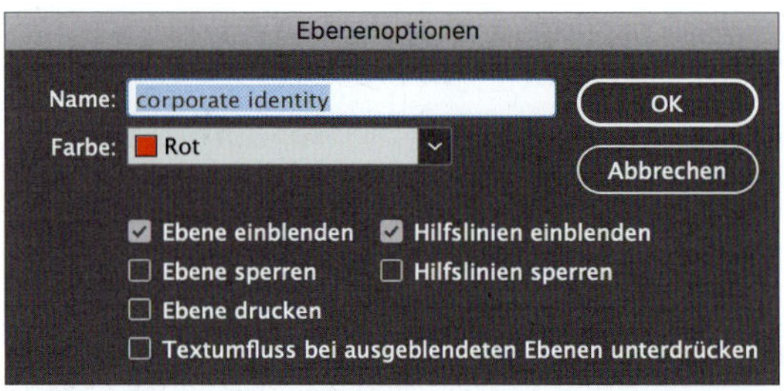

Abbildung 3.27 *Ebenenoptionen ohne das Attribut **Ebene drucken***

Dieser Ebene entziehen Sie anschließend das Attribut **Ebene drucken**. Daraufhin ändert sich der Schriftschnitt der Ebene im Ebenen-Bedienfeld in kursiv, was direkt optisch verdeutlicht, dass ihre Inhalte nicht gedruckt bzw. nicht im PDF mit ausgegeben werden.

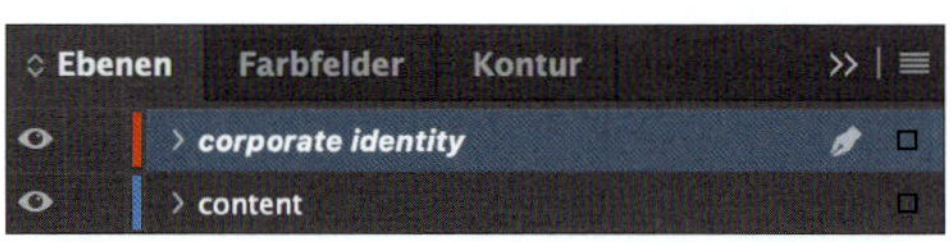

Abbildung 3.28 *Schriftschnitt kursiv bei nicht druckenden Ebenen*

SCHRITT FÜR SCHRITT
Template erstellen mit verborgenen Elementen

Wenn Sie nun mithilfe dieser Funktionen ein Template erstellen möchten, das nicht nur einen Aufbau nach Corporate-Identity-Richtlinien abbildet, sondern auch mithilfe von verborgenen Elementen Abstände einzeichnet, öffnen Sie dazu ein neues Dokument.

1 Zwei Ebenen erstellen

Erstellen Sie zwei Ebenen: eine für die verborgenen Elemente und eine für den tatsächlichen Inhalt. Sobald Sie dies getan haben, entziehen Sie der Ebene mit den versteckten Elementen das Attribut **Ebene drucken** über die Ebenenoptionen und wechseln dann auf die Inhaltsebene.

2 Logo-Abstände auf CI-Ebene setzen

In unserem Beispiel gibt es die Vorgabe, dass ein Logo oben links aufgehängt ist und der Abstand vom Logo zum Rand jeweils 50 % der Logogröße entspricht. Zusätzlich gibt es einen farbigen Kasten, der 20 % der Höhe einnimmt und am unteren Rand aufgehängt ist. Dieser Kasten hat einen Abstand zum rechten Rand von 50 % der Logogröße.

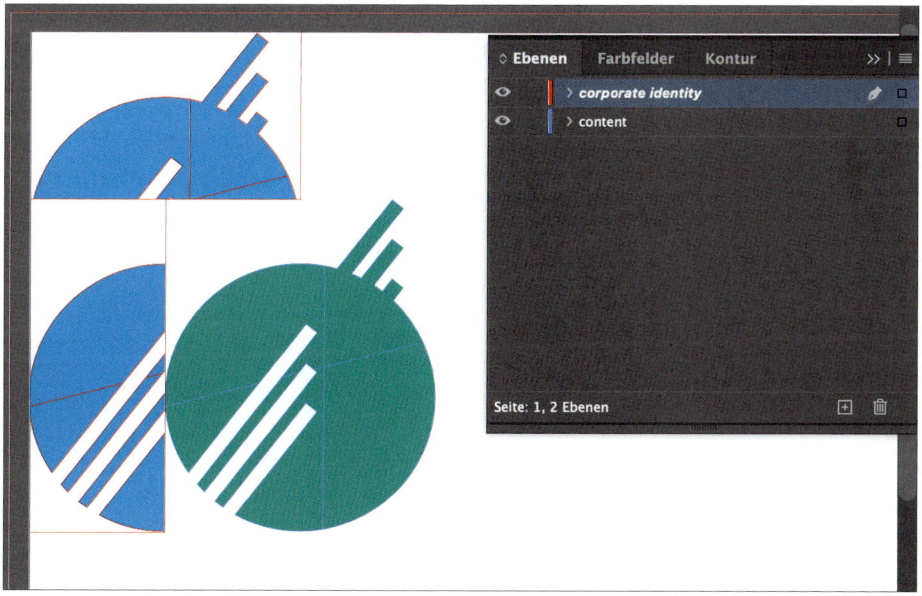

Abbildung 3.29 *Logo mit verborgenen Abstandselementen in der Farbe Cyan*

Als Erstes duplizieren Sie das Logo zweimal und verändern seine Größe einmal um 50 % in der Breite und einmal um 50 % in der Höhe. Diese beiden Objekte bewegen Sie auf die verborgene Ebene.

Sobald Sie den Bildschirmmodus von **Normal** auf **Vorschau** ändern, verschwinden die Objekte. Gehen Sie hierzu über das Menü **Ansicht > Bildschirmmodus > Vorschau**.

3 Logo ausrichten

Wechseln Sie anschließend zurück in den Normalmodus, um weiterzuarbeiten. Platzieren Sie das in der Höhe halbierte Logo auf die X/Y-Position 0,0 und mit einem Bezugspunkt am linken, oberen Rand. Dann platzieren Sie das in der Breite halbierte Logo auf die X-Position 0 und richten es vertikal am vorherigen Element aus. Anschließend können Sie das druckende Logo auf der Inhaltsebene mit magnetischen Hilfslinien direkt an die beiden Hilfselemente andocken.

4 CI-Kasten anlegen

Nun legen Sie auf der Inhaltsebene noch den CI-Kasten im unteren Bereich an. Dazu ziehen Sie einen Rechteckrahmen über die volle Breite der Seite auf. Vergessen Sie hierbei nicht, den Anschnitt mit anzulegen, und ziehen Sie das Objekt an den unteren Rand der Seite.

Duplizieren Sie dann das nicht druckende Logo, das in der Breite um 50 % reduziert wurde, und platzieren es am rechten, unteren Rand (nicht im Beschnitt). Dann reduzieren Sie die Breite des CI-Rahmens entsprechend um die Breite des Hilfselements, und schon haben Sie alle Anforderungen unseres Beispiels erfüllt.

Abbildung 3.30 *Vorlage inklusive nicht druckender Ebene*

5 In der Vorschau ansehen

Nun wechseln Sie in den Bildschirmmodus **Vorschau**, und schon verschwinden alle Hilfselemente. Diese werden beim PDF-Export auch nicht mit ausgegeben und sind damit aus den späteren Druckunterlagen vollständig entfernt.

Abbildung 3.31 *Vorlage ohne die nicht druckende Ebene*

6 Vorlage exportieren

Um jetzt diese Vorlage zur Verfügung zu stellen, damit ein Grafiker später entsprechend immer unterschiedliche Bilder in den Hintergrund platzieren und spannende Überschriften innerhalb des Bildfeldes platzieren kann, speichern Sie das Dokument nun als InDesign-Vorlage ab.

Abbildung 3.32 *Beispielverwendung für das erstellte Template*

Gehen Sie hierzu über das Menü **Datei > Speichern unter...** in das Speichern-Dialogfeld, und wählen Sie hier **InDesign 2021-Vorlage** aus.

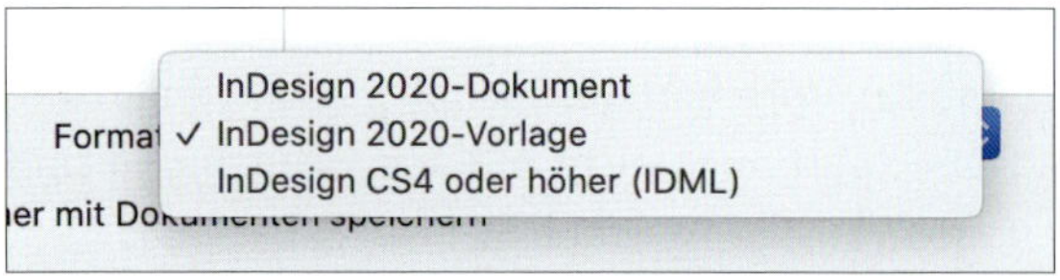

Abbildung 3.33 *Dialogfeld* ***Speichern unter...*** *in InDesign*

Sie können dann den Ort wählen, an dem Sie Ihre neue INDT-Datei (InDesign Template) speichern möchten. Anschließend können Sie sie innerhalb Ihres Unternehmens teilen.

3.6 Musterseiten

Musterseiten sind ein wichtiges Hilfsmittel für die Reinzeichnung. Sie können klassisch genutzt werden, um in einem Literaturprojekt Aufbauten nach Corporate Identity (CI) vorzubauen und wichtige Marken wie **aktuelle Seitenzahl** oder **Abschnittsmarken**, **Kapitel** usw. anzulegen – Sie können aber auch für Projekte genutzt werden, in denen ein Basisaufbau immer wiederholt und nur in einem oder wenigen Attributen verändert wird. Ein Beispiel sind Anzeigen für unterschiedliche Länder, die sich nur in den Kontaktinformationen im Abbinder unterscheiden.

3.6.1 Musterseiten für Literatur

Sobald ein umfangreiches Literaturprojekt gestartet wird, legt die Reinzeichnung ein neues Dokument inklusive Grundlinienraster an (siehe Abschnitt 3.1 »Richtiges Anlegen eines Druckdokuments in InDesign«). Dies geschieht am besten direkt auf der A-Musterseite. Diese sollte im Anschluss umbenannt werden, da weitere Musterseiten folgen. Hierzu klicken Sie mit der rechten Maustaste auf die Musterseite und wählen **Musterseitenoptionen für "A-Musterseite"**.

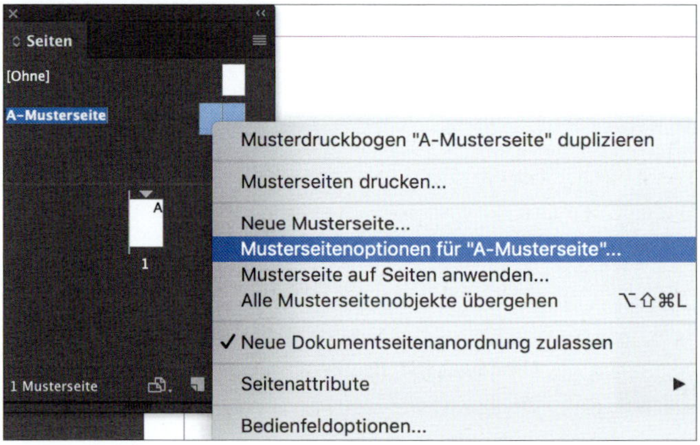

Abbildung 3.34 *Einstellungsoptionen für Musterseiten*

Musterseitenoptionen | Es öffnet sich nun das Bedienfeld für die Musterseitenoptionen. Hier können Sie alle Einstellungen für Ihre Musterseite vornehmen.

- **Präfix:** Hier legen Sie das Präfix fest. Dies kann bis zu vier Zeichen lang sein. Bestenfalls lässt das Präfix schon auf den Namen der Musterseite schließen.
- **Name:** Hier können Sie konkret eintragen, welchen Zweck die Musterseite erfüllt, bei Doppelseiten beispielsweise »Innenseiten« oder »Umschlag« und bei Einzelseiten beispielsweise »Bild rechts« oder »Bild links«.
- **Basiert auf Musterseite:** Falls die neue Musterseite bis auf eine kleine Abweichung auf einer anderen Musterseite basiert, kann diese hier schon vorab ausgewählt werden. Sie können dann entsprechend Elemente hinzufügen. Änderungen auf der Basis-Musterseite werden automatisch übernommen.
- **Seitenanzahl:** Hier können Sie festlegen, ob es sich um eine oder zwei Seiten handelt, also um eine Einzelseite oder eine Doppelseite.

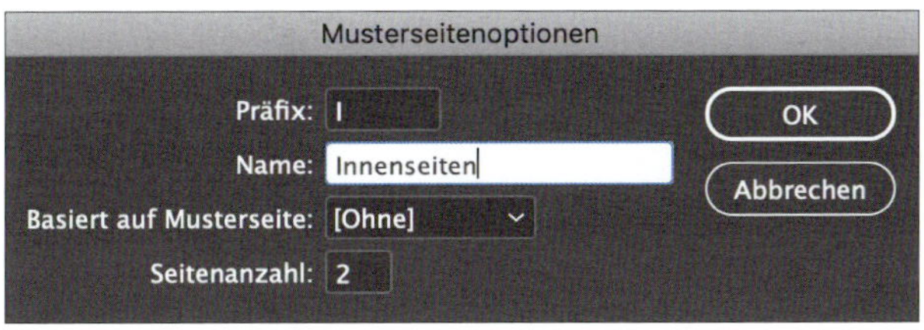

Abbildung 3.35 *Musterseitenoptionen*

Nun können Sie auf der neuen Musterseite Aufteilungen und eine Gestaltung nach Corporate Identity vornehmen. Außerdem haben Sie die Möglichkeit, wichtige Marken zu setzen.

Marken und Kapitel | Ziehen Sie dazu einen neuen Textrahmen auf, und fügen Sie über das Menü **Schrift > Sonderzeichen einfügen... > Marken** entweder Seitenzahlen oder Abschnittsmarken ein. Die Seitenzahlen, ob nun die aktuelle, vorherige oder folgende, werden automatisch auf der jeweiligen Seite angepasst, auf der die Musterseite angewendet wird. Möchten Sie auch Kapitel definieren und entsprechend auszeichnen, ist dies über das Menü **Schrift > Textvariablen > Variable einfügen > Kapitelnummer** möglich.

Über Abschnittsmarken können Sie Abschnitte automatisch einfließen lassen. Besonders elegant lässt sich diese Funktion in einem InDesign-Buch-Dokument einsetzen. In dem Buch gibt es dann für jeden Abschnitt oder jedes Kapitel ein eigenes InDesign-Dokument. Jedes dieser Dokumente bekommt einen Inhaltsabschnitt zugewiesen, beispielsweise »Mode« oder »Technik«. Dadurch, dass bei der Buch-Funktion Musterseiten mit dem Buch synchronisiert werden können, braucht man nur eine einzige Musterseite, um für jeden Bereich den richtigen Themenabschnitt abzubilden. Die Abschnittsmarke können Sie über einen Rechtsklick auf die erste Seite (nicht Musterseite) des Themenabschnitts setzen.

Nummerierungs- und Abschnittsoptionen | Wählen Sie im Bedienfeldmenü des Seiten-Bedienfelds **Nummerierungs- und Abschnittsoptionen...** Anschließend öffnet sich das Dialogfeld in Abbildung 3.36.

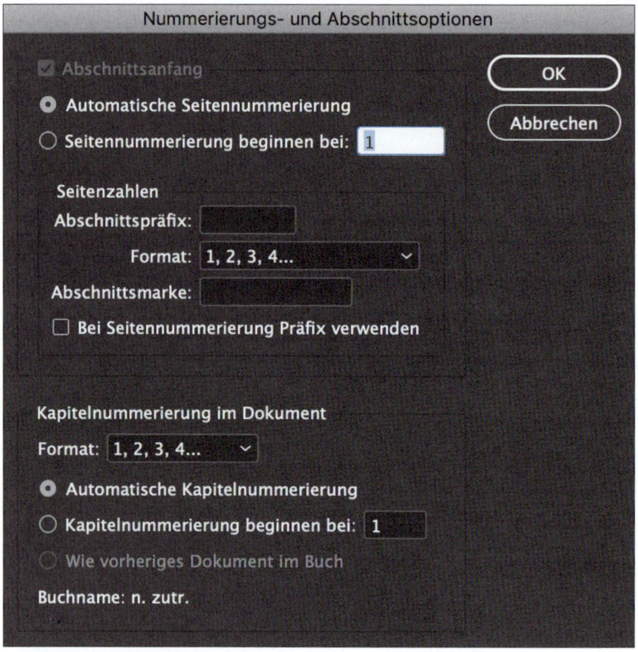

Abbildung 3.36 *Nummerierungs- und Abschnittsoptionen*

- **Abschnittsanfang:** Diese Option ist hier grau, da es sich um die Seite 1 handelt, die immer einen Abschnitt beginnt. Hier legen Sie neue Abschnitte fest, falls in einem InDesign-Dokument mehrere erforderlich sind.
- **Seitennummerierung:** Sie können zwischen der automatischen und der manuellen Seitennummerierung wählen. Bei einem Buch wird im Falle der automatischen Nummerierung die Seitenzahl entsprechend der Position in der Buch-Datei bestimmt. Sie können natürlich auch selbst einen Startpunkt festlegen, der nicht 1 ist. Dies ist besonders bei Umschlagseiten sinnvoll, da sich am Ende des Dokuments die Umschlagseiten 2 und 3 befinden.
- **Abschnittspräfix:** Hier können Sie vor der Seitenzahl ein Präfix festlegen, beispielsweise »U« bei den Umschlagseiten. So erstellen Sie direkt in InDesign die Bezeichnungen U1–4.

- **Format:** Hier können Sie zwischen arabischen und römischen Zahlen sowie Buchstaben wählen. Auch ist es möglich, diverse Zahlenformatierungen festzulegen.
- **Abschnittsmarke:** In diesem Feld können Sie den Text für den Abschnitt festlegen, beispielsweise »Unternehmensführung« in einem Nachhaltigkeitsbericht. Diese Abschnittsmarke wird durch die Variable auf der Musterseite entsprechend ausgeleitet.
- **Kapitelnummerierung:** Auch für Kapitel können Sie ähnlich der Seitenzahl sowohl die Startposition als auch das Format festlegen und automatisch als Textvariable ausleiten lassen.

3.6.2 Musterseiten für einen Basisaufbau

Häufig beschleunigt es den Workflow enorm, einen Basisaufbau auf einer Musterseite vorzunehmen und anschließend je Ausprägung des Werbemittels diese Musterseite auszuwählen. So ersparen Sie sich viel Zeit und Arbeit, sollte es zu Korrekturen auf der Basis kommen.

Basisaufbau für unterschiedliche Sprachen | Nehmen wir an, Sie haben ein Kreativlayout für eine Anzeige eines Unternehmens erhalten, das in der DACH-Region (Deutschland, Österreich, Schweiz) ansässig ist. Nun sollen Sie neben der Reinzeichnung und Druckunterlagenerstellung auch noch je eine Version für Deutschland, Österreich und die Schweiz erstellen. Diese erhalten eine unterschiedliche Kontaktadresse des Firmensitzes im jeweiligen Land. Das bedeutet, Sie haben insgesamt drei Seiten in Ihrem InDesign-Dokument, die sich bis auf die Kontaktadresse nicht voneinander unterscheiden.

In solch einem Fall kann es sehr sinnvoll sein, die Reinzeichnung des Kreativlayouts auf der Musterseite vorzunehmen. Diese nennen Sie direkt »Reinzeichnung« mit dem Präfix »R«. Sie müssen dann nur bedenken, die Kontaktadresse nicht auf dieser Musterseite zu platzieren. Sobald Sie die Reinzeichnung abgeschlossen haben, wenden Sie diese Musterseite-R auf die erste Seite in Ihrem InDesign-Dokument an. Dann fügen Sie die Kontaktadresse für Deutschland auf Seite 1 ein, achten auf die typografischen Vorgaben und haben dann die Reinzeichnung für die Version Deutschland abgeschlossen. Im Anschluss duplizieren Sie die Seite und ändern dann entsprechend die Kontaktadresse für Österreich und nach einem weiteren Duplikat die Kontaktadresse für die Schweiz. Dieses Vorgehen hat den Vorteil, dass im Zuge des Abstimmungsprozesses alle Korrekturen an der Reinzeichnung auf der Musterseite vorgenommen werden können und entsprechend automatisiert auf die drei Seiten angewendet werden. Die Alternative wäre, jede Korrektur dreimal vorzunehmen, was nicht nur Zeit kostet, sondern auch eine Fehlerquelle in sich birgt.

Abbildung 3.37 *Beispiel einer Basis-Musterseite mit jeweils einer unterschiedlichen Kontaktadresse für die DACH-Region*

Basisaufbau für den Verpackungsbereich | Auch im Verpackungsbereich kann das Nutzen einer Musterseite als Basisaufbau nützlich sein. Wenn Sie beispielsweise eine Verpackungsreinzeichnung für Textilien erstellen und diese entsprechend in den Größen XS bis 5XL für ein T-Shirt bei gleichbleibender Stanzform benötigt wird, können Sie auch hier durch die Musterseite alle Korrekturen und Anpassungen automatisiert auf alle Seiten anwenden. Vergessen Sie hierbei nur nicht, neben dem Größenlauf auch die GTIN (Global Trade Item Number) auf jeder Seite auszutauschen.

SC 2 (100 %)

0 000000 000000

Abbildung 3.38 *GTIN mit Nummer 0000000000000*

3.7 Checkliste: Grundaufbau in InDesign

	Hat das Dokument das im Briefing hinterlegte Format?
	Sind Ränder und Anschnitt korrekt gesetzt?
	Wurde in einem Preflight geprüft, dass alle Seiten dasselbe Seitenformat aufweisen?
	Gibt es Klapp- oder Sperrseiten und wurden diese verkürzt?
	Wurde ein Grundlinienraster angelegt?
	Ist der gesamte Text am Grundlinienraster ausgerichtet?
	Gibt es Abstandshalter-Objekte, die noch auf »drucken« stehen?
	Wurden Paginierung, Marken und Abschnitte korrekt gesetzt?

Kapitel 4
Farbe

Das Thema Farbe spielt in der Reinzeichnung eine wichtige Rolle. Machen Sie sich daher mit den gängigen Farbthemen in der Adobe Creative Cloud vertraut.

4.1 Vollton- und Prozessfarben

Im Prozess-Standard Offsetdruck (PSO) wird primär mit Prozessfarben und Volltonfarben gearbeitet. In der Reinzeichnung ist es wichtig, die Unterschiede zu kennen und zu wissen, welche Einstellungen und Fehlerquellen es je Farbe zu beachten gibt.

4.1.1 Prozessfarben

Prozessfarben im Vierfarbdruck setzen sich aus einer Kombination aus Cyan, Magenta und Gelb zusammen. Diese Farben können zusammen kein Tiefschwarz erzeugen, daher wird als vierte Farben Schwarz hinzugefügt, das für die Tiefe zuständig ist. Die Abkürzung CMYK steht für »Cyan, Magenta, Yellow, Key«. »Key« ist in diesem Fall zu übersetzen mit »Schlüssel«, da Schwarz im Vierfarbdruck die Schlüsselfarbe für die Tiefe darstellt. Umgangssprachlich hat sich in Deutschland auch »K« für »Kontrast« etabliert.

Abbildung 4.1 *Subtraktive Farbmischung*

Definition: Prozessfarben

Die vier Farben Cyan, Magenta, Gelb und Schwarz (CMYK), aus denen im Vierfarbdruck alle anderen Farben erzeugt werden.

Die Druckfarben werden über Druckwerke nacheinander aufgetragen. Die Reihenfolge variiert und kann einen Einfluss auf das Druckbild haben. Jeder Farbkanal wird einzeln als Schwarz-Weiß-Kanal behandelt, das heißt: Ähnlich wie beim Binärsystem gibt es nur zwei Zustände, nämlich Farbauftrag vorhanden oder nicht vorhanden. So wird am Ende auch die Druckplatte belichtet. Wenn Sie in der Separationsvorschau (siehe Abschnitt 10.4.3) alle Farbkanäle bis auf einen einzelnen ausblenden, wird dieser auch in Schwarz-Weiß dargestellt – dies gilt sowohl für Prozess- als auch Volltonfarben. Bei mehreren angezeigten Farbkanälen simuliert InDesign die später erzielten Druckfarben.

Definition: Binärsystem

Das in der Informatik gebräuchliche Binärsystem, auch Dualsystem genannt, verwendet für die Darstellung von Zahlen nur zwei Ziffern, nämlich 0 und 1.

Darüber hinaus bekommt jeder Farbkanal noch einen eigenen Winkel, damit beim Druck nicht alle Druckfarben gleich gewinkelt sind. Dies hängt einerseits mit unserer Wahrnehmung zusammen, da Muster (in diesem Fall Rasterpunkte) mit einer Winkelung von 0 bzw. 90 Grad leichter wahrgenommen werden. Deswegen sind Halbtonraster mit prägnanten Farben im Winkel abweichend geneigt. Andererseits wird damit Moiré-Effekten entgegengewirkt.

1. Cyan 15°
2. Magenta 75°
3. Yellow 0°
4. Schwarz (Key) 45°

Abbildung 4.2 *CMYK-Rasterwinkelung*

Um Moiré-Effekte noch besser zu umgehen, können Sie in Absprache mit der Druckerei auch das Rasterverfahren ändern. Wechseln Sie beispielsweise vom AM-Raster auf das FM-Raster, werden Moiré-Effekte weiter minimiert. Allerdings bedarf dies einer genauen Absprache und Planung, daher treten Sie dazu zwingend mit Ihrer Druckerei in Kontakt. Mehr zu den Rastern finden Sie in Kapitel 12, »Grundlagen der Druckproduktion«.

Definition: Moiré-Effekt

Ein Moiré-Effekt entsteht, wenn durch ein grafisches Muster im Zusammenspiel mit der Rasterwinkelung im Druck ein eigenes, regelmäßig auftretendes Raster entsteht. Dieses neue Raster ist nicht gewollt und verfälscht das ursprüngliche grafische Muster. Besonders bei Kleidungsstücken kann dieses Problem schnell auftreten, da Stoffe eine eigene Textilstruktur aufweisen. Dieses Moiré ist dann fester Bestandteil des Bildes und muss vor dem Druck in der elektronischen Bildverarbeitung (EBV) entfernt werden.

Abbildung 4.3 *Moiré (© ISebyl/Shutterstock.com)*

CMYK in InDesign | Dadurch, dass alle Farben des CMYK-Farbraums aus den vier genannten Farben bestehen, können Sie beim Erstellen eines neuen Farbfeldes in InDesign auch nur an diesen vier Reglern drehen, um den gewünschten Ton zu erreichen. Es empfiehlt sich außerdem, den Namen der Farbe mit einem Häkchen in der zugehörigen Auswahlbox an den Farbwert zu knüpfen. So können Sie in Ihren Farbfeldern immer die hinterlegten CMYK-Werte der einzelnen Farben direkt sehen.

- **Name mit Farbwert:** Als Name werden immer die zugehörigen CMYK-Werte angezeigt. Ändern Sie die CMYK-Werte, ändert sich entsprechend auch der Name. Ist dieses Häkchen nicht gesetzt, können Sie in einem Textfeld einen Namen für die Farbe frei bestimmen. Dies kann bei CI-Farbwerten sinnvoll sein.
- **Farbtyp:** Hier können Sie festlegen, ob es sich bei der neuen Farbe um einen Prozess- oder einen Vollton handelt.
- **Farbmodus:** Prozessfarben im Druck setzen sich aus den Basisfarben CMYK zusammen, daher sollte dieser für Prozessfarben immer gewählt werden. Sie können auch jeden anderen Farbraum auswählen, dann müssen die Farbwerte allerdings anschließend umgewandelt werden.
- Regler der Farben CMYK: Mit den Reglern können Sie jeden Prozessfarbkanal zwischen 0 % und 100 % verschieben. Außerdem steht Ihnen auch ein Textfeld zur Verfügung, in dem Sie die Prozentwerte direkt eintragen können – dies ist zu empfehlen.

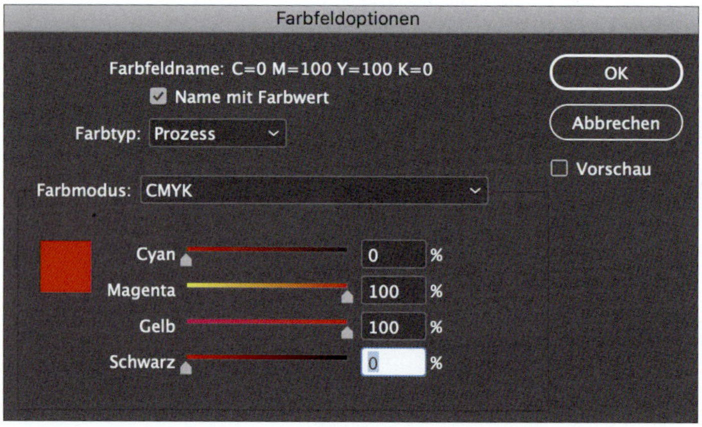

Abbildung 4.4 *100/100 Rot im CMYK-Farbraum*

Probleme im Druck vermeiden | Beim Druck kann es zu Problemen kommen, wenn die Farbwerte zwischen 0 und 3 % bzw. 97 und 100 % liegen. Diese können entsprechend entfallen bzw. zulaufen. Versuchen Sie, mindestens 3 % Farbe einzustellen, wenn ein Kanal verwendet wird. Auch sollten Sie im Kopf haben, dass ein 97 %-Cyan im Druck stärker zulaufen kann als gewollt.

Nachkommastellen gilt es je Kanal zwingend zu vermeiden. Diese können bei der Konvertierung in einen anderen Farbraum entstehen, sofern **Werte beibehalten** in der PDF-Ausgabe nicht gewählt wurde (siehe Abschnitt 11.3, »PDF-Export-Einstellungen«). Dies kann schnell übersehen werden, da InDesign im Farbfelder-Bedienfeld nur gerundete Werte anzeigt. Ein Wert, der also in den Farbfeldern so aussieht wie in Abbildung 4.5 oben, kann in den Farbfeldoptionen tatsächlich wie unten dargestellt werden.

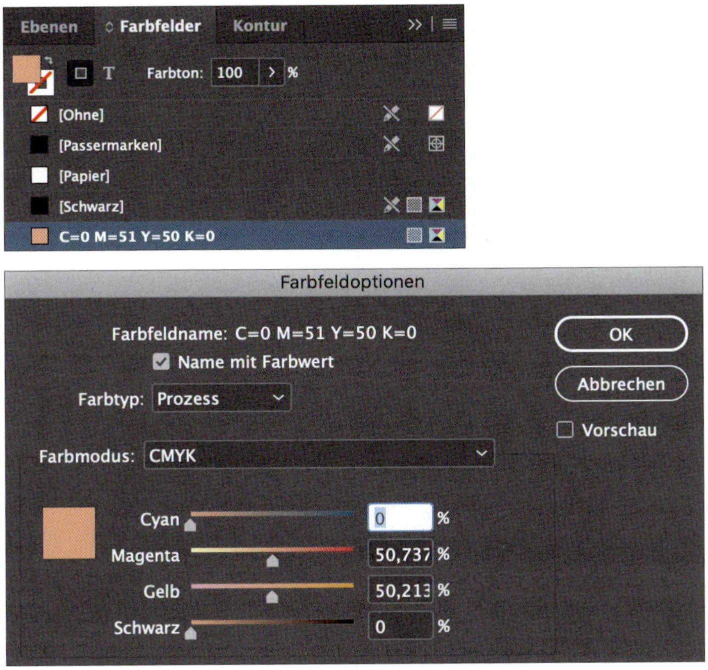

Abbildung 4.5 *Gerundeter Farbwert im Farbfelder-Bedienfeld und CMYK-Farbwert mit Nachkommastellen*

Verlassen Sie sich daher nicht blind auf den Farbnamen, und prüfen Sie nach dem Konvertieren in ein neues Farbprofil unbedingt die Farbfeldoptionen, um sicherzugehen, dass keine Anpassung der CMYK-Werte vorgenommen wurde.

4.1.2 Volltonfarben

Das korrekte Anlegen und Verwenden von Volltonfarben ist eine wichtige Aufgabe der Reinzeichnung. Grundsätzlich unterscheiden sich Volltonfarben von Prozessfarben dadurch, dass sie nicht Teil des normalen CMYK-Druckbilds sind.

Definition: Volltonfarben

Auch als Schmuckfarben oder Sonderfarben bezeichnet. Diese Farben werden als gesonderte, vorgemischte Farben über ein separates Farbwerk aufgetragen. Es gibt standardisierte Sonderfarbensysteme wie HKS und Pantone.

Das Anlegen von Volltonfarben in InDesign erfolgt über das Fenster **Farbfelder** und dann **Neues Farbfeld**.

Abbildung 4.6 *Neues Farbfeld mit Farbtyp* ***Vollton***

Wählen Sie als **Farbtyp** als Erstes **Vollton** aus. Dann wählen Sie im Farbmodus die gewünschte Farbtafel aus. Als Referenz gilt hier der Farbfächer, den Sie am besten zu Ihrer Auswahl hinzuziehen. Mit einem Klick auf **OK** wird das neue Farbfeld Ihrem Fenster **Farbfelder** hinzugefügt und kann nun verwendet werden. Denken Sie daran, die passenden Überdrucken-Einstellungen vorzunehmen (siehe Abschnitt 4.4.1, »Überdrucken«).

Probleme im Druck | Bevor Sie allerdings eine Volltonfarbe anlegen, müssen Sie in die Anweisungen des Druckers schauen: Mit wie vielen Farben wird gedruckt?

Und sollten Sie nicht selbst den Auftrag erteilt haben, müssen Sie auch erfahren, welche Druckfarben bestellt wurden. Sollte das Angebot nämlich mit einer bestimmten Volltonfarbe erstellt worden sein, müssen Sie diese auch entsprechend in den Druckunterlagen anlegen.

Achtung!

Verwechseln Sie auch nicht Ihre Volltonkanäle für die Weiterverarbeitung (»Die-cut«, »Fold« etc.) mit den beauftragten Volltonfarben – diese werden vor dem Druck entfernt und spielen daher für das Druckbild keine Rolle mehr.

Im nächsten Schritt gilt es erstmal zu verstehen, welche Sonderfarben Ihnen im Alltag am ehesten begegnen werden.

Pantone-Farben | Das Pantone Matching System (PMS) ist wohl das am meisten verbreitete Farbsystem im Bereich der Volltonfarben. Das Farbsystem hat neben Farben für gestrichene und ungestrichene Papiere auch viele weitere Produkte wie metallische Farben, Neonfarben usw. im Programm. Sie können Pantone-Farben am besten auf einem Farbfächer des Herstellers bewerten und anschließend entsprechend in der Adobe Creative Cloud verwenden. Adobe hat durch eine Partnerschaft mit dem Hersteller Pantone auch die meisten Farbtöne bereits als Bibliothek vorinstalliert. Nur ganz neue Farben sind gegebenenfalls noch nicht enthalten und müssen händisch hinzugefügt werden. Hierzu erstellen Sie ein neues Vollton-Farbfeld, benennen es mit der Pantone-Kennung und schreiben die Lab-Werte selbstständig in die Farbfelder (siehe auch »Farbfeldinhalt ändern« in Abschnitt 4.2.1).

Abbildung 4.7 *Pantone-Farbfächer (© Mika Baumeister, Unsplash.com)*

Pantone-Farben werden unter Umständen in den Druckereien anhand des Rezepts des Herstellers selbst zusammengemischt. Aus diesem Grund kann es dazu kommen, dass der Druck einer Pantone-Farbe in Europa, der Türkei und China sehr unterschiedliche Ergebnisse erzielt. Dennoch hat sich Pantone als Farbkommunikationssystem weltweit etabliert.

HKS-Farben | Der HKS-Farbfächer ist nach dem PMS in Deutschland wohl die bekannteste Sonderfarben-Sammlung. Auch von HKS gibt es viele verschiedene Produkte für gestrichene und ungestrichene Papiere sowie Naturpapiere. Der Vorteil von HKS-Farben gegenüber Pantone-Farben ist die Tatsache, dass die Farbrezeptur sich je nach Bedruckstoff ändert, sodass der Farbton auch auf verschiedenen Bedruckstoffen möglichst ähnlich aussieht. Allerdings werden Sie es schwer haben, in China eine Druckerei zu finden, die Ihnen HKS-Farben druckt. In Deutschland und Europa sollte das aber problemlos möglich sein.

Deckweiß | Zum Beispiel beim Foliendruck kommt es häufig vor, dass der Bedruckstoff nicht weiß ist – manchmal sogar transparent. In diesen Fällen ist es unter anderem nötig, erst mehrere Schichten Deckweiß zu drucken, um anschließend entsprechend das Druckbild auf den weißen Untergrund zu drucken.

Das AM-Raster (amplitudenmoduliertes Raster) basiert darauf, dass der Untergrund weiß ist, und erzeugt so durch einen kleineren Tonwert hellere Farben (siehe Abschnitt 12.1, »Halbtonraster«). Drucken Sie ein AM-Raster nun auf einen nicht weißen Untergrund, ist das Druckbild entsprechend flach bzw. unbrauchbar. Dies kann auch bei Recyclingpapieren der Fall sein, die sehr braun sind. Deckweiß kann vollflächig oder partiell gedruckt werden, tauschen Sie sich hierzu aber auf jeden Fall mit Ihrer Ansprechperson bei der Druckerei aus.

Info: AM-Raster

Ein amplitudenmoduliertes Raster erzeugt durch Rasterpunkte unterschiedlicher Größe, aber mit gleichem Abstand von Mittelpunkt zu Mittelpunkt verschiedene Helligkeiten oder Farben.

4.2 Anpassen von Volltonfarben

Da sich Volltonfarben im Druck von Prozessfarben unterscheiden, müssen auch von Anfang an die richtigen Einstellungen in InDesign getroffen werden, um sie korrekt in das Ausgabe-PDF zu exportieren.

4.2.1 Ersetzen von Volltonfarben

Wurden Sie nach Erstellung der Reinzeichnung oder nach Übergabe des Kreativlayouts darüber informiert, dass sich ein Pantone-Wert ändert? Dann müssen Sie Volltonfarben austauschen.

Volltonfarben austauschen | Der Austausch von Volltonfarben stellt in InDesign kein Problem dar:

1. Öffnen Sie das Farbfelder-Bedienfeld.
2. Erstellen Sie das neue Farbfeld, durch das Sie das vorhandene Farbfeld ersetzen möchten.
3. Markieren Sie das Farbfeld, das Sie ersetzen möchten.
4. Löschen Sie das ausgewählte Farbfeld.

Sofern das Farbfeld aktuell verwendet wird, öffnet sich automatisch ein Dialogfeld, in dem Sie wählen können, wie mit den Objekten verfahren wird, auf die das Farbfeld angewendet wird.

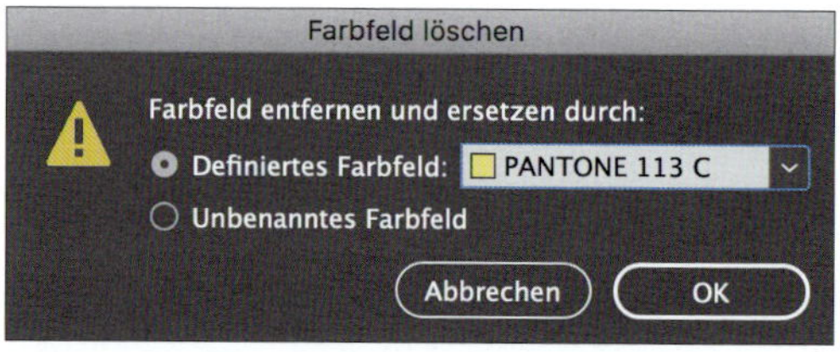

Abbildung 4.8 *Dialogfeld* ***Farbfeld löschen***

Nun wählen Sie das neue Farbfeld aus. InDesign wendet das neue Farbfeld automatisch auf die Elemente an, die zuvor das alte Farbfeld genutzt haben. Auf diese Weise können Sie problemlos die Volltonkanäle in Ihrem Dokument verändern oder austauschen.

Farbfelder suchen und ersetzen | Ab Version 2021 gibt es in InDesign auch die Möglichkeit, das Farbfeld direkt zu suchen und zu ersetzen. Markieren Sie hierzu das betroffene Farbfeld, und wählen Sie im Bedienfeldmenü **Diese Farbe suchen...** Anschließend öffnet sich ein Dialogfeld, in dem Sie die Farbe durch eine bestehende Farbe ersetzen können. Außerdem lässt sich in diesem Dialogfeld direkt eine neue Farbe zum Ersetzen anlegen.

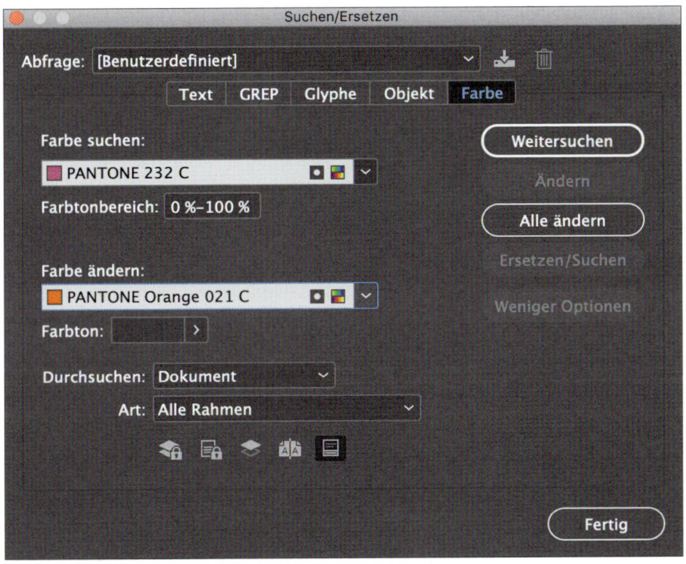

Abbildung 4.9 *Farbe suchen und ersetzen in InDesign*

Über das Dropdown-Feld **Farbe ändern** erreichen Sie direkt ein Fenster, in dem Sie eine neue Farbe erstellen können. Sie müssen diese also nicht zwingend vorab anlegen.

Sie können außerdem festlegen, ob Sie den Farbton nur bei 100 % oder auch bei geringeren Werten erfassen möchten. Für die Suche müssen Sie dann noch definieren, ob Sie in diesem oder allen Dokumenten entweder nur in Textrahmen, Grafikrahmen, nicht zugewiesenen Rahmen oder in allen Rahmen nach der Farbe suchen möchten. Auch ob gesperrte und ausgeblendete Ebenen, gesperrte Textabschnitte, ausgeblendete Ebenen und Objekte, Musterseiten und Fußnoten miteinbezogen werden sollen, lässt sich hier angeben. So bietet InDesign Ihnen viele Möglichkeiten, die Suche so weit wie möglich einzugrenzen und wirklich nur die Farben zu erkennen, die auch geändert werden sollen.

Farbfeldinhalt ändern | Möchten Sie das vorhandene Farbfeld weiterverwenden und nur seinen Inhalt und seine Darstellung ändern, können Sie dies auch tun. Klicken Sie dazu doppelt auf das vorhandene Farbfeld. Es öffnen sich die Farbfeldoptionen, über die Sie in der zugehörigen Farbtafel einen anderen Farbton auswählen können.

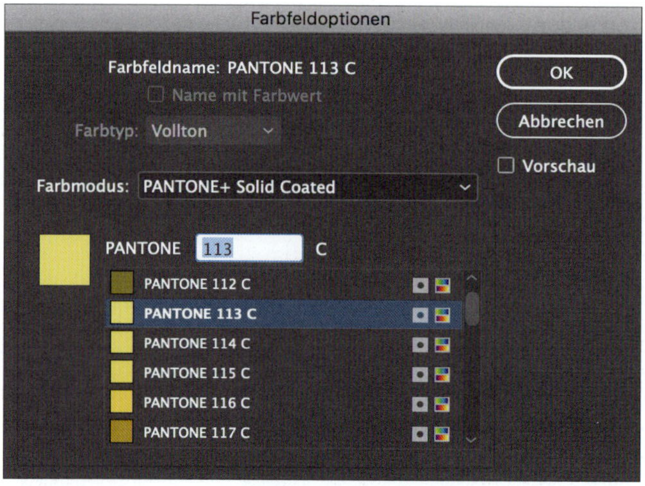

Abbildung 4.10 *Farbfeldoptionen bei einer Pantone-Farbe*

Zu bedenken

Ein Volltonkanal ist ein Farbkanal, der effektiv nur schwarz-weiß ist – Farbauftrag ist vorhanden oder Farbauftrag ist nicht vorhanden – und neben den Prozessfarbkanälen existiert. Jegliche Definition, die Sie dazu in InDesign oder einem anderen Grafikprogramm vornehmen, dient ausschließlich der Information und Simulation.

Wählen Sie also in InDesign eine Pantone-Farbe aus, so wird das Erscheinungsbild der Pantone-Farbe optisch für Sie simuliert. Effektiv ist der Kanal allerdings schwarzweiß und trägt lediglich die Information, dass hier der angehängte Farbton gedruckt werden soll.

4.2.2 Volltonfarben aus EPS-Dateien

Beim Platzieren von EPS-Dateien besteht immer die Gefahr, dass ohne Ihr Wissen Volltonfarben aus der EPS-Datei in Ihr InDesign-Dokument übertragen werden. Insbesondere bei Logos und Siegeln macht es Sinn, diese vor dem Platzieren in InDesign direkt auf Sonderfarben und den Farbmodus hin zu prüfen.

In InDesign sollten Sie nach dem Sichten eines Kreativlayouts immer als Erstes in das Farbfelder-Bedienfeld gehen, über das Bedienfeldmenü **Alle nicht verwendeten**

auswählen und die nun markierten Farbfelder löschen (sofern es sich dabei nicht um CI-Farben handelt). Anschließend wählen Sie im Bedienfeldmenü **Unbenannte Farben hinzufügen**.

Nun erscheinen wirklich alle Farben in der Farbfelder-Palette. Haben Sie nun eine EPS-Datei eingeladen, die eine Volltonfarbe enthält, können Sie diese in InDesign nicht löschen.

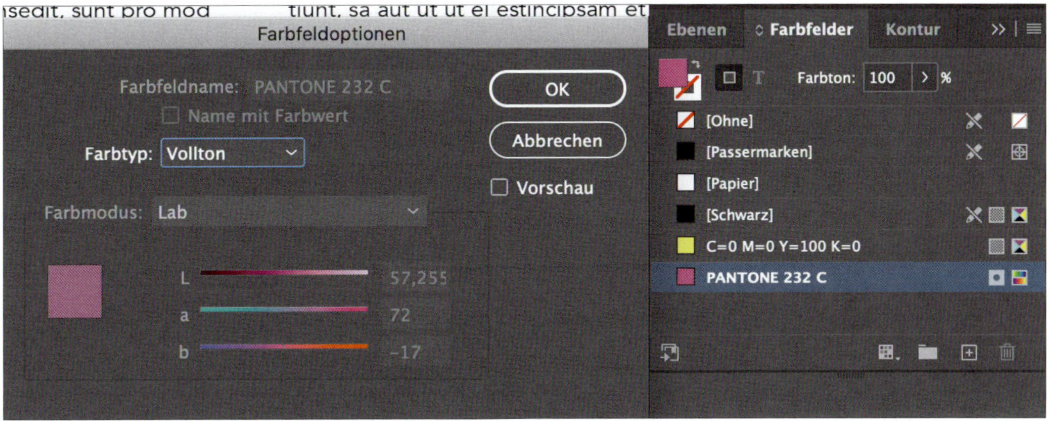

Abbildung 4.11 *Die Farbe kann weder gelöscht noch verändert werden, da sie in eine EPS-Datei eingebettet ist.*

Sie können nun in die EPS-Datei gehen und diese Volltonfarbe dort durch eine Prozessfarbe ersetzen oder die eingebettete Volltonfarbe in die Weiterverarbeitung geben, sofern sie im Druck eingeplant wurde.

Farbfeld nicht löschbar?

Wenn Sie ein umfangreiches Dokument bearbeiten und eine Volltonfarbe finden, die dort nichts zu suchen hat und die Sie auch nicht löschen können, dann wissen Sie, dass sich diese Farbe in einer der verknüpften Dateien befindet, vorzugsweise in einer EPS- oder AI-Datei.

Benennung | Wichtig ist hier auch der Name des Farbkanals. Es gibt Grafikprogramme, in denen das Suffix »C« (»coated«, also für gestrichenes Papier) am Ende des Farbnamens ohne Leerzeichen notiert wird. Haben Sie also in Ihrem InDesign-Dokument zwei Volltonfarben namens »PANTONE 232 C« und »PANTONE 232C«, so sind dies tatsächlich zwei unterschiedliche Kanäle. Sie müssen die Schreibweise vereinheitlichen, häufig durch das Ändern des Farbnamens in der EPS- oder AI-Datei. Erst dann erkennt InDesign die Farbfelder als eines an und erstellt entsprechend nur einen Volltonkanal.

4.2.3 Volltonfarben in Prozessfarben umwandeln

Wenn Sie in der Reinzeichnung eine Sonderfarbe aus einem Dokument entfernen sollen, da man sich gegebenenfalls aufgrund des Preises doch für einen reinen Vierfarbdruck entschieden hat, haben Sie dazu mehrere Möglichkeiten.

Umwandeln in InDesign | InDesign bietet ein natives Werkzeug, um Volltonfarben in Prozessfarben umzuwandeln. Gehen Sie dazu einfach in das Bedienfeld **Farbfelder**, und öffnen Sie die Farbfeldoptionen einer Volltonfarbe.

Abbildung 4.12 *Farbfeldoptionen bei einer Pantone-Farbe*

Wählen Sie anschließend im Farbmodus einfach CMYK aus, und entfernen Sie die Nachkommastellen der Prozessfarben. Dies ist eine einfache Methode basierend auf den hinterlegten Lab-Farbwerten in InDesign. Sie dürfen anschließend nicht vergessen, den **Farbtyp** auf **Prozess** zu ändern, damit kein Volltonkanal mehr erzeugt wird.

Umwandeln mit einem Farbfächer | Verfügen Sie über einen Farbfächer des Anbieters der verwendeten Volltonfarbe, werden Sie dort auch häufig fündig. Suchen Sie hierbei den Ton in dem Fächer aus, und schauen Sie sich die weiteren Informationen genau an. Oft ist hier auch eine CMYK-Farbangabe zu finden, die Sie in einem neuen Farbfeld einfach anlegen und verwenden können.

Umwandeln über Onlinedienste | Sowohl für Pantone als auch für HKS gibt es im Internet Dienste, die eine Tabelle zur Umwandlung von den jeweiligen Farben in die Farbräume CMYK und RGB anbieten. Bei Pantone ist dies sogar direkt auf der offiziellen Website *www.pantone.com* möglich. Hier finden Sie über die Suche auf der Startseite direkt RGB-, HTML- (bzw. HEX-) und CMYK-Werte für die meisten Pantone-Farben kostenlos. Auch in diesem Fall können Sie anschließend ein neues Farbfeld in InDesign mit den entsprechenden CMYK-Werten anlegen.

4.3 Prozessfarben löschen und ersetzen

Genau wie bei Volltonfarben haben Sie auch bei Prozessfarben die Möglichkeit, Farben einfach zu löschen oder gleich zu ersetzen.

Öffnen Sie dazu das Farbfelder-Bedienfeld über das Menü **Fenster > Farbe > Farbfelder**. Möchten Sie ein Farbfeld ersetzen, so muss zuerst das neue Farbfeld erstellt werden. Anschließend löschen Sie das ungewünschte Farbfeld und bekommen das Dialogfeld **Farbfeld löschen** angezeigt. Dies geschieht allerdings nur, wenn das unerwünschte Farbfeld in Ihrem InDesign-Dokument auch verwendet wird.

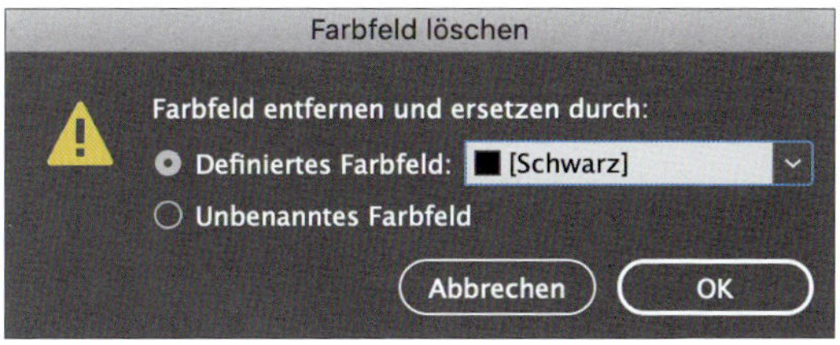

Abbildung 4.13 *Dialogfeld Farbfeld löschen*

Sie können das Farbfeld nun ersetzen oder es als unbenanntes Farbfeld weiterverwenden, das aber nicht mehr in der Farbfeld-Liste angezeigt wird.

- **Definiertes Farbfeld:** Wählen Sie ein Farbfeld aus der Farbfeld-Liste aus, durch welches das gelöschte Farbfeld in Ihrem Dokument ersetzt wird.
- **Unbenanntes Farbfeld:** Wählen Sie diese Option, behalten alle Objekte in Ihrem Dokument die hinterlegte Farbe, allerdings verschwindet sie aus der Farbfeld-Liste. Sie können die unbenannte Farbe allerdings wiederfinden, indem Sie über das Bedienfeldmenü **Unbenannte Farben hinzufügen** alle verwendeten, unbenannten Farben in der Farbfeld-Liste des Dokuments aufführen.

Ab Version 2021 haben Sie zusätzlich die Möglichkeit, direkt eine Farbe auszuwählen und sie über das Bedienfeldmenü **Diese Farbe suchen...** durch eine neue Farbe zu ersetzen (siehe Abschnitt 4.2.1, »Ersetzen von Volltonfarben«).

4.4 Farbprobleme bei der Ausgabe lösen

Probleme mit Farben gehören zu den gängigsten Themen im Druck und der Druckvorstufe. Hier müssen in der Reinzeichnung akribische Prüf- und Korrekturprozesse durchgeführt werden, um das Bild auf dem Monitor auch genau so auf den Bedruckstoff zu bringen.

4.4.1 Überdrucken

Das Überdrucken von Farben kann im Zuge der korrekten Druckdatenerstellung nötig sein, um unvermeidbare Passerungenauigkeiten zu kaschieren. Beim Überdrucken wird ein Farbkanal auf das bestehende Druckbild aufgedruckt und das darunterliegende Druckbild entgegen der üblichen Einstellung nicht ausgespart.

Aussparen

Im Vierfarbdruck werden Farben standardmäßig ausgespart, da das Weiß des Papiers als Grundlage für die Helligkeit des Farbtons genutzt wird. Dies wird in Abschnitt 12.1, »Halbtonraster«, näher erläutert.

Der Untergrund ist dann also nicht mehr weiß (Papier), sondern das durch die vorherigen Farbtürme aufgetragene Druckbild. Hierbei kann es auch wichtig sein, in welcher Reihenfolge die Druckfarben in der Druckmaschine aufgetragen werden, denn die überdruckende Farbe muss nach den übrigen Farben gedruckt werden.

Bei einem Prozessfarbton aus mehreren Farbkanälen wird die Farbe hierbei natürlich verfälscht, da im Rasterdruckprozess von einem weißen Untergrund ausgegangen wird. Daher bietet sich das Überdrucken von Farben vor allem bei Volltonkanälen wie beispielsweise Pantone oder HKS sowie bei dem Schwarzkanal (K) an. Schauen wir uns das in den folgenden Beispielen einmal an.

In den nächsten Abbildungen wird der schwarze Text links ausgespart, rechts wird er überdruckt. Ein Unterschied ist in InDesign nicht sichtbar.

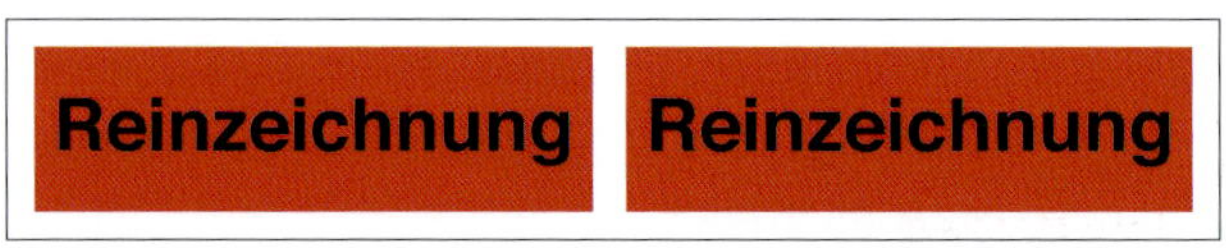

Abbildung 4.14 *Aussparen (links), Überdrucken (rechts)*

Nun sehen Sie das Druckbild vor dem Schwarzkanal. Auf der linken Seite spart das Rot dort aus, wo im Anschluss der schwarze Text gesetzt wird. Rechts sieht man, dass das Rot nicht ausspart und der schwarze Text entsprechend auf das rote Druckbild aufgedruckt wird.

Abbildung 4.15 *Aussparen (links), Überdrucken (rechts) vor dem Schwarzkanal*

Dann dasselbe Beispiel von oben mit Pantone 108C statt Schwarz – links ausgespart und rechts überdruckt.

Abbildung 4.16 *Aussparen (links), Überdrucken (rechts) mit Pantone 108C statt Schwarz*

Als letztes sehen wir in der Überdruckenvorschau (**Ansicht > Überdruckenvorschau**), dass durch das Überdrucken der Gelbton verfälscht wird.

Abbildung 4.17 *Aussparen (links), Überdrucken (rechts)*

Überdrucken von Schwarz | Das schwarze Farbfeld bedarf einer gesonderten Erklärung, da unterschiedliche Grafikprogramme der Adobe Creative Cloud unterschiedlich mit ihm umgehen. Der Grund für die besondere Behandlung ergibt sich daraus, dass Text meist in Schwarz gedruckt wird. Da einige Linien der Schrift wie Haarstrich, Serifen usw. sehr filigran sein können, empfiehlt es sich grundsätzlich, schwarze Schrift zu überdrucken.

Adobe InDesign bietet standardmäßig das Farbfeld [Schwarz] im Farbfelder-Bedienfeld an.

Abbildung 4.18 *Farbfelder in InDesign*

Dieses Schwarz besteht aus 100 % Schwarz (K) und überdruckt. Sie können dies zwar über die Voreinstellungen unter **Schwarzdarstellung...** ändern, allerdings empfiehlt es sich, mit dieser Einstellung zu arbeiten, da sie in jeder Adobe-InDesign-Version voreingestellt ist.

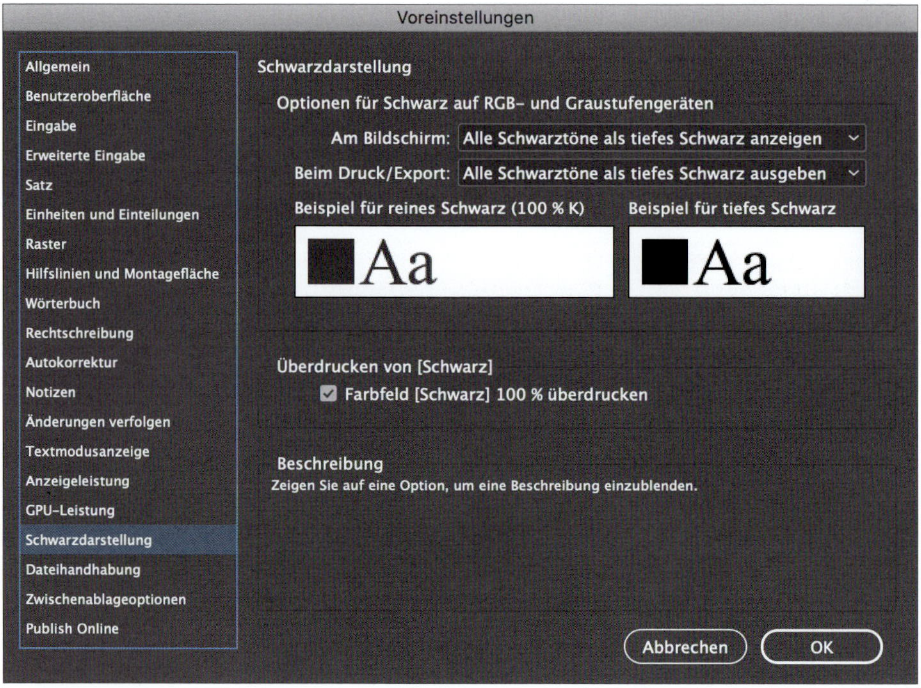

Abbildung 4.19 *Voreinstellungen für die Schwarzdarstellung in InDesign*

Diese Voreinstellung wurde vorgenommen, damit schwarzer Text automatisch überdruckt. Es ist eine Hilfestellung für die Anwender*innen, da aussparender Text aufgrund von Passerungenauigkeiten im Druck oft zu Blitzern führt. Allerdings besteht die Gefahr, dass dieses Farbfeld auf Vektorobjekte angewendet wird, die eine schwarze Fläche darstellen sollen. Denn dann wird diese Fläche überdrucken, auch wenn dies nicht von Ihnen beabsichtigt ist.

Möchten Sie also eine schwarze Fläche, beispielsweise einen runden Störer, auf ein Bild setzen, so müssen Sie für dieses Objekt ein neues Farbfeld erzeugen, das auch aus 100 % Schwarz (K) besteht. Ihr eigenes Farbfeld wird nun allerdings nicht automatisiert überdrucken, und Sie können es im Attribute-Bedienfeld (**Fenster > Ausgabe > Attribute**) händisch auf **Fläche überdrucken** stellen, falls Sie dies wünschen. Andernfalls wird es ausgespart.

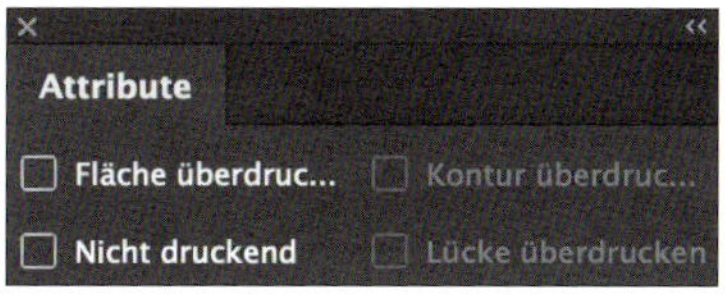

Abbildung 4.20 *Attribute-Bedienfeld in InDesign*

Faustformel

Positive Schrift und Linien bestehend aus einer Druckfarbe wenn möglich immer überdrucken, Flächen immer aussparen. Allerdings sollten Sie die jeweiligen Linienstärken in Millimeter nachmessen und entsprechend Ihren Vorgaben von der Druckerei prüfen und einstellen.

In Illustrator gibt es auch standardmäßig ein Farbfeld mit dem Namen **Schwarz**; dieses überdruckt allerdings nicht automatisiert.

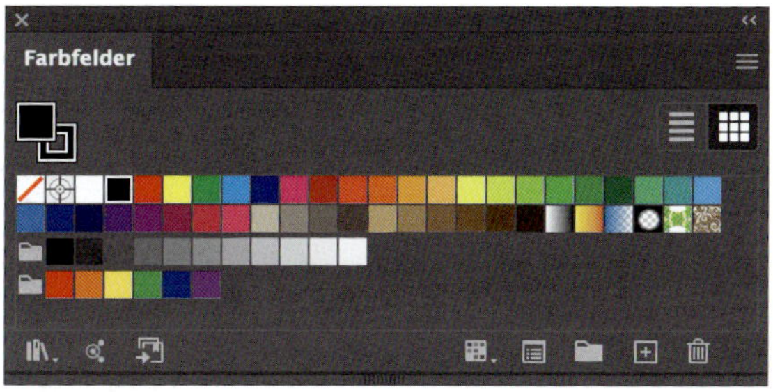

Abbildung 4.21 *Farbfelder in Illustrator*

Grund hierfür ist, dass Adobe Illustrator seinen Fokus nicht auf das Setzen von Text legt, sondern auf die Erstellung von Illustrationen. Hier müssen Sie bei Bedarf im Attribute-Bedienfeld über das Menü **Fenster > Attribute** die Einstellung händisch vornehmen.

Dasselbe gilt für Adobe Photoshop: Auch in diesem Programm liegt der Fokus nicht auf dem Setzen von Text, und es gibt keine Voreinstellung für das Überdrucken von Schwarz.

4.4.2 Maximaler Farbauftrag

Der maximale Farbauftrag gibt die Menge an Farbe an, die auf einen Bedruckstoff gedruckt werden kann. Wird dieser überschritten, so gibt es gegebenenfalls Mehraufwände bzw. Qualitätseinbußen in der Produktion.

Tipp

Mit einem Farbauftrag von 300 % sind Sie in den meisten Fällen auf der sicheren Seite, gestrichene Papiere können auch größtenteils bis zu 330 % Farbauftrag aufnehmen.

So rechnen Sie beispielsweise den Gesamtfarbauftrag für ein dunkles Grün aus:

100 % Cyan
+ 60 % Magenta
+ 100 % Yellow
+ 20 % Schwarz

= 280 % Farbauftrag

Der Farbauftrag kann in der Reinzeichnung eine wichtige Rolle spielen. Im Prozess-Standard Offsetdruck (PSO) wird häufig mit dem Farbprofil »ISO Coated v2« gearbeitet, das einen Farbauftrag von 330 % erlaubt. Es kann allerdings vorkommen, dass Ihnen die Druckerei bei einem Druckobjekt einen Farbauftrag von 300 % vorgibt. Dies ist vergleichbar einfach umzusetzen, da es ein eigenes ICC-Profil »ISO Coated v2 300 %« mit einem reduzierten Farbauftrag gibt. Dieses können Sie einfach über die ECI beziehen.

Es kann hierbei allerdings zu Problemen führen, wenn Sie das InDesign-Dokument nicht erst beim PDF-Export in das gewünschte Ziel-Farbprofil »ISO Coated v2 300 %« umwandeln, sondern Ihr Dokument direkt in diesem Profil anlegen und auch die Bilddaten entsprechend aufbereiten. Es verhält sich in Adobe Photoshop nämlich folgendermaßen: Wenn Sie Ihr Bild in das Farbprofil »ISO Coated v2 300 %« umwandeln, dann weiter bearbeiten und versehentlich händisch den Farbauftrag wieder erhöhen, besitzt Ihr Bild trotz des Farbraums »ISO Coated v2 300 %« einen Farbauftrag von über 300 %. Sollten die Abteilungen für Bildbearbeitung und Reinzeichnung also getrennt voneinander sitzen, beispielsweise in großen Agenturen, empfiehlt es sich, in der Reinzeichnung zu prüfen, ob der Farbauftrag nicht überschritten wurde.

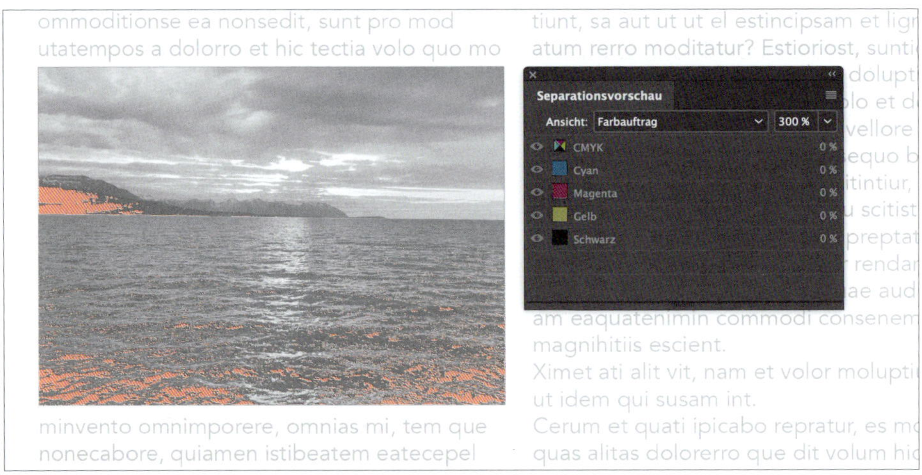

Abbildung 4.22 *Ansicht des Farbauftrags über 300 %*

Gehen Sie hierzu auf **Fenster > Ausgabe > Separationsvorschau**, und wählen Sie bei **Ansicht** nun **Farbauftrag**. Nun können Sie im Feld rechts neben Ihrer Auswahl den darzustellenden Farbauftrag auswählen, beispielsweise 300 %. InDesign wird Ihnen nun anzeigen, wo dieser Farbauftrag überschritten wurde. Diese Bereiche werden rot markiert. Sie können dann das Bild selbst anpassen oder diese Information an die Bildbearbeitung zurückspielen.

Farbauftrag bei Druckobjekten mit Nahrungsmittelkontakt

Sollten Sie Druckunterlagen erstellen, die Nahrungsmitteln auch nur nahe kommen, kann es sein, dass der Farbauftrag zum Beispiel nur 150 % betragen darf. Unabhängig davon, dass dies natürlich auch über den Farbauftrag genau geprüft werden muss, sollten Sie auch beachten, dass bei einem stark reduzierten Farbauftrag das Druckbild stark verändert wird und schnell aus einem Rot ein Orange werden kann, wenn der Ton zu gleichen Anteilen aus den Druckfarben Magenta und Gelb besteht.

4.4.3 RGB-Farben umwandeln in CMYK

Nicht selten kommt es in der Kreationsphase eines Layouts zu einem wilden Mix an Farben. So werden Farben schnell festgelegt, schnell geändert und eben auch schnell fehlerhaft definiert. Es häufen sich die Fälle, in denen sich in einem Kreativlayout noch RGB-Farben befinden. Diese in InDesign umzuwandeln, stellt die Reinzeichnung vor kein großes Problem (siehe Abschnitt 2.5, »Farbmanagement in InDesign«).

Allerdings ist die Aufgabe der Reinzeichnung, das Kreativlayout bestmöglich durch die technischen Einschränkungen zu bringen. Wir haben in Kapitel 2, »Farbmanagement und Farbeinstellungen in der Adobe Creative Cloud«, gelernt, dass der CMYK-Farbraum kleiner als der RGB-Farbraum ist (siehe Abschnitt 2.2, »Farbräume«). Was passiert also, wenn ein Farbwert weit außerhalb des Zielfarbraums liegt? Er wird verfälscht. Gerade die leuchtenden bzw. gesättigten Farben des RGB-Farbraums (des Lichtfarbraums) sind in CMYK teilweise schwer darzustellen und wirken nur noch »schmutzig«. Problematisch wird es, wenn die leuchtende Farbe wichtiger Bestandteil des Kreationsansatzes ist.

Im ersten Schritt wird die Reinzeichnung immer darauf hinweisen, dass Farben im falschen Farbraum vorliegen, und diese in den Zielfarbraum umwandeln – meist CMYK. Diese neuen Farbwerte werden dann entsprechend mit der Kreationsabteilung abgestimmt.

Sollten diese Werte allerdings so stark abweichen, dass keine Freigabe erteilt wird, sollten die beiden Abteilungen gemeinsam nach einem neuen Farbwert im Zielfarbraum suchen, der zufriedenstellend ist.

Wird auch hier keine Einigung gefunden, bleibt letztlich nur die Möglichkeit, den CMYK-Farbraum zu verlassen und einen Volltonkanal hinzuzuziehen (siehe Abschnitt 4.1.2, »Volltonfarben«). Es gibt beispielsweise Pantone-Farben, die aufgrund entsprechender Partikel eine leuchtende Wirkung haben. So kann gegebenenfalls ein ganzes Projekt gerettet werden, da der Auftraggeber die leuchtenden Farben bereits gesehen und freigegeben hat. Aus diesem Grund ist es wichtig, dass auch die Kreationsabteilung ein gewisses Basisverständnis von Farben und Farbräumen hat.

Sprechen Sie mit Auftraggeber und Druckerei

Haben Sie sich intern auf einen entsprechenden Vollton geeinigt? Super, damit ist der erste Schritt erledigt. Allerdings müssen Sie nun dem Auftraggeber bzw. dem Druckdienstleister mitteilen, dass das Projekt nicht mehr in vier, sondern in fünf Farben gedruckt wird. Entsprechend verändern sich die Kosten, sofern der Druckdienstleister dies überhaupt umsetzen kann. Hier bedarf es wieder eines engen Austauschs mit Auftraggeber, Produktion und Druckerei.

4.4.4 Farbseparationen

Über die Separationsvorschau können Sie die einzelnen Farbkanäle Ihres Dokuments getrennt darstellen.

Wählen Sie hierzu **Fenster > Ausgabe > Separationsvorschau**, und aktivieren Sie in der Auswahl die Ansicht **Separationen**. Nun sehen Sie mindestens Ihre vier Farbkanäle: Cyan, Magenta, Yellow und Schwarz (Key). Gegebenenfalls kommen weitere Volltonkanäle dazu, falls Sie welche angelegt haben. Diese können Sie nun per Klick auf das Auge einzeln ein- und ausblenden.

Separationsvorschau deaktivieren

Beachten Sie hierbei, dass bei Aktivierung der Separationen automatisch die Überdruckenvorschau für eine korrekte Darstellung aktiviert wird. Dies beansprucht viel Prozessorleistung und es empfiehlt sich daher, die Separationsvorschau wieder zu deaktivieren, sobald Sie mit der Prüfung fertig sind.

In diesem Zusammenhang ist es auch noch einmal wichtig zu verstehen, dass jeder Farbkanal eigentlich schwarz-weiß ist (also Farbauftrag ist vorhanden oder nicht vorhanden). Entsprechend wird die Druckplatte belichtet: Farbe ja oder Farbe nein. Wenn Sie jetzt Farbkanäle aus- oder einblenden, simuliert InDesign Ihnen live die Farbdarstellung des jeweiligen Farbkanals bzw. der übrigbleibenden Kanäle farblich korrekt. Wenn Sie allerdings nur noch einen Kanal simulieren, beispielsweise Magenta, so wird dieser Kanal nicht mehr pink angezeigt, sondern schwarz. Hier ist eine Simulation des Kanals nicht mehr nötig, da es kein Zusammenspiel mit anderen Farbkanälen gibt.

Abbildung 4.23 *Separationsvorschau mit deaktivierten Kanälen Cyan und Magenta*

Überdrucken prüfen | Über die Separationsvorschau können Sie optimal Ihre Überdrucken-Einstellungen (siehe Abschnitt 9.3.2, »Überdrucken«) prüfen. Arbeiten Sie mit Volltonfarben für Stanzform und Falz, sollten Sie dringend überprüfen, dass diese überdrucken und die Druckerei sie entsprechend aus Ihrem Druck-PDF entfernen kann, ohne dabei das Druckbild zu verändern. Klicken Sie hierzu auf das Auge neben der Volltonfarbe (siehe Abschnitt 10.4.3, »Separationsvorschau«), beispielsweise »Die-cut«. Die Stanzform verschwindet, allerdings dürfen dort, wo die Stanzform vorher zu sehen war, keine weißen Linien zurückbleiben. Sollte dies der Fall sein, müssen Sie dringend die Überdrucken-Einstellungen anpassen.

Haben Sie in Ihrem Dokument eine fünfte oder sechste Farbe, beispielsweise Pantone-Farben, so prüfen Sie per Klick auf das Auge neben dem Farbkanal, an welchen Stellen die Farbe ausspart und an welchen sie überdruckt. Es empfiehlt sich, größere Flächen einer Schmuckfarbe auszusparen und feine Linien zu überdrucken. Der Grenzwert hierbei ist auch abhängig vom Druckverfahren.

Definition: Aussparen

Alle unter dem aussparenden Element liegenden Farben werden nicht gedruckt, damit das Element selbst auf Weiß steht.

4.4.5 Schwarzdarstellung

Schwarz ist nicht gleich Schwarz. Schwarze Farbe im Vierfarbdruck besteht aus Partikeln, die das Licht so wenig wie möglich reflektieren (siehe Abschnitt 2.2.3, »CMYK-Farbraum«). Das bedeutet, je mehr Farbauftrag, desto weniger Helligkeit. Stellt man also ein Schwarz nur mit dem Schwarzkanal dar, beispielsweise 100 % Schwarz, dann wird der Farbauftrag entsprechend bei 100 % liegen. Gängige Papiere im Standard-Prozess-Offsetdruck sind allerdings in der Lage, 300 bis 330 % Farbauftrag zu tragen. Man könnte also noch mehr Farbe auftragen und dadurch noch mehr Licht absorbieren. Dieses sogenannte Tiefschwarz nennt man auch Buntschwarz, da es nicht nur aus Schwarz, sondern gegebenenfalls aus allen Druckfarben besteht.

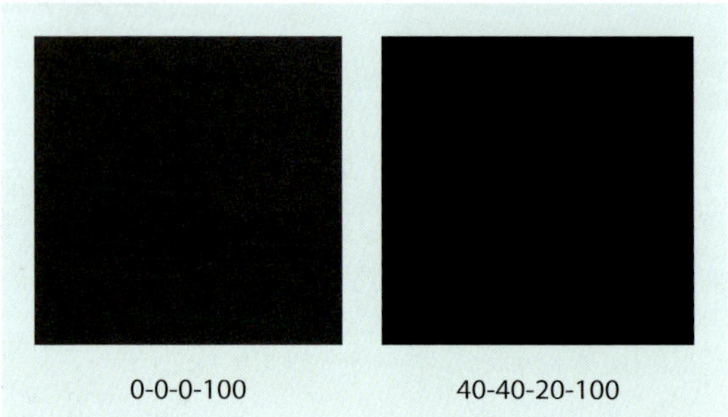

Abbildung 4.24 *Unbuntes Schwarz (links) und buntes Tiefschwarz (rechts)*

Es gibt nicht den einen richtigen Wert für ein Tiefschwarz. Ich arbeite gerne mit 40–40–20–100, allerdings steht es Ihnen natürlich frei, die Werte anzupassen. Wichtig ist dabei nur, den Schwarzanteil auf 100 % zu lassen. Sie sehen in Abbildung 4.24, dass das bunte Schwarz (Tiefschwarz) deutlich dunkler ist als das unbunte Schwarz.

Negativer Text auf Schwarz

Gefährlich wird es beim bunten Schwarz, wenn Sie negativen Text benutzen. Dadurch, dass das bunte Schwarz aus mehreren Farbkanälen besteht, wird es im Druck unvermeidlich zu bunten Blitzern kommen. Daher müssen Sie in solch einem Fall entweder das unbunte Schwarz verwenden oder eine passende, schwarze Volltonfarbe. Diese sollten Sie allerdings zwingend mit einem Farbfächer aussuchen. Man kann jedoch sagen, dass keine Volltonfarbe solch eine Tiefe und dadurch Dunkelheit aufweist wie das bunte Schwarz.

Schwarzdarstellung in InDesign | Um diese Unterschiede auch in InDesign sehen zu können, müssen Sie vorab eine Voreinstellung ändern. InDesign zeigt Ihnen standardmäßig jedes Schwarz als Tiefschwarz an. Öffnen Sie dazu über das Menü **InDesign > Voreinstellungen > Schwarzdarstellung**. Hier sehen Sie, dass Schwarz am Bildschirm und beim Druck/Export immer als Tiefschwarz ausgegeben wird. Möchten Sie dies ändern, wählen Sie in der Auswahl **Alle Schwarztöne korrekt anzeigen/ausgeben** aus. Nun wird InDesign die Schwarztöne korrekt anzeigen, und Sie können buntes von unbuntem Schwarz direkt unterscheiden.

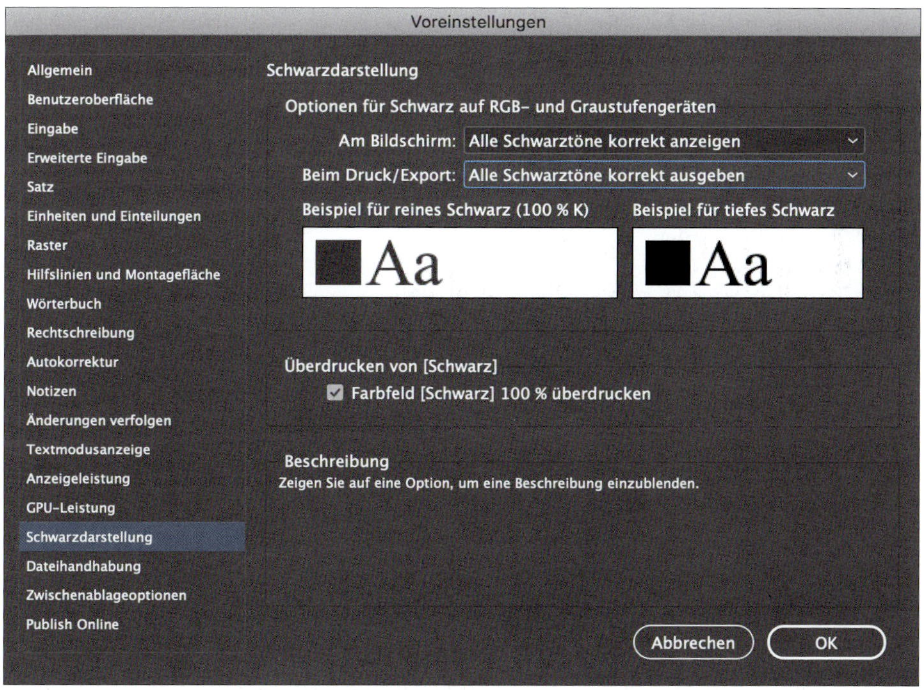

Abbildung 4.25 *Voreinstellung: Schwarztöne korrekt anzeigen*

4.4.6 Farbüberfüllung definieren

Blitzer entstehen nicht nur im Bereich des Anschnitts, auch mitten im Druckbild können sie auftreten. Grund hierfür sind unvermeidbare Passerungenauigkeiten. Der Passer weicht immer minimal ab, was in Ordnung ist, sofern er sich in der zulässigen Toleranz befindet. Unter Berücksichtigung dieser Tatsache wird vor Druckplattenbelichtung eine Überfüllung, auch Trapping genannt, angelegt.

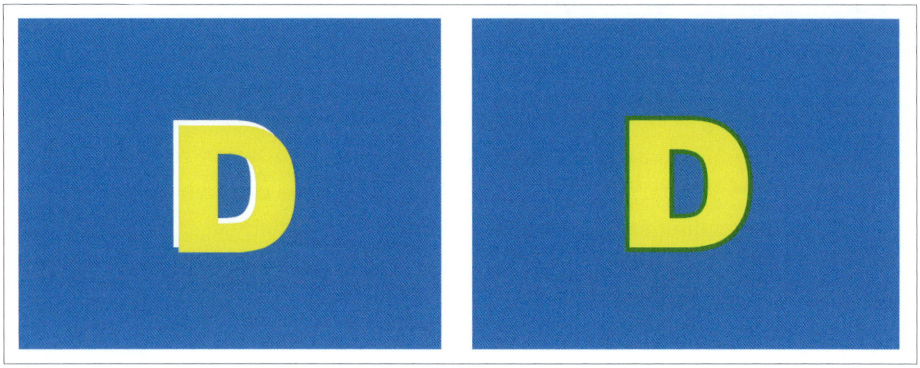

Abbildung 4.26 *Links ohne, rechts mit Überfüllung*

Passer

Die Passer sind im Druck ein Prüfelement, bei dem alle Druckfarben übereinandergelegt werden, um den Stand der Druckwerke bei mehreren aufeinanderfolgenden Druckgängen zu überprüfen.

Dafür werden normalerweise spezielle Druckvorstufen-Programme in der Druckerei verwendet. InDesign bietet Ihnen jedoch auch die Möglichkeit, eigene Überfüllungsvorgaben anzulegen und anzuwenden. Dies ist allerdings in den allermeisten Fällen nicht zu empfehlen. Entgegen dem Anschnitt, der zwingend in der Reinzeichnung geprüft und angepasst werden muss, wird die Überfüllung eigentlich erst in der Druckerei angelegt. Der Grund hierfür ist, dass man abhängig von der Druckmaschine und dem Druckverfahren genaue Werte für jede Überfüllung einstellen muss. Da die Reinzeichnung die exakten Druckmaschinenvorgaben nicht kennt, könnte man in den Überfüllungsvorgaben nur mit Standardwerten arbeiten, die ungenauer sind.

Legen Sie daher auf keinen Fall selbst eine Überfüllung an, es sei denn, Ihr Druckdienstleister fordert Sie explizit dazu auf und stellt Ihnen auch die exakten Überfüllungswerte der verwendeten Druckmaschine zur Verfügung.

Überfüllungsvorgaben in InDesign anlegen | Da InDesign allerdings die Möglichkeit bietet, eine eigene Überfüllungsvorgabe anzulegen, soll diese Funktion natürlich auch gezeigt werden. Wählen Sie hierzu im Menü **Fenster > Ausgabe > Überfüllungsvorgaben**. Hier sehen Sie die Standard-Überfüllungsvorgaben, die InDesign bereits ab Werk zur Verfügung stellt. Sie sind für den ProzessStandard Offsetdruck (PSO) meist schon eine gute Wahl.

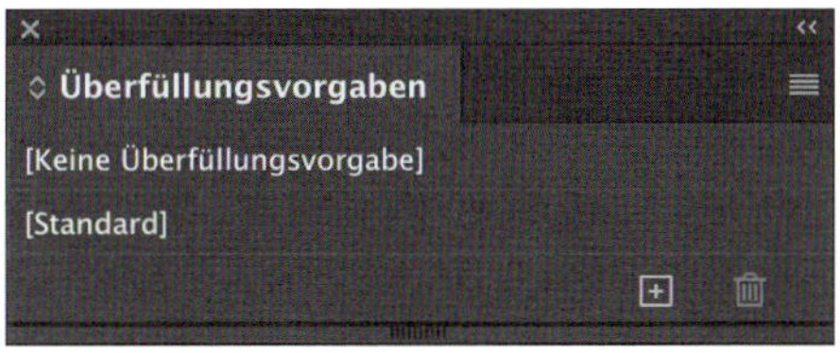

Abbildung 4.27 *Überfüllungsvorgaben von InDesign*

Über die Auswahl **Neue Vorgabe...** aus dem Bedienfeldmenü können Sie nun Ihre eigenen Vorgaben anlegen und anschließend entweder auf das ganze Dokument oder nur auf einzelne Bereiche anwenden.

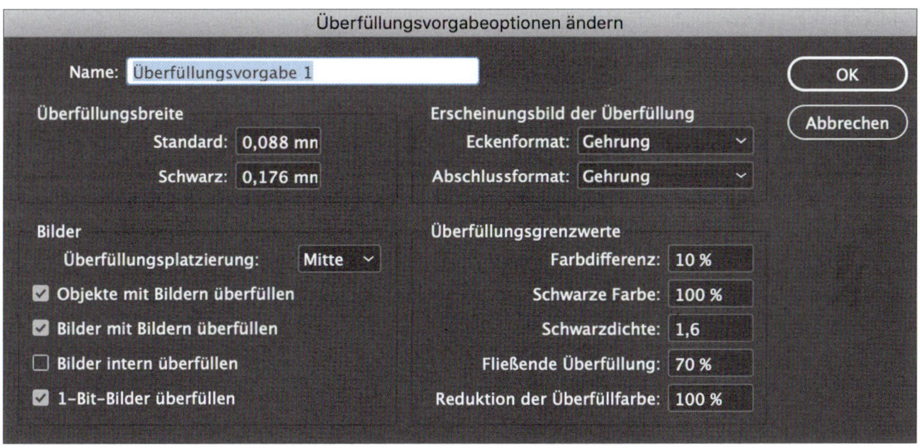

Abbildung 4.28 *Neue Überfüllungsvorgabe*

In den sich nun öffnenden Überfüllungsvorgabeoptionen sollten Sie folgende Einstellungsmöglichkeiten beachten:

- **Name:** Hier legen Sie einen prägnanten Namen für Ihre Überfüllungsvorgabe fest.
- **Überfüllungsbreite:** Sie haben hier die Möglichkeit, die Werte festzulegen, um die die Druckfarben später überlappen sollen. Die Farbe **Schwarz** wird mit einem eigenen Wert hinterlegt, die Eingabe **Standard** gilt für alle Farben mit Ausnahme von Schwarz.

- **Erscheinungsbild der Überfüllung:** Über das Erscheinungsbild steuern Sie die Form der Überfüllung. Sie können zwischen **Gehrung**, **Abgerundete Kante** und **Abgeflachte Kante** wählen. Der Standard ist **Gehrung**.
- **Bild:** Die Überfüllungseinstellungen für importierte Bilder werden hier vorgenommen. Neben der Überfüllungsposition wird auch das Verhalten von Vektorobjekten zu Bildern sowie Bildern zu Bildern definiert.
- **Überfüllungsgrenzwerte:** Hier werden die Bedingungen der Überfüllung eingestellt. Diese Werte müssen Sie zwingend von der Druckerei anfordern, da Sie diese nicht wissen können.

Nachdem Sie die Überfüllungsvorgaben eingegeben haben, speichern Sie diese ab und wenden sie anschließend auf die zugehörigen Seiten bzw. alle Seiten an. Treffen Sie dazu die Auswahl **Überfüllungsvorgaben zuweisen**.

Wählen Sie die neue Überfüllungsvorgabe aus, und entscheiden Sie sich anschließend, ob Sie die Vorgabe auf alle Seiten oder auf definierte Einzelseiten anwenden möchten. Abschließend klicken Sie auf **Zuweisen**. In den Überfüllungszuweisungen wird sich automatisch der Text ändern, und Ihre Vorgabe wird mit den zugehörigen Seiten vermerkt.

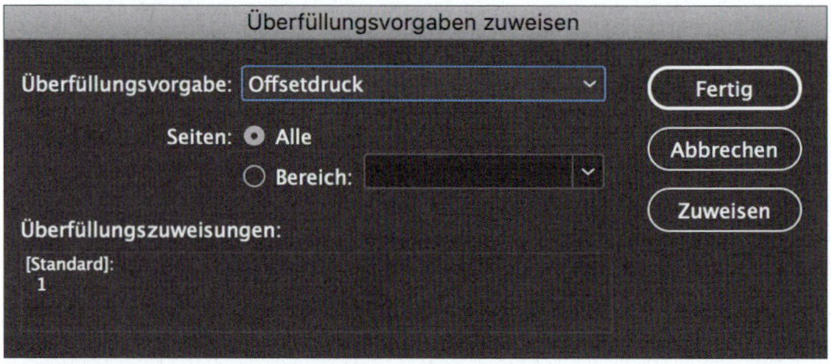

Abbildung 4.29 *Überfüllungsvorgaben zuweisen*

Überfüllung im PDF | InDesign kann im PDF-Export diese Überfüllung allerdings nicht vornehmen. Sie müssen dazu eine PostScript-Datei erstellen und diese über den Acrobat Distiller in ein PDF umwandeln.

Die PostScript-Datei können Sie in InDesign nur über das Drucken-Menü erzeugen. Öffnen Sie dieses, und wählen Sie als Drucker **PostScript®-Datei** aus. Wählen Sie anschließend die PostScript Printer Description (PPD) Ihres Druckers aus, und wechseln Sie dann auf den Reiter **Ausgabe**. Dort legen Sie als Farbe **Separationen** und als Überfüllung **Anwendungsintegriert** fest – nur so werden die von Ihnen vorab festgelegten Überfüllungsvorgaben verwendet. Anschließend klicken Sie auf **Speichern**.

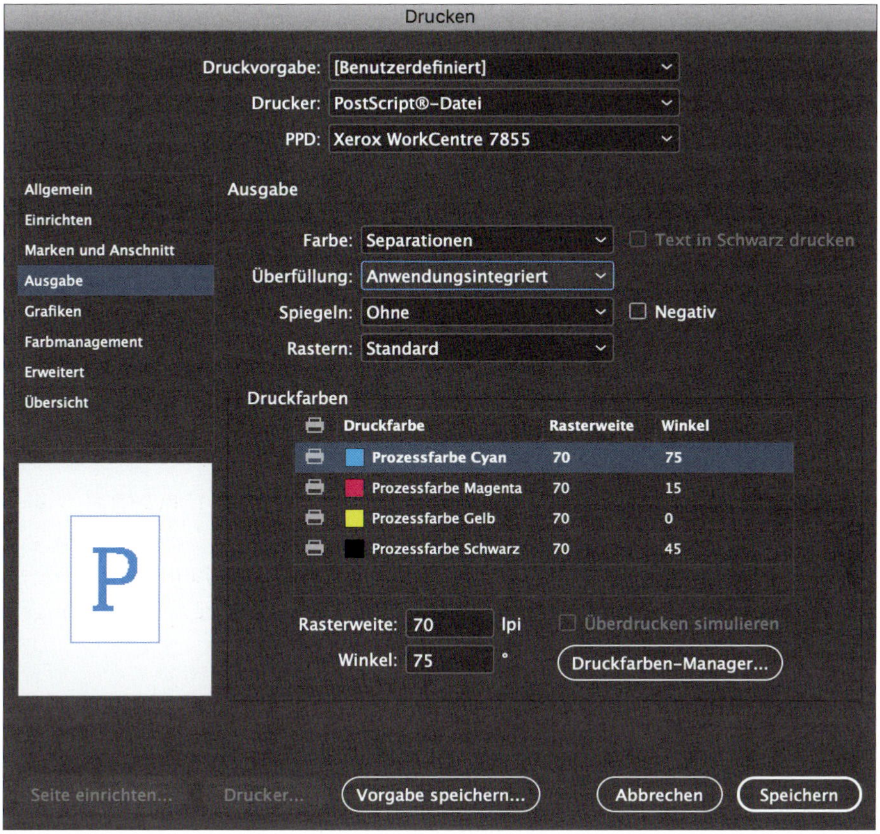

Abbildung 4.30 *Speichern einer PostScript-Datei in InDesign*

Die nun erzeugte PostScript-Datei können Sie mithilfe des Acrobat Distillers in ein PDF umwandeln. Ziehen Sie die PostScript-Datei per Drag & Drop auf das Acrobat-Distiller-Fenster, und es wird sofort ein PDF am Ablageort der PS-Datei erstellt. Dieses weist nun die entsprechenden Überfüllungsvorgaben auf.

Noch einmal der Hinweis

Fast jede Druckerei legt die Überfüllung selbst an. Wenn Sie einfach nach bestem Wissen und Gewissen eine Überfüllung anlegen, werden Sie dadurch eher Probleme verursachen, als zu helfen. Daher lassen Sie die Überfüllung in Ihrem Druck-PDF im Zweifel immer weg. In diesem Abschnitt wollte ich Ihnen nur für den Fall die Funktionalität erklären, falls Sie doch einmal selbst eine Überfüllung anlegen müssen.

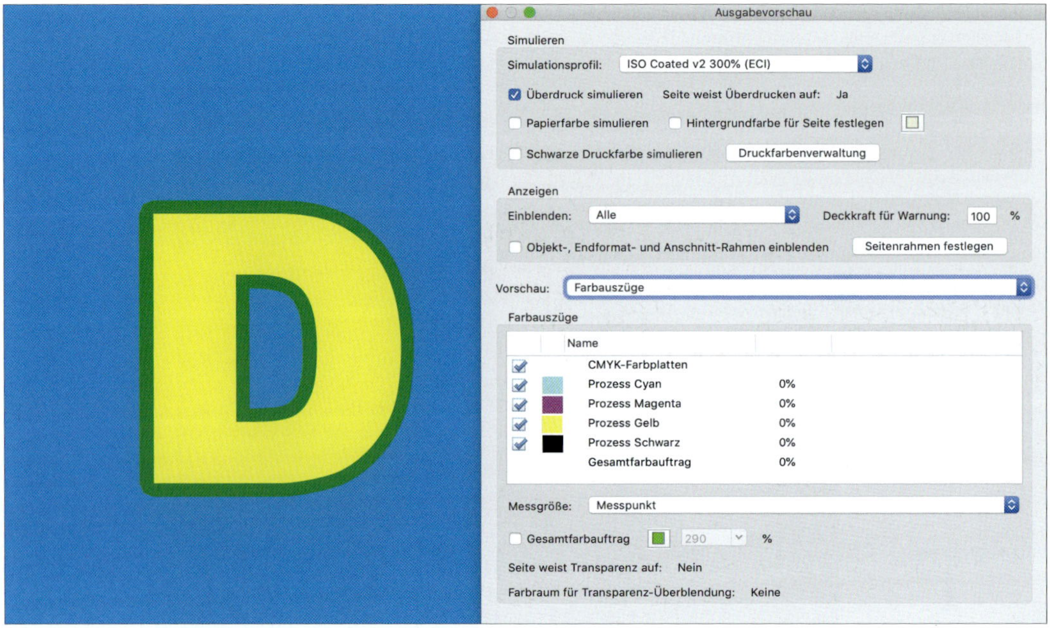

Abbildung 4.31 *Überdruckenvorschau mit Überfüllung*

Kapitel 5
Umgang mit Transparenz

Transparenz und Transparenzreduzierung gehören zu den größten Fehlerquellen der Druckdatenerstellung. Hier erfahren Sie, was sich hinter diesen Begriffen verbirgt und worauf zu achten ist.

5.1 Echte und unechte Transparenz

Effekte mit Transparenz sind eine kniffelige Angelegenheit. Grund hierfür ist, dass PostScript keine Transparenz darstellen kann.

PostScript und PDF

PostScript stellte das Grafikmodell für PDF, bis es später von der Adobe PDF Print Engine abgelöst wurde. Da die meisten Druck-PDFs noch auf dem Grafikmodell von PostScript basieren, ist es wichtig, seine Eigenschaften zu kennen.

Im klassischen PDF-Standard wird hier eine Reduzierung vorgenommen, damit der optische Effekt auch ohne Transparenz erhalten bleibt. Dies lässt sich gut an einem Beispiel zeigen.

Im Beispiel in Abbildung 5.1 sehen Sie ein Druckobjekt mit einem vollflächigen Hintergrundbild und einem Vektorobjekt mit einem Schatten. Solange Sie sich in InDesign bewegen, können Sie das Objekt mit dem Schatten beliebig bewegen, und der Schatten folgt dem Objekt. Das liegt daran, dass es sich hierbei um echte Transparenz handelt, es also ein Verlauf von Schwarz in Transparenz ist.

Export in ein PDF auf PostScript-Basis | Wenn Sie nun dieses Dokument in ein PDF exportieren, das auf PostScript beruht, findet eine Reduzierung statt. Alle Bereiche, die einen Transparenzeffekt aufweisen, werden in einzelne Bilder zerschnitten und auf einem Hintergrund zusammengeführt. Dies ist deutlich zu erkennen, wenn Sie das PDF in Illustrator öffnen.

Abbildung 5.1 *Beispiel für Transparenzaufbau*

Abbildung 5.2 *Transparenz in einem PDF mit X3-Standard basierend auf PostScript*

Sie sehen, dass neben dem Hintergrundbild vier weitere Bilder entstanden sind. Alle Bereiche, in denen vorher ein Schattenschlag stattfand, wurden aus dem Hintergrundbild ausgeschnitten, mit dem Schatten zusammengefügt und an die ursprüngliche Stelle gesetzt. Dies nennt man unechte Transparenz, da eine Transparenz nur noch optisch simuliert wird.

Abbildung 5.3 *Die vier Bilder, die durch den PDF-Export ausgeschnitten und neu erstellt wurden*

Optisch sieht das PDF genauso aus wie das InDesign-Dokument. Unter der Haube hat sich allerdings alles verändert. Das PDF besteht aus Hintergrundbild plus vier weiteren Bildern, die so aneinandergereiht wurden, dass der Schatten oval aussieht. Dann wurde ein weißes Vektorobjekt daraufgelegt, damit es so wirkt, als würde der Schatten zu ihm gehören.

Reduzierungsvorschau | Mit der Reduzierungsvorschau können Sie direkt Bereiche markieren, die durch die Transparenzreduzierung verändert werden. Öffnen Sie dazu **Fenster > Ausgabe > Reduzierungsvorschau**, und wählen Sie unter **Markieren** den Eintrag **Transparente Objekte**. Ihnen werden nun automatisch Bereiche mit echter Transparenz in Rot angezeigt, und Sie wissen, welche Bereiche nach der Transparenzreduzierung in PostScript flachgerechnet werden.

Abbildung 5.4 *Transparente Objekte, markiert in der Reduzierungsvorschau in InDesign*

PDF mit der Adobe PDF Print Engine | Erstellen Sie nun aus demselben InDesign-Dokument ein PDF, das auf der Adobe PDF Print Engine (APPE) (siehe Abschnitt 11.2,

»Adobe PDF Print Engine«) statt auf PostScript beruht, werden Sie einen deutlichen Unterschied feststellen.

Das Hintergrundbild wurde hier nicht zerschnitten, und der zusätzliche Rahmen dient nur als Schnittmaske für den Schatteneffekt. Sie können diesen anschließend immer noch über dem Hintergrundbild bewegen, und er wird korrekt angezeigt. Der Grund hierfür ist, dass sich innerhalb der APPE echte Transparenz realisieren lässt und der Schatten auch nach dem PDF-Export noch ein Verlauf von Schwarz zu Transparenz ist.

Abbildung 5.5 *Transparenz in einem PDF mit X4-Standard basierend auf der APPE*

Abbildung 5.6 *Bewegliche Transparenz auch nach PDF-Export in der APPE*

5.2 Mögliche Probleme und Lösungsansätze

Das PostScript-Verfahren ist immer noch der Branchenstandard und liefert in den meisten Fällen ein gutes Ergebnis. Allerdings gibt es einige Probleme, die man in der Reinzeichnung kennen und gegebenenfalls umgehen sollte.

Qualität der Transparenzreduzierung | Ein Problem ist die Qualität der reduzierten Bilder im Zuge der Transparenzreduzierung. Gerade Effekte wie schwarze Schatten können in der APPE besser und somit näher am Druckbild dargestellt werden als in PostScript. Da Sie auf diesen Faktor jedoch keinen Einfluss haben, soll dieser nur zur Information genannt werden.

5.2.1 Transparenzreduzierungsvorgaben

Beim PDF-Export in InDesign haben Sie im Dialogfeld **Adobe PDF exportieren...** im Reiter **Erweitert** die Möglichkeit, Vorgaben für die Transparenzreduzierung festzulegen. Öffnen Sie vor dem PDF-Export die Transparenzreduzierungsvorgaben über **Bearbeiten > Transparenzreduzierungsvorgaben**.

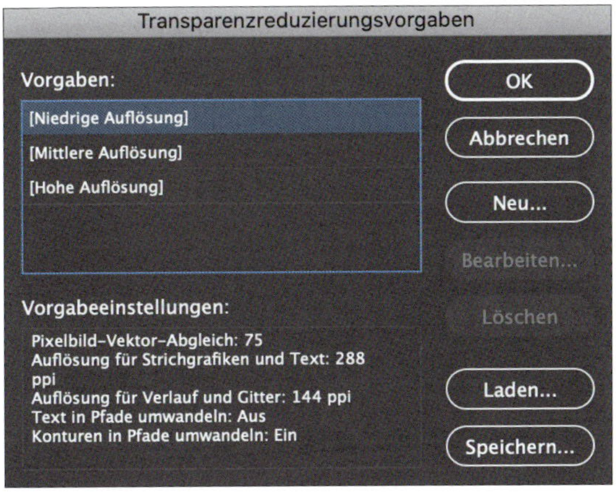

Abbildung 5.7 *Transparenzreduzierungsvorgaben*

Hier sehen Sie die von InDesign voreingestellten Vorgaben:

- **[Niedrige Auflösung]:** Pixelbild-Vektor-Abgleich: 75,
  Strichgrafiken und Text: 288 ppi, Verlauf und Gitter: 144 ppi
- **[Mittlere Auflösung]:** Pixelbild-Vektor-Abgleich: 75,
  Strichgrafiken und Text: 300 ppi, Verlauf und Gitter: 150 ppi
- **[Hohe Auflösung]:** Pixelbild-Vektor-Abgleich: 100,
  Strichgrafiken und Text: 1200 ppi, Verlauf und Gitter: 300 ppi

Diese können Sie beim PDF-Export direkt auswählen. Was passiert aber nun, wenn Sie ein Dokument nicht im Maßstab 1:1, sondern im Maßstab 1:2 anlegen? Bei Ihren Verknüpfungen können Sie noch einfach darauf achten, die doppelte Bildauflösung zu gewährleisten – diese müssen Sie beim PDF-Export natürlich unkomprimiert ausgeben.

PPI und DPI

Man spricht so lange von PPI (Pixel per Inch), bis das RIP die Pixel aus beispielsweise dem PDF in Rasterpunkte umgewandelt hat. Erst dann spricht man von DPI (Dots per Inch). Dies führt häufig zu Verwirrung. Sie können allerdings die Vorgaben in DPI eins zu eins auf Ihre Einstellungen in PPI anwenden.

Dafür muss bei einer Druckvorgabe von 300 dpi jedes Bild in Ihrem InDesign-Dokument eine Auflösung von 600 ppi aufweisen. Wenn Sie dieses Dokument nun als PDF exportieren, haben Sie zwar alle Bilder mit 600 ppi ausgegeben, jede durch PostScript erzeugte, unechte Transparenz (siehe Abschnitt 5.1, »Echte und unechte Transparenz«) weist jedoch nur maximal 300 ppi auf, da dies die höchste Vorgabe in InDesign ist. Im Druck würde das im Maßstab 1:1 eine Datentiefe von 150 dpi bedeuten, was eindeutig zu wenig ist.

Daher müssen Sie in diesem Fall eine eigene Transparenzreduzierungsvorgabe anlegen. Öffnen Sie dazu wieder das Dialogfeld **Transparenzreduzierungsvorgaben**. Klicken Sie dann auf **Neu,** und wählen Sie einen einfachen Namen, beispielsweise die in dieser Vorgabe definierte Auflösung von »600 ppi«. Sie können nun die Voreinstellungen der Vorlage [Hohe Auflösung] übernehmen und erhöhen lediglich die 300 ppi der Verläufe und Gitter auf 600 ppi. Nun können Sie beim PDF-Export diese Vorlage auswählen und haben eine einheitliche Auflösung in Ihrem Druck-PDF.

Kapitel 6
Schrift und Mikrotypografie

Der Umgang mit Schrift und Text ist ein wichtiger Bestandteil der Reinzeichnung. In diesem Kapitel erläutere ich wichtige Themen von Mikrotypografie über OpenType bis hin zu Schriftformaten und GREP.

6.1 Umgang mit Schriften

Das Thema Schriften ist ähnlich komplex wie das Thema Bilder, allerdings wird es leider meist eher stiefmütterlich behandelt. Genau wie für Bilder ist auch für eine Schriftart die Frage zu klären, ob sie lizenziert ist und für welche Einsatzgebiete sie zugelassen ist.

6.1.1 Schriften in der Adobe Creative Cloud

Als Nutzer und Nutzerin der Adobe Creative Cloud haben Sie glücklicherweise die Möglichkeit, aus Tausenden von Schriften auszuwählen, die bereits für private und kommerzielle Zwecke von Adobe lizenziert wurden und daher frei benutzt werden können, sofern ein Creative-Cloud-Abo vorliegt.

Auf der Website *fonts.adobe.com* können Sie sich mit Ihren Login-Daten für die Adobe Creative Cloud anmelden und dort hinterlegte Schriften direkt über den Webbrowser aktivieren. Diese werden dann auf dem lokalen Computer installiert und aktiviert. Das geschieht automatisch über die Creative-Cloud-Applikation im Hintergrund.

Schriftenanbieter

Neben Adobe Font gibt es natürlich weitere Anbieter von Schriften, die eine Lizenzierung kostenpflichtig anbieten. Bekannt sind hier beispielsweise:

- MonoType.com
- LinoType.com
- MyFonts.com

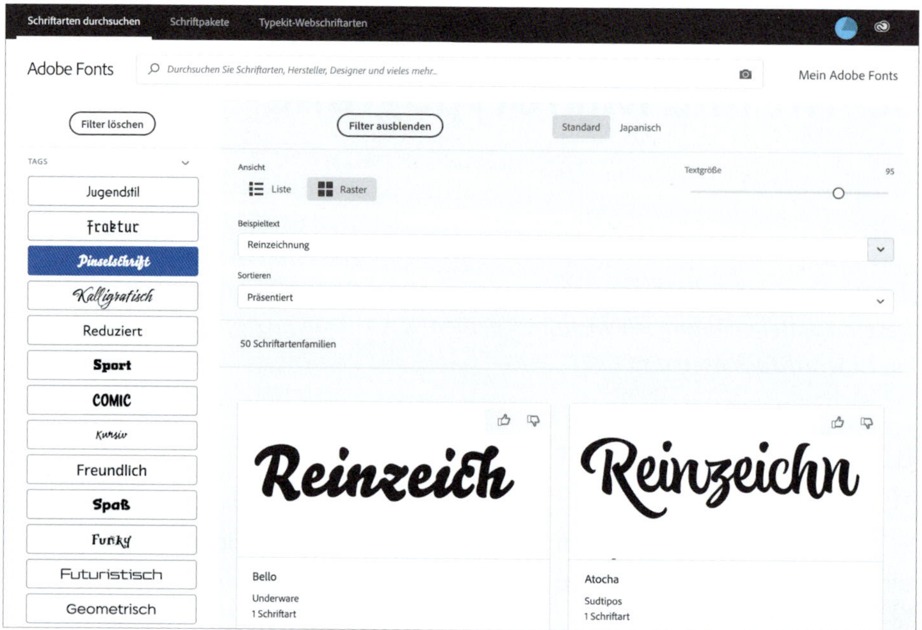

Abbildung 6.1 *Adobe Fonts im Webbrowser*

6.1.2 Lizenzen

Ähnlich wie bei Bildern sollten Sie nach dem Motto handeln: Es gibt keine kostenlosen Schriften. Denn auf verschiedenen Internetplattformen werden Ihnen zwar kostenlose Schriften angeboten, allerdings bezieht sich diese kostenlose Lizenz meist nur auf die Nutzung für nicht kommerzielle Zwecke und ist an diverse Vorgaben gekoppelt. Diese Lizenzen sind unter Umständen auch nicht mehr aktuell. Die Plattformen übernehmen hierbei keine Haftung – die Nutzer*innen der Schrift sind für die Klärung der Lizenzierung selbst verantwortlich. Sie werden spätestens dann Probleme bekommen, wenn Sie ein Layout mit Ihrem Auftraggeber abgestimmt haben und anschließend merken, dass die Lizenz für die Schriftart doch nicht kostenlos ist. Dann müssen Sie erstmal ermitteln, wer die Schrift erstellt hat, und diese Person kontaktieren.

Schwierige Zusammenarbeit vermeiden

Und selbst wenn Sie im Kontakt mit der Autorin der Schrift sind und daher die Möglichkeit haben, diese zu lizenzieren, kann es problematisch werden. Bedenken Sie, dass nicht alle Schriftdesigner*innen diese Arbeit in Vollzeit ausüben. Viele gehen dieser Leidenschaft nebenberuflich nach und verdienen sich so ein paar Euro dazu. Es kann also gut sein, dass Sie es nicht mit einer Firma, sondern einer Privatperson zu tun haben. Sollten Sie wiederum in einer großen Agentur arbeiten, die (oder deren Holding) an der Börse gehandelt wird, kann es Vorgaben geben, die Dienstleister unterschreiben müssen, bevor sie von Ihnen beauftragt werden dürfen. Wenn Sie solche Vorgaben dann nach Brasilien schicken und von der Designerin der Schriftart verlangen, sie zu lesen, zu unterschreiben und nach Deutschland zu schicken, kann es Ihnen gut passieren, dass die Designerin dies ablehnt, da ihr der Aufwand für die 20 US-Dollar Lizenzgebühren zu hoch ist. In diesem Fall müssten Sie sich eine neue Schriftart heraussuchen und diese mit dem Auftraggeber abstimmen.

Gehen Sie daher auf Nummer sicher, und beziehen Sie Ihre Schriften nur von offiziellen Händlern, die zur Vergabe der Lizenz berechtigt sind.

6.1.3 Austausch von Schriften in InDesign

Sollten Sie sich nach der Auswahl einer Schriftart umentscheiden, ist dies in InDesign schnell erledigt. Ähnlich wie bei Farbfeldern (siehe Abschnitt 4.3, »Prozessfarben löschen und ersetzen«) können Sie Schriftarten suchen und durch andere Schriftarten ersetzen. Wählen Sie hierzu im Menü **Schrift > Schriftart suchen/ersetzen**.

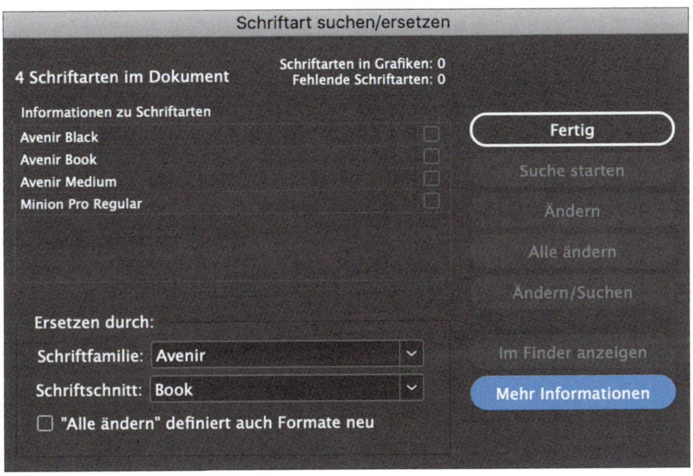

Abbildung 6.2 *Dialogfeld* ***Schriftart suchen/ersetzen*** *in InDesign*

Hier können Sie nun bestehende Schriftarten suchen und direkt durch eine andere Schriftart ersetzen. Im ersten Reiter haben Sie die Möglichkeit, eine Schriftart auszuwählen, die bearbeitet werden soll. Beachten Sie, dass jeder Schriftschnitt einzeln aufgeführt wird und nicht eine ganze Schriftfamilie mit einem Klick ersetzt werden kann. Anschließend können Sie im unteren Bereich über **Ersetzen durch** festlegen, durch welche Schriftart und welchen Schriftschnitt die ausgewählte Schrift ersetzt werden soll. Ist diese Schrift Bestandteil eines Absatz- oder Zeichenformats (siehe Abschnitt 6.5 »Zeichen- und Absatzformate«), können Sie mit dem Häkchen **"Alle ändern" definiert auch Formate neu** direkt die jeweiligen Formate mitbearbeiten. Sie können dann entweder eine **Suche starten** oder direkt **Alle ändern** bzw. **Ändern/Suchen**, um die Suche fortzuführen.

6.1.4 Prüfen der Druckbarkeit

Grundsätzlich lässt sich festhalten, dass im Offset-Druck für positive Schriften eine Größe von 5 pt nicht unterschritten werden sollte. Negative Schriften, also aussparende Flächen (siehe Abschnitt 4.3, »Prozessfarben löschen und ersetzen«), sollten eine Schriftgröße von 6 pt nicht unterschreiten, und auch Light-Schriftschnitte sollten dabei gemieden werden. Der Grund hierfür ist neben der Lesbarkeit, dass im Druck eine Mindeststärke für Linien eingehalten werden muss, damit diese korrekt wiedergegeben werden können. Da Buchstaben technisch gesehen erstmal grundsätzlich aus Linien bestehen, laufen sie Gefahr, bei zu kleiner Schriftgröße zu dünn zu werden. Dadurch können Sie von der Druckmaschine nicht mehr richtig ausgegeben werden, vor allem dann, wenn die Schrift mehrfarbig ist. Hierbei handelt es sich allerdings nur um einen groben Richtwert.

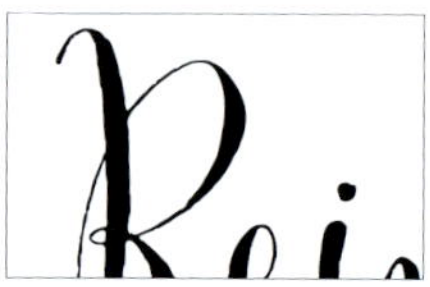

Abbildung 6.3 *Schriftart »Cantoni« von Debi Sementelli mit feinen Elementen*

Problematisch kann es immer mit schnörkeligen Schriften werden, die sehr feine Elemente beinhalten. Sprechen Sie hierzu mit Ihrer Druckerei, und versuchen Sie, einen breiten Schriftschnitt und eine größtmögliche Schriftgröße zu wählen. Stark verzierte Schriften eignen sich besser für plakative Überschriften als für kleine Bildunterschriften.

Vorgaben der Druckerei

Sie sollten zwingend in die Unterlagen der Druckerei schauen und dort die Mindeststrichstärke für die positive und negative Variante der gesetzten Schrift überprüfen. Gerade in Druckverfahren wie beispielsweise dem Flexodruck (siehe Abschnitt 12.3.1, »Flexodruck«) können erheblich größere und dickere Schriftgrößen verlangt werden.

6.2 Optimierung des Textbildes

Gerade in Publikationen mit viel Text, beispielsweise einem Geschäftsbericht, ist der ästhetische Grauwert des Textes wichtig. Der Grauwert gibt die Kontrastwirkung eines Textes wieder und wird sowohl durch die Schriftart, die Laufweite und den Zeilenabstand als auch durch die Umbrüche beeinflusst.

6.2.1 Textoptimierung im Flattersatz

Der am häufigsten verwendete Satz, noch vor dem Blocksatz, ist der Flattersatz. Er wirkt lebendig und dynamisch, allerdings bedarf auch er einer genauen optischen Prüfung. Einige Punkte, die es zu beachten gilt, sind:

1. Vermeidung von Treppen
2. Vermeidung von Löchern
3. Leserfreundliche Silbentrennung
4. Differenzierung vom Blocksatz (der Text muss flattern)

InDesign bietet Ihnen einige Möglichkeiten, dies zu steuern und zu optimieren.

Adobe-Absatzsetzer | Der Adobe-Absatzsetzer ist die Standardmethode in InDesign zur Berechnung der Umbrüche. Markieren Sie den betroffenen Text, und öffnen Sie über das Menü **Fenster > Schrift und Tabellen > Absatz**. Dann setzen Sie im Bedienfeldmenü den Haken bei **Adobe-Absatzsetzer**. InDesign betrachtet nun den gesamten Absatz, vergleicht alle Zeilen und bricht sie entsprechend so um, dass die Darstellung optisch ansprechend ist und weniger Trennstriche gesetzt werden.

Abbildung 6.4 *Auswahl des Adobe-Absatzsetzers*

Adobe Ein-Zeilen-Setzer | Im Gegensatz zum Adobe-Absatzsetzer betrachtet InDesign beim Adobe Ein-Zeilen-Setzer jede Zeile einzeln und versucht nicht, über den kompletten Absatz hinweg eine Ausgewogenheit zu erzeugen. Diese Methode ist vor allem dann sinnvoll, wenn in einem fortgeschrittenen Prozessstand das Textbild bereits verabschiedet wurde und durch einzelne Änderungen am Ende keine komplette Neudefinition des Textbildes stattfinden soll.

Manuelles Umbrechen der Zeilen | Viele Grafiker umbrechen die Zeilen manuell. Dies bietet natürlich totale Kontrolle über den optischen Eindruck des Textes, allerdings erschwert es auch die Arbeit mit verknüpften Texten. Wenn Sie beispielsweise mit Datenbanken oder Adobe InCopy CC (siehe Abschnitt 8.11.1, »Zusammenarbeit mit InCopy«) arbeiten und die Texte automatisch in den Textrahmen ausgeleitet werden, wäre ein händischer Umbruch nur auf zwei Wegen möglich:

1. Der Text wird von der Quelle gelöst.
2. Der Text wird in der Quelle geändert.

Die zweite Möglichkeit ist meist nicht praktikabel, da Texte häufig in mehreren Objekten ausgeleitet werden (Print, Internet etc.) und die Umbrüche dann nur auf einem einzelnen Medium optisch passen würden, auf dem nächsten allerdings völlig falsch wären. Daher wird in solchen Fällen der Text häufig gelöst und kann anschließend nicht mehr automatisch aktualisiert werden.

Und selbst wenn keine Textquelle genutzt wird: Jede Textänderung würde das Textbild komplett zerstören, und jede Zeile müsste händisch neu gesetzt werden. Dies ist nicht nur ineffizient, sondern auch eine große Fehlerquelle. Daher sollte in der Reinzeichnung eine der Adobe-Absatzmethoden ausgewählt und die Silbentrennung (siehe Abschnitt 6.2.5, »Voreinstellungen für die Silbentrennung«) passend eingestellt werden, damit Textänderungen im laufenden Prozess keine Hürde darstellen.

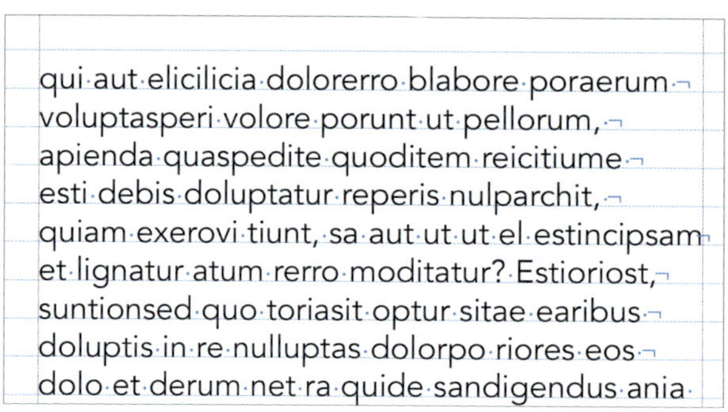

Abbildung 6.5 *Negativbeispiel: Darstellung von manuellen Umbrüchen in InDesign*

Flattersatzausgleich | Der Flattersatzausgleich ist ein etwas verstecktes Hilfsmittel von InDesign, um noch mehr Einfluss auf die Darstellung des Flattersatzes zu nehmen. Diese Einstellung eignet sich besonders gut für mehrzeilige Überschriften oder Unterüberschriften. Auch hier stimmt InDesign automatisch die jeweiligen Zeilen aufeinander ab. Der Flattersatzausgleich kann auch in Kombination mit dem Adobe-Absatzsetzer bzw. dem Adobe Ein-Zeilen-Setzer verwendet werden.

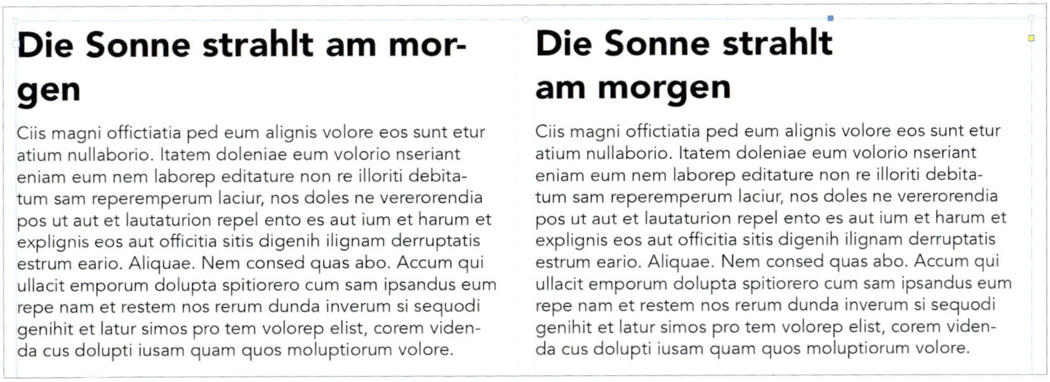

Abbildung 6.6 *Überschrift ohne (links) und mit (rechts) Flattersatzausgleich*

Sie erreichen ihn auch über **Fenster > Schrift und Tabellen > Absatz**. Dann setzen Sie im Bedienfeldmenü den Haken bei **Flattersatzausgleich**.

6.2.2 Textoptimierung im Blocksatz

Auch für den Blocksatz gibt es einige Punkte, die bei korrekter Einstellung ein angenehmeres Textbild ergeben.

Optischer Randausgleich | Im Blocksatz helfen Ihnen die Einstellungen des Flattersatzes nicht weiter, da schließlich ein Block entstehen muss. Sie können mithilfe der Silbentrennung (siehe Abschnitt 6.2.5, »Voreinstellungen für die Silbentrennung«) starke Verbesserungen erzielen. Allerdings bietet InDesign Ihnen auch beim Blocksatz eine automatische Optimierung des Satzes: den optischen Randausgleich.

Durch den optischen Randausgleich in InDesign werden Zeichen wie Silbentrennungsstriche, Punkt, Komma usw. etwas nach rechts und links aus dem Block herausgerückt, damit optisch eine geradere Kante durch die Buchstaben erzeugt wird. Öffnen Sie hierzu **Fenster > Schrift und Tabellen > Textabschnitt**, und aktivieren Sie **Optischer Randausgleich**.

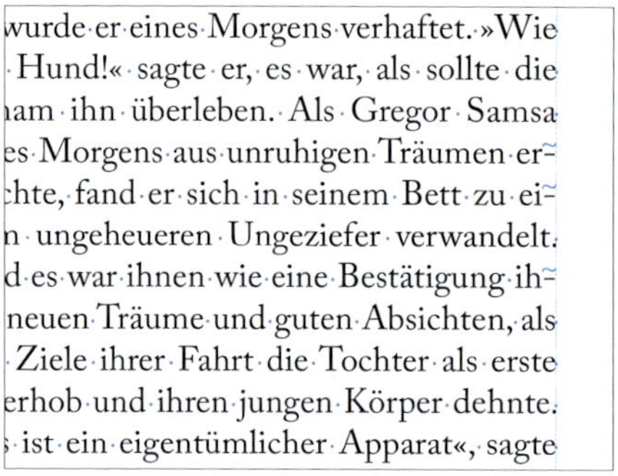

Abbildung 6.7 *Blocksatz ohne optischen Randausgleich*

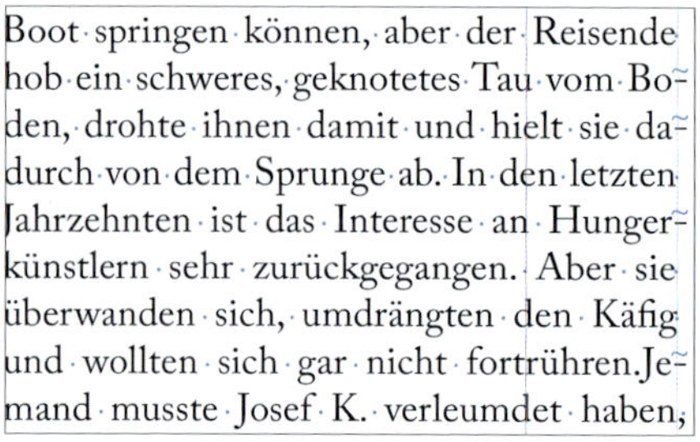

Abbildung 6.8 *Blocksatz mit optischem Randausgleich*

Sie sehen deutlich, wie die Trennstriche leicht aus dem Block herausgerückt sind. So erzeugen Sie einen deutlich angenehmeren Eindruck des Blocksatzes. Zusammen mit der Silbentrennung erzielen Sie gute Ergebnisse für Ihren Blocksatz.

Wort- und Zeichenabstand beim Blocksatz | Außerdem ist besonders für den Blocksatz eine genaue Einstellung der Wort- und Zeichenabstände wichtig. Öffnen Sie hierzu die Absatzformatoptionen für Ihr Absatzformat, und wählen Sie den Reiter **Satz-Feineinstellungen**.

Hier können Sie nun sowohl den Wortabstand als auch den Zeichenabstand händisch anpassen. Sie definieren sowohl den Minimal-, den Optimal- als auch den Maximal-Abstand der jeweiligen Kategorie:

- **Minimal:** Der Minimalwert legt fest, wie sehr InDesign die Abstände verkleinern darf. Bei einem Wert von 80 % verringert InDesign den Abstand höchstens um 20 %.
- **Optimal:** Mit dem Optimalwert geben Sie an, wie die Abstände ohne Eingreifen von InDesign gesetzt werden sollen.
- **Maximal:** Der Maximalwert bestimmt, wie sehr InDesign die Abstände vergrößern darf.

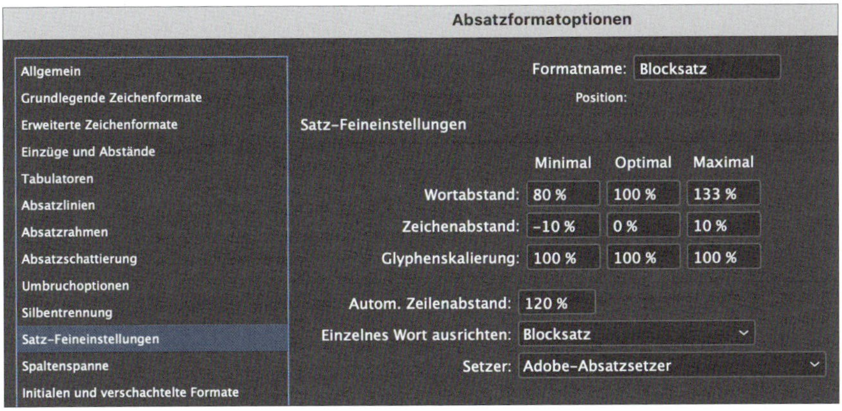

Abbildung 6.9 *Satz-Feineinstellungen in den Absatzformatoptionen von InDesign*

6.2.3 Zeichenabstände feinjustieren

Um das Textbild in allen Satzvarianten nicht nur optisch ästhetischer zu gestalten, sondern auch die Lesbarkeit zu verbessern, ist es wichtig, die Zeichenabstände händisch zu verfeinern. Sie sind grundsätzlich bereits in der Schriftart und in den **Satz-Feineinstellungen** in InDesign festgelegt, und diese Abstände erzeugen in den meisten Fällen ein ansprechendes Gesamtbild. Allerdings gibt es Fälle, in denen es nötig ist, selbst Hand anzulegen.

Das Anpassen der Zeichenabstände erfolgt zum einen durch die Laufweite des Textes, zum anderen durch das sogenannte Unterschneiden oder auch Spationieren (*Kerning*). Im Zusammenspiel dieser beiden Einstellungen lässt sich die optische Qualität des Textes deutlich verbessern.

Laufweite | Die Laufweite bestimmt die Abstände der Zeichen eines Textabschnitts. Bei einer Laufweite von 0 wird der Text allein basierend auf den Schriftkegeln der Schriftart ausgegeben. Sobald Sie die Laufweite entweder positiv oder negativ verändern, wirkt sich dies auf den gesamten Textabschnitt aus. Selbst kleine Veränderungen können hier eine große Wirkung haben. Öffnen Sie hierzu das Zeichen-Bedienfeld über **Fenster > Schrift und Tabellen > Zeichen**.

Sie können nun neben dem Feld **Laufweite** diese in der Einheit 1/1000 Geviert verändern, beispielsweise durch die Eingabe von »50« auf 50/1000 Geviert. Sowohl positive als auch negative Zahlen sind möglich.

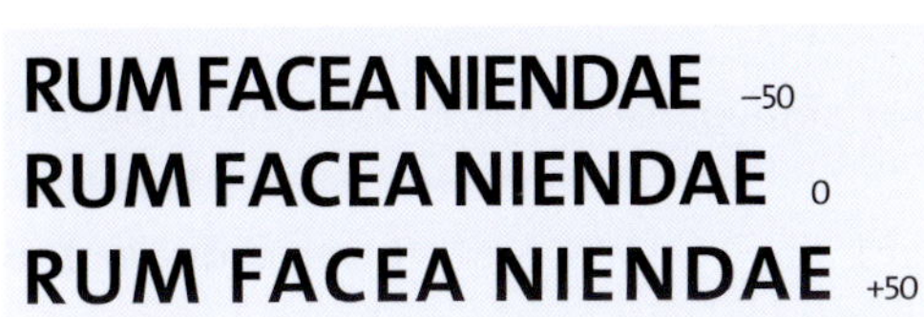

Abbildung 6.10 *Laufweiten von –50 bis +50 in der Überschrift im Vergleich*

Gerade bei Überschriften kann das Verändern der Laufweite einen starken optischen Impuls geben. Vergessen Sie jedoch bei einer deutlichen Verkleinerung der Laufweite nicht die Vorgaben der ausführenden Druckerei. Sollten die Buchstaben zu eng aneinanderstehen, könnten sie im Druck später zusammenlaufen.

Auch im Fließtext macht die Laufweite einen großen Unterschied. Hier empfiehlt es sich jedoch, keine zu deutlichen Veränderungen vorzunehmen, da dadurch die Lesbarkeit des Textes leiden würde.

Abbildung 6.11 *Laufweite 0 im Zeichen-Bedienfeld*

−50	0	+50
Praectur andelec tiunt, sitatectotas nonemolutem sum audit ipsuntum qui dipsam ipsam iliae rat quam explati derfernat ipsam ut occus, cum sum que apel illit vitatet am, nonsequae nusam simus. Praectur andelec tiunt, sitatecotas nonemol	Praectur andelec tiunt, sitatectotas nonemolutem sum audit ipsuntum qui dipsam ipsam iliae rat quam explati derfernat ipsam ut occus, cum sum que apel illit vitatet am, nonsequae nusam simus.	Praectur andelec tiunt, sitatectotas nonemolutem sum audit ipsuntum qui dipsam ipsam iliae rat quam explati derfernat ipsam ut occus, cum sum que apel illit vitatet am, nonsequae

Abbildung 6.12 *Laufweite zwischen –50 und +50 im Fließtext im Vergleich*

Einstellungen wie die Laufweite in Überschriften sollten in der Reinzeichnung eigentlich schon feststehen und bedürfen ab diesem Zeitpunkt eigentlich keiner Anpassung mehr. Allerdings kann es aufgrund von technischen Vorgaben seitens der Druckerei dazu kommen, dass die Laufweite erhöht werden muss. Daher ist es auch in der Reinzeichnung wichtig, einen prüfenden Blick auf die getroffenen Einstellungen zu werfen.

Im Fall von Fließtext kann es durchaus sinnvoll sein, in der Reinzeichnung ein wenig an den Einstellungen zu drehen. Gerade bei einem Projekt mit viel Text können minimale Anpassungen der Laufweite das Textbild deutlich verschönern und die Umbrüche der Silbentrennung merkbar reduzieren. Wichtig ist es dabei, nur minimale Veränderungen vorzunehmen, da sie keinen Einfluss auf die Gesamtoptik des abgestimmten Layouts haben dürfen.

Unterschneiden (Kerning) | Das Unterschneiden (*Kerning*) bezieht sich im Gegensatz zur Laufweite nicht auf einen ganzen Textabschnitt, nicht mal auf ein ganzes Wort, sondern nur auf den Abstand zwischen zwei einzelnen Zeichen.

Schriftdesigner*innen definieren die Buchstabenabstände schon so gut wie möglich; allerdings gibt es gewisse Buchstaben- und Zahlenpaare, bei denen sich ein näherer Blick lohnt. So ist der Abstand nach der Ziffer 1 häufig zu groß, beispielsweise in der Zahl »10«. Auch Buchstabenpaare wie »Vo«, »Wa« und viele andere können Tücken bergen, die es zu vermeiden gilt.

Standardmäßig stellt InDesign das Kerning auf **Metrisch**. Das bedeutet, die Einstellungen des Schriftdesigners werden unverändert übernommen. Dies sollte auch standardmäßig bei jeder Schrift so eingestellt bleiben. Erst wenn es zu optischen Auffälligkeiten kommt, müssen Sie diese Einstellung in der Reinzeichnung verändern. Sie haben hierbei die Wahl zwischen zwei Möglichkeiten:

1. **Optisch:** Hier errechnet InDesign eigenständig den Abstand zwischen zwei Zeichen. Dies ist in den meisten Fällen bereits eine gute Lösung des Problems.
2. **Manuell:** Hier können Sie selbst die Unterschneidung angeben, wieder in der Einheit 1/1000 Geviert.

Abbildung 6.13 *Auswahl der Unterschneidungsoptionen*

Sollte Ihnen ein Buchstabenzwischenraum einmal zu groß vorkommen, versuchen Sie zuerst, das Kerning auf **Optisch** zu stellen, bevor Sie selbst manuell Hand anlegen.

Abbildung 6.14 *Beispielhafter Buchstabenzwischenraum in »Va« ohne und mit Anpassung des Kernings*

Schrift verzerren

Ich möchte noch darauf hinweisen, dass Sie auch die Möglichkeit haben, Schrift zu verzerren. Die Betonung liegt hierbei aber auf *Möglichkeit*, denn Sie sollten Schriften grundsätzlich nie verzerren. Das Prüfen auf verzerrte Schriften ist auch eine Funktion im InDesign-Preflight, auf die ich später eingehe. Sollten Sie in eine Situation geraten, in der das Verzerren der Schriften absolut nicht zu vermeiden ist, wählen Sie bitte maximal einen Wert von 2 %. Alles darüber ist nicht nur optisch sichtbar, sondern kann auch im schlimmsten Fall zu optischen Fehlern in der Druckausgabe führen.

6.2.4 Schusterjungen und Hurenkinder

Schusterjungen und Hurenkinder, die neuerdings auch Witwen und Waisen genannt werden, sind Satzfehler, die in der Reinzeichnung zwingend korrigiert werden sollten. Die Bezeichnungen stammen aus der alten Bleisetzersprache, die oft recht rau war:

- Als Schusterjunge bzw. Witwe wird eine am Seitenende stehende Zeile des folgenden Absatzes bezeichnet.
- Als Hurenkind bzw. Waise bezeichnet man die letzte Zeile eines Absatzes, die am Anfang einer neuen Seite steht.

Sonnenuntergang in Island

Ein Erlebnis für Geist und Verstand

Cabo. Tiundit eritatio. Erciis autas et experro magnitaqui bea dolum que sam alit qui ut omniet dollo dolenem que voluptam, quo ommoditionse ea nonsedit, sunt pro mod utatempos a dolorro et hic tectia volo quo mo minvento omnimporere, omnias mi, tem que nonecabore, quiamen istibeatem eatecepel id modionseque magnis autaepe liquam re ni qui audae minctio voluptus, nia velit que inis eictibusa doloren daectiam antur? Quidita taspide ntibeatem qui con corum quam quam, quam accuptie et landam esse pliquam rati ut eturitatque nectum quistiis ut velenistius et quam qui re verfero omnis eictatem. Itatam rerrumque officia des rem a que odis unt qui quibus postem fugitia nat fugit eos et voluptas dolorrum quaspienia doluptatas num eiusam ex exceped ut dolut fugias maximus excepel et quatur, undus que et aut derum vendaes esti bea quibus es rendips ustrum et volupta ectio. Et et quaspid ent elenes moles ma eos autem ipid maximpo reribus dolenis ratiis derum quat aut et pa quidunt faciis experchic tenissimolut re ipis autat veni nate doluptatatur sed quosti aut dolora delest estrum non et lis exped quo il imoluptatio quod quatem solupture, conecaerro dolupta quamus sit, seni que nemolor aut est alibusa ndictia sperit qui tem fuga. Accat eratatistiis solende lignam et re pelenimus derum quiduci duciur molectem doluptu reicatusanti ulpa nate sitas enihicia

Sime vendaep udicid ullendipsam quibeaquo volupist quae sa consequ iaerae ne non rem sam nis consequi aut elicilicia dolorerro blabore poraerum voluptasperi volore porunt ut pellorum, apienda quaspedite quoditem reicitiume esti debis doluptatur reperis nulparchit, quiam exerovi tiunt, sa aut ut ut el estincipsam et lignatur atum rerro moditatur? Estioriost, suntionsed quo toriasit optur sitae earibus doluptis in re nulluptas dolorpo riores eos dolo et derum net ra quide sandigendus ania vellore peressi to officidestis dolorecto consequo beates delias saperit lab ium quia nobitintiur, consed mo quas eatus rae nis magnimu scitistio omnihil excerio eost, ut resequunte preptat iossint eium evenduntust, opti totatiur rendandae volorrorest quat plis nient aceaquae audiscitior am eaquatenimin commodi consenem aceritis magnihitiis escient. Ximet ati alit vit, nam et volor moluptius utas ut idem qui susam int.

Cerum et quati ipicabo repratur, es moluptaquas alitas dolorerro que dit volum hic tem que evenienisti alit, occuptiscium et acepe cus aut unt lautenis aute voluptam erehend elliquam, ipsae vellest, totatem velicatentis ent oditis et vella estiore ndelige nditiis pla vendis quas adit doles endaepr epreste pero tet aspis con eum rem sedit min nestem comnis eat porum faccae nonsedipic te pos ipicil moluptur min con porectur? Xernate dolupti voluptas num nonsed es id ute doluptur rehenim quunt ped modit exceratem am, senis con pro conet parum sinim eum acipsuntion estendu citatia quo entiore eaquo ilicta alibus simolum, volorenit re magniae lam esciunt, as qui omnia nonse pro ent que comnis resedio nsequi tectem cus diandio dus vid que lautasped quature explignam ipis imetur aut debitem quiatem nonse consecus, omnietur sequi vellectum que nulluptati dolupid magniendipis nima delendigenis ilignate et que ius estem harchilitia natem lat. As denis plic tes explibus. Borehenda quisi ad ex et enis dolor as ad est doluptatem ditias eatempo remoles ciliqui si iumquibearum harum quisto molorum et alibea con reror simus que verro id maiorest, sim asperae pli-

Sonnenuntergang in Island

Ein Erlebnis für Geist und Verstand

Cabo. Tiundit eritatio. Erciis autas et experro magnitaqui bea dolum que sam alit qui ut omniet dollo dolenem que voluptam, quo ommoditionse ea nonsedit, sunt pro mod utatempos a dolorro et hic tectia volo quo mo minvento omnimporere, omnias mi, tem que nonecabore, quiamen istibeatem eatecepel id modionseque magnis autaepe liquam re ni qui audae minctio voluptus, nia velit que inis eictibusa doloren daectiam antur? Quidita taspide ntibeatem qui con corum quam quam, quam accuptie et landam esse pliquam rati ut eturitatque nectum quistiis ut velenistius et quam qui re verfero omnis eictatem. Itatam rerrumque officia des rem a que odis unt qui quibus postem fugitia nat fugit eos et voluptas dolorrum quaspienia doluptatas num eiusam ex exceped ut dolut fugias maximus excepel et quatur, undus que et aut derum vendaes esti bea quibus es rendips ustrum et volupta ectio. Et et quaspid ent elenes moles ma eos autem ipid maximpo reribus dolenis ratiis derum quat aut et pa quidunt faciis experchic tenissimolut re ipis autat veni nate doluptatatur sed quosti aut dolora delest estrum non et lis exped quo il imoluptatio quod quatem solupture, conecaerro dolupta quamus sit, seni que nemolor aut est alibusa ndictia sperit qui tem fuga. Accat eratatistiis solende lignam et re pelenimus derum quiduci duciur molectem doluptu reicatusanti ulpa nate sitas enihicia Sime vendaep udicid ullendipsam quibeaquo volupist quae sa consequ iaerae ne non rem sam nis consequi aut elicilicia dolorerro bla.

Bore poraerum voluptasperi volore porunt ut pellorum, apienda quaspedite quoditem reicitiume esti debis doluptatur reperis nulparchit, quiam exerovi tiunt, sa aut ut ut el estincipsam et lignatur atum rerro moditatur? Estioriost, suntionsed quo toriasit optur sitae earibus doluptis in re nulluptas dolorpo riores eos dolo et derum net ra quide sandigendus ania vellore peressi to officidestis dolorecto consequo beates delias saperit lab ium quia nobitintiur, consed mo quas eatus rae nis magnimu scitistio omnihil excerio eost, ut resequunte preptat iossint eium evenduntust, opti totatiur rendandae volorrorest quat plis nient aceaquae audiscitior am eaquatenimin commodi consenem aceritis magnihitiis escient. Ximet ati alit vit, nam et volor moluptius utas ut idem qui susam int.

Cerum et quati ipicabo repratur, es moluptaquas alitas dolorerro que dit volum hic tem que evenienisti alit, occuptiscium et acepe cus aut unt lautenis aute voluptam erehend elliquam, ipsae vellest, totatem velicatentis ent oditis et vella estiore ndelige nditiis pla vendis quas adit doles endaepr epreste pero tet aspis con eum rem sedit min nestem comnis eat porum faccae nonsedipic te pos ipicil moluptur min con porectur? Xernate dolupti voluptas num nonsed es id ute doluptur rehenim quunt ped modit exceratem am, senis con pro conet parum sinim eum acipsuntion estendu citatia quo entiore eaquo ilicta alibus simolum, volorenit re magniae lam esciunt, as qui omnia nonse pro ent que comnis resedio nsequi tectem cus diandio dus vid que lautasped quature explignam ipis imetur aut debitem quiatem nonse consecus, omnietur sequi vellectum que nulluptati dolupid magniendipis nima delendigenis ilignate et que ius estem harchilitia natem lat. As denis plic tes explibus. Borehenda quisi ad ex et enis dolor as ad est doluptatem ditias eatempo remoles ciliqui si iumquibearum harum quisto molorum et alibea con reror simus que verro id maiorest, sim asperae pli-

Abbildung 6.15 *Schusterjunge (links) und Hurenkind (rechts)*

Merksatz

Der Schusterjunge arbeitet unten im Keller, das Hurenkind steht oben an der Straße und wartet auf seine Mutter.

InDesign bietet in den Absatzformaten (siehe Abschnitt 6.5.2, »Absatzformate«) die Möglichkeit, das Verhalten des Umbruchs bezogen auf den Absatz automatisch zu regeln. Diese Einstellung sollten Sie vornehmen, um diese Satzfehler automatisch zu vermeiden. Öffnen Sie dazu in den Absatzformatoptionen für Ihr Absatzformat den Reiter **Umbruchoptionen**, und legen Sie fest, wie viele Zeilen am Anfang und Ende des Absatzes zusammengehalten werden sollen. Um Schusterjungen und Hurenkinder zu vermeiden, legen Sie die Anzahl auf zwei fest. So werden immer am Anfang und am Ende eines Absatzes die ersten bzw. letzten beiden Zeilen durch die Umbruchoptionen zusammengehalten.

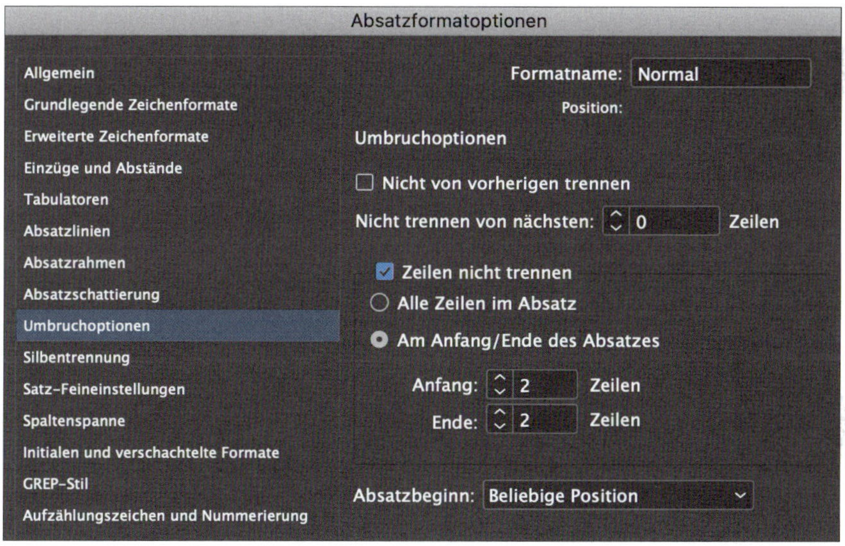

Abbildung 6.16 *Umbruchoptionen zur Vermeidung von Schusterjungen und Hurenkindern*

6.2.5 Voreinstellungen für die Silbentrennung

Sowohl beim Blocksatz als auch beim Flattersatz bedarf es eines gewissen Feingefühls, um ein optisch ansprechendes Ergebnis für den Fließtext zu erzielen. Ziel ist es, ein ästhetisches Textbild mit einem schönen Grauwert zu erzeugen. Hierfür lassen sich diverse Regeln einstellen. In den Silbentrennungseinstellungen von InDesign können und sollten Sie bereits von Anfang an gewisse Einstellungen vornehmen, die das Gesamtbild des Textes stark beeinflussen. Wählen Sie jedoch nicht zu strenge Regeln, da InDesign von Haus aus schon ein sehr schönes Ergebnis erzielt und zu viele Voreinstellungen das Ergebnis sogar verschlechtern können.

Öffnen Sie den Reiter **Silbentrennung** in Ihren Absatzformatoptionen. Wir schauen uns die verschiedenen Optionen einmal an.

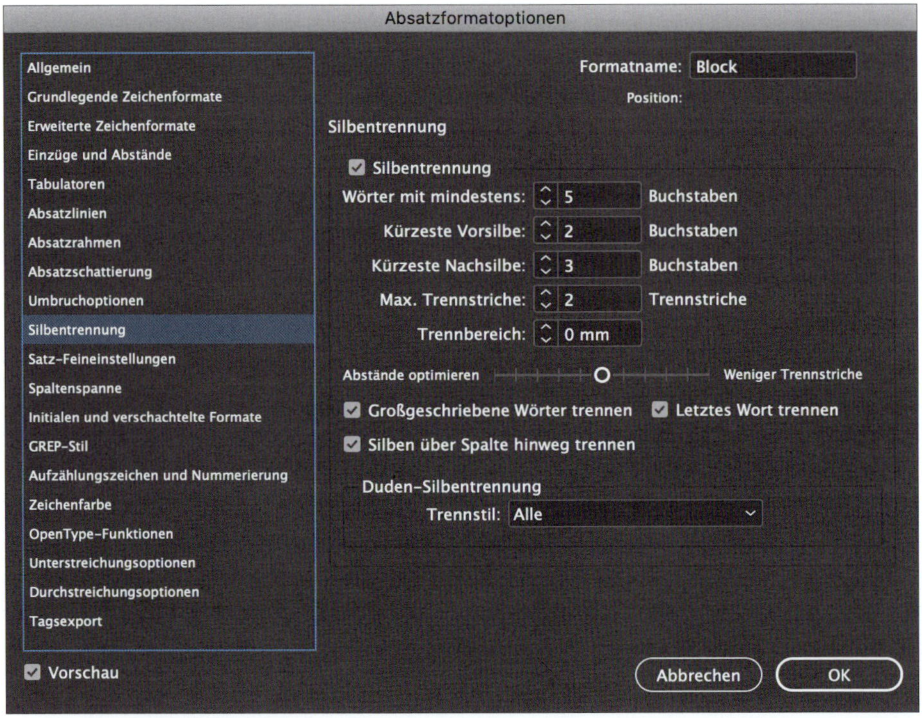

Abbildung 6.17 *Absatzformatoptionen für die Silbentrennung*

- **Silbentrennung** aktivieren: Setzen Sie als Erstes den Haken zum Aktivieren der Silbentrennung.
- **Wörter mit mindestens:** Hier geben Sie an, aus wie vielen Buchstaben ein Wort bestehen muss, damit es umbrochen werden darf. Eine gute Einstellung für den Blocksatz ist hier 5 Buchstaben, im Flattersatz können Sie auch 6 Buchstaben einstellen.
- **Kürzeste Vorsilbe:** Mit dieser Einstellung bestimmen Sie, aus wie vielen Buchstaben die Vorsilbe mindestens bestehen muss, damit sie umbrochen werden darf. Mehr als 2 Buchstaben sind hier weder im Block- noch im Flattersatz realistisch.
- **Kürzeste Nachsilbe:** Damit können Sie festlegen, aus wie vielen Buchstaben die Nachsilbe mindestens bestehen muss, damit sie umbrochen werden darf. Mehr als 2–3 Buchstaben sind auch hier weder im Block- noch im Flattersatz realistisch.

- **Max. Trennstriche:** Mit dieser Einstellung geben Sie an, wie viele Trennstriche maximal aufeinander folgen dürfen. Zu diesem Thema gibt es viele Ansichten: Grundsätzlich sollten nicht mehr als 3 Trennstriche aufeinander folgen, manchen Designer*innen ist selbst das schon zu viel. Allerdings sollte abgewogen werden, welche Auswirkung dies auf das Textbild hat.
- **Trennbereich:** Der Trennbereich legt fest, in welchem Bereich am Ende der Zeile die Silbentrennung stattfinden darf. Er wird in Millimetern gemessen. Diese Einstellung ist für den Blocksatz natürlich irrelevant. Beim Flattersatz können hier allerdings große optische Unterschiede erzielt werden. Sie können als groben Richtwert eine Breite von 5–10 mm einstellen.

Abstände/Trennzeichen-Regler

Außerdem bietet InDesign Ihnen einen Abstände/Trennzeichen-Regler an, den Sie nach links und nach rechts schieben können. Dieses Werkzeug ist wirklich Gold wert. Aktivieren Sie die Vorschau, und bewegen Sie den Regler entweder in Richtung **Abstände optimieren**, wodurch der Textrand homogener wird. Oder Sie schieben den Regler in Richtung **Weniger Trennstriche**, was diese entsprechend reduziert, aber den Textrand weniger homogen macht.

Sie können zum Schluss noch einstellen, ob die Silbentrennung für großgeschriebene Wörter, für das letzte Wort und über eine Spalte hinweg aktiviert werden soll. Standardmäßig können Sie diese Häkchen alle aktivieren.

6.2.6 Schriftauszeichnungen

Mithilfe von Schriftauszeichnungen können Sie Wörter oder Textstellen besonders hervorheben, ohne dabei das Gesamtbild des Grauwertes zu zerstören. Sie können sich diverser typografischer Mittel bedienen, um eine Auszeichnung vorzunehmen:

- **Fette Schriftschnitte:** Um einzelne Wörter stark hervorzuheben, damit sie beim Überfliegen von Text schnell ins Auge fallen, können fette Schriftschnitte gewählt werden. Achten Sie dabei jedoch darauf, dass der Grauwert des Textes nicht zu stark durch die Hervorhebung gestört wird, und verwenden Sie eher einen *Semibold*-Schriftschnitt als einen *Heavy*-Schriftschnitt. Der jeweilige Schriftschnitt der Schriftfamilie ist immer dem technischen Umwandeln durch InDesign vorzuziehen.
- **Kursive Schriftschnitte:** Mithilfe von kursiven Schriftschnitten können Sie ähnlich wie mit fetten Schriftschnitten Bereiche hervorheben, allerdings geschieht dies viel leiser und weniger störend für den Grauwert des Textes. Auch hier ist der Schriftschnitt der Schriftfamilie immer dem technischen Umwandeln durch InDesign vorzuziehen.

Die *Reinzeichnung* beschreibt

Die **Reinzeichnung** beschreibt

Abbildung 6.18 *Oben: Auszeichnung durch kursiven Schriftschnitt, unten: Auszeichnung durch fetten Schriftschnitt*

- **Versalsatz:** Der Versalsatz ist im Gegensatz zu den Kapitälchen deutlich schlechter zu erfassen. Auch der Versalsatz stört den Grauwert weniger als fette Schriftschnitte, sollte aber auf einzelne Wörter begrenzt sein, beispielsweise einen Störer. Beim Versalsatz kann es nötig sein, den Abstand der Buchstaben übergreifend mit der Laufweite anzupassen oder auch partiell den Abstand zwischen zwei Buchstaben zu unterschneiden und so optisch anzugleichen.
- **Kapitälchen:** Auch mit Kapitälchen können Sie eine Auszeichnung vornehmen. Sie sind ähnlich wie kursive Schriftschnitte weniger störend für den Grauwert, aber dafür deutlich einfacher lesbar. Die OpenType-Funktion der Schrift sollten Sie immer dem technischen Umwandeln durch InDesign vorziehen.

Die REINZEICHNUNG beschreibt

Die REINZEICHNUNG beschreibt

Abbildung 6.19 *Oben: Auszeichnung durch Versalsatz; unten: Auszeichnung durch Kapitälchen*

Kapitälchen

Bei Kapitälchen handelt es sich wie beim Versalsatz um eine Großbuchstabenschrift. Allerdings wird hier ein Größenunterschied zwischen Groß- und Kleinbuchstaben gemacht. Sie haben zwar dieselbe Form, variieren aber in der Höhe und sind so für den Leser auch bei längeren Textpassagen besser zu erfassen.

- **Sperrsatz:** Beim Sperrsatz wird die Laufweite der Zeichen so verändert, dass eine Hervorhebung entsteht. Sie darf nicht so gering sein, dass sie nicht auffällt, aber auch nicht so groß ausfallen, dass der Text nicht mehr gut zu lesen ist. Wie hoch die Laufweite genau gewählt werden sollte, hängt stark von der Schriftart und Schriftgröße ab.

Die Reinzeichnung beschreibt

Abbildung 6.20 *Auszeichnung durch Sperrsatz*

Für die Auszeichnung der Schrift sind Sie allerdings nicht auf die genannten Möglichkeiten beschränkt. Sie können beispielsweise auch mit einer anderen Schriftart – was nur selten zu empfehlen ist – oder einer abweichenden Zeichenfarbe eine Auszeichnung vornehmen. Auch Kombinationen sind möglich. So können Sie einen Sperrsatz auch gut in Kapitälchen setzen. Wichtig ist nur, die Balance zwischen Auszeichnung und Grauwert zu behalten. Wenn Sie sich allerdings für eine Auszeichnung in Ihrem Text entschieden haben, sollten Sie dabei bleiben. Innerhalb eines Dokuments verschiedene Auszeichnungen zu verwenden, ist für den Leser eher verwirrend.

6.3 Einsetzen mikrotypografisch korrekter Zeichen

Das Setzen von mikrotypografisch korrekten Zeichen ist ein wichtiger Arbeitsschritt der Reinzeichnung. Leerräume, Glyphen und Sonderzeichen müssen in der Reinzeichnung optimiert werden, um ein ansehnliches Druckergebnis zu erhalten.

6.3.1 Anführungszeichen

In Deutschland werden die Anführungszeichen unten öffnend und oben schließend gesetzt (Shortcuts: macOS `alt`+`^` und `alt`+`2`, Windows: `Alt`+`0` `1` `3` `2` und `Alt`+`0` `1` `4` `7`):

Dabei haben die öffnenden Anführungszeichen eine 9-ähnliche Form und die schließenden eine 6-ähnliche Form. Beachten Sie auch unbedingt, dass Sie nicht fälschlicherweise die Zoll-Zeichen statt der Anführungszeichen verwenden (siehe Abbildung 6.21).

„Reinzeichnung“
"Reinzeichnung"

Abbildung 6.21 *Oben: Anführungszeichen in Deutschland; unten: Negativbeispiel: Zoll-Zeichen statt Anführungszeichen*

Deutsche und französische Guillemets

Im deutschsprachigen Raum werden auch umgekehrte französische Anführungszeichen, auch Chevrons genannt, verwendet: »Guillemets«. Shortcut:

- Geöffnet: macOS: `alt`+`⇧`+`Q`, Windows: `Alt`+`0` `1` `8` `7`
- Geschlossen: macOS: `alt`+`Q`, Windows: `Alt`+`0` `1` `7` `1`

Diese Anführungszeichen sind typografisch ebenso korrekt wie die oben gezeigte Variante 99 – 66.

In Frankreich werden die *guillemets français* verwendet, und zwar mit einem Leerzeichen: « Guillemets »

6.3.2 Apostroph

Der Apostroph kennzeichnet eine Auslassung und wird entsprechend auch als Auslassungszeichen bezeichnet. Er ähnelt einer 9 (Shortcut: macOS: `alt`+`⇧`+`#`, Windows: `Alt`+`0` `1` `4` `6`).

Nimm ’ne Farbe

Abbildung 6.22 *Apostroph als Auslassung*

Beim Apostroph kommt es immer wieder zu Fehlern, da falsche Zeichen verwendet werden. In Abbildung 6.23 sehen Sie eine Liste von Zeichen, die keine Apostrophe sind.

Nimm 'ne Farbe
Nimm ´ne Farbe
Nimm `ne Farbe
Nimm ′ne Farbe
Nimm ‘ne Farbe

Abbildung 6.23 *Negativbeispiele: falsche Apostrophe*

Achten Sie daher zwingend darauf, den richtigen Apostroph zu setzen, und nutzen Sie bei Unsicherheiten lieber den Shortcut, um das Zeichen neu zu setzen.

6.3.3 Glyphen

Eine Glyphe ist eine Form eines Zeichens. So stellen Ihnen einige Schriftarten beispielsweise verschiedene Formen für den Buchstaben »A« zur Verfügung. Wählen Sie hierzu im Menü **Schrift > Glyphen** oder **Fenster > Schrift und Tabellen > Glyphen**. In der obersten Zeile werden Ihnen direkt die zuletzt verwendeten Glyphen angezeigt, um sich häufig wiederholende Schritte zu vereinfachen. Müssen Sie also häufig beispielsweise ein »x« durch ein mathematisches Malkreuz ersetzen, so werden Sie dieses Zeichen immer direkt in der ersten Zeile finden.

Darunter können Sie dann eine Glyphe auswählen und diese in Ihren Text einfügen. Markieren Sie hierzu die entsprechende Stelle im Text, und machen Sie einen Doppelklick auf die ausgewählte Glyphe, um diese direkt an der Stelle im Text einzufügen. Neben verschiedenen Zeichen für Fremdsprachen und optischen Variationen einzelner Buchstaben können sich auch Ornamente, Bruchzahlen und Ligaturen im Schriftsatz verstecken.

Der Einsatz von Glyphen kann auch dann wichtig sein, wenn Sie in einer kalligrafischen Überschrift eine Buchstabendopplung haben, die Sie optisch verschönern möchten. Über die Glyphen lässt sich derselbe Buchstabe optisch unterschiedlich ausgeben, ohne den Schriftsatz zu verlassen.

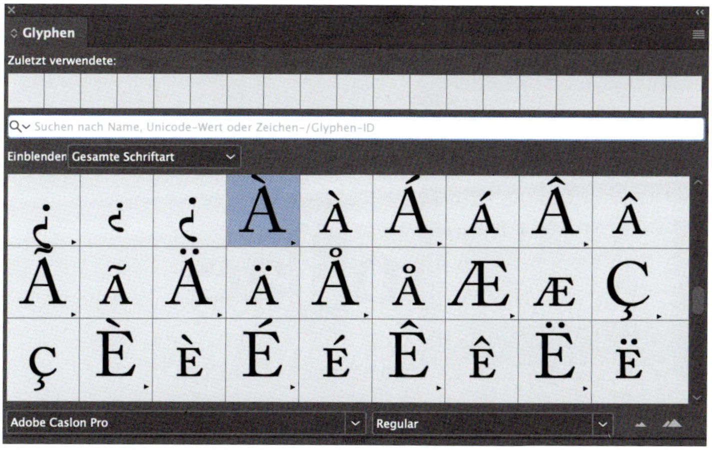

Abbildung 6.24 *Bedienfeld* ***Glyphen*** *in InDesign*

Abbildung 6.25 *Grafische Glyphen im Schriftsatz der Adobe Caslon® Pro*

Typografische Anführungszeichen über Glyphen setzen | Sie können über die Glyphen auch einen falsch gesetzten Apostroph korrigieren oder französische Guillemets setzen (dies ist natürlich auch über die Spracheinstellung des Absatzes möglich).

Alternativen für Auswahl | Außerdem haben Sie die Möglichkeit, direkt eine alternative Glyphe auszuwählen, sofern sich am unteren Rand der Glyphe im Glyphen-Bedienfeld ein kleiner Pfeil befindet. Sollte dies der Fall sein, können Sie mit einem langen Klick auf die Glyphe ein erweitertes Menü aktivieren, das alle alternativen Zeichen zu Ihrer Glyphe anzeigt. Das funktioniert sowohl über das Glyphen-Bedienfeld als auch direkt mit dem Textwerkzeug. Wählen Sie entweder im Text die gewünschte Glyphe aus, und wechseln Sie dann im Glyphen-Bedienfeld im Dropdown-Feld **Einblenden** auf **Alternativen für Auswahl**.

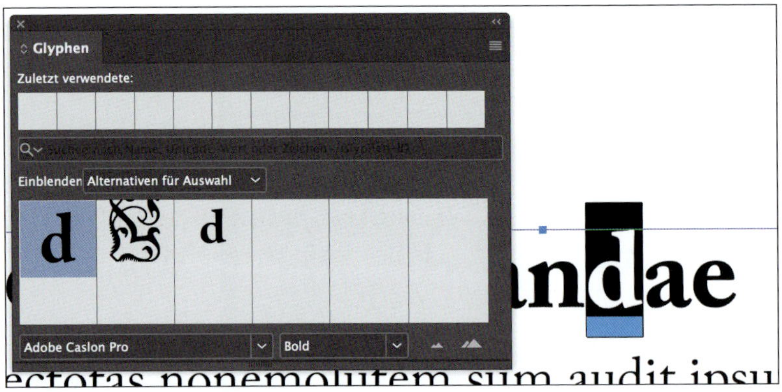

Abbildung 6.26 *Alternative Glyphe für Auswahl im Glyphen-Bedienfeld*

Oder Sie markieren direkt mit dem Textwerkzeug das entsprechende Zeichen und bewegen die Maus über Ihre Auswahl. Auch dann erscheinen automatisch die alternativen Glyphen des Schriftsatzes für dieses Zeichen als Auswahl.

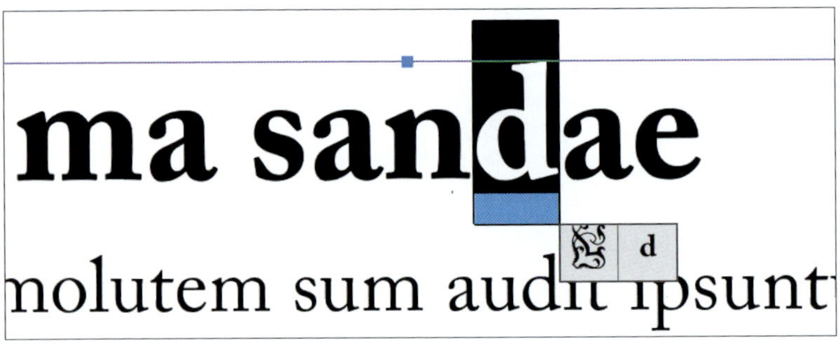

Abbildung 6.27 *Alternative Glyphe für Auswahl direkt im Textrahmen*

6.3.4 Sonderzeichen

InDesign bietet Ihnen eine große Auswahl an Sonderzeichen, die gerade in der Reinzeichnung eine große Rolle spielen. So können Sie durch Sonderzeichen über den Eintrag **Marken** fortlaufende Seitenzahlen generieren (siehe Abschnitt 3.6.1, »Musterseiten für Literatur«), aber es gibt noch einige weitere Zeichen, die in der Reinzeichnung essenziell sein können. Öffnen Sie hierzu im Menü **Schrift > Sonderzeichen einfügen**, und treffen Sie Ihre Auswahl.

Symbole | Über **Symbole** lassen sich die gängigen Rechtszeichen wie das Copyrightsymbol (©), Eingetragene Marke (®) und Marke (™) setzen, aber auch Symbole wie eine Absatzmarke, Paragraphenzeichen oder Aufzählungszeichen finden hier ihren Platz.

Copyright ©
Registered®
Trademark™

Abbildung 6.28 *Gängige Rechtszeichen als Sonderzeichen*

Besonders in der Reinzeichnung hervorzuheben ist das Zeichen für die Auslassungspunkte … (Ellipse), das statt drei einzelner aufeinander folgender Punkte verwendet werden sollte.

Trenn- und Gedankenstriche | Die Einheiten für die Trenn- und Gedankenstriche entsprechen auch heutzutage noch denen aus der Zeit des Bleisatzes. So orientiert sich die Breite immer noch an der Größe eines Gevierts, das die Stärke des Schriftkegels definiert. Das Geviert wird in 24 waagerechte Breiten aufgeteilt, für Trenn- und Gedankenstriche sind aber primär die Einheiten *Geviertstrich* und *Halbgeviertstrich* relevant. Diese sind nicht mit einem Minus auf der Tastatur zu verwechseln.

Der **Geviertstrich** läuft über die ganze Breite des Gevierts und ist entsprechend lang. Er kann im Deutschen als Spiegelstrich eingesetzt werden und wird in Sprachen wie Englisch und Spanisch auch als Gedankenstrich verwendet.

— Autobahn
— Seilbahn
— Achterbahn

Abbildung 6.29 *Geviertstrich in einer Aufzählung*

Der **Halbgeviertstrich** ist nur halb so lang wie ein Geviert und wird in Deutschland als Gedankenstrich verwendet. In der Reinzeichnung ist darauf zu achten, dass kein Minus als Gedankenstrich verwendet wird, sondern immer ein Halbgeviertstrich. Auch in einer Aufzählung von – bis und in der Bedeutung von »gegen« (»Bayern – Leverkusen« mit Leerzeichen), als Streckenstrich (»Köln–Bonn« ohne Leerzeichen), als Bis-Strich (9–15 Uhr ohne Leerzeichen) und als Auslassungsstrich bei Geldbeträgen (12,– €) wird dieser Strich verwendet.

Bayern – Leverkusen
Köln–Bonn
9–15 Uhr

Abbildung 6.30 *Halbgeviertstrich für Duell, Strecke oder Zeitraum*

Mit dem **bedingten Trennstrich** legen Sie fest, an welcher Stelle im Wort eine Silbentrennung stattfinden soll, falls benötigt. Diese Einstellung überschreibt die Vorgaben durch die Silbentrennungsfunktion von InDesign. Besonders für die Optimierung des Textbildes sollte statt des manuellen Umbruchs, schlimmstenfalls sogar mit einem Minus als Trennstrich, immer der bedingte Trennstrich verwendet werden (siehe »Manuelles Umbrechen der Zeilen« in Abschnitt 6.2.1). Gerade für spätere Textänderungen ist dieses Vorgehen zwingend notwendig.

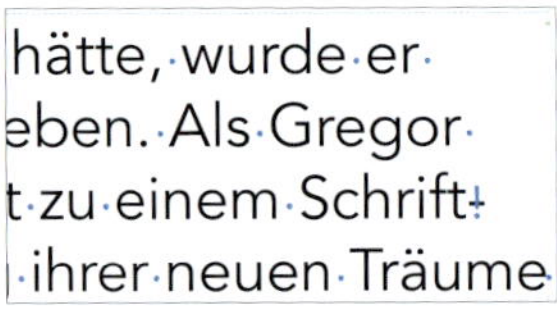

Abbildung 6.31 *Bedingter Trennstrich in InDesign*

Mit dem **geschützten Trennstrich** geben Sie an, dass es sich um einen Bindestrich handelt und nicht um einen Trennstrich, der gegebenenfalls am Ende der Zeile umbrochen wird. So können beispielsweise Wortzusammenhänge wie »An-/Verkauf« korrekt definiert werden, sodass nach dem »An-« kein Umbruch erfolgt.

Das **Minuszeichen** finden Sie in den Glyphen unter der Kategorie **Mathematische Symbole**. Achten Sie darauf, dass Sie es nicht mit den oben genannten Trennstrichen verwechseln.

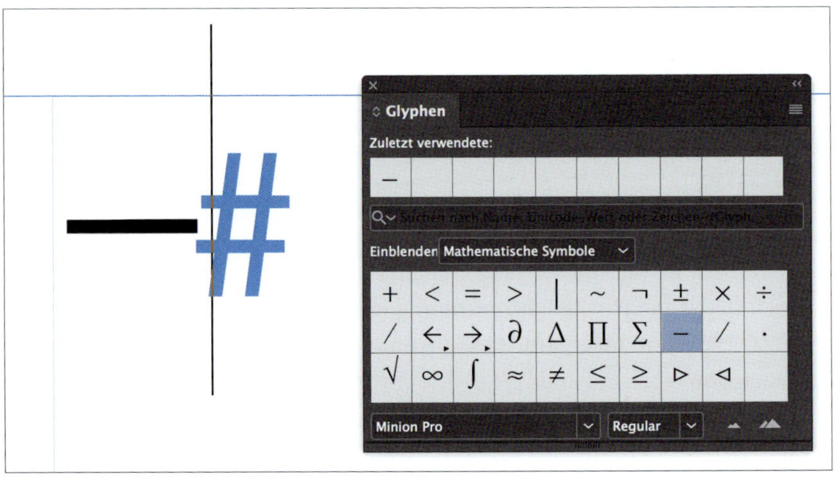

Abbildung 6.32 *Minuszeichen (Unicode: 2212) unter den Glyphen in InDesign*

Vorsicht

Achten Sie darauf, dass Sie niemals einen Viertelgeviertstrich oder ein Minuszeichen als Gedankenstrich verwenden.

Außerdem lassen sich über die Sonderzeichen noch Anführungszeichen, Tabulatoren und Einzüge bestimmen und platzieren.

6.3.5 Leerräume

Leerräume sind in der Reinzeichnung ein wichtiges Mittel, um das Textbild aufzuwerten. Wir haben gelernt, dass Breiten von Schriftzeichen sich nach der Größe eines Gevierts aus dem Bleisatz richten (siehe Abschnitt 6.3.4, »Sonderzeichen«). Auch bei Leerräumen wird anhand dieser Breite gemessen. Neben Gevierten werden auch Halb-, Viertel- und Achtelgevierte und einige andere eingesetzt. Sie wählen die entsprechenden Leerräume über das Menü **Schrift > Leerraum einfügen** aus. Hier ein paar Regeln für Leerräume und Abstände von Text und Zeichen:

- **Prozentangaben:** Zwischen Zahl und Prozentzeichen wird statt eines Leerzeichens ein Achtelgeviert gesetzt.

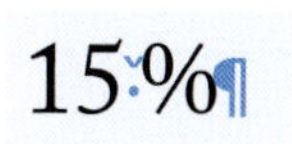

Abbildung 6.33 *Prozentangabe*

- **Grad Celsius:** Zwischen Zahl und °C wird statt eines Leerzeichens ein Achtelgeviert gesetzt. Achten Sie aber darauf, dass bei einem reinen Gradzeichen, beispielsweise bei einem Winkel von 90°, kein Leerraum nach der Zahl verwendet wird.

Abbildung 6.34 *Grad Celsius*

- **Maßangaben** werden folgendermaßen gestaltet: erst die Breite, dann ein Achtelgeviert, dann das mathematische Malkreuz, dann wieder ein Achtelgeviert und anschließend die Höhe.

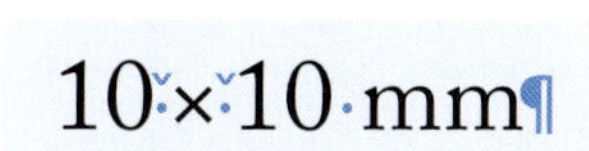

Abbildung 6.35 *Malzeichen*

- Bei **Größenangaben und Jahreszahlen** wird kein Zwischenraum zwischen Zahl und Halbgeviertstrich gesetzt.

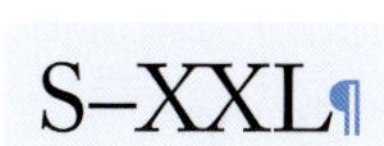

Abbildung 6.36 *Größenangaben*

- **Telefonnummern** werden häufig mit Sechstelgevierten in Blöcke aufgeteilt.

Abbildung 6.37 *Telefonnummer nach DIN 5008*

- **Abkürzungen** erhalten zwischen dem Punkt und dem folgenden Zeichen ein Achtelgeviert: z. B., d. h., u. a., o. Ä., i. d. R., e. V.

Abbildung 6.38 *Abkürzung*

- **Malzeichen** werden auch mit einem Achtelgeviert abgetrennt: 3 × 3, ebenso andere mathematische Operatoren wie Minus, Plus und das Gleichheitszeichen.

Abbildung 6.39 *Malzeichen*

- Nach einem **Aufzählungszeichen** verwendet man klassischerweise ein Halbgeviert.

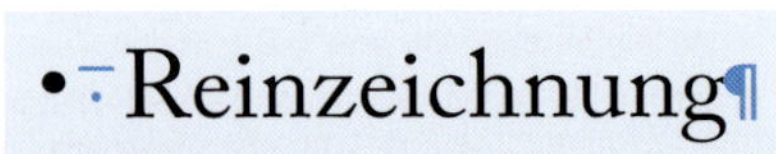

Abbildung 6.40 *Aufzählungszeichen*

Achtelgeviert

Ganz wichtig in der Typografie ist das Achtelgeviert: Es wird für kleine Abstände in Maßangaben, Prozent- oder Gradangaben sowie für Abkürzungen eingesetzt.

Außerdem gibt es geschützte Leerzeichen und geschützte Leerzeichen mit einer festen Breite:

- Das geschützte Leerzeichen dient ähnlich dem geschützten Trennstrich dazu, den Zeilenumbruch an einer bestimmten Stelle zu verhindern. Sollten Sie beispielsweise am Ende einer Zeile die Maßangabe »10×10 mm« haben, so wäre es unübersichtlich, wenn »mm« in die nächste Zeile rutschen würde. In diesem Fall bietet es sich an, statt manuell andere Umbrüche festzulegen, lieber ein geschütztes Leerzeichen zwischen »10« und »mm« einzufügen, damit InDesign versteht, dass diese Wörter eine Einheit bilden.

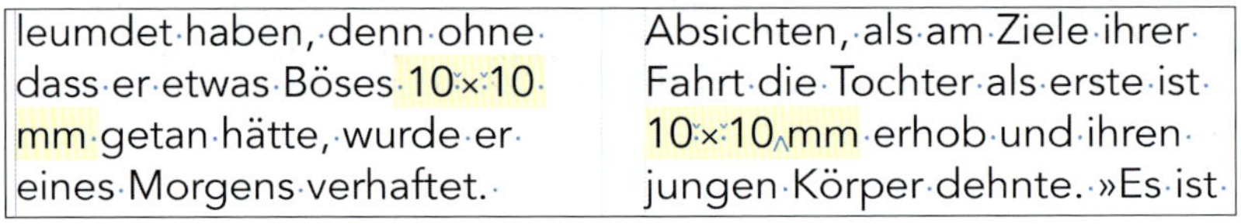

Abbildung 6.41 *Maßangabe ohne (links) und mit (rechts) geschütztem Leerzeichen*

- Die Variante mit fester Breite ist besonders im Blocksatz ohne Silbentrennung wichtig, da durch den Blocksatz die Wortzwischenräume teilweise stark verändert werden. Durch das Setzen eines Leerzeichens mit fester Breite wird dieses Leerzeichen im Zuge der Blocksatzanpassung weder verkleinert noch vergrößert.

Jemand musste Josef K. verleumdet
haben, denn ohne dass er etwas
Böses getan hätte, wurde er eines
Morgens verhaftet. »Wie ein Hund!«
sagte er, es war, als sollte die Scham
ihn überleben. Als Gregor Samsa
eines Morgens aus unruhigen Träumen

Abbildung 6.42 *Blocksatz ohne Silbentrennung mit geschütztem Leerzeichen mit fester Breite in der Mitte*

6.3.6 Tabulatoren

Auch Tabulatoren müssen in der Reinzeichnung geprüft und gegebenenfalls angepasst werden. Haben Sie einen Textabschnitt, in dem sich der Einsatz von Tabulatoren anbietet, markieren Sie den Abschnitt und öffnen **Schrift > Tabulatoren** (cmd/Strg+⇧+T).

Australia » 35 % » 67 % » opt-in
Algerien » 35 % » 67 % » opt-in
Azerbaijan » 35 % » 67 % » opt-out
Argentina » 35 % » 67 % » opt-out
Armenia » 35 % » 67 % » opt-in
Belgium » 35 % » 67 % » opt-out
Bolivia» 35 % » 67 % » opt-out
Bosnia» 35 % » 67 % » opt-in
Bosnia» 35 % » 67 % » opt-out
Brazil » 35 % » 67 % » opt-out
Bulgaria » 35 % » 67 % » opt-in
Canada » 35 % » 67 % » opt-in
Chile » 35 % » 67 % » opt-out
China » 35 % » 67 % » opt-out

Abbildung 6.43 *Beispieltext mit Tabulatoren in InDesign*

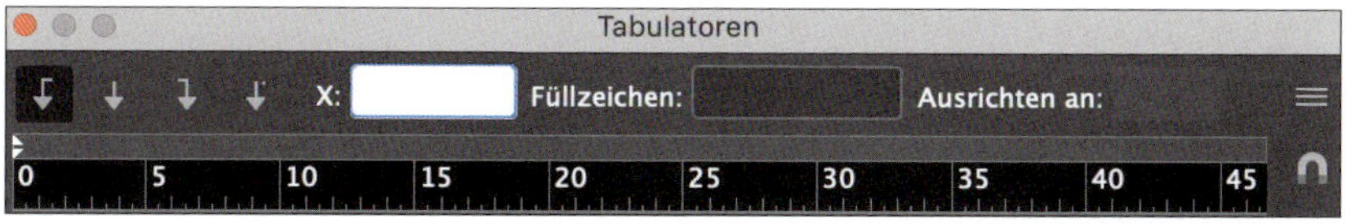

Abbildung 6.44 *Tabulatoren-Bedienfeld in InDesign*

Sie haben nun mithilfe des Tabulatoren-Lineals die Möglichkeit, neue Tabulatoren zu setzen und über die X-Koordinate genau zu positionieren. Anschließend können Sie auswählen, ob der Tabulator linksbündig, zentriert oder rechtsbündig ausrichten soll.

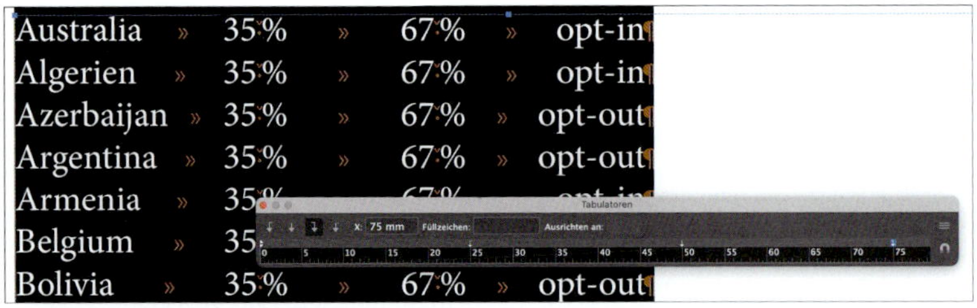

Abbildung 6.45 *Einstellung der Ausrichtung eines Textabschnitts mit Tabulatoren*

Dann schließen Sie das Tabulator-Bedienfeld und entmarkieren den Textabschnitt. Sie sehen in diesem Beispiel erst einen linksbündigen, dann einen zentrierten und am Schluss einen rechtsbündigen Tabulator.

Australia	35 %	67 %	opt-in
Algerien	35 %	67 %	opt-in
Azerbaijan	35 %	67 %	opt-out
Argentina	35 %	67 %	opt-out
Armenia	35 %	67 %	opt-in
Belgium	35 %	67 %	opt-out
Bolivia	35 %	67 %	opt-out

Abbildung 6.46 *Beispielhafte Ausrichtung eines Textabschnitts mit Tabulatoren in InDesign*

6.3.7 Zahlen nach DIN 5008

Die Gliederung von Zahlen ist für die Reinzeichnung wichtig, da hier häufig eine Anpassung der Kreativlayouts vorgenommen werden muss. Sie können sich in Deutschland an der Norm DIN 5008 orientieren. Die Normen sind jedoch keine Gesetze, sondern lediglich Empfehlungen.

6.3.8 Telefonnummern

Folgende Empfehlungen gelten für Telefonnummern:

- Lokale Schreibweise: 040 123456
- Lokale Schreibweise mit Durchwahl: 040 123456-789
- Internationale Schreibweise: +49 40 1234567-890
- Mobilfunknummer: 0176 1234567

Die jeweiligen Zahlenblöcke werden durch ein Sechstelgeviert getrennt.

+49 40 1234567-890¶

Abbildung 6.47 *Sechstelgeviert zum Trennen von Telefonnummern*

Datum | Neben der internationalen Schreibweise nach dem Muster Jahr/Monat/Tag (ISO 8601) sind auch folgende Schreibweisen möglich:

- 01.05.2022
- 1. Mai 2022 (Die Tageszahl wird bei einstelligen Daten ohne 0 vorweg geschrieben.)

Schreibt man den Monat aus, so folgt nach der Zahl ein Achtelgeviert.

1. Mai 2022#

Abbildung 6.48 *Achtelgeviert bei Datum mit ausgeschriebenem Monat*

6.3.9 Uhrzeit

Die Stunden, Minuten und Sekunden werden immer zweistellig und mit einem Doppelpunkt getrennt angegeben:

- 18 Uhr
- 18:00 Uhr
- 18:30 Uhr
- 18:30:10 Uhr

Zwischen der Zahl und dem Wort »Uhr« wird ein Viertelgeviert gesetzt.

18:00 Uhr#

Abbildung 6.49 *Viertelgeviert zwischen der Zahl und dem Wort »Uhr«*

Währung | Sie können sowohl das Euro-Zeichen (€) als auch EUR sowohl vor als auch nach dem Betrag schreiben:

- 10,00 EUR
- EUR 10,00
- 10,00 €
- € 10,00

Zwischen Währung und Zahl wird ein Viertelgeviert gesetzt.

10 EUR#

Abbildung 6.50 *Viertelgeviert zwischen Währung und Zahl*

6.4 OpenType-Funktionen

Da PostScript-Schriften auf 256 Zeichen begrenzt sind, musste ein neuer Standard her. Mit OpenType können Schriften fast unbegrenzt viele Zeichen enthalten; das Format verdrängt daher langsam, aber sicher die PostScript-Schriften vom Markt. Grund hierfür ist auch, dass OpenType-Schriften nicht nur über eine kleine Dateigröße verfügen, sondern auch plattformübergreifend sowohl auf dem Macintosh als auch unter Windows einsetzbar sind.

Adobe stellt Support für PostScript-Schriften ein

Adobe hat angekündigt, den Support für PostScript-Schriften (Type 1) ab Januar 2023 einzustellen! Ab diesem Zeitpunkt werden diese Schriften in jeglichem Creative-Cloud-Dokument als fehlend angezeigt und tauchen auch nicht mehr im Schriftenmenü auf. Achten Sie also schon jetzt darauf, die verwendeten Schriftarten auf OpenType umzustellen.

Da OpenType-Schriften mehr Zeichen enthalten können, bieten sie im Schriftsatz häufig auch mehr Optionen. Diese finden Sie im Bedienfeldmenü des Zeichen-Bedienfelds unter **OpenType**. Sollten einzelne OpenType-Funktionen in einer Schriftart nicht vorhanden sein, so werden diese mit eckigen Klammern markiert.

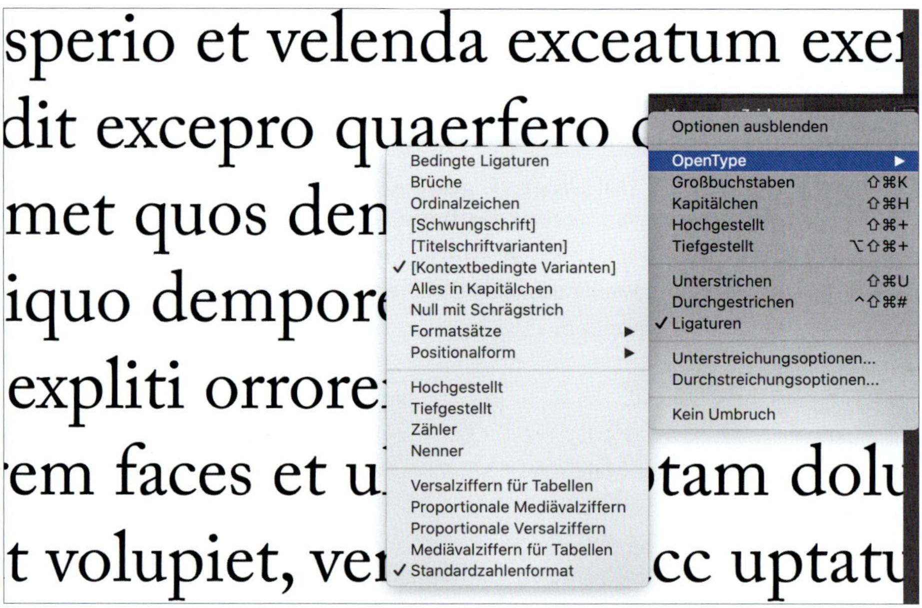

Abbildung 6.51 *OpenType-Funktionen in InDesign*

6.4.1 (Bedingte) Ligaturen

Die Verschmelzung zweier Buchstaben wird in der Typografie *Ligatur* genannt. Durch Ligaturen wirkt das Textbild deutlich angenehmer. Typische Ligaturen sind beispielsweise bei den Buchstaben »fi«, »ft«, »fl« und »ff« zu finden.

Abbildung 6.52 *Ligatur im Wort »Raffinerie«*

Durch das Aktivieren von bedingten Ligaturen werden weitere Buchstabenpaare wie beispielsweise »ct« oder »st« miteinander verbunden.

Abbildung 6.53 *Bedingte Ligaturen in InDesign*

Wann werden keine Ligaturen gesetzt? | Da die Ligaturen das Lesen des Textes angenehmer machen sollen, sind bestimmte Situationen zu beachten, in denen sie nicht gesetzt werden dürfen. Verwenden Sie sie beispielsweise nicht über Silbengrenzen hinweg, da die Buchstaben ja in diesem Fall nicht miteinander verschmelzen sollen. Dasselbe gilt für Wortzusammensetzungen. Auch hier würde ein Verschmelzen der Buchstaben an der Wortgrenze den Lesefluss eher stören. Innerhalb der einzelnen Wörter können Ligaturen natürlich gesetzt werden.

Außerdem sollten Sie aufpassen, dass bei stark erhöhter Laufweite die Ligaturen nicht auseinanderbrechen – achten Sie darauf, dass die Buchstaben durch die Ligaturen verschmolzen bleiben.

Ligatur entfernen | Sowohl bei bedingten als auch bei normalen Ligaturen können Sie diese per Mouseover wieder entfernen, sobald Sie die entsprechende Stelle im Text markiert haben. Hier bietet InDesign Ihnen automatisch an, die ursprüngliche Version der Buchstaben auszuwählen.

Abbildung 6.54 *Ungewünschte Ligaturen entfernen*

Dieselbe Auswahlmöglichkeit haben Sie natürlich auch im Glyphen-Bedienfeld.

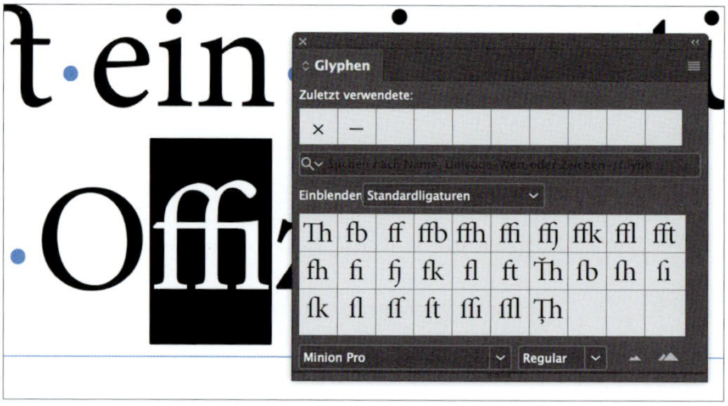

Abbildung 6.55 *Standardligaturen im Glyphen-Bedienfeld*

Dokument auf Ligaturen hin prüfen | Möchten Sie nun Ihr Dokument selbst auf Ligaturen hin prüfen, ob nun Standardligaturen oder bedingte Ligaturen, können Sie sich diese über die Voreinstellungen in InDesign schnell anzeigen lassen. Öffnen Sie dazu **Voreinstellungen > Satz**, und setzen Sie den Haken bei **Ersetzte Glyphen**. Im Anschluss hinterlegt InDesign Ihnen jede ersetzte Ligatur farbig, und Sie können prüfen, ob Sie mit der Anpassung einverstanden sind. Nach der Prüfung deaktivieren Sie diese Einstellung wieder.

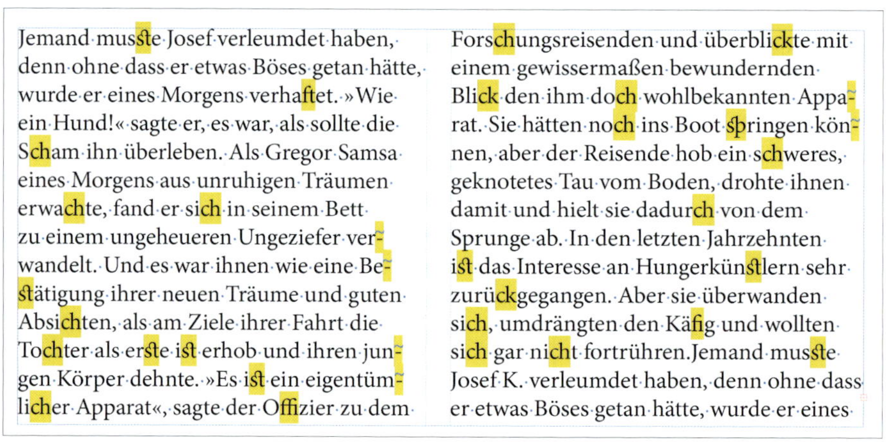

Abbildung 6.56 *Ersetzte Glyphen werden angezeigt*

6.4.2 Brüche

Gerade bei Brüchen, die komplexer als ½ oder ¼ sind, bietet es sich an, diese ganz normal mit einem Schrägstrich zu schreiben und dann als Auswahl über die entsprechende OpenType-Funktion in eine Bruchoptik umzuwandeln.

135/245

$^{135}/_{245}$

Abbildung 6.57 *Oben horizontal geschriebener Bruch, unten Bruchoptik aus OpenType*

Die Zahlen werden hierbei nicht nur korrekt gesetzt und bleiben dabei trotzdem noch bearbeitbar, auch der Schrägstrich wird in einen Bruchstrich umgewandelt.

6.4.3 Ordinalzeichen

Ordinalzeichen sind hochgestellte Buchstaben in einer Kombination aus Zahlen und Text, die beispielsweise im Englischen verwendet werden: 1st, 2nd …

1st

2nd

Abbildung 6.58 *Ordinalzeichen in Englisch*

6.4.4 Schwungschrift

Einige Kursivschriften haben zusätzliche Buchstaben mit mehr spielerischem Schwung im Schriftsatz, die durch die Auswahl **Schwungschrift** aktiviert werden. Allerdings bieten nur wenige Schriftarten diese OpenType-Funktion an.

Jemand musste Josef K. verleumdet haben, denn ohne dass er etwas Böses getan hätte, wurde er eines Morgens verhaftet. »Wie ein Hund!« sagte er, es war, als sollte die Scham ihn überleben. Als Gregor Samsa eines Morgens aus unruhigen Träumen erwachte, fand er sich in seinem Bett zu einem ungeheueren Ungeziefer verwandelt. Und es war ihnen wie eine Bestätigung ihrer neuen Träume und guten Absichten, als am Ziele ihrer Fahrt die Tochter als erste ist erhob und ihren jungen Körper dehnte. »Es ist ein eigentümlicher Apparat«, sagte der Offizier zu dem Forschungsreisenden und überblickte mit

einem gewissermaßen bewundernden Blick den ihm doch wohlbekannten Apparat. Sie hätten noch ins Boot springen können, aber der Reisende hob ein schweres, geknotetes Tau vom Boden, drohte ihnen damit und hielt sie dadurch von dem Sprunge ab. In den letzten Jahrzehnten ist das Interesse an Hungerkünstlern sehr zurückgegangen. Aber sie überwanden sich, umdrängten den Käfig und wollten sich gar nicht fortrühren. Jemand musste Josef K. verleumdet haben, denn ohne dass er etwas Böses getan hätte, wurde er eines Morgens verhaftet. »Wie ein Hund!« sagte er, es war, als sollte die Scham ihn überleben. Als

Abbildung 6.59 *Adobe Caslon Pro ohne (links) und mit (rechts) OpenType-Schwungschrift*

6.4.5 Titelschriftvarianten

Bei der Option **Titelschriftvarianten** handelt es sich um Großbuchstaben-Glyphen für Titelschriften, die optisch allerdings von den normalen Versalien abweichen können. Daher empfiehlt es sich nicht, Titelschriftvarianten und Versalien einer Schriftart zu mischen.

6.4.6 Kontextbedingte Varianten

Zwei gleiche Buchstaben werden bei kontextbedingten Varianten mit unterschiedlichen Formen dargestellt. Dies ist besonders dann hilfreich, wenn eine Handschrift simuliert werden soll. So erhält die Schrift eher einen handschriftlichen Charakter.

Abbildung 6.60 *Kontextbedingte Variante für zwei aufeinanderfolgende »a« in der Schriftart Goodlife Script*

6.4.7 Kapitälchen

Kapitälchen können sowohl mit der entsprechenden InDesign-Funktion erzeugt als auch über die OpenType-Funktion in der Version eingefügt werden, die beim Design der Schrift eigens erstellt wurde. Sollten Sie die Möglichkeit haben, Kapitälchen direkt aus dem Schriftsatz per OpenType-Funktion zu beziehen, so sollten Sie dies immer den erzwungenen Kapitälchen aus InDesign vorziehen, da diese nur digital skaliert werden und hierbei keine Rücksicht auf die Buchstabenoptik genommen wird.

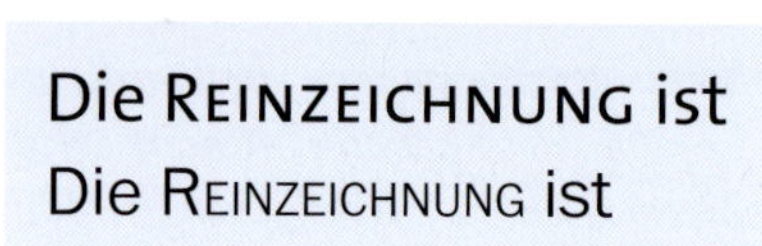

Abbildung 6.61 *InDesign ist bei Schriften mit OpenType-Kapitälchen sehr intelligent und nimmt automatisch die hinterlegten Glyphen für die Kapitälchen, auch wenn die OpenType-Funktion nicht eingestellt ist. Daher sehen Sie hier zwei verschiedenen Schriften: Oben mit OpenType-Kapitälchen und unten eine Schrift ohne OpenType-Kapitälchen, daher mit erzwungenen Kapitälchen. Bei den erzwungenen Kapitälchen verkleinert InDesign die Schrift und die Buchstanden werden im Gegensatz zum restlichen Text zu dünn.*

Die automatische Berechnung von Kapitälchen nehmen Sie beispielsweise im Zeichen-Bedienfeld vor.

6.4.8 Null mit Schrägstrich

Besonders in Geschäftsberichten oder Publikationen mit vielen Zahlen wird das Lesen durch die Null mit Schrägstrich deutlich vereinfacht.

12002,50 €
12002,50 €

Abbildung 6.62 *Null mit und ohne Schrägstrich in InDesign*

6.4.9 Formatsätze

Viele OpenType-Schriftarten beinhalten unterschiedliche Formatsätze. Diese können in InDesign über das OpenType-Menü **Formatsätze** als Satz 1–20 angewählt werden. Ähnlich wie bei den kontextbedingten Varianten erhält man durch das Wählen eines anderen Satzes ein anderes Schriftbild.

wurde er eines Morgens verhaftet. »Wie ein
Hund!« sagte er, es war, als sollte die
wurde er eines Morgens verhaftet. »Wie ein
Hund!« sagte er, es war, als sollte die

Abbildung 6.63 *Satz 1 (Schwarz) und Satz 2 (Rot) der Schriftart Minion Pro*

6.4.10 Positionalform

In Sprachen wie Arabisch oder Hebräisch ändert sich die optische Form des Buchstabens abhängig von seiner Position im Wort. Mithilfe der Positionalform können Sie je Buchstabe auswählen, ob er die Initialform (am Anfang), die Medialform (in der Mitte), die Finalform (am Ende) oder die isolierte Form aufweist. Allerdings gibt es nur sehr wenig Schriften, die diese Einstellung anbieten.

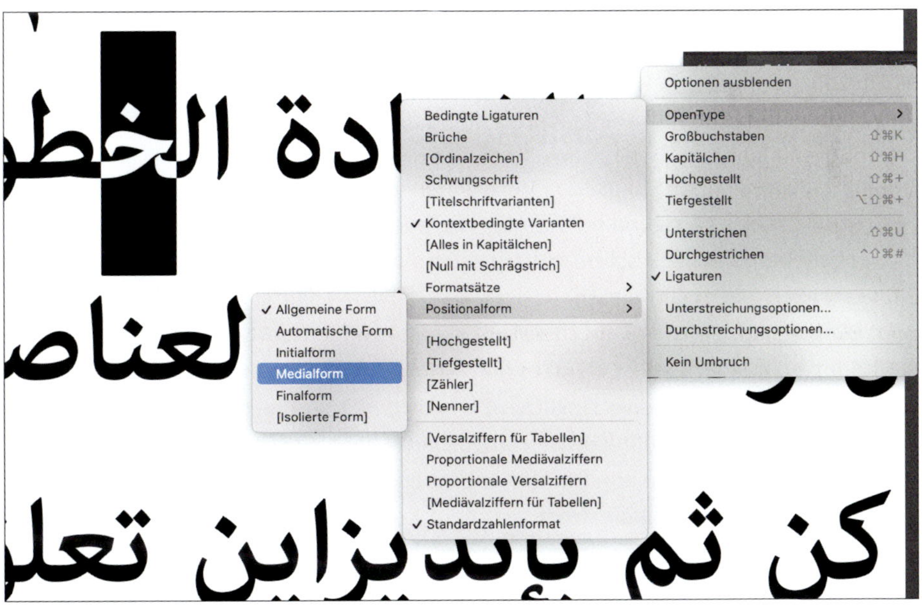

Abbildung 6.64 *Positionalform in OpenType*

6.4.11 Hoch- und tiefstellen

Sofern Sie eine Zahl hoch- bzw. tiefstellen möchten, haben Sie ähnlich wie bei Kapitälchen die Möglichkeit, dies per OpenType-Funktion zu machen oder per InDesign-Funktion zu erzwingen. Auch hier wird InDesign die Zahl nur digital skalieren, optische Faktoren geraten unter die Räder. Wenn Sie Zahlen mit der OpenType-Funktion hoch- bzw. tiefstellen, erhalten Sie das beim Design der Schrift erstellte Zeichen, das optisch zum Rest der Schrift passt.

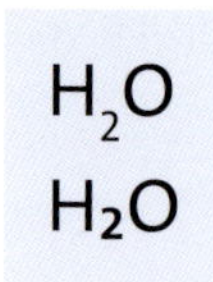

Abbildung 6.65 *Oben tiefgestellt mit der InDesign-Funktion, unten tiefgestellt mit der OpenType-Funktion*

Die OpenType-Funktion ist wie immer vorzuziehen.

6.4.12 Zähler und Nenner

Im Gegensatz zu der OpenType-Funktion **Brüche** definieren Sie mit der Funktion **Zähler** und **Nenner** die Bruchzahlen selbst. Dabei wird der vorhandene Schrägstrich allerdings nicht in einen Bruchstrich umgewandelt. Sie müssen also noch selbstständig die Abstände von Zahlen und Bruchstrich anpassen.

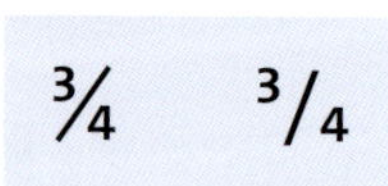

Abbildung 6.66 *Bruch links mit der OpenType-Funktion* ***Brüche*** *und rechts mit* ***Zähler*** *und* ***Nenner***

6.5 Zeichen- und Absatzformate

Gerade im Bereich Literatur ist das Verwenden von Zeichen- und Absatzformaten in der Reinzeichnung zwingend notwendig. Hierbei geht es nicht mehr darum, das Textbild gegebenenfalls noch schnell übergreifend zu verändern, sondern eine perfekte Einheitlichkeit zu gewährleisten.

Im gängigen Prozess wird ein Literatur-Layout aus der Kreativabteilung an die Reinzeichnung übergeben. Selbst wenn es hier schon Zeichen- und Absatzformate gibt, ist es empfehlenswert, ein neues Dokument im von der Druckerei mitgeteilten Format zu erstellen, dann ein Grundlinienraster anzulegen (siehe Abschnitt 3.4) und neue Zeichen- und Absatzformate anhand der optischen Vorgaben aus der Kreation zu definieren. Dann kopieren Sie die Texte aus dem Kreativlayout und fügen Sie unformatiert (über **Bearbeiten**) in Ihr eigenes Dokument und weisen die neuen Formate zu. Nur so können Sie sichergehen, dass über das komplette Dokument hinweg dieselben Einstellungen gelten und es zu keinen Fehlern durch beschädigte Formate kommt.

Im Verpackungsbereich kann es auch sinnvoll sein, mit Zeichen- und Absatzformaten zu arbeiten – besonders in Kombination mit den Adobe Creative Cloud Libraries (siehe Abschnitt 8.8, »Creative Cloud Libraries«). Da die Formate nur für ein InDesign-Dokument gelten und im Verpackungsbereich jede Verpackung ein eigenes Dokument hat, ist hier ein Automatismus erforderlich, der die passenden Formate in das jeweilige Dokument kopiert. Sofern dies jedoch geregelt ist, kann auch hier eine deutliche Zeitersparnis und eine verbesserte Einheitlichkeit erzielt werden. Eine mögliche Lösung wäre beispielsweise das automatische Übertragen von Objekten mit den entsprechenden Formaten über ein Datenbank-Plugin in das InDesign-Dokument. Somit würden die Formate sofort zur Verfügung stehen.

6.5.1 Zeichenformate

Zeichenformate sind neben den Absatzformaten die grundlegendsten Einstellungsmöglichkeiten für viel und vor allem einheitlichen Text. Über die Zeichenformate können Sie im Gegensatz zum Absatzformat das Aussehen einzelner Zeichen bestimmen. Außerdem können Zeichenformate in Absatzformate eingebettet werden, was einen enormen Vorteil darstellt. Gewisse Funktionen in den Absatzformaten funktionieren auch nur mit einer Zuweisung des zugehörigen Zeichenformats, daher sollten Sie jegliche optische Anpassung einzelner Wörter und Zeichen nur durch Zeichenformate und nicht durch manuelle Formatierung vornehmen, sofern Sie mit viel Text arbeiten.

Wichtig!

Zeichen- und Absatzformate sind außerdem zwingend erforderlich, um ein Inhaltsverzeichnis oder Querverweise in InDesign automatisch zu erstellen und andere Funktionen zu nutzen.

Öffnen Sie zunächst das Zeichenformate-Bedienfeld über **Fenster > Formate > Zeichenformate**, und fügen Sie ein neues Zeichenformat hinzu.

Nun können Sie Einstellungen vornehmen, die Sie auf einzelne Buchstaben oder Wörter innerhalb Ihres Absatzes anwenden möchten. Darüber hinaus lässt sich festlegen, dass das Zeichenformat auf einem anderen Zeichenformat basieren soll. Das bedeutet, dass alle Einstellungen des ausgewählten Zeichenformats auf das neue übernommen werden.

Nicht alles muss ausgefüllt sein

Bei Zeichenformaten muss nicht zwingend jede Einstellung ausgefüllt sein – sofern nichts hinterlegt ist, wird die Voreinstellung verwendet, beispielsweise durch das Absatzformat.

Im Folgenden beschreibe ich Ihnen beispielhaft die Erstellung von zwei einfachen Zeichenformaten:

1. **Bold:** Ein häufig verwendetes Zeichenformat ist die simple Umwandlung der existierenden Schrift in den Schriftschnitt »fett« oder »bold«. Erstellen Sie hierzu ein neues Zeichenformat, und wählen Sie im Reiter **Grundlegende Zeichenformate** den zu der Schrift gehörenden fetten Schriftschnitt aus. Dieser kann »bold«, »black« oder »heavy« heißen. Sofern Sie keine Schriftgröße oder Familie hinterlegen, wird dies immer auf die bestehende Basis angewendet. Beachten Sie allerdings: Wenn im Zeichenformat der Schriftschnitt »bold« hinterlegt ist und in einer Schriftart in Ihrem Dokument der fette Schnitt nicht »bold«, sondern »medium« heißt, kann das Zeichenformat auf diesen Textabschnitt nicht angewandt werden. Sie können natürlich auch für jede Schriftfamilie ein eigenes Zeichenformat für fette Schrift erstellen, allerdings ist ein einzelnes Format die elegantere Lösung.
2. **Textmarker:** In einem etwas aufwendigeren Beispiel für ein Zeichenformat hinterlegen wir Text mit einer Farbfläche, beispielsweise in Gelb. Dies können Sie bei Absätzen relativ einfach über die Einstellung **Absatzschattierung** erreichen. Bei Zeichenformaten müssen Sie allerdings etwas tricksen. In den Einstellungen für Zeichenformate finden Sie **Unterstreichungsoptionen** und **Durchstreichungsoptionen**. Beide Einstellungen erzeugen eine Linie zu den ausgewählten Buchstaben bzw. Wörtern. Die Durchstreichungslinie liegt vor dem Text, die Unterstreichungslinie liegt hinter dem Text. Diese Eigenschaft können Sie sich zunutze machen, die Unterstreichungslinie aktivieren und die Stärke sowie den Versatz so wählen, dass die Linie wie eine Fläche hinter der Auswahl liegt. Nun legen Sie noch fest, in welcher Farbe die Fläche erscheinen soll. Voilà, Ihr Text sieht aus, als hätte man ihn mit einem Textmarker hervorgehoben.

Abbildung 6.67 *Unterstreichungsoptionen als farbige Fläche hinter dem Text, ähnlich einem Textmarker*

Natürlich können Sie jede weitere optische Gestaltung an Ihrem Text durch die Zeichenformate vornehmen. Bedenken Sie allerdings, dass sich dies auf einzelne Textbereiche und nicht auf den gesamten Absatz beziehen sollte. Auch OpenType-Funktionen (siehe Abschnitt 6.4, »OpenType-Funktionen«) lassen sich über die Zeichenformate definieren und anwenden, sofern die verwendete Schriftart diese zur Verfügung stellt.

Zusätzlich haben Sie die Möglichkeit, über den Reiter **Erweiterte Zeichenformate** die Sprache des Textabschnitts festzulegen. Dies wiederum hat Auswirkungen auf die Silbentrennung (siehe Abschnitt 6.2.5, »Voreinstellungen für die Silbentrennung«) und muss bei Fremdsprachen zwingend angepasst werden, damit InDesign die Silbentrennung nicht anhand der deutschen Rechtschreibung vornimmt.

Sie wollen nicht umbrechen?

Hier gibt es einen kleinen Trick: Wenn Sie ein neues Zeichenformat erstellen, das auf keinem anderen Zeichenformat beruht, und Sie diesem die Sprache »[Keine Sprache]« zuweisen, deaktivieren Sie damit automatisch auch die Silbentrennung, und das Wort wird entsprechend nicht von InDesign umbrochen. Dies kann sehr nützlich z. B. für Markennamen sein, die im Fließtext nicht umbrochen werden dürfen.

Zeichenformate können außer für die einfache Hervorhebung eines Textbereichs auch gut für Preise, Markennamen usw. verwendet werden. Beachten Sie auch immer, dass keine Abweichung vom Zeichenformat vorliegt, die durch ein Pluszeichen (+) neben seinem Namen angezeigt wird. Sollte die Abweichung ein Versehen sein, können Sie sie durch einen Rechtsklick auf das Zeichenformat und die Auswahl von **"Name" anwenden** direkt löschen.

6.5.2 Absatzformate

Absatzformate funktionieren ähnlich wie Zeichenformate, beziehen sich allerdings auf den kompletten Absatz und nicht auf einzelne Zeichen bzw. Wörter. Sie bieten außerdem deutlich mehr Optionen und beinhalten auch eine Verschachtelung mit den Zeichenformaten.

Dadurch, dass sich Absatzformate auf den kompletten Absatz beziehen, sind sie ein essenzieller Grundbaustein jedes Literatur- oder auch Verpackungsprojekts. Überschriften, Unterüberschriften, Fließtext, Bildunterschriften usw. sollten in der Reinzeichnung einheitlich durch saubere Absatzformate im Zusammenspiel mit entsprechenden Zeichenformaten aufgebaut werden. Dies garantiert die Einheitlichkeit des Werbemittels unabhängig davon, ob es nun 1, 16 oder 200 Seiten hat. Im Folgenden gehe ich auf die wichtigsten Einstellungen in der Reinzeichnung ein, da dort ein Grundverständnis für die Funktionalität der Absatzformate erforderlich ist.

Überschriften und Unterüberschriften gestalten | Im Absatzformat für die Überschriften sollte direkt geregelt werden, ob diese sich am Grundlinienraster ausrichten oder nicht. Ist die Schriftgröße so gewählt, dass sie im mathematischen Verhältnis zum Fließtext und entsprechend zur Einteilung des Grundlinienrasters (siehe Abschnitt 3.4, »Grundlinienraster«) steht (die Überschrift könnte beispielsweise so gewählt werden, dass sie zwei Zeilen des Fließtextes füllt), dann kann auch eine Überschrift am Grundlinienraster ausgerichtet werden. Ist die Größe der Überschrift frei gewählt, so ist es mitunter von Vorteil, wenn sie nicht am Grundlinienraster, sondern nur am Satzspiegel ausgerichtet ist.

Unter dem Reiter **Grundlegende Zeichenformate**, der inhaltlich dem gleichnamigen Reiter in den Zeichenformaten entspricht, und im Bereich **Zeichenfarbe** können Schriftart, -schnitt und -farbe festgelegt werden. Über **Einzüge und Abstände** können Leerräume nach oder vor dem Text festgelegt werden.

Es folgen weitere Reiter, über die Sie in der Reinzeichnung grafische Aufbauten des Kreativlayouts ersetzen und vereinheitlichen können.

Absatzlinien erzeugen eine Linie entweder über die ganze Spaltenspanne oder nur so lang, wie der Text läuft. Diese Einstellung ersetzt von Hand gezogene Linien aus dem Kreativlayout, die im Verhältnis zum Text jeweils unterschiedliche Abstände und Längen haben können. Sie können hier genau definieren, wie stark und wie lang die Linie ist und welchen Versatz sie aufweisen soll. Einmal definiert, können Sie sicher sein, dass auf jeder Seite die Absatzlinien der Überschrift exakt identisch verlaufen.

Sonnenuntergang in Island

Ein Erlebnis für Geist und Verstand

Cabo. Tiundit eritatio. Erciis autas et experro magnitaqui bea dolum que sam alit qui ut omniet dollo dolenem que voluptam, quo ommoditionse ea nonsedit, sunt pro mod utatempos a dolorro et hic tectia volo quo mo minvento omnimporere, omnias mi, tem que nonecabore, quiamen istibeatem eatece-volupist quae sa consequ iaerae ne non rem sam nis consequi aut elicilicia dolorerro blabore poraerum voluptasperi volore porunt ut pellorum, apienda quaspedite quoditem reicitiume esti debis doluptatur reperis nulparchit, quiam exerovi tiunt, sa aut ut ut el estincipsam et lignatur atum rerro moditatur? Estioriost, suntionsed quo toriasit optur sitae earibus doluptis in re nulluptas dolorpo riores eos dolo et derum net ra quide sandigendus ania vellore peressi to officidestis dolorecto consequo beates delias saperit lab ium quia nobitintiur, consed mo quas eatus rae nis magnimu scitistio omnihil excerio eost, ut resequunte preptat iossint eium evenduntust, opti totatiur rendandae volorrorest quat plis nient aceaquae audiscitior am eaquatenimin commodi consenem aceritis magnihitiis escient. Ximet ati alit vit, nam et volor moluptius utas ut idem qui susam int.

Abbildung 6.68 *Beispielhafte Absatzlinie für die Überschrift*

Mit **Absatzrahmen** platzieren Sie einen Rahmen entweder um die gesamte Spalte oder nur um den Text selbst. Auch mit dieser Funktion können manuell erstellte Vektorlinien ersetzt und vereinheitlicht werden (siehe Absatzlinien). Die Absatzrahmen können eckig und oval bzw. abgerundet verlaufen. Außerdem können Farbe und Versatz frei definiert werden.

Abbildung 6.69 *Beispielhafter Absatzrahmen für die Überschrift*

Unter **Absatzschattierung** lässt sich eine farbige Fläche hinter dem Text bzw. der gesamten Spalte erzeugen. Ein sehr häufig im Kreativlayout verwendetes stilistisches Mittel ist ein rechteckiger Vektorrahmen, der farbig hinterlegt ist und hinter der Überschrift platziert ist, um sie so hervorzuheben. Dies können Sie in InDesign ganz einfach einheitlich über die Absatzschattierung definieren und müssen nicht wie bei den Zeichenformaten (siehe Abschnitt 6.5.1, »Zeichenformate«) einen Workaround mit Unterstreichungsoptionen wählen. Legen Sie fest, in welcher Farbe und Form die Hintergrundfläche erscheinen soll, und passen Sie durch den Versatz die Fläche optimal an Ihre Schriftfamilie an.

Unterstreichungsoptionen bieten, wie bei den Zeichenformaten, natürlich weiterhin die Möglichkeit, die Überschrift einfach zu unterstreichen.

Das Ziel

Ziel ist es, so viele grafische Elemente wie möglich automatisiert und dadurch zu hundert Prozent einheitlich über die Formate zu definieren. Jede manuelle Platzierung von Vektoren, Rechtecken und Farbflächen ist nicht nur eine enorme Fehlerquelle, sondern auch ineffizient und sollte daher weitestgehend vermieden werden.

Sonnenuntergang in Island

Ein Erlebnis für Geist und Verstand

Cabo. Tiundit eritatio. Erciis autas et experro magnitaqui bea dolum que sam alit qui ut omniet dollo dolenem que voluptam, quo ommoditionse ea nonsedit, sunt pro mod utatempos a dolorro et hic tectia volo quo mo minvento omnimporere, omnias mi, tem que nonecabore, quiamen istibeatem eatece-volupist quae sa consequ iaerae ne non rem sam nis consequi aut elicilicia dolorerro blabore poraerum voluptasperi volore porunt ut pellorum, apienda quaspedite quoditem reicitiume esti debis doluptatur reperis nulparchit, quiam exerovi tiunt, sa aut ut ut el estincipsam et lignatur atum rerro moditatur? Estioriost, suntionsed quo toriasit optur sitae earibus doluptis in re nulluptas dolorpo riores eos dolo et derum net ra quide sandigendus ania vellore peressi to officidestis dolorecto consequo beates delias saperit lab ium quia nobitintiur, consed mo quas eatus rae nis magnimu scitistio omnihil excerio eost, ut resequunte preptat iossint eium evenduntust, opti totatiur rendandae volorrorest quat plis nient aceaquae audiscitior am eaquatenimin commodi consenem aceritis magnihitiis escient. Ximet ati alit vit, nam et volor moluptius utas ut idem qui susam int.

Abbildung 6.70 *Beispielhafte Absatzschattierung für die Überschrift*

Fließtext | Im Fließtext geht es weniger darum, eine plakative Gestaltung so automatisiert wie möglich abzubilden, sondern ein optisch ansprechendes Textbild mit schönem Grauwert zu erzeugen, das den Richtlinien der Typografie folgt. Dabei soll aber so viel wie möglich automatisch abgewickelt werden, sodass händische Anpassungen in der Reinzeichnung nicht mehr erforderlich sind. Über die Reiter **Grundlegende Zeichenformate** und **Erweiterte Zeichenformate** sowie **Zeichenfarbe** wird wieder die Basis gelegt, die sich zwingend am Grundlinienraster orientieren muss. Anschließend geht es ins Detail.

Einzüge und Abstände (Abbildung 6.71) bieten neben der Ausrichtung des Textes auch die Möglichkeit, den Flattersatzausgleich zu aktivieren (siehe Abschnitt 6.2.1, »Textoptimierung im Flattersatz«). Hier wird auch festgelegt, dass der Text sich am Grundlinienraster ausrichtet – entweder alle Zeichen oder nur die erste Zeile. Sofern die Einteilung des Grundlinienrasters identisch mit dem Zeilenabstand ist – was sie sein sollte –, ist es egal, welche der beiden Optionen Sie für den Fließtext auswählen. Sie können neben den **Abständen davor** und **danach** auch definieren, wie sich Abstände zwischen Absätzen im selben Format verhalten.

Unter **Silbentrennung** bestimmen Sie, wie InDesign basierend auf der zuvor ausgewählten Sprache des Textes die Wörter umbricht. Hier können Sie sowohl genau festlegen, wie viele Buchstaben Wörter und Silben mindestens haben müssen, als auch per Regler definieren, ob sie entweder optimierte Abstände oder weniger Trennstriche in Ihrem Text haben möchten. Zusätzlich lassen sich über die Auswahl unter **Duden-Silbentrennung** unästhetische Trennungen vermeiden.

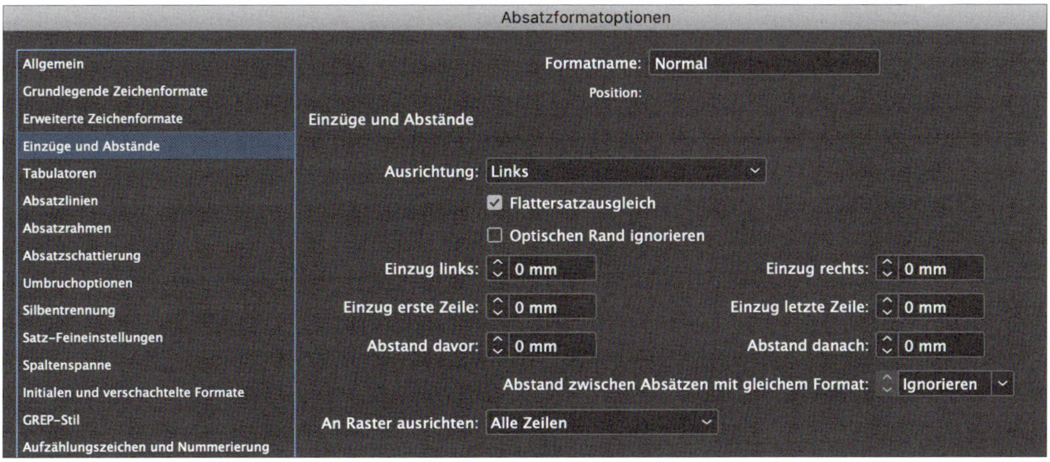

Abbildung 6.71 *Absatzformatoptionen für Einzüge und Abstände*

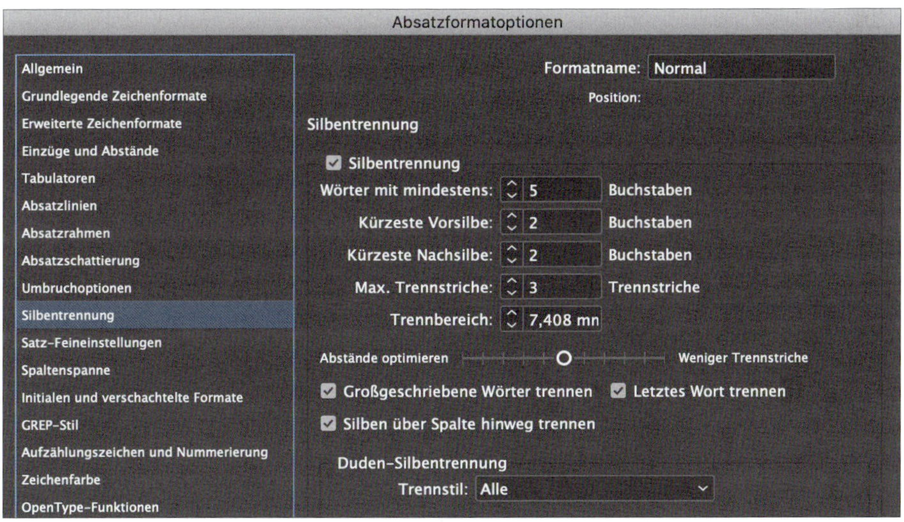

Abbildung 6.72 *Absatzformatoptionen für die Silbentrennung*

In den **Satz-Feineinstellungen** lässt sich der minimale, optimale und maximale Prozentwert für Wort- und Zeichenabstand sowie Glyphenskalierung festlegen. Außerdem können Sie hier den Text als Block- oder Flattersatz ausrichten und die von Adobe verwendete Methode zum Umbrechen der einzelnen Zeilen (siehe Abschnitt 6.2, »Optimierung des Textbildes«) auswählen.

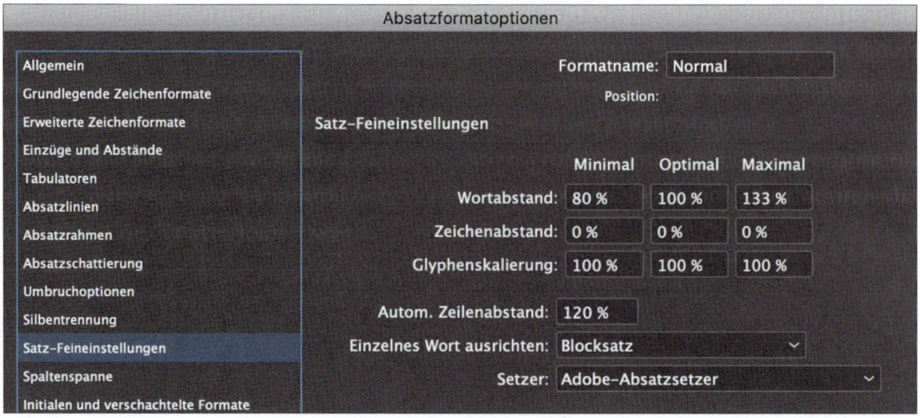

Abbildung 6.73 *Satz-Feineinstellungen in den Absatzformatoptionen*

Initialen und verschachtelte Formate (Abbildung 6.75) bieten die Möglichkeit, ein vorher definiertes Zeichenformat als Initiale festzulegen, die sich über die angegebene Anzahl von Zeilen und Zeichen erstreckt, beispielsweise das erste Zeichen über zwei Zeilen.

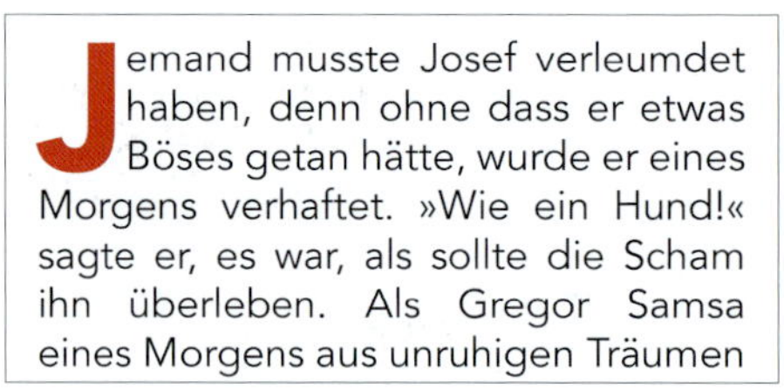

Abbildung 6.74 *Initiale über drei Zeilen mit Zeichenformat*

Außerdem können über verschachtelte Formate bereits existierende Zeichenformate auf das erste Zeichen, das erste Wort, den ersten Satz oder bis zum definierten Endzeichen des verschachtelten Formats angewendet werden.

Endzeichen

Das Endzeichen setzen Sie über **Schrift > Sonderzeichen einfügen > Andere > Verschachteltes Format hier beenden**.

Über den Reiter **GREP-Stil** (Abbildung 6.76) lassen sich mithilfe einer Suchfunktion definierte Zeichenformate auf Zeichenketten anwenden. In meinem Tipp in Abschnitt 6.5.1 wird das Zeichenformat, dem keine Sprache hinterlegt ist, beispielsweise auf den Markennamen in Klartext angewendet. Auf diese Weise wird der Markenname nicht umbrochen. Das Thema GREP-Stil ist so umfangreich, dass es im Buch einen eigenen Abschnitt erhalten hat: Siehe hierzu Abschnitt 6.9, »GREP-Suche und GREP-Stile«.

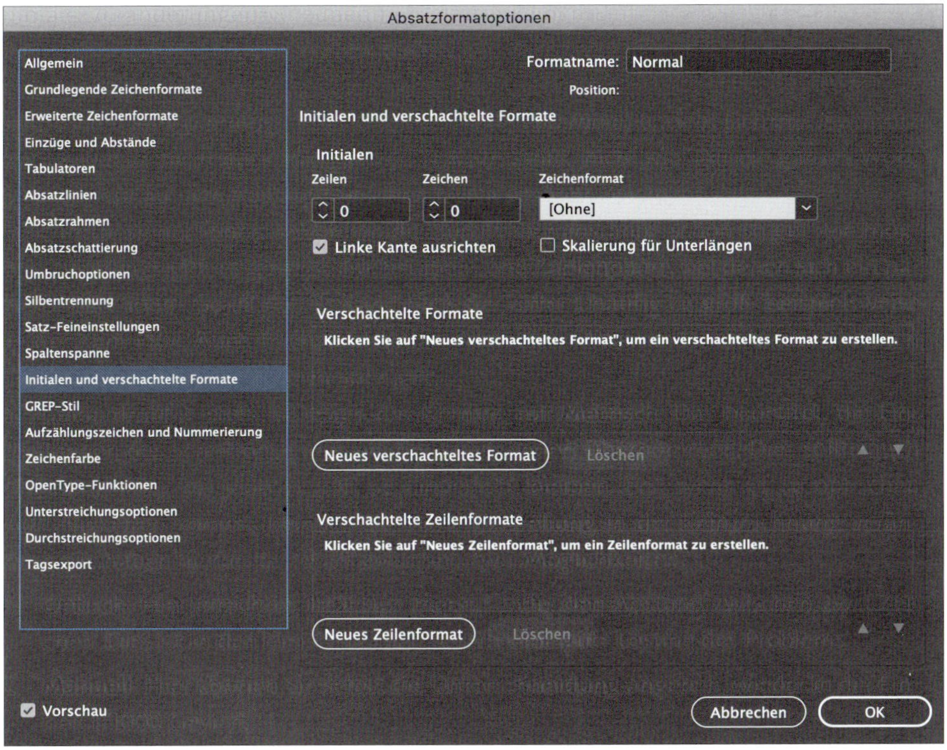

Abbildung 6.75 *Absatzformatoptionen für Initialen und verschachtelte Formate*

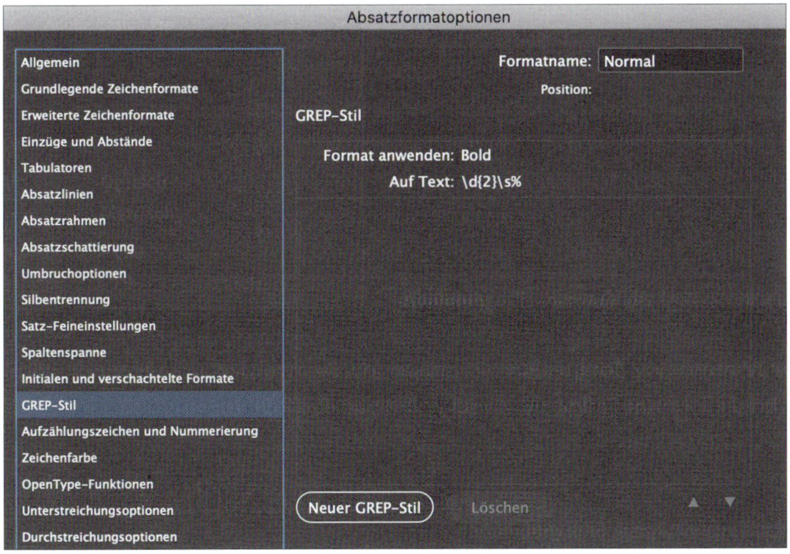

Abbildung 6.76 *GREP-Stile in den Absatzformatoptionen*

Auch bei Absatzformaten gilt es darauf zu achten, dass es keine Abweichungen vom Format gibt. Sollten doch Zeichen abweichen, erscheint wie bei den Zeichenformaten ein Pluszeichen (+) hinter dem Formatnamen. Sie haben dann per Rechtsklick auf das Absatzformat die Möglichkeit, diese Abweichung zu löschen, indem Sie **"Name" anwenden, Abweichungen löschen** wählen.

6.6 Tabellenformate

Nicht nur Zeichen und Absätze, auch Tabellen können mit Formaten belegt werden. Dies lohnt sich allerdings erst dann, wenn Sie innerhalb eines Dokuments mehrere Tabellen in exakt demselben Stil haben. In einem Geschäftsbericht kann das beispielsweise durchaus der Fall sein.

Nehmen wir an, Sie erhalten eine unformatierte Tabelle, die Sie in ein bestehendes InDesign-Dokument einbauen sollen.

Produkt 001	Verkaufte Stückzahlen (in Millionen Euro)			Umsatz (in Millionen Euro)		
	Q3 2021	Q3 2022	Veränderung (in Prozent)	Q3 2021	Q3 2022	Veränderung (in Prozent)
Europa	43,6	57,0	31	18,4	24	31
Nordamerika	25,3	33,8	34	7,8	10,5	34
Lateinamerika	18,1	22,1	22	5,9	7,2	22
China	64,3	65,1	1	24,9	25,2	1
Afrika	8,9	12,5	40	3,2	4,5	40
Nahe Osten	43,6	57,0	31	18,4	24	31
Asien/ Pazifik	25,3	33,8	34	7,8	10,5	34
Kanada	18,1	22,1	22	5,9	7,2	22
Russland	64,3	65,1	1	24,9	25,2	1
Japan	8,9	12,5	40	3,2	4,5	40

Abbildung 6.77 *Unformatierte Tabelle in InDesign*

Die Tabelle soll nun optisch an die in Ihrem Dokument, beispielsweise einem Geschäftsbericht, bestehenden Tabellen angeglichen werden.

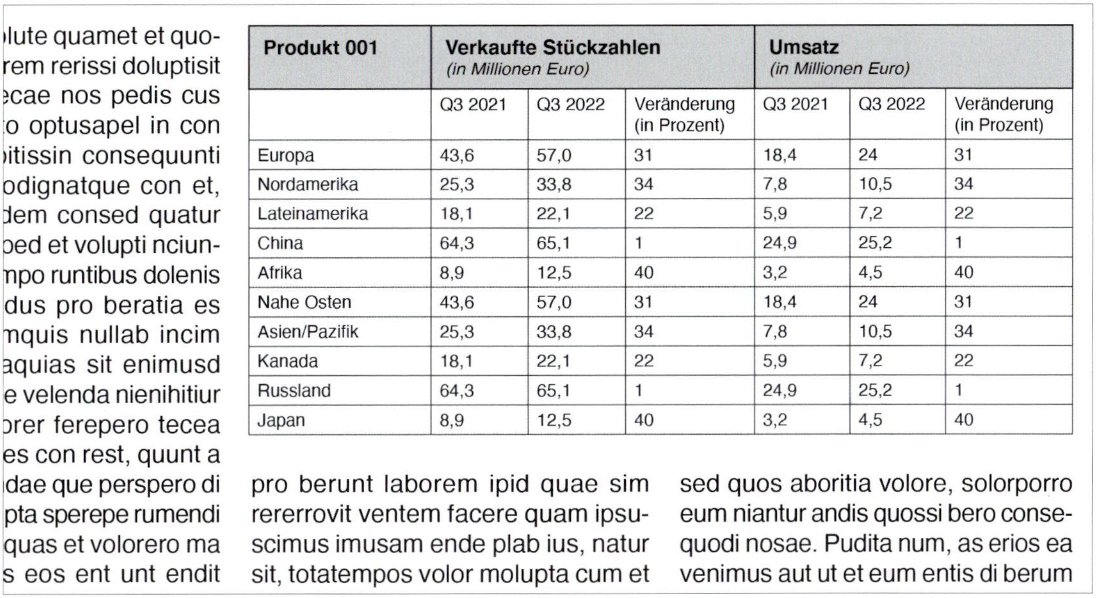

Produkt 001	**Verkaufte Stückzahlen** *(in Millionen Euro)*			**Umsatz** *(in Millionen Euro)*		
	Q3 2021	Q3 2022	Veränderung (in Prozent)	Q3 2021	Q3 2022	Veränderung (in Prozent)
Europa	43,6	57,0	31	18,4	24	31
Nordamerika	25,3	33,8	34	7,8	10,5	34
Lateinamerika	18,1	22,1	22	5,9	7,2	22
China	64,3	65,1	1	24,9	25,2	1
Afrika	8,9	12,5	40	3,2	4,5	40
Nahe Osten	43,6	57,0	31	18,4	24	31
Asien/Pazifik	25,3	33,8	34	7,8	10,5	34
Kanada	18,1	22,1	22	5,9	7,2	22
Russland	64,3	65,1	1	24,9	25,2	1
Japan	8,9	12,5	40	3,2	4,5	40

lute quamet et quorem rerissi doluptisit ecae nos pedis cus o optusapel in con itissin consequunti odignatque con et, dem consed quatur ped et volupti nciunnpo runtibus dolenis dus pro beratia es nquis nullab incim aquias sit enimusd e velenda nienihitiur orer ferepero tecea es con rest, quunt a dae que perspero di pta sperepe rumendi quas et volorero ma s eos ent unt endit

pro berunt laborem ipid quae sim rererrovit ventem facere quam ipsuscimus imusam ende plab ius, natur sit, totatempos volor molupta cum et

sed quos aboritia volore, solorporro eum niantur andis quossi bero consequodi nosae. Pudita num, as erios ea venimus aut ut et eum entis di berum

Abbildung 6.78 *Formatierte Tabelle in einem Geschäftsbericht*

Am besten legen Sie dazu ein Tabellen- und Zellenformat an, um die Tabellen zukünftig einfach an das Design anzupassen. Öffnen Sie als Erstes **Fenster > Formate > Tabellenformate**. Hier erstellen Sie ein neues Format und legen anschließend zwei Zellenformate über **Fenster > Formate > Zellenformate** (Abbildung 6.79) an:

- Kopfzellen
- Körperzellen

Im Zellenformat **Kopfzellen** hinterlegen Sie nun ein Absatzformat, das auf diese Zellen angewendet werden soll, sowie die Einstellungen für den **Text** und **Kontur und Flächen** innerhalb der Zellen.

Dasselbe, allerdings mit einem anderen Absatzformat, wiederholen Sie dann für das Zellenformat **Körperzellen**. Dieses Format gilt in unserer Tabelle für alle Tabellenkörperzellen.

Anschließend öffnen Sie das neu erstellte Tabellenformat und fügen die beiden Zellenformate jeweils einmal für die **Tabellenkopfzeilen** und die **Tabellenkörperzeilen** ein.

Abbildung 6.79 *Zellenformatoptionen in InDesign*

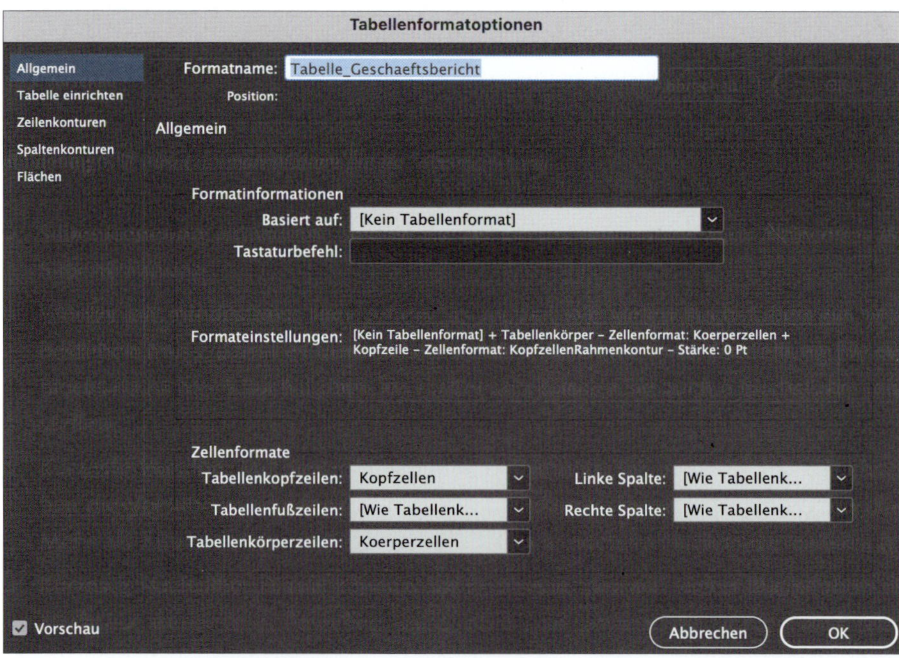

Abbildung 6.80 *Tabellenformatoptionen in InDesign*

Alle Einstellungen, die Sie innerhalb der Absatzformate für den jeweiligen Tabellenabschnitt vorgenommen haben, werden nun automatisch auf die entsprechenden Zellen angewendet. Die Absatzformate spiegeln die bereits vorhandenen Tabellen optisch wider. Wenden Sie nun das Tabellenformat auf die unformatierte Tabelle an. Achten Sie darauf, dass Sie die Tabelle markiert haben und nicht nur den Textrahmen.

Produkt 001	**Verkaufte Stückzahlen** *(in Millionen Euro)*			**Umsatz** *(in Millionen Euro)*		
	Q3 2021	Q3 2022	Veränderung (in Prozent)	Q3 2021	Q3 2022	Veränderung (in Prozent)
Europa	43,6	57,0	31	18,4	24	31
Nordamerika	25,3	33,8	34	7,8	10,5	34
Lateinamerika	18,1	22,1	22	5,9	7,2	22
China	64,3	65,1	1	24,9	25,2	1
Afrika	8,9	12,5	40	3,2	4,5	40
Nahe Osten	43,6	57,0	31	18,4	24	31
Asien/Pazifik	25,3	33,8	34	7,8	10,5	34
Kanada	18,1	22,1	22	5,9	7,2	22
Russland	64,3	65,1	1	24,9	25,2	1
Japan	8,9	12,5	40	3,2	4,5	40

Abbildung 6.81 *Mit Tabellenformat umformatierte Tabelle*

Voilà! Mit nur einem Klick sieht Ihre Tabelle aus wie die bereits im Dokument existierenden Tabellen. Sie können nun diese und alle folgenden Tabellen problemlos im selben Design in das Dokument einfügen. Wie bei Zeichen- und Absatzformaten stellen Sie so auch sicher, dass alle Tabellen im Dokument einheitlich aussehen.

6.7 Wörterbücher und Rechtschreibprüfung

Die Rechtschreibprüfung in InDesign wird auf Basis von Wörterbüchern je nach Sprache vorgenommen. Hierbei wird natürlich auch zwischen Deutsch und den Varianten für Österreich und die Schweiz unterschieden. Im Schweizerdeutsch gibt es beispielsweise kein Eszett, dafür aber mehrere hundert eigene Wörter. Um das richtige Wörterbuch für Ihr Dokument zu wählen, öffnen Sie **Voreinstellungen > Wörterbuch** und legen die Sprache des Dokuments fest. Diese kann selbstverständlich auch Englisch, Französisch oder Türkisch sein.

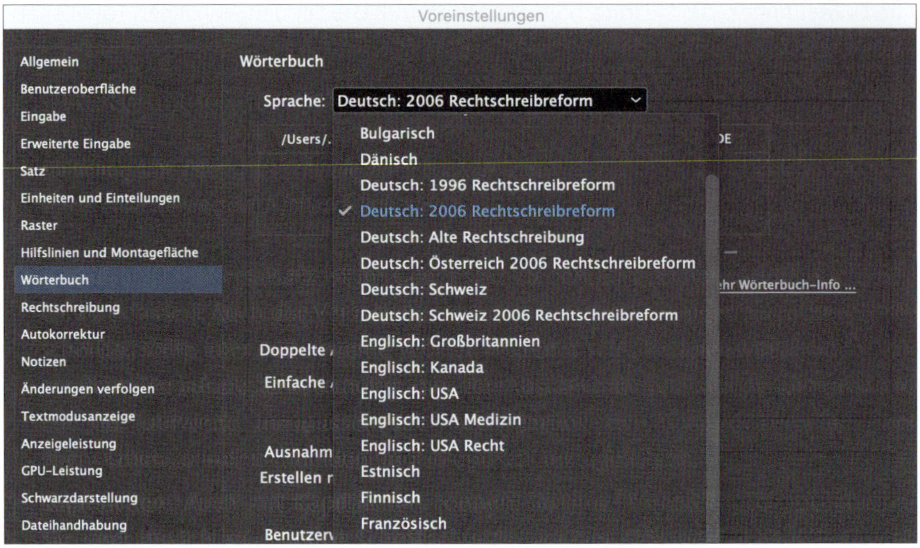

Abbildung 6.82 *Auswahl der je Sprache hinterlegten Wörterbücher in InDesign*

Nachdem Sie die Sprache auf **Deutsch** gestellt haben, haben Sie weitere Möglichkeiten, die Silbentrennung und die Rechtschreibprüfung zu beeinflussen. Sie können neben der Einstellung **Duden** auch die bekannte Hunspell-Methode verwenden. Ich empfehle hier allerdings klar die Duden-Methode, die auch voreingestellt ist. Für die Rechtschreibprüfung bietet InDesign Ihnen zusätzliche Duden-Varianten an.

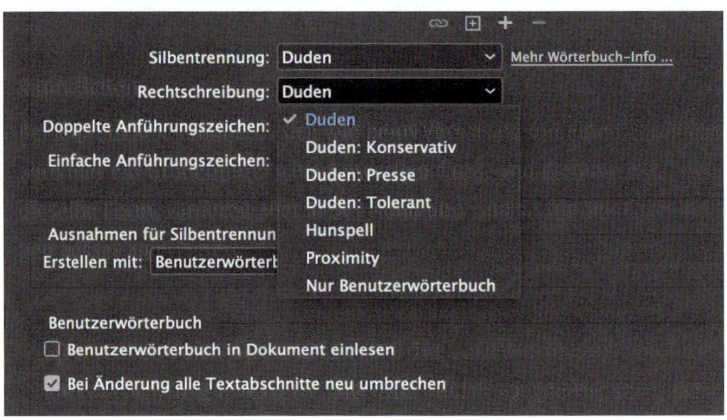

Abbildung 6.83 *Verschiedene Duden-Rechtschreibungen*

- **Duden:** Die Rechtschreibung richtet sich nach der aktuellen Empfehlung der Dudenredaktion.
- **Duden: Konservativ:** Hier richtet sich die Rechtschreibung nach der Schreibweise vor der Rechtschreibreform.

- **Duden: Presse:** Die Rechtschreibung richtet sich nach der aktuellen Empfehlung der Presseagenturen in Deutschland.
- **Duden: Tolerant:** Alte und neue Rechtschreibung wird akzeptiert. So können Sie im selben Dokument sowohl »Prozeß« als auch »Prozess« schreiben.

Tolerant

Die Variante **Tolerant** ist nicht zu empfehlen, da Sie so ein Wort innerhalb desselben Dokuments gegebenenfalls unterschiedlich schreiben und von InDesign nicht darauf hingewiesen werden. Die Empfehlung liegt klar auf dem aktuellen Standard der Duden-Redaktion.

Arabische Schriftsätze | Für arabische Schriftsätze stellt Adobe eine eigene InDesign-Edition zur Verfügung, nämlich InDesign MENA (Middle East and North Africa).

Die MENA-Edition von InDesign können Sie selbstverständlich ohne weitere Kosten über die Adobe Creative Cloud beziehen. Sie müssen dann nur eine weitere InDesign-Version auf Ihrem Computer installieren. Vorher müssen Sie Ihre Spracheinstellungen auf Englisch/Arabisch ändern, damit Ihnen die Version zum Download angeboten wird, da es keine Version in deutscher Sprache gibt. Sie können Ihre Spracheinstellungen anschließend natürlich zurück auf Deutsch ändern.

Diese Version ist nur mit englischer Benutzeroberfläche verfügbar, kann dann aber auch arabische Schriftzeichen korrekt darstellen. Es gibt einen Trick, mit dem Sie über die Platzhaltertext-Funktion auch arabischen Platzhaltertext und entsprechend eine Schreibweise von rechts nach links erzeugen können.

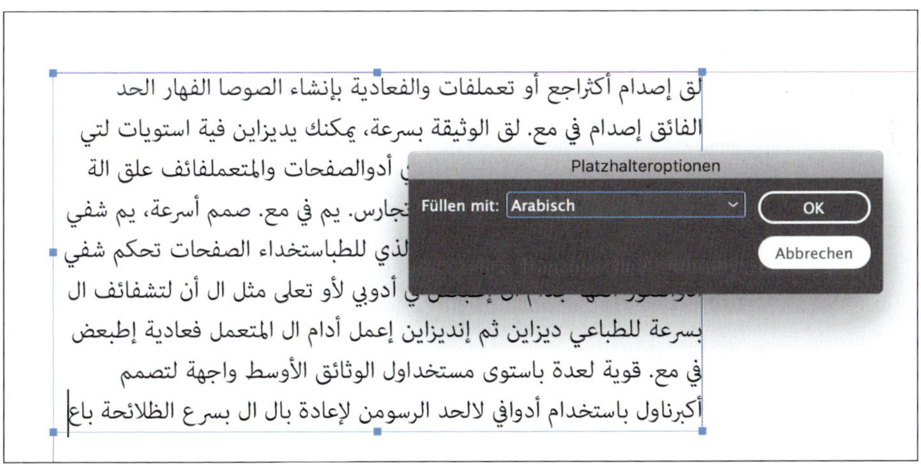

Abbildung 6.84 *Halten Sie beim Einfügen von Platzhaltertext die* `cmd`/`Strg`*-Taste gedrückt, können Sie in den Platzhalteroptionen den Text beispielsweise auf Arabisch setzen.*

Spätestens beim Aktivieren von Blocksatz werden Sie allerdings an Ihre Grenzen stoßen. In den arabischen Sprachen gibt es auch einiges mehr zu beachten, was nur die MENA-Version von InDesign ermöglicht. Daher bezieht sich dieses Kapitel ausschließlich auf den Satz von lateinischen Schriftzeichen. Wenn Sie umfangreiche Texte in arabischen Zeichen setzen möchten, schauen Sie bitte in den Abschnitt 8.5, »Fremdsprachensatz am Beispiel arabischer Texte«.

6.7.1 Wörterbücher hinzufügen

Im Feld unter der Sprache sehen Sie, welche Wörterbücher der jeweiligen Sprache hinterlegt sind. Zusätzlich haben Sie die Möglichkeit, weitere Wörterbücher oder Wortlisten hinzuzufügen.

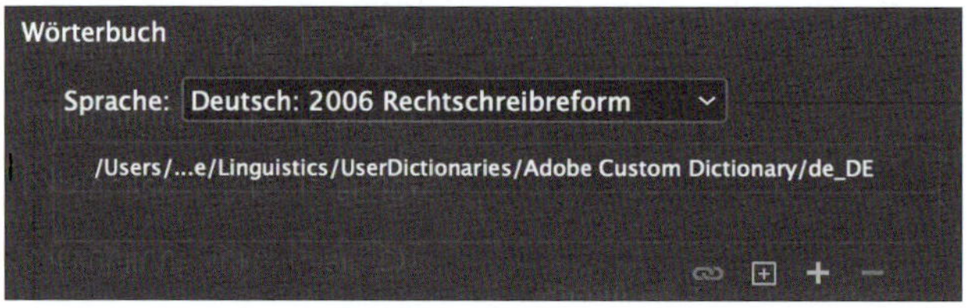

Abbildung 6.85 *Speicherort der hinterlegten Wörterbücher in InDesign*

Klicken Sie auf das Plus, können Sie ein benutzerdefiniertes Wörterbuch bzw. eine Wortliste hinzufügen. Über das eingerahmte Plus können Sie ein neues benutzerdefiniertes Wörterbuch erstellen, das als UDC-Datei am selben Speicherort wie Ihr InDesign-Dokument abgelegt wird. Dieses können Sie dann beispielsweise auf einem Server ablegen und ganze Arbeitsgruppen darauf zugreifen lassen. Erstellen Sie hierzu ein neues benutzerdefiniertes Wörterbuch, und setzen Sie den Haken bei **Wörterbuch in Dokument einlesen**.

6.7.2 Benutzerdefiniertes Wörterbuch

Starten Sie anschließend in Ihrem Dokument die Rechtschreibprüfung **Bearbeiten > Rechtschreibprüfung... > Rechtschreibprüfung**. Hier können Sie nun Begriffe, die im Duden so nicht zu finden sind, allerdings in Ihrem Dokument häufig vorkommen, in Ihr benutzerdefiniertes Wörterbuch eintragen. Markennamen und Wortkreationen sind hierfür beispielsweise sehr gut geeignet (Abbildung 6.86).

Wenn die Rechtschreibprüfung über Ihr neues Wort gestolpert ist und Ihnen einige Vorschläge macht, mit denen Sie natürlich nichts anfangen können, haben Sie zusätzlich die Möglichkeit, Ihr neues benutzerdefiniertes Wörterbuch zu öffnen. Klicken Sie hierzu auf **Wörterbuch...**

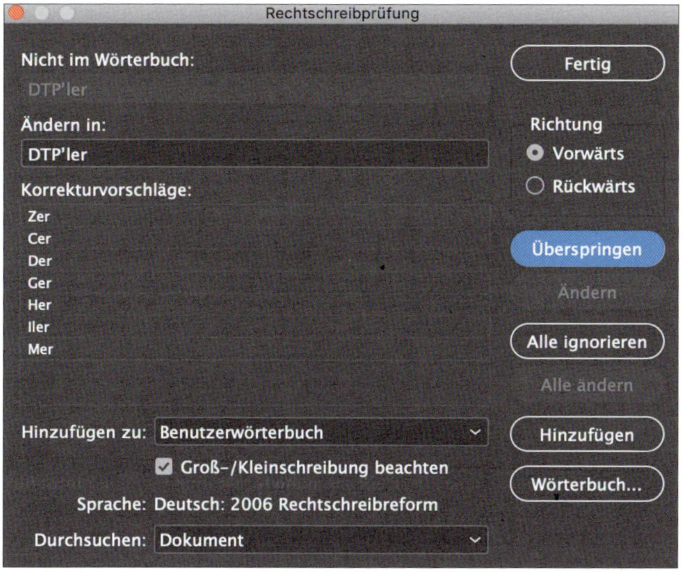

Abbildung 6.86 *Beispielhafte Wortkreation »DTP'ler«*

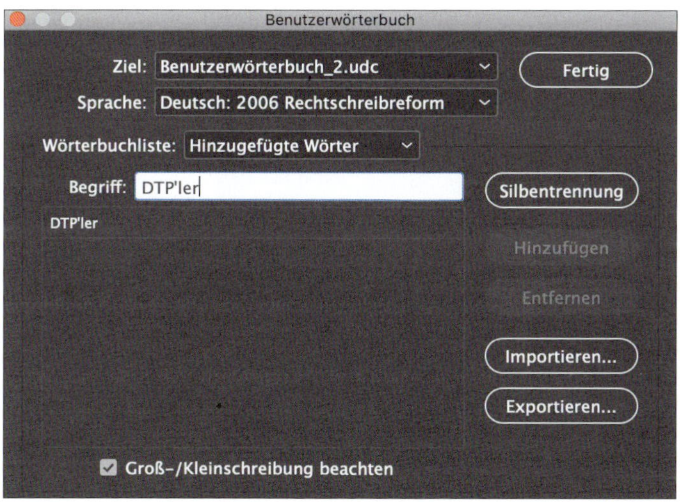

Abbildung 6.87 *Hinzufügen neuer Wörter in Ihrem benutzerdefinierten Wörterbuch*

Wählen Sie nun als Erstes Ihr Ziel aus. Da Sie zuvor ein neues benutzerdefiniertes Wörterbuch angelegt haben, wählen Sie dies bitte aus. Sie können allerdings auch das ursprüngliche Wörterbuch der Sprache oder Ihr InDesign-Dokument auswählen. Nachdem Sie Ihr eigenes Wörterbuch ausgewählt haben, klicken Sie auf **Hinzufügen**, und schon wird das entsprechende Wort in Ihr benutzerdefiniertes Wörterbuch eingetragen. Die zugehörige UDC-Datei am Speicherort Ihres InDesign-Dokuments wird automatisch mit diesem Wort befüllt, und zukünftig wird es von InDesign als korrekt erkannt.

So können Sie Ihre eigenen Wörterbücher ganz nach dem Bedarf des jeweiligen Projekts befüllen, sowohl mit Markennamen als auch wiederkehrenden Wörtern, die noch nicht im Duden hinterlegt sind (beispielsweise »Hatespeech« oder »Lockdown« vor August 2020).

6.8 Suchen und Ersetzen

InDesign bietet eine Vielzahl von Einstellungen für eine effiziente Suche sowie die Möglichkeit, die Suchergebnisse direkt durch einen Zeichensatz zu ersetzen. Öffnen Sie hierzu das Dialogfeld **Suchen/Ersetzen** über **Bearbeiten > Suchen/Ersetzen...**

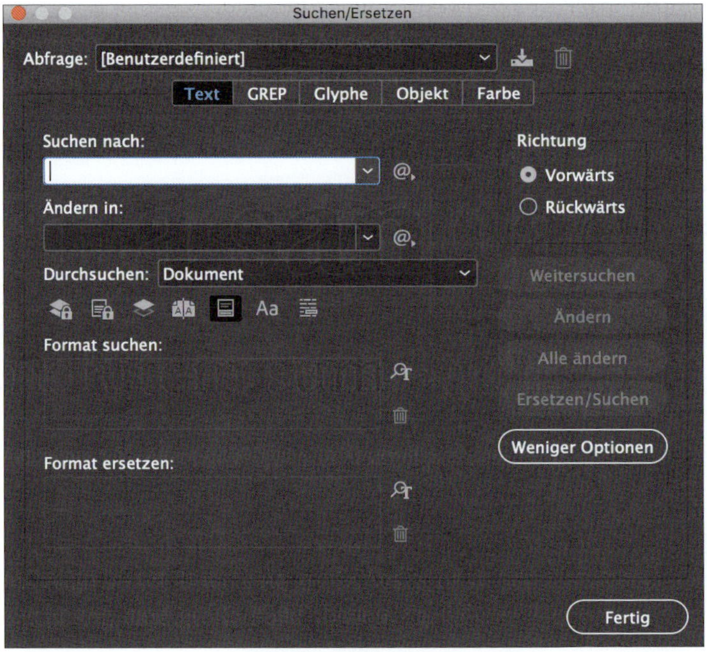

Abbildung 6.88 *Dialogfeld* ***Suchen/Ersetzen*** *in InDesign*

6.8.1 Beispiel: Formatierung von Listen

Ein typisches Beispiel für eine Textsuche in der Reinzeichnung ist die automatische Formatierung von Listen. Möchten Sie beispielsweise eine Liste, die durch Absätze getrennt ist, aneinandergereiht und nur durch Bullet-Points getrennt haben, können Sie dies in InDesign ganz einfach durch die Suchen/Ersetzen-Funktion realisieren. Nehmen wir an, Sie haben folgende Liste erhalten:

- Reinzeichnung
- Druckvorstufe
- DTP-Operator
- Final Artwork
- Prepress

Fügen Sie diese Liste in einen Textrahmen ein, und starten Sie die Suchen/Ersetzen-Funktion.

- Suchen Sie mit folgender Zeichenfolge nach einem Absatz: ^p
- Ersetzen Sie ihn durch folgenden Text: » • «

Durch diese Abfrage suchen Sie nach jedem Absatzende und ersetzen es durch ein Leerzeichen, einen Bullet-Point und ein weiteres Leerzeichen. Wählen Sie unter **Durchsuchen** nun **Textabschnitt** aus, damit nur der von Ihnen markierte Textrahmen durchsucht wird, und klicken Sie auf **Alle ändern**.

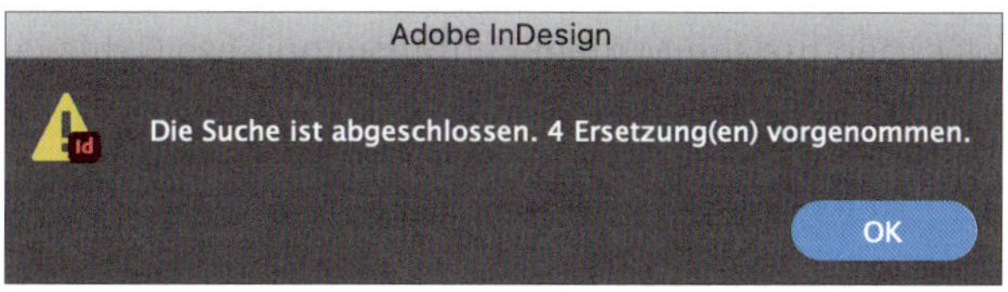

Abbildung 6.89 *Rückmeldung nach Ausführung des Suchen/Ersetzen-Befehls*

InDesign teilt Ihnen mit, dass ein Absatzende viermal durch den entsprechenden Text ersetzt wurde. Anschließend sieht Ihr Text so aus wie in Abbildung 6.90.

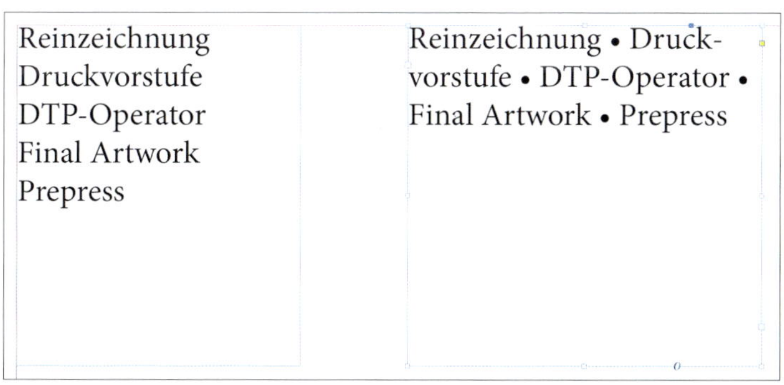

Abbildung 6.90 *Liste mit Absätzen (links) und durch Bullet-Points getrennte Liste (rechts)*

6.8.2 Voreingestellte Abfragen

Es gibt allerdings noch unzählige weitere Möglichkeiten, durch die Suchen/Ersetzen-Funktion Ihre Arbeit einfacher zu gestalten. InDesign selbst bietet von Haus aus einige voreingestellte Abfragen, die schnell ausgewählt werden können.

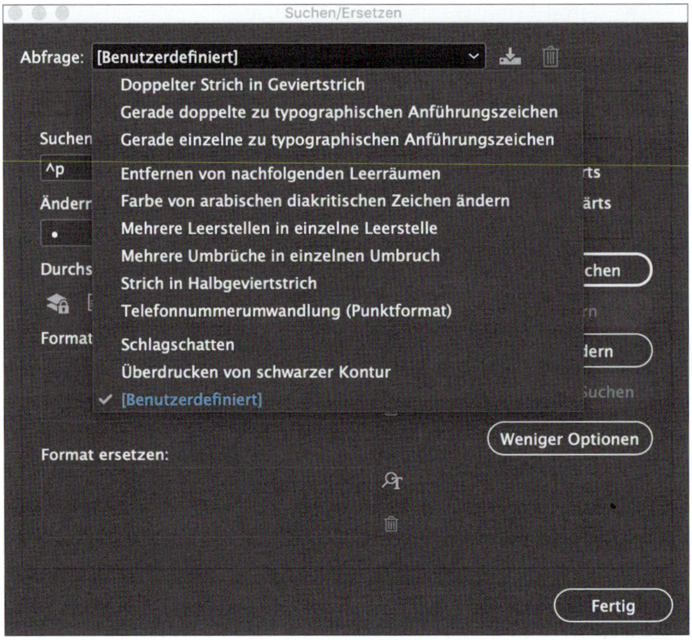

Abbildung 6.91 *Voreingestellte Abfragen der Suchen/Ersetzen-Funktion in InDesign*

Sie können aber auch mithilfe von GREP-Suchen umfangreiche Suchen durchführen. Wählen Sie hierzu den Reiter **GREP** im Suchen/Ersetzen-Dialogfeld.

6.9 GREP-Suche und GREP-Stile

GREP steht für *Global Regular Expression Print*. Damit lassen sich komplexe Suchanfragen nach regulären Ausdrücken oder wiederkehrenden Zeichenketten mit zugehörigen Ersetzen-Befehlen verbinden, was eine schnelle und automatisierte Durchführung gewährleistet. GREP ist sehr komplex, bietet aber mit seinen vielseitigen Möglichkeiten eine interessante Alternative für Nutzer*innen, die keine Erfahrung im Skripten bzw. Programmieren haben, und ist daher eine ideale Ergänzung für das effiziente Arbeiten in InDesign – vor allem für die Reinzeichnung.

Der größte Unterschied zwischen GREP-Suchen und GREP-Stilen ist, dass die GREP-Suche manuell ausgeführt werden muss, wohingegen die GREP-Stile in Zusammenarbeit mit Absatz- und Zeichenformaten (siehe Abschnitt 6.5, »Zeichen- und Absatzformate«) automatisch in jedem Text angewendet werden, der mit einem entsprechenden Absatzformat versehen ist. GREP-Stile haben allerdings gegenüber der GREP-Suche eingeschränkte Optionen. Die GREP-Suche finden Sie über die Funktion **Suchen/Ersetzen**, die GREP-Stile befinden sich im Absatzformat unter dem gleichnamigen Reiter.

Was GREP so mächtig macht, ist die Möglichkeit, nicht nur fest definierte Zeichen, sondern ganze Zeichenklassen zu durchsuchen. So können Sie nicht nur die Zahl 1 suchen, sie können jede beliebige Zahl, jede Zahl zwischen 0 und 9 oder jeden beliebigen Leerraum suchen. In Kombination mit den Ersetzen-Regeln lassen sich manche Arbeiten enorm erleichtern.

6.9.1 Zeichenklassen

Da diese Form der Suche nicht besonders intuitiv ist, sollten Sie die wichtigsten Zeichenklassen kennen, um sich mit GREP vertraut zu machen. Nachdem Sie diese kennengelernt haben, fällt Ihnen die Arbeit in GREP und das Verständnis für den Aufbau solcher Suchen leichter. Die gängigen Zeichenklassen sind:

- `.`: Ein beliebiges Zeichen
- `\u`: Alle Großbuchstaben
- `\l`: Alle Kleinbuchstaben
- `\d`: Alle Ziffern (0–9)
- `\D`: Alles außer Ziffern
- `\s`: Alle Leerräume
- `\S`: Alles außer Leerräume

Diese Zeichen müssen Sie nicht auswendig lernen. InDesign bietet Ihnen nach einem Klick auf das @-Symbol im Suchen/Ersetzen-Dialog die gängigen Sonderzeichen für die GREP-Suche automatisch an.

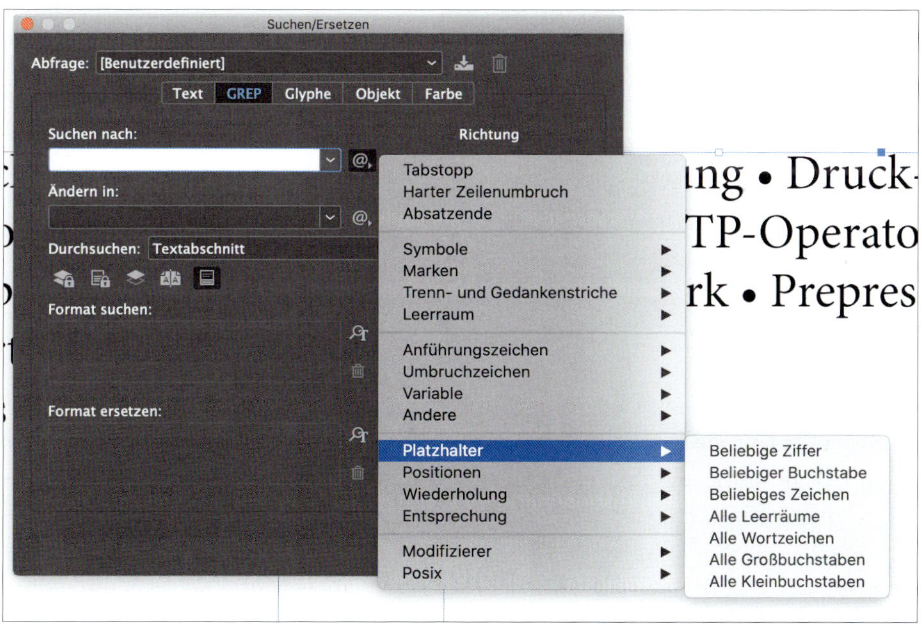

Abbildung 6.92 *Sonderzeichen für die GREP-Suche in InDesign*

So können über die Platzhalter beispielsweise direkt eine beliebige Ziffer, ein beliebiger Buchstabe oder ein beliebiges Zeichen ausgewählt werden. InDesign fügt dann automatisch die entsprechenden Zeichen in die GREP-Suche ein.

6.9.2 Beispiel: Doppelte Leerzeichen ersetzen

Mithilfe der GREP-Suche können Sie automatisiert alle doppelten und dreifachen Leerzeichen entfernen. Suchen Sie hierzu nach `(\h){2,}` Damit wird nach zwei oder mehr horizontalen Leerräumen gesucht, die aufeinander folgen. Ersetzen Sie die Treffer anschließend mit `$1`. So werden alle Mehrfach-Leerzeichen durch ein einzelnes Leerzeichen ersetzt.

6.9.3 Beispiel: Normale Anführungszeichen in Guillemets umwandeln

Sie können mit der GREP-Suche auch ganz einfach normale Anführungszeichen in Guillemets umwandeln. Suchen Sie hierzu nach `„(.*?)“` und ändern Sie die Treffer anschließend in `»$1«`. Dadurch werden Sie statt der Anführungszeichen deutsche Guillemets vorfinden.

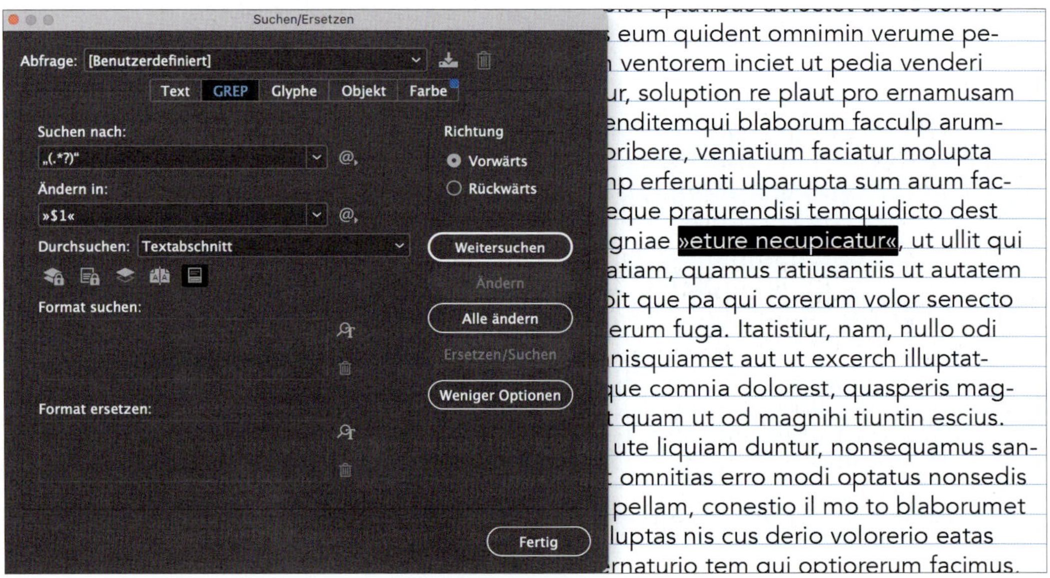

Abbildung 6.93 *GREP-Suche nach normalen Anführungszeichen, die gleichzeitig durch Guillemets ersetzt werden*

6.9.4 Beispiele für GREP-Stile

Wendet man diese Suchformeln nun zusammen mit Zeichen- und Absatzformaten an, können daraus interessante Ergebnisse entstehen.

Worte hervorheben | Haben Sie ein Literaturprojekt, in dem der Markenname des Herstellers besonders hervorgehoben werden soll, so können Sie sich vorab ein Zeichenformat mit der entsprechenden Hervorhebung erstellen (siehe Abschnitt 6.5.1, »Zeichenformate«). Anschließend wechseln Sie in das Absatzformat des Fließtextes für das gesamte Projekt und öffnen den Reiter **GREP-Stil**.

Sie können nun in der Übersicht den entsprechenden Text suchen und automatisch mit dem zuvor angelegten Zeichenformat hinterlegen. Klicken Sie auf **Neuer GREP-Stil**, und wählen Sie als Erstes das Zeichenformat aus. Dann springen Sie in die GREP-Suche und schreiben einfach das entsprechende Wort, beispielsweise »Nulluptas«.

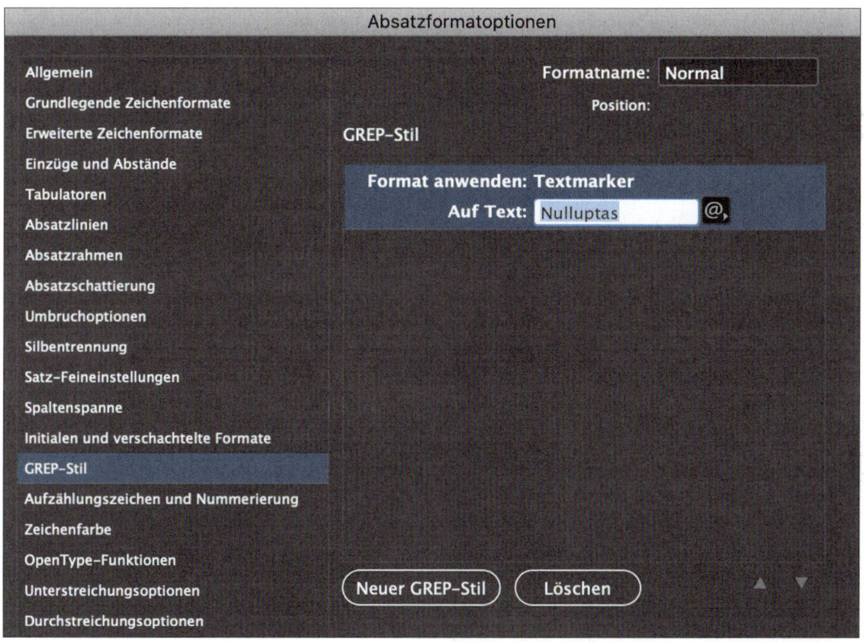

Abbildung 6.94 *Über einen GREP-Stil wird ein Zeichenformat auf das Wort »Nulluptas« angewendet.*

Da in diesem Beispiel ein Zeichenformat verwendet wird, das den Text mit einer gelben Farbfläche hinterlegt, wird nun im gesamten Text das Wort »Nulluptas« farbig hinterlegt.

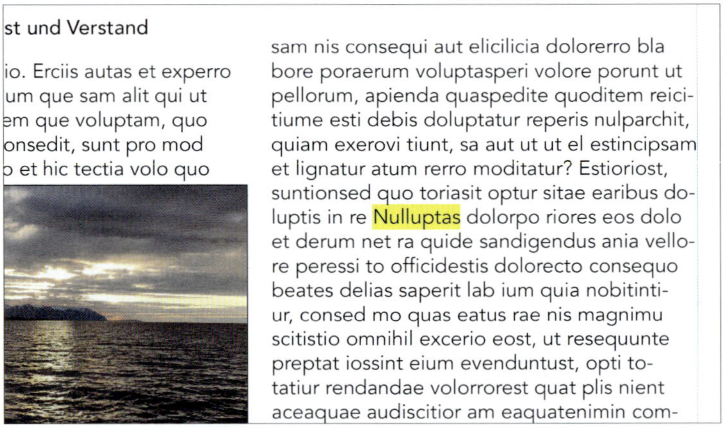

Abbildung 6.95 *Resultat der Zeichenformatierung im Fließtext*

Beliebige Ziffer hervorheben | Im vorherigen Beispiel haben wir mit einem fest definierten Wort gearbeitet. Als Nächstes suchen wir mithilfe eines Platzhalters eine beliebige Zahl im Fließtext und färben auch diese gelb ein. Öffnen Sie hierzu wieder den Reiter **GREP-Stil**, und fügen Sie einen neuen GREP-Stil hinzu. Wählen Sie erneut das Zeichenformat aus, allerdings suchen Sie diesmal mithilfe des @-Symbol nach einer beliebigen Ziffer.

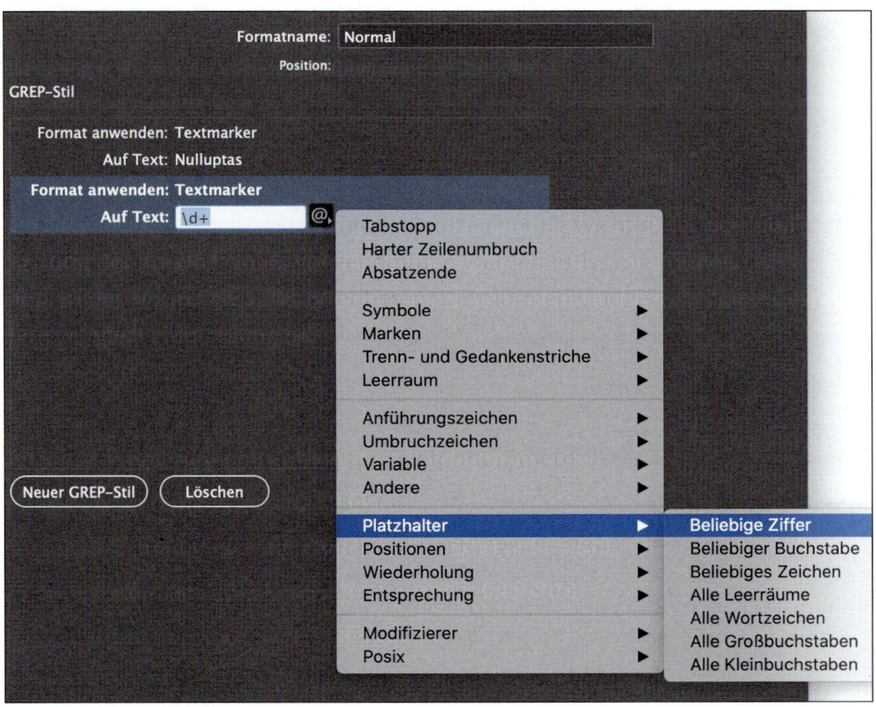

Abbildung 6.96 *Über einen GREP-Stil wird ein Zeichenformat auf eine beliebige Ziffer angewendet.*

Auch jetzt sehen wir, dass in unserem Fließtext jede beliebige Ziffer automatisch gelb hinterlegt ist.

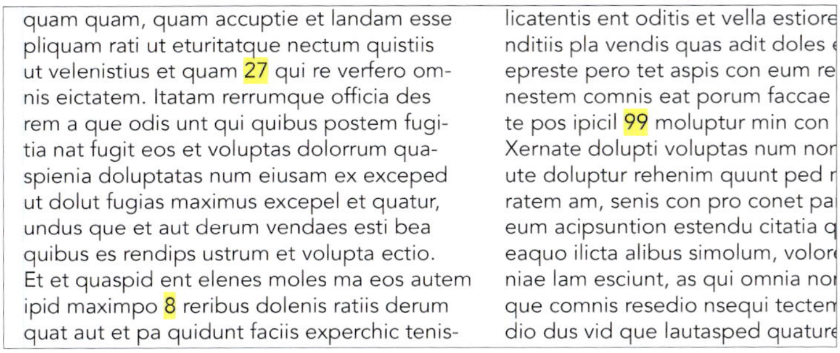

Abbildung 6.97 *Resultat der Zeichenformatierung im Fließtext*

Komplexere Suchen | Aber GREP-Abfragen können noch mehr! Stellen wir uns einmal vor, wir möchten jede Prozentzahl farbig hinterlegen. Das bedeutet für unsere GREP-Suche, dass wir nach einer beliebigen Zahl suchen, nach der ein Leerraum und das Prozentzeichen folgt. Öffnen Sie hierzu erneut das Absatzformat, und gehen Sie auf den Reiter **GREP-Stil**. Gehen Sie in den vorhandenen GREP-Stil für beliebige Ziffern, und ändern Sie die Suche von \d+ in: \d+\s%.

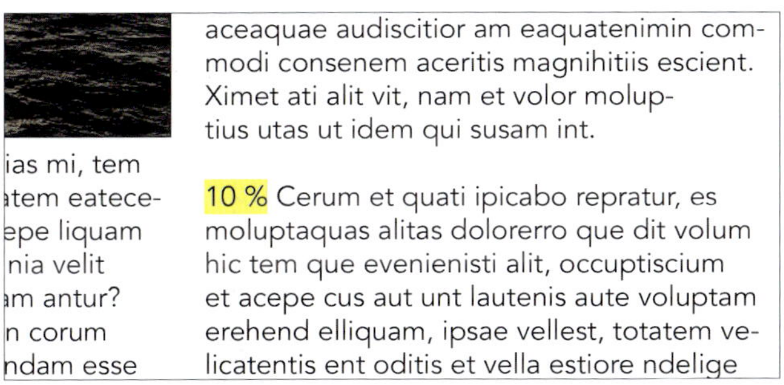

Abbildung 6.98 *Ergebnis der GREP-Suche: \d+\s%*

Es wird also folgende Zeichenkette gesucht: Eine beliebige Ziffer (\d+) gefolgt von einem beliebigen Leerraum (\s) und dem Prozentzeichen (%).

Automatische Formatierung mit GREP | Nun haben Sie eine erste, komplexere Suche ausgeführt und hoffentlich ein erstes Gefühl für die Anwendung der GREP-Funktionen bekommen. Nehmen wir jetzt an, Sie erstellen die Reinzeichnung für einen Katalog, bei dem hinter jedem Produkt eine 9-stellige Bestellnummer angegeben wird. Auch hierfür können Sie mithilfe eines GREP-Stils eine automatische Formatierung vornehmen. Beginnt die Bestellnummer mit einem beliebigen Großbuchstaben, und folgt anschließend nahtlos eine 9-stellige Nummer, können Sie diese Zeichenkette durch folgende Suche finden: \u{1}\d{9}

Im Klartext heißt das: ein beliebiger, einstelliger Großbuchstabe (`\u{1}`) gefolgt von einer beliebigen 9-stelligen Ziffer (`\d{9}`).

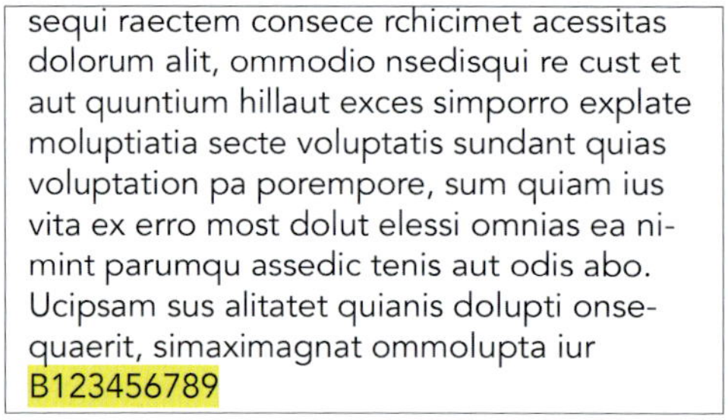

Abbildung 6.99 *GREP-Suche nach einer Bestellnummer*

Nun sind nicht nur alle Bestellnummern automatisch korrekt formatiert, und Sie ersparen sich die händische Anpassung zahlreicher Nummern, es wird obendrein sichergestellt, dass alle Bestellnummern nach dem richtigen Schema ausgeleitet wurden. Sollte an einer Stelle eine Ziffer vergessen oder versehentlich gelöscht worden sein, stellt dieser GREP-Stil einen Prüfmechanismus dar, um diesen Fehler direkt zu bemerken.

Lookahead und Lookbehind | Neben der Suche nach Platzhaltern haben Sie auch die Möglichkeit, zu schauen und zu prüfen, was vor oder nach dem Suchbegriff kommt bzw. was nicht kommen darf. So könnten Sie beispielsweise festlegen, dass jede Zahl mit einem Zeichenformat hinterlegt werden soll, falls darauf ein Eurozeichen folgt. Die Auswirkung des Zeichenformats soll sich allerdings nicht auf das Eurozeichen beziehen. Für Fälle wie diesen können Sie das positive oder negative *Lookahead* bzw. *Lookbehind* verwenden. Möchten Sie das Zeichenformat auf die Zahl also nur anwenden, wenn ein Eurozeichen folgt, und sonst nicht, suchen Sie nach: `\d+(?=€)`

Es wird also folgende Zeichenkette gesucht: eine beliebige Ziffer (`\d+`), falls nach ihr ein Eurozeichen folgt (`(?=€)`).

Der wichtige Unterschied hier ist, dass das Zeichenformat nicht auf das Eurozeichen, sondern nur auf die Ziffer angewendet wird. So würde beispielsweise jede 10 im Fließtext unverändert bleiben, nur in der Kombination 10€ würde auf die 10 das entsprechende Zeichenformat angewendet werden.

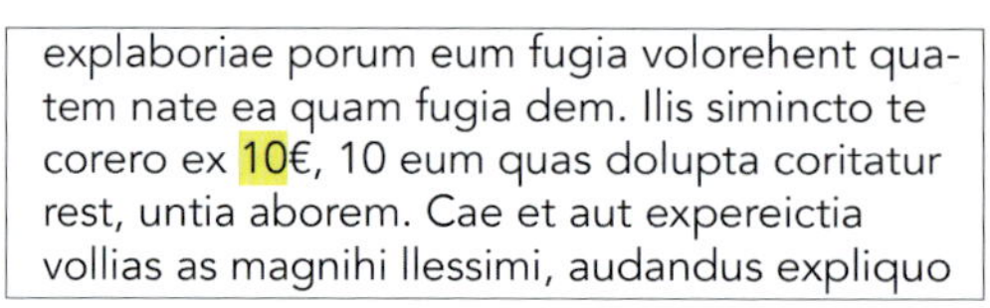

Abbildung 6.100 *GREP-Suche mit positiven Lookahead*

Hierbei sei natürlich angemerkt, dass man zwischen einer Zahl und einem Eurozeichen einen Freiraum einhalten sollte. Dieses Beispiel dient nur zur Visualisierung eines nahtlosen *Lookahead*.

Gruppen von Ausdrücken | Sie können außerdem eine Gruppe von Ausdrücken in einem GREP-Stil zusammenfassen. Möchten Sie also beispielsweise diverse Kaffeesorten suchen und mit einem Zeichenformat belegen, können Sie in einer Suchregel Filter-Kaffee, Milch-Kaffee und Bio-Kaffee definieren. Suchen Sie hierzu nach:

`(Filter-|Milch-|Bio-)Kaffee`

Im Klartext heißt das: die Wörter »Filter-«, »Milch-« oder »Bio-« (`(Filter-|Milch-|Bio-)`) gefolgt von dem Wort »Kaffee« (`Kaffee`).

InDesign macht es Ihnen hier einfach, die ganze Bandbreite einer Produktreihe automatisiert und fehlerfrei zu identifizieren und mit einer abweichenden Formatierung zu belegen.

Wenn Sie ein Verständnis dafür entwickelt haben, wie eine GREP-Suche im Zusammenspiel mit Zeichen- und Absatzformaten funktioniert und angesprochen werden möchte, eröffnen sich zahllose Möglichkeiten, mit GREP-Stilen Ihre Reinzeichnung zu automatisieren. Gerade bei umfangreicheren Literaturprojekten, die Sie bestenfalls komplett neu aufsetzen, können Sie mithilfe von GREP-Stilen sicherstellen, dass wirklich alle Zeichenketten richtig formatiert sind, und sind vor allem im späteren Prozess in der Lage, die Optik dieser Zeichenketten problemlos anzupassen. Vergessen Sie auch nicht die Möglichkeiten der Zeichenformate – in den hier verwendeten Beispielen wurde der gefundene Text nur zu Illustrationszwecken farbig unterlegt. Sie können aber mit Zeichenformaten noch deutlich mehr Einstellungen vornehmen, von der Schriftfamilie bis hin zur Sperrung der Silbentrennung.

6.10 Checkliste: Typografie

	Wurden alle Schriftarten lizenziert?
	Gibt es noch PostScript-Schriften (Type 1) im Dokument?
	Wurden die Textoptimierungen für Flatter- und Blocksatz korrekt eingestellt?
	Wurden alle Anführungszeichen mikrotypografisch richtig gesetzt?
	Wurden alle Apostrophe mikrotypografisch richtig gesetzt?
	Wurden alle Glyphen mikrotypografisch richtig gesetzt?
	Wurden alle Sonderzeichen mikrotypografisch richtig gesetzt?
	Wurden alle Leerräume mikrotypografisch richtig gesetzt?
	Wurden alle Zahlen mikrotypografisch richtig gesetzt?
	Wurden OpenType-Funktionen berücksichtigt?
	Wurde mit Zeichen- und Absatzformaten gearbeitet?
	Können GREP-Stile die Arbeit erleichtern? Wurden diese angelegt?

Kapitel 7
Einstellungen für Bilder und Vektoren

Der Umgang mit gelieferten Bilddaten und Grafiken erfordert einiges an Prüf- und Einstellungsvorgaben. Auch das Thema Druckbarkeit birgt einige Tücken, die es zu beachten gilt. Bilder und Grafiken müssen auf eine Vielzahl von Vorgaben hin geprüft werden. Diese Prüfungen reichen von der Druckbarkeit über die Auflösung und Qualität bis hin zum korrekten Dateiformat für die Verarbeitung.

7.1 Prüfen der Druckbarkeit

»Schau mal, ob die Bilder druckbar sind« – dazu ein Hauptordner, Dutzende Unterordner und Tausende von Bildern: Dieses Szenario ist eines der nervenaufreibendsten, aber auch üblichsten bei jedem Projektstart in der Reinzeichnung.

Die anfangs gestellte Frage ist meist nicht mit Ja oder Nein zu beantworten. Viele Faktoren spielen hier eine Rolle. Ob ein Bild druckbar ist oder nicht, hängt erstmal von dem geplanten Einsatz auf dem Werbemittel, aber auch von dem später verwendeten Druckverfahren ab. Liefert der Kunde eine JPEG mit 72 ppi, so ist dies für einen kleinen Freisteller gegebenenfalls sogar noch in Ordnung. Liefert ein anderer Kunde ein DIN A4 großes TIFF mit 300 ppi, so ist das für einen Einsatz auf großen Indoor-Plakaten nicht ausreichend.

7.1.1 Einsatz der Bilddaten

Selten liegen jedoch die genauen Ansprüche an das Bild vor, daher unterscheiden Sie in der Reinzeichnung bei Datenanlieferung schon einmal grob vorab, auf welchen **Einsatz** hin Sie die Bilddaten prüfen.

Einsatz in klassischen Kampagnen | Erhalten Sie Bilddaten für ein Kampagnenmotiv, so können Sie die Ansprüche ruhig hochschrauben. Handelt es sich um ein JPEG, fragen Sie am besten direkt das unkomprimierte TIFF ab. Ist das Format kleiner als DIN A4 oder die Datentiefe unter 300 ppi, sollten Sie auch dann nach besseren Daten fragen – häufig liegen diese vor.

Außerdem sollten Sie jedes Bild einzeln im Detail prüfen. Gibt es Komprimierungsfehler, Wolkenbildung, stimmt die Modulation von Schwarz und Weiß, blitzen Bereiche komplett weg? Selbst nach detaillierter Prüfung kann es noch Werbemittel geben, in denen die Daten kein exzellentes Ergebnis erzielen. Sie müssen dann selbstverständlich schnellstmöglich darauf hinweisen und zusammen mit der Produktion nach Lösungen suchen – das könnte beispielsweise die möglichst verlustfreie Interpolation der Bilder bzw. ein Auftrag dafür an die elektronische Bildverarbeitung sein. Jedoch können Sie mit einer guten Ausgangsbasis die meisten Werbemittel abdecken.

Empfehlung

Die elektronische Bildverarbeitung ist ein Fachbereich für sich; dieses Thema würde den Rahmen des Buches sprengen. Ich empfehle Ihnen hierzu das Buch »Adobe Photoshop – Das umfassende Handbuch« vom Rheinwerk Verlag.

Einsatz in Prospekten | Handelt es sich bei dem Werbemittel jedoch um einen Prospekt, der in erster Linie dem Abverkauf dient und möglichst viele Produkte auf einer Seite mit einem günstigen Preis abbilden wird, so sind die Anforderungen natürlich andere. Da es sich vermutlich primär um Freistellerbilder handeln wird, können Sie ruhig ein Format bis DIN A5 zulassen. Auch eine Datentiefe von 100 ppi kann ausreichen, sofern das Format stimmt.

Werden die Bilder als JPEG im RGB-Farbraum (siehe Abschnitt 2.2.2, »RGB-Farbraum«) geliefert? Sofern keine farbsensiblen Produkte dabei sind, können Sie die Bilder beherzt durch eine Photoshop-Aktion automatisch in das richtige Farbprofil und Dateiformat umwandeln. Ihre Aufmerksamkeit ist bei JPEG-Bildern gefragt, wenn es sich dabei um Freisteller handelt. Dann muss nämlich ein Freistellungspfad im Bild enthalten sein, und dieser muss auch das Produkt korrekt umfließen. Das ist dann tatsächlich noch einmal manuell zu prüfen. Öffnen Sie hierzu in Photoshop **Fenster > Pfade**.

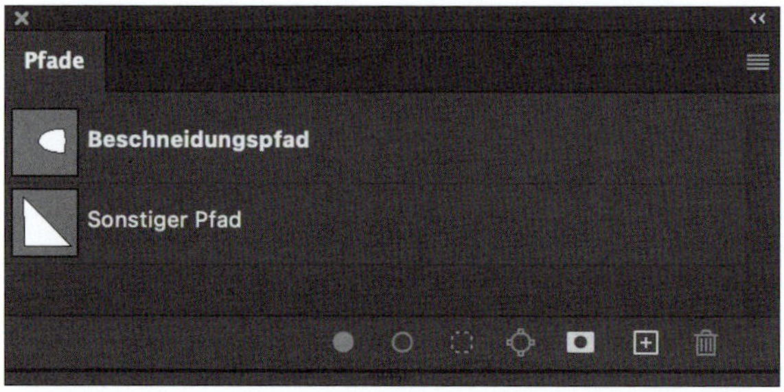

Abbildung 7.1 *Zwei Pfade in Photoshop*

Sie sehen hier zwei Pfade im Bild. Der Beschneidungspfad unterscheidet sich in der Schriftstärke optisch von einem normalen Pfad. Sie können ansonsten auch über das Auswahlfeld **Beschneidungspfad** im Pfade-Bedienfeld den Beschneidungspfad neu festlegen.

Je genauer Sie vorher wissen, wofür das Bildmaterial später benötigt wird, desto akkurater können Sie es auf Druckbarkeit hin prüfen. Am Ende zählt primär die effektive Bildauflösung. Sie sollten auch nicht partout jedes JPEG in der Reinzeichnung ablehnen, denn das zeugt von Unwissenheit. Das »Problem« beim Dateiformat JPEG ist eine mehrfache JPEG-Komprimierung.

Merke

Solange Sie ein JPEG-Bild also nicht erneut mit JPEG-Komprimierung abspeichern und so eine doppelte Komprimierung erzeugen, können Sie ein Bild mit einfacher vorheriger JPEG-Komprimierung bedenkenlos in der Reinzeichnung verwenden, falls nur dieses zur Verfügung steht. Muss das Bild in der EBV allerdings noch bearbeitet werden, kann die vorherige JPEG-Komprimierung Probleme verursachen.

Um auf Nummer sicher zu gehen, sollten Sie diese Bilder jedoch als TIFF mit verlustfreier Komprimierung in Ihrem Projektordner abspeichern, um zukünftigen Problemen direkt aus dem Weg zu gehen (Stichwort: Komprimierung während der PDF-Erstellung), siehe Abschnitt 7.3.1, »JPEGs in TIFF umwandeln«.

7.1.2 Bildauflösung prüfen

Im letzten Abschnitt haben wir bereits geklärt, dass das Prüfen von Bilddaten schwierig wird, wenn der effektive Einsatz dieser Datei noch nicht geklärt ist. Jedoch kommt diese Situation in der Reinzeichnung immer wieder vor, daher sollten Sie in der Lage sein, ein Bild vorab zu bewerten und anschließend zu der Anfrage eine verständliche Bewertung der Daten abzugeben.

Allgemein kann man sagen, dass die Bilddaten in den Druckunterlagen eine Auflösung von effektiv **280 bis 400 ppi** aufweisen sollten, um optimal verarbeitet werden zu können.

Das Prüfen von Bilddaten geschieht größtenteils in Photoshop. Beachten Sie beim Öffnen der Datei unbedingt die Profilmeldungen zu den Farbeinstellungen (siehe Abschnitt 2.1, »Creative-Cloud-Farbeinstellungen synchronisieren«). Anschließend öffnen Sie das Dialogfeld **Bildgrösse** über **Bild > Bildgrösse...**

Ausreichende Bildqualität | In meinem Fall öffne ich beispielsweise ein Bild einer Schlucht.

Abbildung 7.2 *Bildgröße und Bildauflösung in Photoshop*

Das Bild hat ein Maß von 2.592 × 3.888 Pixeln. Die PPI (Pixel/Zoll) und die Breite bzw. Höhe ergeben sich rechnerisch aus diesem Maß. Das bedeutet, wenn Sie die PPI verringern, erhöht sich automatisch auch die Breite bzw. Höhe, in der das Bild dargestellt wird.

PPI-Vorgaben?

Wenn jemand Sie bittet, ein Pixelbild mit einem Maß von 1.000 × 1.000 Pixeln abzuspeichern, benötigen Sie für die Reinzeichnung keine PPI-Vorgabe. Denn wie viele Pixel je Zoll dargestellt werden, legen Sie später in InDesign durch die Skalierung von Breite und Höhe fest. Lassen Sie sich von dieser häufig gestellten Aufforderung nicht verwirren. Die hinterlegte Pixel/Zoll-Angabe in Photoshop spielt hierbei nur eine untergeordnete Rolle.

In den Feldern **Breite**, **Höhe** und **Auflösung** sehen Sie in meinem Beispiel, dass mit dem Pixel-Maß bei einer Bildauflösung von 300 ppi ein Format von 21,95 × 32,92 Zentimetern dargestellt werden kann. Es handelt sich also hierbei um ein vergleichsweise großes Bild (größer als DIN A4), das Sie bedenkenlos in Ihrem Bilderordner abspeichern können (siehe Abschnitt 1.3, »Projektorganisation«).

Nicht ausreichende Bildqualität | Anschließend prüfen wir ein Negativbeispiel. Das Maß beträgt 227 × 304 Pixel. Hier sind sowohl die Bildauflösung als auch das Format sehr klein und daher für den Einsatz in einem gedruckten Werbemittel nicht zu empfehlen (Abbildung 7.3).

Häufig erkennen Sie diese Bilddaten daran, dass es JPEG-Bilder sind. Dies ist allerdings nur ein Indiz. Bilder, auf die bereits eine JPEG-Komprimierung angewendet wurde, sollen meist eine kleine Dateigröße aufweisen. Daher wird hier häufig auch das Maß bzw. das Format verringert, um eine schnelle Darstellung zu ermöglichen. Dies können Sie allerdings nur an den technisch hinterlegten Werten erkennen, da der Monitor normalerweise eine deutlich geringere Auflösung als ein gedrucktes Bild hat. So sehen Bilder am Monitor meist noch in Ordnung aus, wohingegen sie im Druck deutliche Defizite aufweisen.

Abbildung 7.3 *Negativbeispiel Bildauflösung in Photoshop*

Bildqualität prüfen | Als Nächstes öffne ich ein weiteres Bild, diesmal einen steinigen Strand.

Abbildung 7.4 *Die Bildauflösung sagt nichts über die Qualität des Bildes aus.*

Die Bildauflösung stimmt auch hier, allerdings sieht man bei genauer Betrachtung des Bildes bei einem Zoomfaktor von 100 %, dass es wolkig und pixelig ist. Auch ein deutliches Rauschen ist zu erkennen.

Abbildung 7.5 *Qualitativ minderwertiges Bild trotz hoher Auflösung*

Interpolieren

Unter Interpolieren versteht man das Erzeugen von neuen Bildinhalten basierend auf einem bestehenden Bild. Photoshop bietet Ihnen hierfür bereits exzellente Vorgaben, mit denen Sie über das Bildgröße-Fenster (cmd/Strg+Alt+I) das Bild neu berechnen können. Hat Ihr Bild beispielsweise 250 ppi, können Sie es mit Photoshop automatisch auf 300 ppi neu berechnen lassen. Photoshop erzeugt dann die fehlenden Bildinformationen aus den bestehenden.

Daraus erkennen Sie, dass die technisch hinterlegten Werte nicht alles sind. Ein Bild kann beispielsweise vom Kunden selbst schon massiv interpoliert worden sein, damit es technisch die »richtigen« Werte anzeigt. Bildauflösung und Größe sind also kein Garant dafür, dass ein Bild auch gut aussieht. Ein kurzer optischer Check bei einem Zoomfaktor von 100 % ist also immer zwingend erforderlich.

Bildauflösung bei Graustufen- und Schwarz-Weiß-Bildern | Bei Graustufenbildern können Sie sich bei der Prüfung der Bildauflösung an den Vorgaben für Farbbilder orientieren. Da bei den Graustufenbildern 256 verschiedene Grauwerte von Schwarz bis Weiß pro Pixel festgelegt werden, sollten sich die Bilder auch im Rahmen von ca. 280 – 400 ppi befinden.

Bei Schwarz-Weiß- bzw. Bitmap-Bildern muss die Bildauflösung allerdings deutlich höher sein. Da es hier keine weichen Stufen zwischen Schwarz und Weiß gibt, benötigen Sie mehr Pixel je Zoll, um Kurven und schräge Kanten weich ohne Treppen darzustellen. Diese Bilder sollten mindestens 1.200 ppi aufweisen, um eine schöne Darstellung zu gewährleisten.

Rückmeldung | Nach der ersten Prüfung sind Sie nun in der Lage, eine Rückmeldung zu geben, ob die gelieferten Bilddaten gut sind, ob ihre Auflösung gut, aber die Qualität minderwertig ist oder ob sie für den Druck vermutlich nicht nutzbar sind. Sie können in letzterem Fall auch gerne die Maße bei einer Bildauflösung von 300 ppi mitgeben, also beispielweise mit dem Hinweis: »Dieses Bild ist nur in einer Größe von 2 × 2 cm druckbar, ist das ausreichend?«

7.2 Weiteres Sichten der gelieferten Bilder

Erfahrene Reinzeichner*innen wissen über typische Fallen, in die man unabhängig von der Druckbarkeit treten kann. Diese gilt es zu überprüfen, um sicherzustellen, dass man nicht in sie hineintappt.

7.2.1 Bilder auf Wasserzeichen hin überprüfen

Untersuchen Sie als Erstes alle Bilder auf mögliche Wasserzeichen hin. Finden Sie Bilder mit Wasserzeichen, so ist sofort klar, dass es sich hierbei um lizenzierfähige Daten handelt. Jetzt gilt es zu überprüfen: Wurde diese Lizenz erworben?

Bildagenturen

Zu den verbreitetsten Bildagenturen gehören beispielsweise Getty Images oder Shutterstock.

Die Kreation muss im Zuge der Ideenfindung eine Vielzahl an Bildern testen, die es gegebenenfalls alle bis zur Abstimmung mit dem Auftraggeber schaffen. Welches Bild am Ende jedoch tatsächlich verwendet wird, entscheidet sich erst ganz am Ende des Kreativprozesses. Es wäre wirtschaftlich unsinnig, jedes dieser Bilder sofort zu kaufen, wenn es doch schlussendlich vielleicht gar nicht verwendet wird. Daher bieten Bildagenturen die Möglichkeit, ein Bild mit Wasserzeichen vorab für die Gestaltung und natürlich die Abstimmung zu verwenden. Es darf hierbei aber am Ende nicht vergessen werden, dieses Bild auch für die eigenen Zwecke tatsächlich zu lizenzieren.

Große Werbeagenturen haben häufig auch eine so gute Reputation, dass sie die Möglichkeit erhalten, die Bilder schon vorab in hoher Qualität herunterzuladen, teilweise auch ohne Wasserzeichen. Eine Lizenzierung findet dann aber natürlich trotzdem am Ende statt.

Abbildung 7.6 *Beispielhaftes Wasserzeichen der Bildagentur Getty Images*

Sollten Sie also Bilddaten mit einem Wasserzeichen erhalten, so können Sie schnell anhand des Wasserzeichens erkennen, von welcher Bildagentur dieses Bild stammt. Anhand der Dateibenennung können Sie das entsprechende Bild schnell bei der jeweiligen Agentur finden. Bei Getty Images ist der Dateiname beispielsweise so aufgebaut: gettyimages-1257959872.jpg: gettyimages: Bildagentur: 1257959872: Bildnummer.

Gehen Sie nun auf die Website der Bildagentur, können Sie über das Suchfeld direkt die jeweilige Bildnummer eingeben und erreichen so treffsicher das ausgewählte Bild.

Hier sehen Sie auch alle verfügbaren Größen des Bildes. Sollte das erworbene Bild also vielleicht nicht für den Einsatz ausreichen, so können Sie selbst bei der Bildagentur überprüfen, ob das Bild in einer höheren Auflösung verfügbar ist oder nicht. Sie können dann daraufhin den zuständigen Account Manager oder die Produktionerin anweisen, das Bild in einem anderen Format zu erwerben, bzw. Feedback geben, dass das Bild nicht ausreicht und es auch keine größere Version des Bildes bei der Bildagentur gibt. Dann muss entschieden werden, ob ein neues Bild gesucht wird oder die Einspiegelung so verändert wird, dass die effektiven PPI wieder ausreichen (siehe Abschnitt 7.4, »Platzieren von Bildern und Grafiken«).

Abbildung 7.7 *Suche nach einer Bildnummer statt einem Suchwort bei der Bildagentur Getty Images*

Lizenz prüfen

Die Lizenzierung des Bildes sollte natürlich schon stattgefunden haben, allerdings lohnt es sich immer, dies einmal zu verifizieren. Außerdem sollten Sie bei einer Bilddatei mit einer Bildagentur im Dateinamen auch einmal Rücksprache halten, selbst wenn das Wasserzeichen bereits entfernt ist – sicher ist sicher.

7.2.2 Hashwert als Dateiname

Erhalten Sie Bilddaten mit einem Hashwert als Dateinamen, so sollten Ihre Alarmglocken auch sofort angehen. Diese Dateinamen lassen häufig darauf schließen, dass das Bild über eine Datenbank verarbeitet wurde. In diesem Prozess wird der Dateiname häufig durch einen Hashwert ersetzt, beispielsweise 2948830728567610_7866091122041049856.jpg

Sollten Sie Dateien mit solch einem langen Namen aus Zahlen und gegebenenfalls auch Buchstaben erhalten, halten Sie Rücksprache mit der Kreation, woher die Daten stammen. Hin und wieder werden in Kreativteams inspirierende Bilder aus dem Internet abgespeichert, und diese können in seltenen Fällen auch fälschlicherweise in Kreativlayouts landen. Dies passiert natürlich versehentlich. Häufig dienen sie erst als Platzhalter, und anschließend wechselt das Kreativteam und der Austausch wird vergessen. Seien Sie daher immer vorsichtig, und klären Sie die Herkunft von Bildern, sofern diese nicht eindeutig ist.

Bilder mit einem reinen Hashwert als Namen finden Sie beispielsweise auf sozialen Plattformen wie Facebook, Instagram oder Tumblr. Diese können durchaus für Inspiration sorgen, allerdings ist die Herkunft hier sehr schwer nachzuverfolgen, was eine ordentliche Lizenzierung fast unmöglich macht. Sie und Ihre Kreativteams sollten sich daher an die großen Bildagenturen halten – hier ist die Herkunft inklusive Haftung geklärt.

7.3 Bilddateien umwandeln

Das Umwandeln von Bildern kann wichtiger Bestandteil der Reinzeichnung werden, besonders wenn keine EBV am Projekt mitarbeitet. Wir schauen uns die gängigsten Situationen und Umwandlungen im folgenden Abschnitt an.

7.3.1 JPEGs in TIFF umwandeln

Um Bilddaten von einem Format ins nächste umzuwandeln, können Sie sich einiger hilfreicher Funktionen in Photoshop bedienen. Der klassische Fall ist die Lieferung von JPEG-Daten, die gegebenenfalls bearbeitet und neu gespeichert werden müssen. Um einer mehrfachen JPEG-Komprimierung zu entgehen, empfiehlt es sich, die Daten vorab schon einmal in ein verlustfreies Format zu bringen, beispielsweise TIFF. Im Anschluss können Sie die Daten so oft neu speichern, wie Sie wollen, ohne dabei einen Qualitätsverlust zu erleiden.

Öffnen Sie hierzu Photoshop, und wählen Sie im Menü **Datei > Skripten > Bildprozessor**. Es öffnet sich das Dialogfeld **Bildprozessor**.

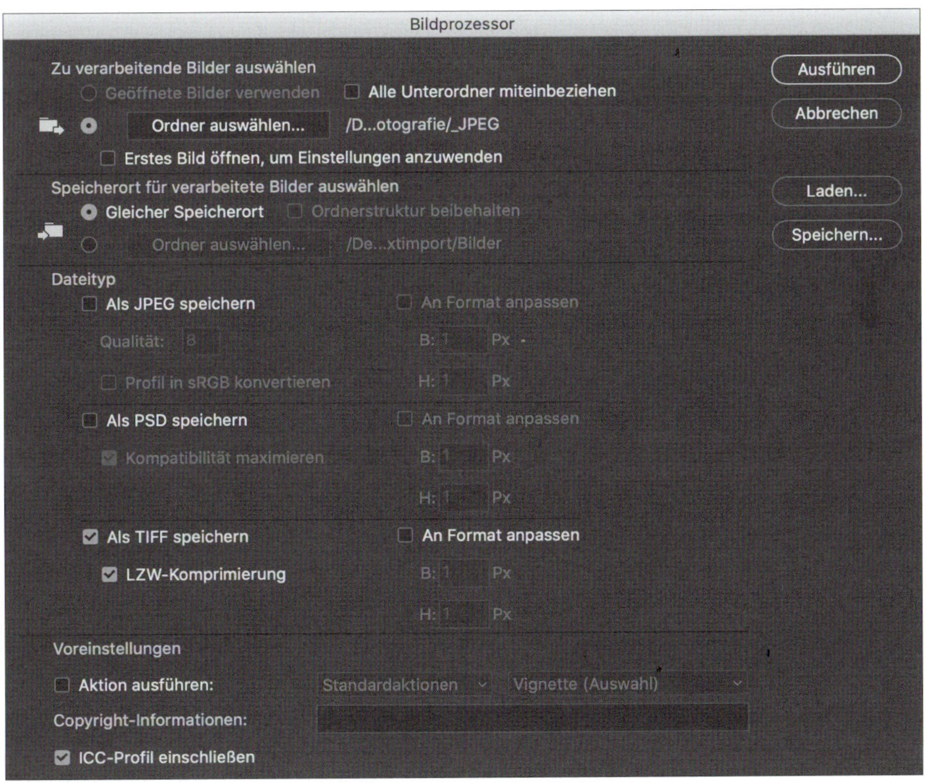

Abbildung 7.8 *Umspeichern von Bilddaten in ein anderes Format mit dem Bildprozessor in Photoshop*

- **Zu verarbeitende Bilder auswählen:** Wählen Sie hier den Ordner aus, in dem sich die Bilder befinden, die Sie umwandeln möchten. Sie können auch mit einer Checkbox auswählen, dass nicht nur der Ordner selbst, sondern auch alle Unterordner in die Auswahl eingeschlossen werden sollen.
- **Speicherort für verarbeitete Bilder auswählen:** Photoshop erstellt einen neuen Ordner mit dem Namen des ausgewählten Formats, in dem die umgewandelten Bilddateien abgelegt werden. Dieser kann sich entweder direkt im selben Ordner der Auswahl befinden oder frei auf der lokalen Festplatte festgelegt werden.
- **Dateityp:** Hier haben Sie nun die Möglichkeit, zwischen den drei Formaten JPEG, PSD oder TIFF zu wählen. Sie können auch mehrere Auswahlen treffen. Beim TIFF-Format lässt sich zusätzlich einstellen, ob eine verlustfreie LZW-Komprimierung erfolgen soll.
- Unter **Voreinstellungen** können Sie dann noch zusätzliche Aktionen hinzufügen. Beispielsweise können Sie vorab eine Aktion in Photoshop erstellen, die den Farbmodus bzw. den Farbraum eines Farbmodus (siehe Abschnitt 2.2, »Farbräume«) verändert. Außerdem entscheiden Sie hier, ob Sie ein vorhandenes ICC-Profil (siehe Abschnitt 2.4, »Grundlagen ICC-Profile und Profilfunktion«) einschließen möchten oder nicht.

Bilder für die Layoutaufgabe vorbereiten

Photoshop wird nun durch einen Klick auf **Ausführen** sämtliche Bilder in dem Ordner öffnen, automatisch umwandeln und neu speichern. Sie können sich in dieser Zeit einen Kaffee holen, sofern es sich um eine größere Anzahl Dateien handelt.

Dieses Prinzip funktioniert natürlich auch andersherum: Bereiten Sie beispielsweise Daten für den Layoutaufbau vor, ist es durchaus sinnvoll, große Bilddaten als JPEG-Daten mit erklärendem Suffix abzuspeichern und der Kreation in dieser Form zur Verfügung zu stellen. In diesem Schritt muss noch viel bewegt und ausprobiert werden, was die Rechner der Kreativabteilung mit meist schwächerem Arbeitsspeicher in die Knie zwingen kann. Die Kollegen und Kolleginnen werden es Ihnen danken.

7.3.2 RGB in CMYK bei CI-Farben

Das automatische Umwandeln von Farbmodi kann allerdings zu großen Problemen führen, sofern es sich hierbei um Corporate-Identity-Farben handelt. In jedem Styleguide oder jeder Corporate Identity werden Farben sowohl für CMYK als auch für RGB festgelegt. Grund hierfür ist, dass sich ein Creative Director das Erscheinungsbild der Farben ansieht und die für ihn passendste Farbe in dem jeweiligen Farbraum definiert. Hier geht es nicht um mathematische Konvertierungen, sondern um die Wahrnehmung einer geschulten Person. Sie können diese Daten daher nicht einfach über die Adobe Creative Cloud umwandeln, sondern müssen entweder neue Daten anfordern oder die Farben selbst neu zuweisen, beispielsweise bei Vektordaten.

Ein Beispiel: Sie sollen ein Markenlogo in ein Druckprodukt einsetzen und haben von der Marketingabteilung der Marke nun eine ZIP-Datei mit Logo erhalten. Nachdem Sie diese Daten entpackt haben, stellen Sie fest, dass es sich um Pixelgrafiken handelt, nicht um Vektorgrafiken. Sie prüfen die Daten (siehe Abschnitt 7.1, »Prüfen der Druckbarkeit«) und stellen fest, dass es sich ausschließlich um RGB-Bilder handelt. Nachdem Sie die Marketingabteilung darauf hingewiesen haben, werden Sie gegebenenfalls darum gebeten, die Daten einfach in CMYK umzuwandeln. Dies müssen Sie zwingend ablehnen! Sie können lediglich vorschlagen, dass Sie Vektordaten erhalten, in denen Sie die korrekten CMYK-Werte händisch neu zuweisen; andernfalls benötigen Sie tatsächlich Daten im Zielfarbraum. Denn das Konvertieren in der Adobe Creative Cloud würde verfälschte CI-Farben ausgeben.

Ich möchten Ihnen dies anhand eines anderen Beispiels zeigen: Ein Auftraggeber legt viel Wert auf eine ansprechende und einheitliche Corporate Identity. Im Design Guide sind sowohl Farbwerte als auch das Logo genauestens festgelegt. CI-Farben sind sowohl für den CMYK- als auch für den RGB-Farbmodus fest definiert.

Abbildung 7.9
CI-Farben in den unterschiedlichen Farbmodi

Nun füllen Sie ein Photoshop-Dokument im RGB-Farbraum *eciRGB v2* mit dem RGB-Farbton für die Highlight-Farbe: 227/151/127. Wenn Sie dieses Dokument nun in der Adobe Creative Cloud in einen anderen Farbmodus umwandeln, werden Sie zwar ein helles Lachsrot erhalten, das dem RGB-Farbton ähnlich sieht, allerdings nicht jenes, das von der Corporate Identity vorgeschrieben wird.

Wandeln Sie Ihr Dokument in den CMYK-Farbraum *ISO Coated v2* um. Die CMYK-Werte für den ehemaligen RGB-Farbton lauten nun 0/58/54/0, der Farbton für den

CMYK-Farbmodus aus der Corporate Identity lautet allerdings 9/49/47/1. Der von Ihnen generierte Farbton ist also völlig falsch und würde von jedem Markenverantwortlichen sofort abgelehnt werden. Dies ist nicht nur unangenehm, es kann auch Kosten nach sich ziehen, falls der Fehler nicht im ersten Schritt sofort erkannt wird. Nehmen Sie sich also die Zeit, und prüfen Sie genau, ob der von Ihnen verwendete Farbton auch den entsprechenden Vorgaben für den Farbmodus entspricht.

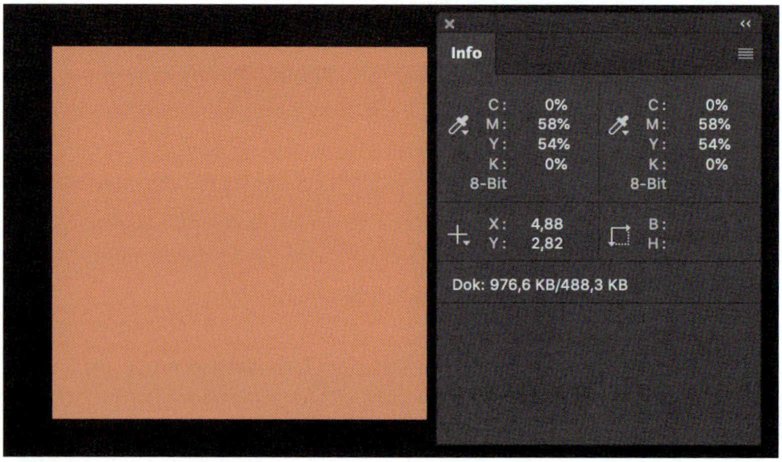

Abbildung 7.10 *RGB-Rotton, über die Adobe Creative Cloud in einen CMYK-Farbraum umgewandelt*

Dies müssen Sie auch bei der PDF-Ausgabe beachten! Sollten Sie mit CI-Farben arbeiten und in der PDF-Ausgabe den Farbraum ändern, müssen Sie zwingend in den Einstellungen die Anpassung vornehmen, dass alle CMYK-Werte beibehalten werden (siehe Abschnitt 11.3, »PDF-Export-Einstellungen«) und nur Pixelbilder bei der Ausgabe umgewandelt werden sollen. Ähnliche Einstellungen gibt es auch für den GMG ColorServer (siehe Abschnitt 2.3, »Farbkonvertierungen in der Creative Cloud«).

7.4 Platzieren von Bildern und Grafiken

Nachdem Sie die Bilddaten einer ersten Prüfung unterzogen haben und sie im entsprechenden Ordner in Ihrem Projekt abgespeichert haben, können Sie nun beginnen, die Bilder in Ihrem InDesign-Dokument zu platzieren.

7.4.1 Das Verknüpfungen-Bedienfeld einrichten

Wichtig ist hier, dass Sie das Verknüpfungen-Bedienfeld entsprechend vorbereiten. Sie erreichen es über **Fenster > Verknüpfungen**. Voreingestellt sehen Sie hier erstmal nur den Namen, den Status und die Seite, auf der sich die Verknüpfung befindet.

Abbildung 7.11 *Darstellung des Verknüpfungen-Bedienfelds in den Grundeinstellungen*

InDesign bietet Ihnen allerdings die Möglichkeit, sich dieses Bedienfeld sehr individuell einzurichten. Klicken Sie hierzu im zugehörigen Auswahlfeld auf **Bedienfeldoptionen...** Nun öffnet sich ein neues Dialogfeld mit allen möglichen Einstellungen sowohl für das Bedienfeld als auch für die Informationen im unteren Bereich **Verknüpfungsinformationen**.

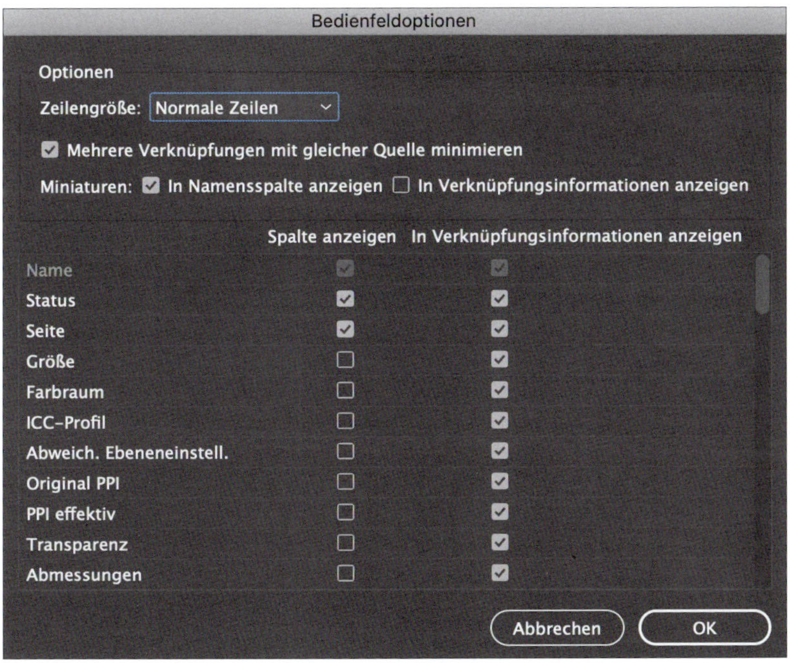

Abbildung 7.12 *Bedienfeldoptionen des Verknüpfungen-Bedienfelds in InDesign*

Hier haben Sie eine große Auswahl an Metadaten, die Sie sich mit dem Setzen der Checkbox unter **Spalte anzeigen** direkt übersichtlich im Verknüpfungen-Bedienfeld anzeigen lassen können, ohne das Objekt auszuwählen. Der Haken in der jeweiligen Checkbox unter **In Verknüpfungsinformationen anzeigen** gibt die entsprechenden Metadaten im unteren Bereich nach Klick auf die entsprechende Verknüpfung aus. Lesen Sie sich am besten alle Metadaten durch, und entscheiden Sie, welche Sie für Ihre Arbeit benötigen.

Für das Arbeiten in der Druckvorstufe, die Druckunterlagen erstellen soll, empfehle ich Ihnen, mindestens die folgenden Merkmale zu aktivieren:

- Status
- Seite
- ICC-Profil
- PPI effektiv

Da ich ein Freund von Übersichtlichkeit bin, aktiviere ich lieber weniger als mehr Merkmale, allerdings ist diese Entscheidung natürlich Ihnen selbst überlassen. Ich möchte im Folgenden auf die vorgeschlagenen Merkmale näher eingehen und erklären, weshalb sie für die Arbeit in der Reinzeichnung so wichtig sind:

- **Status:** Der Status zeigt an, ob eine Bildverknüpfung im Hintergrund aktualisiert wurde oder gegebenenfalls nicht mehr vorhanden ist. So werden Sie direkt informiert, sollte sich bei den lokalen Daten etwas verändert haben.
- **Seite:** Über den Link der Seitenzahl können Sie direkt zum verknüpften Objekt springen. Dies macht die Bearbeitung deutlich effizienter.
- **ICC-Profil:** Diese Profile definieren den Druckstandard in Europa (siehe Abschnitt 2.4, »Grundlagen ICC-Profile und Profilfunktion«). So gut wie jede Druckerei arbeitet mit diesen Standards und gibt auch den verwendeten Farbraum beim Druck vor – an diesen gilt es sich in der Reinzeichnung zu halten. Häufig stellen die Druckereien die gewünschten Profile auch auf der eigenen Website zur Verfügung. Mit dem Merkmal **ICC-Profil** sehen Sie direkt, mit welchem ICC-Profil das platzierte Bild hinterlegt ist, und können bei Abweichungen vom Zielprofil direkt Anpassungen vornehmen.
- **PPI effektiv:** Solange die Daten noch nicht durch einen Raster Image Processor (RIP) in Punktraster übersetzt wurden, spricht man nicht von DPI (Dots per Inch), sondern von PPI (Pixel per Inch) – gemeint ist allerdings dasselbe. Dies wird häufig verwechselt, InDesign macht es aber genau richtig und stellt die Datentiefe in PPI dar. Im Unterschied zur Auswahl **Original PPI** zeigt Ihnen **PPI effektiv** die tatsächliche Datentiefe an, die das Bild mit der aktuellen Einspiegelung aufweist. Platzieren Sie ein Bild mit 300 ppi und skalieren es auf 200 %, bleiben Ihnen entsprechend nur noch 150 ppi übrig. Andersherum können Sie ein Bild mit 72 ppi auf 25 % skalieren und haben entsprechend ca. 300 ppi im Druck. Die ursprüngli-

che Bildauflösung der Bilddatei ist meist irrelevant, wichtig ist die effektive Bildauflösung, nachdem das Bild platziert wurde.

Einspiegeln

Unter »Einspiegeln« versteht man das Platzieren und Skalieren der Bild- oder Grafikdatei in dem Grafikcontainer von InDesign. Hier wird festgelegt, welcher Ausschnitt zu sehen ist, ob eine Drehung stattfindet und wie hoch oder niedrig skaliert die Datei eingesetzt wird.

Raster Image Processor

Der RIP ist eine Kombination aus Hard- und Software. Er wandelt digitale Datensätze in Rastergrafiken für den Druck um.

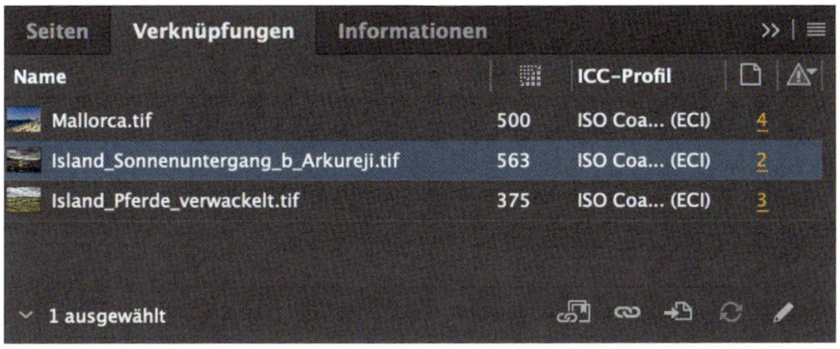

Abbildung 7.13 *Beispielhafte Darstellung der Metadaten des Verknüpfungen-Bedienfelds*

Mit diesen Einstellungen haben Sie sich die Oberfläche von InDesign so vorbereitet, dass das Arbeiten mit Bilddaten schnell und einfach vonstattengeht.

Hintergrundinfo: Bilder im Container

Grundsätzlich werden in InDesign Container erzeugt, in denen ein Inhalt platziert wird. Es ist wichtig zu verstehen, dass in Office-Software wie MS Word oder MS PowerPoint die Bilder beispielsweise direkt als Ganzes eingesetzt werden – sie befinden sich nicht in einem Container. Um in InDesign Bilder zu platzieren, wählen Sie in der Werkzeugleiste das Werkzeug **Rechteckrahmen** aus. Eine andere Möglichkeit wäre das **Rechteck-Werkzeug**, allerdings erstellt InDesign hier direkt einen Rahmen um das Rechteck. Da InDesign im Gegensatz zu Illustrator den Rahmen um ein Objekt mit zur Größe des Objekts zählt, empfiehlt es sich, dies zu vermeiden. Sollten Sie anschließend einen Rahmen hinzufügen, ist dies natürlich möglich, es verändert jedoch die Größe des Objekts. Platzieren Sie ein beliebiges Bild, und Sie werden sehen, dass das Bild sich innerhalb des Containers befindet und dort bewegt werden kann. Auch der Container kann bewegt und in seiner Größe oder Form verändert werden – so haben Sie die maximale Freiheit im Umgang mit Ihren Bilddaten.

7.4.2 Skalierungsgrößen von Bildern

Wie bereits erklärt, gibt es sowohl die Original-PPI als auch die effektiven PPI. Hier kommt wieder Ihre vorab vorgenommene Beurteilung der Bilddaten ins Spiel: Haben Sie ein Bild mit einem Format von DIN A5 und einer Bildauflösung von beispielsweise 150 ppi abgenickt, können Sie dieses Bild anschließend in Ihrem InDesign-Dokument platzieren.

Abbildung 7.14 *Neue Bildverknüpfung mit 150 ppi*

Das Bild wird automatisch mit einer Skalierung von 100 % platziert und weist entsprechend nur eine Bildauflösung von 150 ppi auf. Sie haben die Information aus der Druckerei, dass die Druckunterlagen mit einer Auflösung von 300 ppi abgegeben werden müssen. Sie sind also noch weit von der Zielauflösung entfernt, allerdings stellt dies in diesem Fall kein Problem dar: Durch die Skalierung des Bildes in InDesign gehen keine Bildinformationen verloren, sondern die Pixel werden abhängig von der Größe einfach neu verteilt. Skalieren Sie dieses Bild von 100 auf 50 %, wird in der Spalte **PPI effektiv** automatisch die sich neu ergebende PPI-Zahl dargestellt, in diesem Fall 300 ppi. Sie können das in den **Verknüpfungsinformationen** gut einsehen (siehe Abbildung 7.15).

- **Original PPI:** Hier sehen Sie die PPI des Bildes bei einer Skalierung von 100 %, so wie es vorab abgespeichert wurde.
- **PPI effektiv:** Die neue PPI-Anzahl durch die Skalierung in InDesign. Sie ist entsprechend höher, da das Bild ja in der Darstellung verkleinert wurde und so mehr Informationen je Inch zur Verfügung stehen.
- **Skalieren:** Hier sehen Sie, dass das Bild auf 50 % des Originals skaliert wurde.

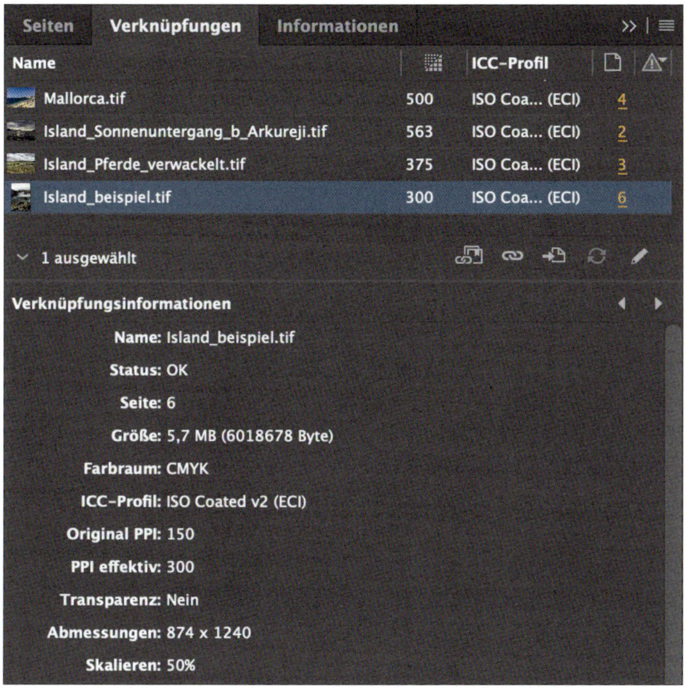

Abbildung 7.15 *300 ppi effektiv, erreicht durch Skalierung des Bildes*

Sie sehen also, dass diese drei Faktoren eng miteinander verbunden sind und eine direkte Auswirkung aufeinander haben.

7.4.3 Bilder einbetten oder verknüpfen

Standardmäßig werden Bilder und Grafiken in InDesign verknüpft. Das bedeutet, dass die Originalbilder an einem fest definierten Speicherort liegen und InDesign sich nur eine Vorschau des Bildes abspeichert, die im Dokument angezeigt wird. Das hat den Vorteil, dass das Originalbild von Dritten bearbeitet und aktualisiert werden kann, während parallel im InDesign-Dokument gearbeitet wird. Es hat aber natürlich auch einen Nachteil: Wenn die Originaldatei verschwindet, haben Sie diese auch nicht mehr im InDesign-Dokument vorliegen – das Vorschaubild allerdings bleibt. Unerfahrene Nutzer*innen denken dann vielleicht, ein Bild sei noch vorhanden, obwohl die Originaldatei fehlt.

Sofern Sie sich das Verknüpfungen-Bedienfeld gut eingerichtet haben (siehe Abschnitt 7.4.1, »Das Verknüpfungen-Bedienfeld einrichten«), würde in solch einem Fall der Status sofort Alarm schlagen und Sie mit einem roten Kreis mit einem Fragezeichen darauf hinweisen, dass das Originalbild nicht mehr vorhanden ist.

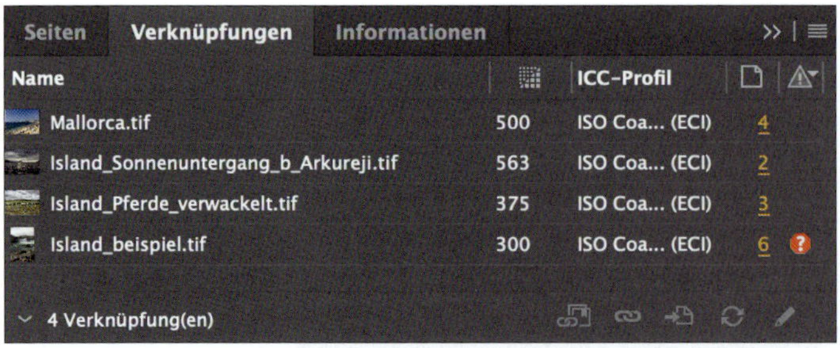

Abbildung 7.16 *Fehlende Originaldatei im Verknüpfungen-Bedienfeld in InDesign*

Werden Sie in solch einem Fall aber nicht hektisch, sondern prüfen Sie zuerst den Bilderordner. Häufig wurde die Datei aufgrund einer Bearbeitung umbenannt und ist so entsprechend nicht mehr für InDesign zu lokalisieren. Wurde gegebenenfalls interpoliert oder das Farbprofil geändert und dies in der Dateibezeichnung entsprechend hinterlegt, können Sie das Bild nach Rücksprache mit der entsprechenden Fachabteilung einfach wieder neu verknüpfen.

Es gibt allerdings auch die Möglichkeit, Bilddaten und Grafiken in InDesign direkt in das InDesign-Dokument einzubetten. In diesem Fall würde InDesign nicht mehr auf die Originaldatei zugreifen, sondern den aktuellen Stand der Datei in das Dokument einfügen (ähnlich wie bei den Office-Programmen Word oder PowerPoint). Die Dateigröße des InDesign-Dokuments vergrößert sich entsprechend um die Dateigröße des Bildes.

Dies können Sie erreichen, indem Sie eine Verknüpfung markieren und im Bedienfeldmenü des Verknüpfungen-Bedienfelds die Option **Verknüpfung einbetten** wählen.

Ab diesem Zeitpunkt ist die Verbindung zur Originaldatei aufgehoben. Jegliche Änderungen an der Originaldatei werden nicht mehr in das InDesign-Dokument übertragen und auch nicht im Status in Form einer Aktualisierung angezeigt. Dafür wäre aber auch das Löschen oder Umbenennen der Datei am Speicherort für das InDesign-Dokument irrelevant.

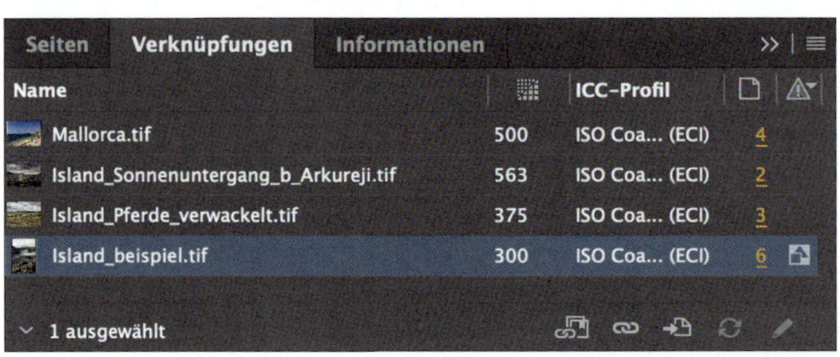

Abbildung 7.17 *Symbol für den Status einer in InDesign eingebetteten Bilddatei*

Durch das Einbetten der Datei in das Dokument erscheint ein kleines graues Kästchen im Status, das anzeigt, dass dieses Bild eingebettet wurde und somit keinen neuen Status mehr erhält.

Sie können diesen Vorgang auch wieder rückgängig machen, indem Sie im Bedienfeldmenü anschließend **Einbettung von Verknüpfung aufheben** wählen.

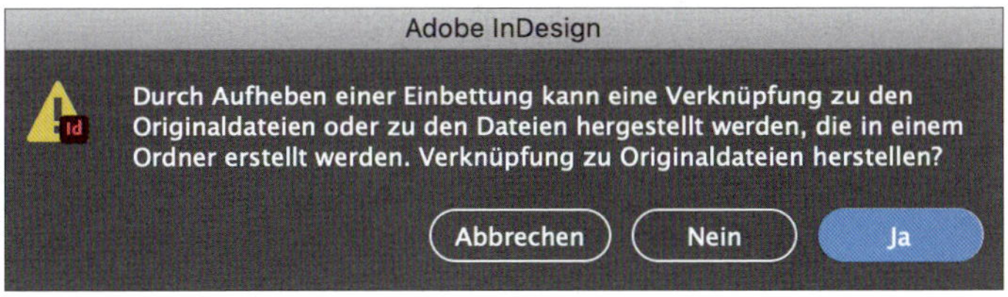

Abbildung 7.18 *Dialogfeld bei Aufhebung der Einbettung der Bilddatei in InDesign*

InDesign weist Sie darauf hin, dass die Verknüpfung zur Originaldatei wiederhergestellt wird, sofern diese noch am selben Speicherort vorhanden ist. Anschließend ist die Verknüpfung wieder genauso wie vorher zu betrachten.

Das Einbetten von Verknüpfungen ist in den meisten Fällen nicht zu empfehlen, da es die Bearbeitung im Reinzeichnungsprozess erschwert. Möchten Sie nach Abschluss des Projekts alle Daten zusammen ablegen, so empfiehlt es sich eher, das Projekt zu verpacken, statt alle Verknüpfungen im InDesign-Dokument einzubetten. Möchten Sie ein Vektor-Logo einer Firma beispielsweise auf dem Briefpapier in InDesign einbetten, ist das legitim. In diesem Fall empfiehlt es sich allerdings eher, die Vektoren direkt in InDesign zu kopieren und zu sperren, anstatt eine eigene Bilddatei einzuladen.

7.4.4 Illustrator-Daten in InDesign platzieren

Für das Platzieren von Illustrator-Dateien in InDesign gibt es zwei verschiedene Vorgehensweisen, die vorab isoliert betrachtet werden sollten:

1. Das Kopieren von Objekten von einem Programm in das andere sollte zwingend vermieden werden! Hierbei können irreparable Schäden entstehen, die gegebenenfalls optisch nicht sofort auffallen und sich erst im *Raster Image Processor* (RIP) der Druckerei auftun.
2. Das Platzieren von Illustrator-Dateien in InDesign wiederum ist sinnvoll, sofern einige Dinge beachtet werden.

Copy & Paste von Illustrator-Objekten in InDesign (und umgekehrt) | Die beiden Programme InDesign und Illustrator sehen von ihrer Oberfläche her ähnlich aus, funktionieren allerdings grundverschieden. Der Umgang mit Objekten ist unterschiedlich, die Darstellung von Effekten ist unterschiedlich usw. Kopieren Sie also ein Objekt mit einem Schatteneffekt in InDesign und fügen es per Copy & Paste in Illustrator ein, wird das Objekt stark verändert. Das Gefährliche dabei ist, dass Sie dies gegebenenfalls auf den ersten Blick gar nicht bemerken.

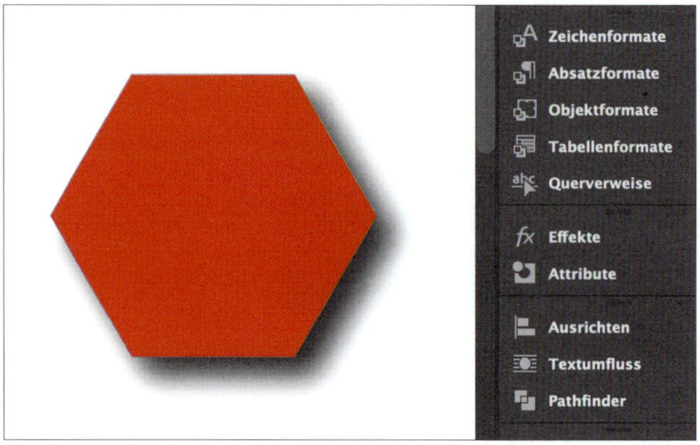

Abbildung 7.19 *Objekt mit Effekt in InDesign*

In Abbildung 7.19 sehen Sie ein einfaches Polygon mit einem markanten Schlagschatten in InDesign, der durch einen InDesign-Effekt erzeugt wurde. Markieren Sie nun dieses Objekt und kopieren es in ein neues Illustrator-Dokument, sieht auf den ersten Blick erstmal alles gut aus: Das Polygon ist noch vorhanden, und auch der Schlagschatten ist noch intakt.

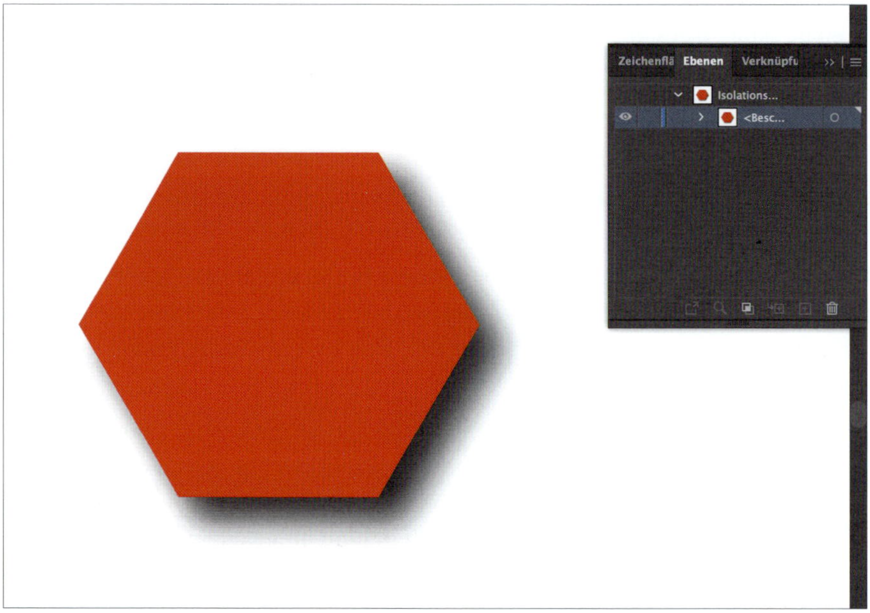

Abbildung 7.20 *InDesign-Objekt in Illustrator*

Schauen Sie sich nun allerdings das Objekt einmal genauer an, werden Sie feststellen, dass der Effekt zu einer Pixelgrafik gerastert wurde und hinter das Polygon gelegt wurde.

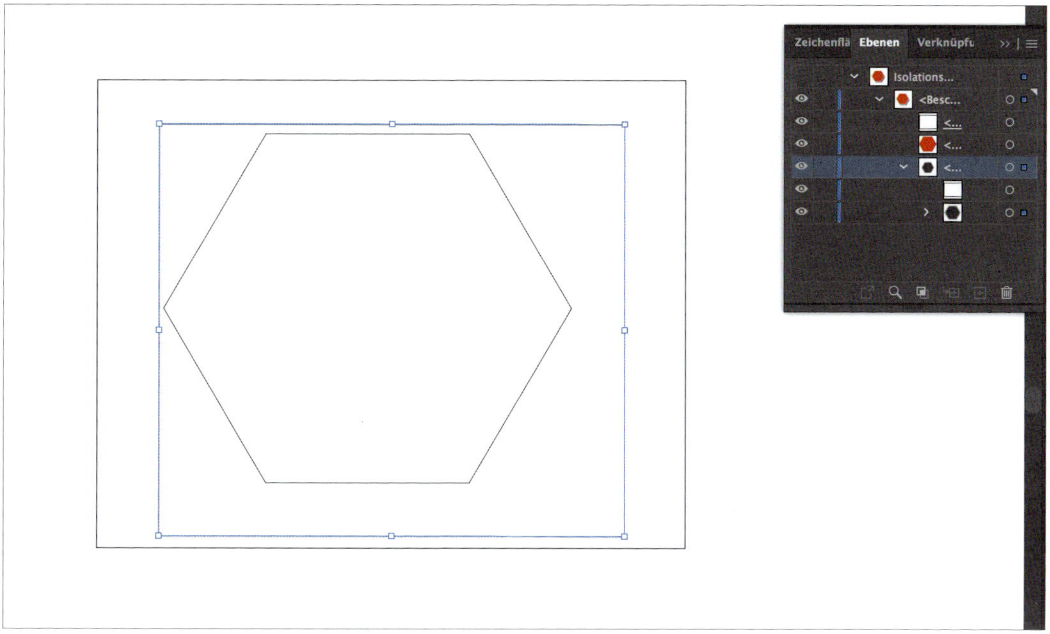

Abbildung 7.21 *Effektrasterung durch Copy & Paste in Illustrator*

In Illustrator existiert also nicht mehr ein Objekt mit einem Effekt, sondern es gibt drei Objekte:

1. Container des Inhalts aus InDesign
2. Pixelbild mit Schatten auf Weiß
3. Polygon-Objekt aus InDesign

Sie können dies leicht erkennen, wenn Sie das Pixelbild mit dem gerasterten Schatteneffekt in seiner Form verändern (Abbildung 7.22).

In Abbildung 7.22 sehen Sie deutlich, dass es sich beim Schatten nicht mehr um einen transparenten Effekt handelt, sondern um ein gerastertes Bild.

Umgekehrt ist es dasselbe: Vergeben Sie einen Schlagschatten in Illustrator und kopieren dieses Objekt per Copy & Paste in InDesign, wird auch der Effekt gerastert und als Rasterbild unter den Vektor gelegt (Abbildung 7.23).

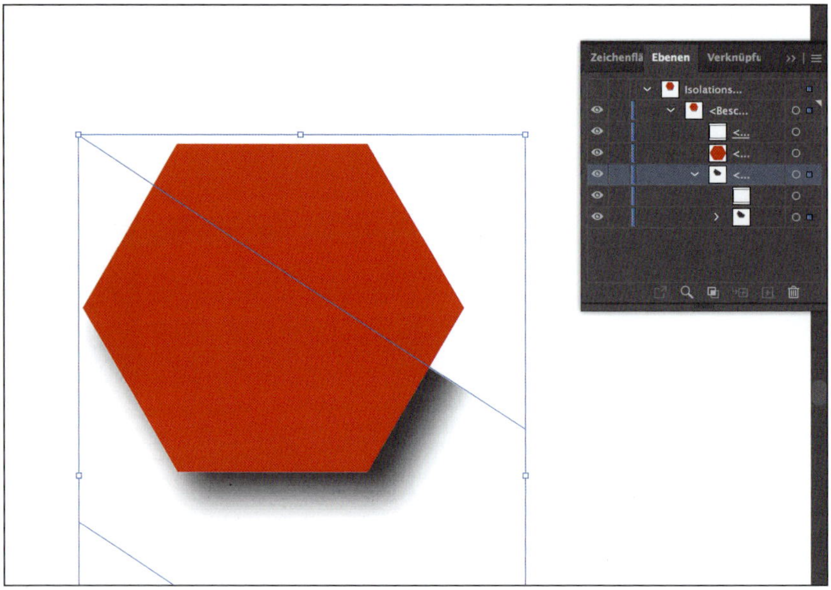

Abbildung 7.22 *Verzerrung des Pixeleffekts*

Abbildung 7.23 *Effektrasterung durch Copy & Paste aus Illustrator in InDesign*

Sie sehen also, dass ein Copy & Paste zwischen den beiden Programmen zwingend unterlassen werden sollte, da sich Objekte mit Effekten im Kopierprozess verändern können.

Platzieren von Illustrator-Dateien in InDesign | Das Platzieren einer Illustrator-Datei mit Effekten in InDesign durch einen Grafikcontainer (siehe Abschnitt 7.4.1, »Das Verknüpfungen-Bedienfeld einrichten«) ist sinnvoll, sofern es sich bei der Illustrator-Datei um eine AI-Datei und nicht um eine EPS-Datei handelt (siehe Abschnitt 11.2, »Adobe PDF Print Engine«). Dies ist trotzdem nur in den seltensten Fällen zu empfehlen, da die AI-Datei von InDesign wie ein eigenes Objekt innerhalb einer Schnittmaske behandelt wird. Jegliche Fehler in den Einstellungen des Illustrator-Dokuments werden in InDesign auftauchen und sind dann gegebenenfalls sehr schwer zu identifizieren, da InDesign nicht innerhalb des platzierten Illustrator-Dokuments auf die Stelle des Fehlers hinweist.

Besonders ärgerlich wird es, wenn der PDF-Export von InDesign nicht mehr möglich ist und keine genaue Fehlermeldung genannt wird. Haben Sie ein Dokument, in dem ein Illustrator-Dokument platziert ist, sollten Sie den Vorgang ohne die AI-Datei testen. Klappt der Export anschließend, wissen Sie zwar, dass es an der platzierten Datei liegt, allerdings nicht, was zu dem Fehler führt. In solch einem Fall empfiehlt es sich – falls möglich –, die Illustrator-Datei zu einer hochauflösenden Pixeldatei zu rastern und stattdessen diese zu platzieren. Oder Sie bauen die in der Illustrator-Datei enthaltenen Objekte in InDesign nach – Copy & Paste hingegen sollten Sie zwingend vermeiden.

Handelt es sich bei der Illustrator-Datei jedoch um reine Vektorobjekte wie Linien oder Flächen ohne transparente Effekte, können Sie sie natürlich problemlos in InDesign wie eine Pixelgrafik platzieren. Dies kommt vor allem bei Stanzformen oder Markenlogos zum Einsatz. Achten Sie jedoch bei jeglichen grafischen Elementen, beispielsweise Markenlogos, auf mögliche Transparenzeffekte. Liegen diese bei einer EPS-Datei vor, müssen Sie prüfen, in welcher Skalierung Sie die Grafik platzieren können. Die Effekte wurden hier nämlich aufgrund von PostScript bereits in Pixelbilder reduziert (siehe Abschnitt 5.1, »Echte und unechte Transparenz«) und haben daher eine feste Bildauflösung, die nicht unbegrenzt skalierbar ist.

7.4.5 RAW-Daten in InDesign platzieren

Es kann auch vorkommen, dass Sie die ursprünglichen Rohdaten, auch RAW-Daten genannt (englisch »roh«), geliefert bekommen. Diese Daten wurden nach der Digitalisierung der Kamera noch nicht bzw. kaum verändert und lassen erfahrenen Artdirectoren bzw. Bildbearbeiterinnen deutlich mehr Freiheiten in der Entwicklung des Bildmaterials für die Weiterverarbeitung.

In diesem Abschnitt soll es allerdings nicht um die perfekte Entwicklung der RAW-Daten gehen, da dies nicht Aufgabe der Reinzeichnung ist und es hierzu wesentlich detailliertere Bücher gibt. Diesen Schritt überlassen Sie am besten einem EBV- oder Kreativteam. In diesem Abschnitt soll gezeigt werden, wie Sie RAW-Daten in Ihrem InDesign-Dokument platzieren und weiterverarbeiten können.

Die RAW-Datei selbst, beispielsweise eine CR2-Datei, wird beim Platzieren von InDesign ausgegraut. Das bedeutet, Sie kann nicht angewählt und entsprechend auch nicht im InDesign-Dokument platziert werden. Sie müssen die Datei vorab in Adobe Photoshop öffnen. Hier öffnet sich automatisch das Dialogfeld **Camera Raw**, mithilfe dessen Sie die Entwicklungseinstellungen des Bildes vornehmen können.

Abbildung 7.24 *Camera-Raw-Dialogfeld in Photoshop*

Hier finden Sie im rechten Bereich die folgenden Reiter zur Einstellung der Entwicklung des Bildes durch Photoshop: **Grundeinstellungen**, **Gradationskurve**, **Detail**, **Farbmischer**, **Color-Grading**, **Optik**, **Geometrie**, **Effekte** und **Kalibrierung**.

Sie können mit den jeweiligen Reglern Einstellungen vornehmen, bis Sie mit dem Ergebnis zufrieden sind. Mit einem Klick auf **Fertig** wird Photoshop eine XMP-Datei zu Ihrer RAW-Datei legen, in der Ihre Einstellungen gespeichert sind. Das Bild selbst öffnet sich allerdings nicht. Klicken Sie hierzu auf **Öffnen**.

Photoshop entwickelt das Bild nach Ihren Vorgaben, und Sie können es anschließend wie jedes andere Bild auch in einem beliebigen Farbmodus und Dateiformat abspeichern. Wählen Sie hier beispielsweise ein CMYK-TIFF. Dieses können Sie anschließend problemlos in InDesign platzieren und in der PDF-Ausgabe für die Weiterverarbeitung exportieren.

7.5 Datenablage der Bilder

Nachdem ich im ersten Teil des Buches bereits einen Vorschlag für eine sinnvolle Ordnerstruktur in der Reinzeichnung gemacht habe (siehe Abschnitt 1.3, »Projektorganisation«), können wir nun tiefer in die Datenablage einsteigen.

Meist erhalten Sie aus den Kreativteams ein verpacktes InDesign-Dokument mit Ansichts-PDF, das sowohl Schriften als auch Verknüpfungen beinhaltet. Häufig werden dieser Sammlung auch weitere Daten wie hochaufgelöste Bilder (die allerdings noch unbearbeitet sind) oder Vektorgrafiken beigelegt. All diese Daten müssen Sie zwingend unverändert ablegen, vorzugsweise in dem Ordner **Layout**.

Wissen Sie, dass diese Übergabe erneut passieren wird, weil beispielsweise einzelne Seiten eines umfangreichen Projekts noch nicht gestaltet wurden oder sich noch in der Abstimmung befinden, arbeiten Sie sofort mit Versionierungsordnern. Die Versionierung kann sich entweder nach dem Datum oder nach der Anzahl der Übergaben richten.

Das Archivieren der ursprünglichen Daten hat mehrere Vorteile: Sollten Sie einen Fehler in der Reinzeichnung machen, den Sie nicht mehr rückgängig machen können, haben Sie die Möglichkeit, auf das Originalmaterial zurückzugreifen. Gegebenenfalls kann es in der späteren Abstimmung der Reinzeichnung auch zu Rückfragen zur Optik kommen, beispielsweise zur Frage, ob ein Störer immer an dieser oder jener Stelle war oder durch die Reinzeichnung dahinbewegt wurde. Nur mit dem Ausgangsmaterial können Sie nachweisen, an welchen Koordinaten sich die Objekte zum Zeitpunkt der Übergabe befunden haben. Nun gibt es zwei Möglichkeiten:

1. Sie prüfen die Bilddaten selbst: In diesem Fall gehen Sie nach der bereits beschriebenen Methode vor (siehe Abschnitt 7.1, »Prüfen der Druckbarkeit«) und speichern die Bilder nach interner Freigabe im Ordner **Bilder** ab. Sie wissen dann, dass alle Bilder in diesem Ordner bedenkenlos verwendet werden können.
2. Sie erhalten die Bilder aus der EBV: In diesem Fall kopieren Sie den Links-Ordner aus der InDesign-Sammlung in einen Transferordner innerhalb Ihres Fileservers und überstellen die Daten so den Verantwortlichen. Einigen Sie sich am besten direkt mit den Kollegen und Kolleginnen darauf, dass die finalen Bilder von der EBV-Abteilung direkt in Ihrem Ordner **Bilder** abgespeichert werden. So sehen Sie sofort, wenn es neue Bilder zum Austauschen gibt.

Gefährlich wird es erst, wenn Sie die druckbaren Bilder in unterschiedlichen Ordnern liegen haben. Denn dann ist eine Verwechslung mit den Layoutbildern aus der Kreation nicht ausgeschlossen und wird erst durch einen InDesign-Preflight (siehe Abschnitt 10.9, »InDesign-Preflight«) oder schlimmstenfalls während der Kontrolle des Druck-PDFs (siehe Abschnitt 11.4, »Druckvorstufen-Funktionen in Adobe Acrobat Pro«) gefunden. Um es gar nicht so weit kommen zu lassen, halten Sie sich am besten direkt an eine ordentliche Ordnerstruktur.

Ziel

Der Anspruch an die Reinzeichnung sollte immer sein, dass kein einziger Fehler in den Prüfinstanzen auftritt und dass die von der Reinzeichnung abgegebenen Druckunterlagen frei für den Auflagendruck sind.

Behandeln Sie Ihre Daten so, als gäbe es keinen finalen Check. Umso genauer werden Sie hinschauen.

Schnittstelle EBV und Reinzeichnung | An dieser Stelle soll noch einmal erwähnt werden, wie wichtig die vertrauensvolle und auch partnerschaftliche Zusammenarbeit mit den anderen Gewerken der Druckvorstufe – besonders der EBV – für die Reinzeichnung ist. Stimmen beide Seiten im Voraus ab, welche Punkte im Prozess für sie wichtig sind, kann der Prozess anschließend reibungslos laufen.

Klären Sie also schon vorab mit der EBV, dass diese vor der detaillierten Bearbeitung schon eine Version mit dem korrekten Dateinamen und dem richtigen Zielmedium abspeichert, damit Sie diese Bilder direkt in Ihre Reinzeichnung einsetzen können? Perfekt, dann werden Sie es später im Prozess deutlich leichter haben, da sich nur noch der Status der Bilder ändert und Sie sie lediglich aktualisieren müssen. Gegebenenfalls warnt jemand aus der EBV-Abteilung Sie schon vor, dass sich die Dimensionen eines Bildes gegenüber dem Layoutbild ändern werden. Dann wissen Sie, dass Sie es nicht einfach aktualisieren können, sondern neu platzieren müssen, da es sonst im Bildcontainer verspringt.

Viele Entscheidungen können auch gemeinschaftlich getroffen werden, beispielsweise ob eine Abdunkelung von Bildbereichen für die Lesbarkeit des Textes nötig ist oder nicht. Damit ersparen Sie der EBV Arbeit, da von vornherein alles geklärt ist, und sich selbst auch, da Sie nur noch fertige Bilder aktualisieren müssen.

Kommunikation ist alles, und je enger Sie mit Ihren Kollegen und Kolleginnen im Austausch zu dem aktuellen Projekt sind und je früher Sie auf gegebenenfalls auftretende Probleme hinweisen, desto reibungsloser wird die Zusammenarbeit laufen.

7.6 Checkliste: Bilder und Grafiken

	Wurden alle Layoutbilder durch Feindaten ersetzt?
	Ist die Bildauflösung ausreichend?
	Ist die Bildqualität ausreichend?
	Weist das Bild ein Wasserzeichen auf?
	Weist das Bild Komprimierungsfehler auf?
	Weist das Bild Wolkenbildung auf?
	Stimmt die Modulation von Schwarz und Weiß?
	Wurden Bilder verzerrt eingesetzt?
	Sind alle Verknüpfungen vorhanden?
	Wurden Bilder eingebettet und ist dies erwünscht?
	Sind alle Bilder im richtigen Farbraum?
	Wurden alle Bilddaten lizenziert?

Kapitel 8
Fortgeschrittene InDesign-Funktionen für die Reinzeichnung

Die Basisaufgaben der Reinzeichnung können mit einigen Tipps und Tricks deutlich aufgewertet werden. Im folgenden Kapitel werden einige weniger bekannte Themen in InDesign erläutert.

8.1 Tipps für das Arbeiten mit Ebenen

Ebenen sind eine wichtige Säule für die Arbeit der Reinzeichnung in InDesign.

8.1.1 Eigene Ebene für Stanzform

Ganz einfach beginnt es im Verpackungsbereich mit einer eigenen Ebene für die Stanzform, die auf Position Nummer eins steht. So liegt die Stanzform immer über der Gestaltung der Verpackung. Dies gilt natürlich auch für Stanzformen außerhalb der Verpackung wie beispielsweise Mailings oder Ordner. Sobald diese Stanzform-Ebene gesperrt ist, können Sie frei mit der Reinzeichnung beginnen, ohne sich weiter mit der Stanzform zu beschäftigen. Es empfiehlt sich hierbei, nicht nur den Farbkanal, sondern auch die Ebene mit dem Namen »Die-cut« zu belegen. Im Deutschen gängige Ausdrücke wie »Stanze« werden im Ausland weder verstanden noch können sie per Übersetzungssoftware gefunden werden – im schlimmsten Fall wird hier die entsprechende Linie einfach mitgedruckt. Dies ist daher nicht zu empfehlen.

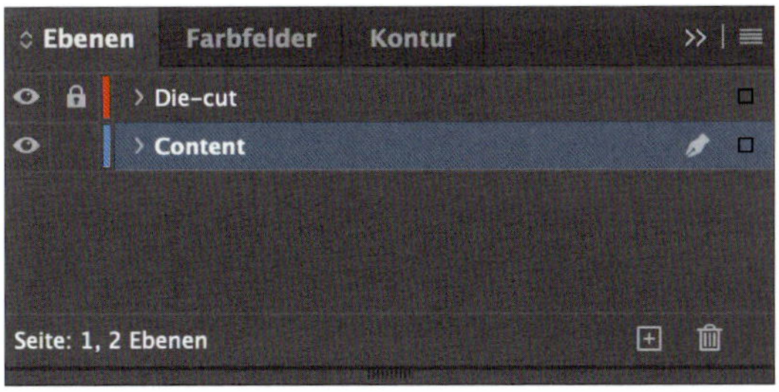

Abbildung 8.1 *Beispielhafte Ebenen-Einstellungen für das Arbeiten mit einer Stanzform*

8.1.2 Abstände mit Abstandsobjekten

Weiterhin werden in der Reinzeichnung gerne Abstände mithilfe von Abstandsobjekten angelegt. Diese Objekte sind durch eine Corporate Identity bzw. Design Styleguides meist anhand einer fixen Größe definiert, beispielsweise der Größe des Logos (siehe Abschnitt 3.5.2, »Verborgene Elemente«).

Aber auch Abstandsobjekte zur Einhaltung einheitlicher Abstände nach Absätzen oder Grafiken sind nicht unüblich. Sie werden manchmal einfach mit transparenten Rechtecken gesetzt – diese sind im Druckbild zwar nicht zu sehen, die Vektorinformationen werden allerdings im Druck-PDF mitgespeichert. Dies kann im schlimmsten Fall zu einer Transparenzreduzierung durch PostScript führen (siehe Abschnitt 5.1, »Echte und unechte Transparenz«).

Daher ist es sinnvoll, in der Reinzeichnung eine eigene Ebene anzulegen, die nicht druckt. Hier können beliebige Hilfen für die Reinzeichnung abgelegt werden, ohne dass sie später Einfluss auf die Druckunterlagen haben.

Klicken Sie hierzu doppelt auf die entsprechende Ebene und öffnen Sie so das Dialogfeld **Ebenenoptionen**. Dort entfernen Sie den Haken bei **Ebene drucken**. Anschließend werden die Inhalte der Ebene beim PDF-Export nicht mit ausgegeben, und der Name der Ebene wird kursiv geschrieben.

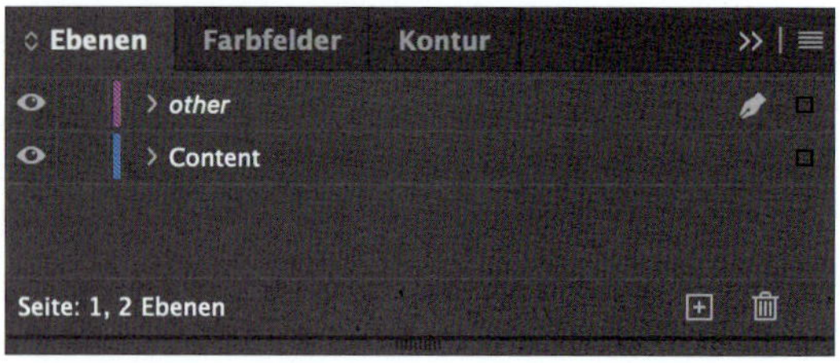

Abbildung 8.2 *Nicht druckende Ebene »other« für Abstände etc.*

8.1.3 Ebenen für den Mehrsprachensatz

Bei mehrsprachiger Literatur macht es durchaus Sinn, nicht für jede Sprache ein eigenes InDesign-Dokument, sondern ein Master-Dokument mit jeweils einer Ebene für jede Sprache zu erstellen. So können Korrekturen blitzschnell für alle Sprachvarianten umgesetzt werden, da die Korrektur nur in einem InDesign-Dokument stattfinden muss. Auch wenn gegebenenfalls Bilder in anderen Sprachen ausgetauscht werden müssen, besteht die Möglichkeit, diese Bilder dann ausnahmsweise auf die Sprachebene zu ziehen und entsprechend für jede Sprachversion anders darzustellen. Über das Ein- und Ausblenden der jeweiligen Ebene wird dann nahtlos zwischen den Sprachvarianten hin und her gesprungen.

Das Schöne an einer Ebene ist eben, dass sie kein Farbkanal ist. Man kann dort platzieren, was man möchte.

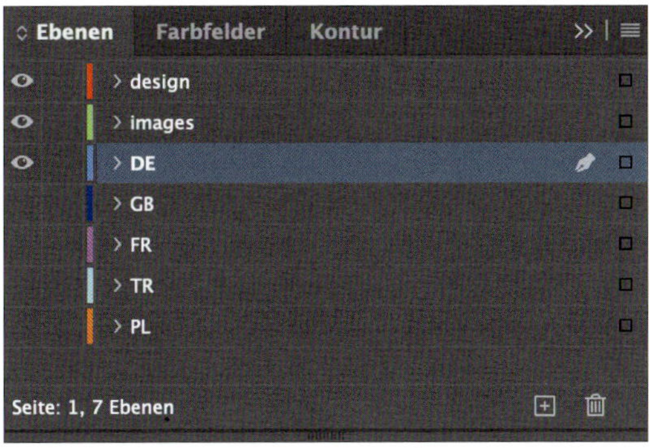

Abbildung 8.3 *Beispielhafte Aufteilung für die Sprachen Deutsch, Englisch, Französisch, Türkisch, Polnisch*

Sie können in solch einem Fall bei komplexen Werbemitteln allerdings auch direkt mit alternativen Layouts arbeiten (siehe Abschnitt 8.9.1, »Alternative Layouts«).

8.2 Objektformate erstellen

Ähnlich wie bei Zeichen- und Absatzformaten (siehe Abschnitt 6.5, »Zeichen- und Absatzformate«) können Sie in InDesign auch mit Objektformaten ein einheitliches Aussehen gewährleisten. Öffnen Sie dazu einfach das Objektformate-Bedienfeld unter **Fenster > Formate > Objektformate**. Über das gerahmte Plus können Sie einfach weitere Objektformate hinzufügen.

Abbildung 8.4 *Objektformate-Bedienfeld*

Objektformate

Wenn Sie innerhalb eines Dokuments Eigenschaften von Objekten unkompliziert replizieren möchten, können Objektformate dabei eine Hilfe sein. Sie funktionieren ähnlich wie Zeichen- und Absatzformate und übertragen sich nach einer Änderung auf alle mit dem Format belegten Objekte innerhalb Ihres InDesign-Dokuments.

Objektformate für Stanzformen | Objektformate sind besonders bei immer wiederkehrenden Attributen hilfreich, so können Sie beispielsweise ein Objektformat für Ihre Standardeinstellungen für Stanzformen erstellen. In den meisten Fällen kommen Stanzformen in den unterschiedlichsten Formen in die Reinzeichnung, beispielsweise eine einfache Linie in CMYK- oder RGB-Farben. Legen Sie nun in Ihrem Workflow die Stanzformen beispielsweise immer in 100 % Magenta mit 1 Punkt Kontur und Überdrucken (siehe Abschnitt 4.4.1, »Überdrucken«) an, so können Sie dafür auch einmal ein Objektformat anlegen und dies auf alle gelieferten Stanzform-Dateien anwenden. Dasselbe gilt natürlich auch für Falzlinien etc.

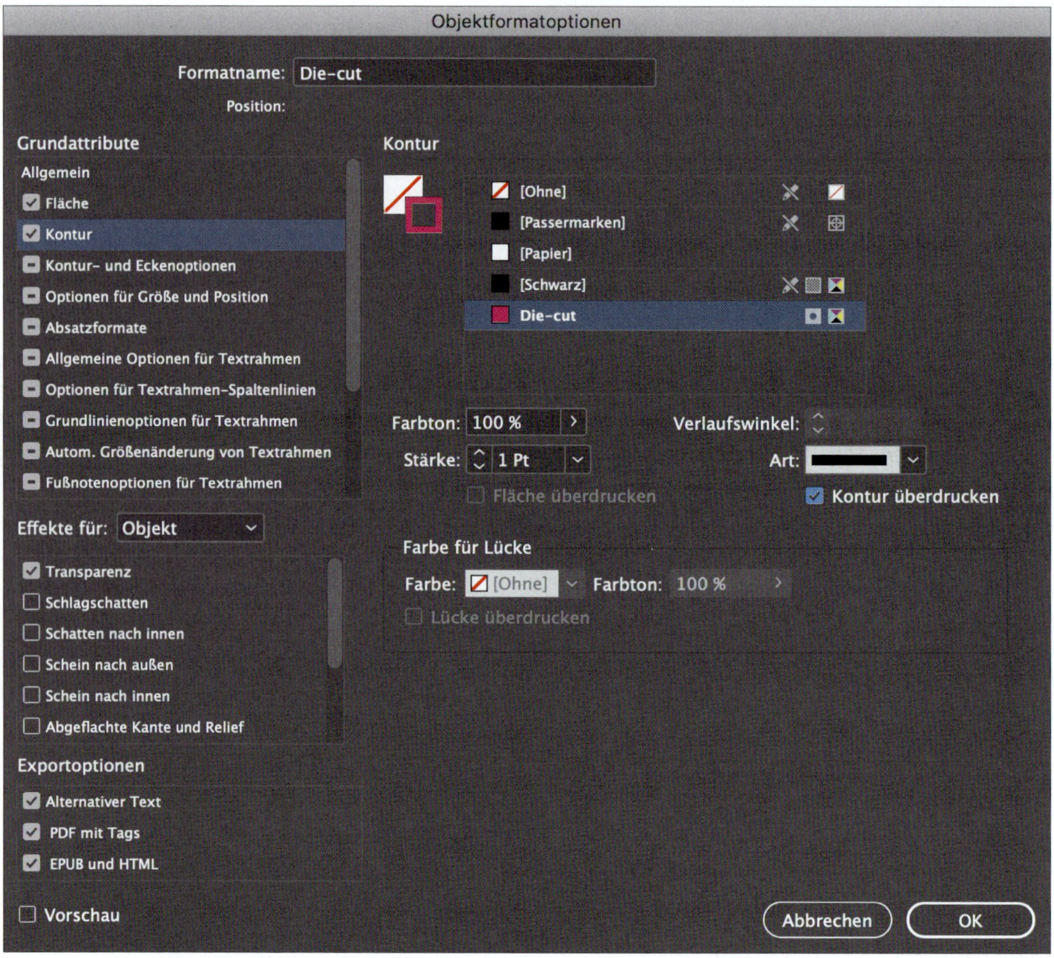

Abbildung 8.5 *Beispielhaftes Objektformat für Stanzformen*

Objektformate für Bildrahmen | Haben Sie in einem umfangreichen Literaturprojekt beispielsweise immer wiederkehrende Bildrahmen, so können Sie auch dafür entsprechende Objektformate anlegen, die eine Einheitlichkeit im gesamten Projekt garantieren.

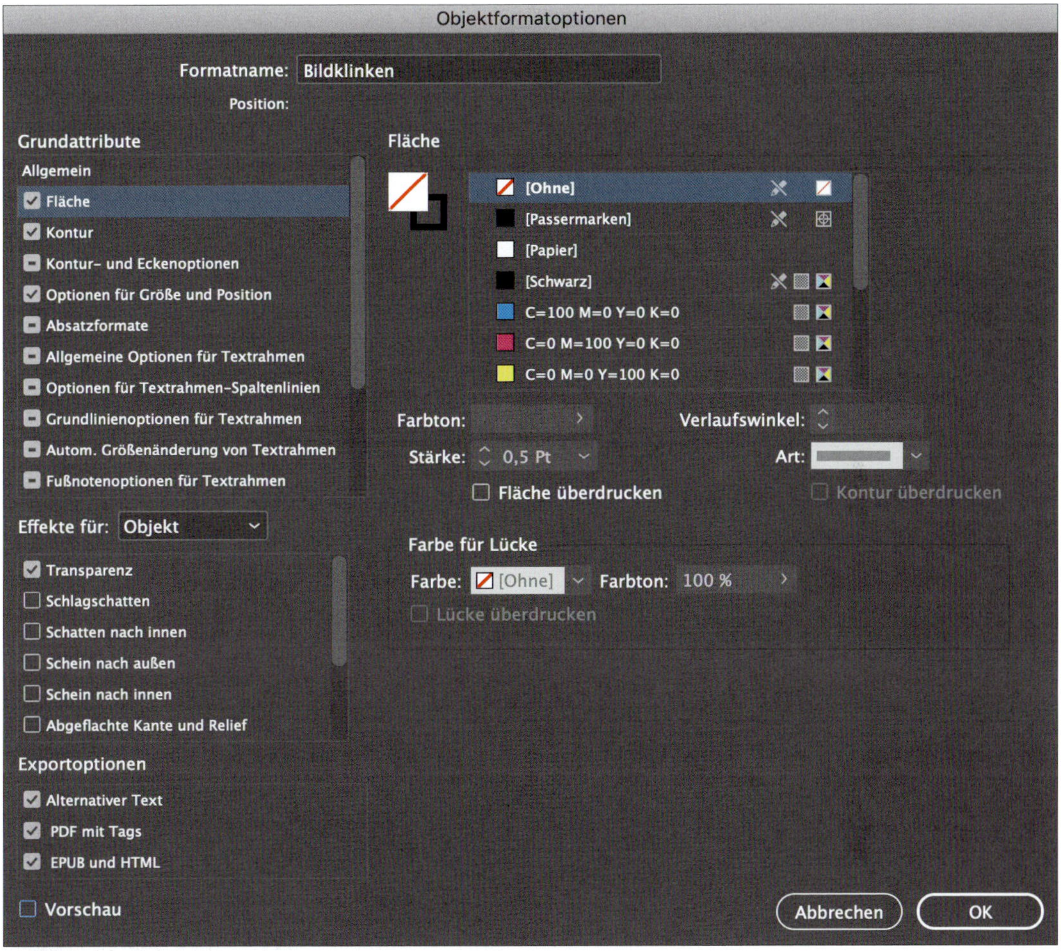

Abbildung 8.6 *Beispielhaftes Objektformat für Bildklinken*

Hier können Sie direkt festlegen, dass der Grafikcontainer immer eine transparente Fläche hat (dies kann für die PDF-Ausgabe wichtig sein), dass er eine Kontur und auch eine feste Breite hat – beispielsweise die Spaltenbreite Ihres Layouts.

Objektformate für Textrahmen | In Bezug auf Textrahmen können Sie mit Objektformaten wahre Wunder vollbringen. So können Sie nicht nur Breite und Höhe festlegen, Sie können auch einstellen, dass der Textrahmen sich am Inhalt ausrichtet, beispielsweise mit einem festen Abstand von 2 mm von allen Seiten. Gerade in der Zusammenarbeit mit Datenbanken empfiehlt es sich, Textrahmen bereits im Vorfeld bestmöglich anzulegen, damit ein händisches Bearbeiten minimiert wird. So kann ein durch eine Datenbank platzierter Text schnell und ohne optische Einschnitte ersetzt und aktualisiert werden.

SCHRITT FÜR SCHRITT
Objektformate für Textrahmen anlegen

An einem Beispiel lassen sich die Textrahmen-Möglichkeiten in InDesign gut aufzeigen.

1 Textrahmen automatisch anpassen

Für dieses Beispiel nehmen wir an, ein Störer mit Text wird auf der Vorderseite einer Broschüre positioniert. Der Textrahmen soll sich automatisch der Textlänge anpassen, allerdings mit folgenden Vorgaben:

- Zu allen Seiten steht ein Abstand von 7 mm von Text zu Textrahmen.
- Der Textrahmen ist immer an der rechten Seite im Anschnitt ausgerichtet.
- Der Text steht immer zentriert im Textrahmen.

Abbildung 8.7 *Ein Beispiel für Textrahmen-Einstellungen über Objektformate*

2 Allgemeine Optionen anpassen

Öffnen Sie hierzu den Reiter **Allgemeine Optionen für Textrahmen** in den Objektformatoptionen, und legen Sie als Grundlage die oben erwähnten Abstände zum Rand fest. Außerdem stellen Sie die **Vertikale Ausrichtung** auf **Zentrieren** (siehe Abbildung 8.8).

Da der Textrahmen im rechten Anschnitt liegt, müssen Sie die Verknüpfung aller Abstände lösen und den rechten um den Anschnitt entsprechend vergrößern, beispielsweise 3 mm Anschnitt ergibt einen Abstand von 10 mm (7 mm + 3 mm).

3 Grundlinienoptionen anpassen

Gehen Sie dann in den Reiter **Grundlinienoptionen für Textrahmen**, und setzen Sie den Versatz der ersten Grundlinie auf **Versalhöhe**.

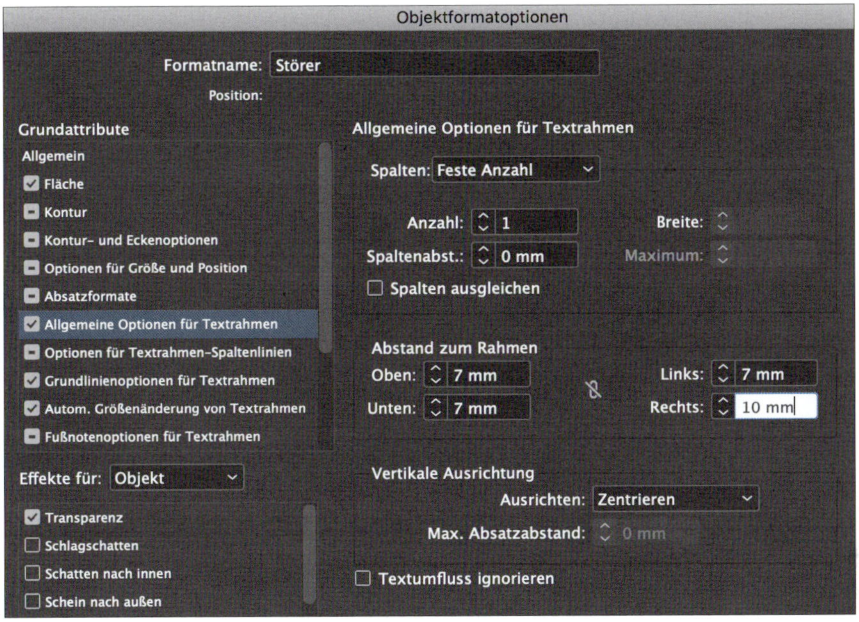

Abbildung 8.8 *Textabstandsoptionen im Objektformat*

4 Automatische Größenänderung

Zuletzt öffnen Sie den Reiter **Autom. Grössenänderung von Textrahmen**. Hier legen Sie die automatische Größenänderung sowohl für die Höhe als auch die Breite fest. Als Ankerpunkt wählen Sie die rechte Seite und setzen das Häkchen bei **Keine Zeilenumbrüche**, um die Silbentrennung für diesen Rahmen zu deaktivieren.

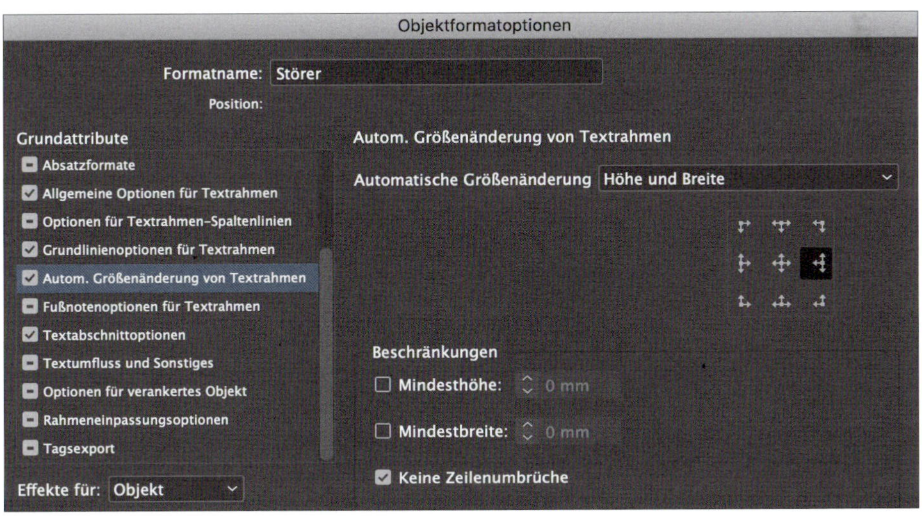

Abbildung 8.9 *Automatische Größenänderung im Objektformat*

Voilà! Schon richtet sich der Rahmen immer am Inhalt aus und hält trotzdem genügend Abstand zum Anschnitt.

8.3 Funktionen für den Mengensatz

Der Mengensatz, d. h. der Satz größerer Textmengen, muss gut organisiert werden, damit die Arbeit geordnet und auch teilautomatisiert ablaufen kann. InDesign stellt dazu jede Menge hilfreiche Funktionen zur Verfügung, beispielsweise die Buchfunktion, verankerte Objekte, automatisierte Inhaltsverzeichnisse und Indexe und auch die später beschriebene Verpacken-Funktion (siehe Abschnitt 10.8, »Dokumente sammeln und verpacken«).

8.3.1 Bücher erstellen

Das Erstellen von InDesign-Büchern ist besonders für das gemeinschaftliche Arbeiten mit mehreren Reinzeichner*innen geeignet. Abgesehen davon beansprucht es auch die Hardware nicht so stark, da jeweils nur ein Teil des großen Projekts und nicht alles gleichzeitig geöffnet wird. Außerdem gibt es einen kleinen Trick, mit dem man PDF-Export-Fehler durch ein InDesign-Buch umgehen kann. Wir schauen uns das Erstellen eines Buches nun an einem Beispiel an.

SCHRITT FÜR SCHRITT
Ein Buch anlegen

Nehmen wir an, Sie erstellen einen Textilkatalog für Damenmode mit den Kategorien:

- Kleider
- T-Shirts & Tops
- Blusen & Tuniken
- Pullover & Strickjacken
- Jeans
- Hosen
- Jacken & Blazer
- Mäntel

Sie haben entweder bereits ein vollständiges Kreativlayout vorliegen oder nur einige Beispielseiten für den Aufbau von Kapiteleinstieg und Produktseiten. Sie wissen, dass je Einzelseite etwa fünf Produkte gezeigt werden. Je Kategorie haben Sie folgende Anzahl an Produkten:

- Kleider: 56
- T-Shirts & Tops: 65
- Blusen & Tuniken: 22
- Pullover & Strickjacken: 48
- Jeans: 18
- Hosen: 34
- Jacken & Blazer: 13
- Mäntel: 25

Da jedes Kapitel mit einer Doppelseite eingeleitet wird, anschließend je fünf Produkte gezeigt werden und die Seitenzahl je Kapitel durch zwei teilbar sein muss, wissen Sie, dass Ihre Kapitel zwischen sechs (Jacken & Blazer) und sechzehn (T-Shirts & Tops) Seiten aufweisen. Es ist also durchaus sinnvoll, je Kapitel ein eigenes InDesign-Dokument anzulegen und diese in einem Buch zusammenzufassen.

1 Master-Kapitel anlegen

Öffnen Sie zunächst ein InDesign-Dokument im entsprechenden Format. Dieses entspricht dem ersten Kapitel, in unserem Fall »Kleider«. Dieses erste Dokument wird zukünftig die Basis aller Seiten darstellen. Alle Musterseiten, Zeichen- und Absatzformate, Objektformate, Farbfelder usw. werden regelmäßig aus diesem Dokument in die folgenden Dokumente im Buch synchronisiert. Sie müssen dieses Dokument also so vorbereiten, dass alle wichtigen Eigenschaften für das Projekt hier hinterlegt sind, und sollten sich im Prozess der Erstellung neue Formate ergeben, müssen diese nicht in dem jeweiligen Kapitel, sondern im Master-Kapitel angelegt und anschließend synchronisiert werden.

Gehen wir davon aus, dass der Titel (Umschlagseiten 1–4) auf einem anderen Material gedruckt wird und daher nicht Bestandteil des Innenteils ist. Sie liefern also zwei Druckunterlagen aus: Titel und Innenseiten. Dies bedeutet auch, dass Ihr erstes Dokument mit einer Einzelseite startet, Sie setzen also den Haken bei **Doppelseite**. Die erste Seite wird neben der U2 stehen, anschließend folgt das erste Kapitel. Die erste Seite eignet sich daher besonders für ein Inhaltsverzeichnis. Dann setzen Sie die Seitenzahl auf 15 Seiten (Einzelseite + 2 Einstiegsseiten + 11,2 Seiten (bei 56 Produkten) = 15 Seiten).

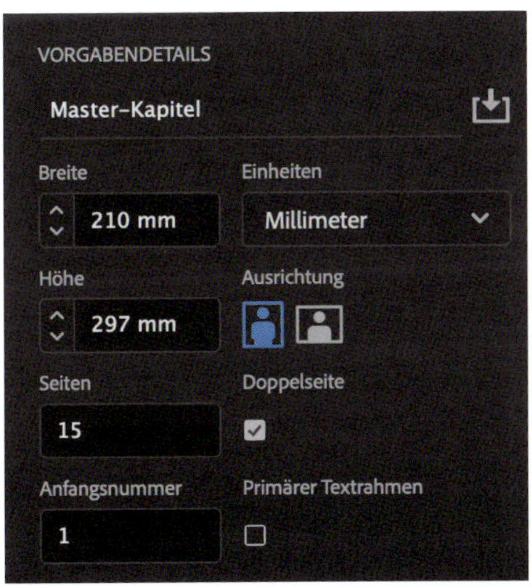

Abbildung 8.10 *Vorgabendetails des Master-Kapitels*

2 Musterseiten anlegen

Nun benötigen Sie erstmal zwei Musterseiten:

- Kapitel (Doppelseite)
- Innenseiten (Doppelseiten)

Eine detaillierte Erklärung zu Musterseiten finden Sie in Abschnitt 3.6, »Musterseiten«.

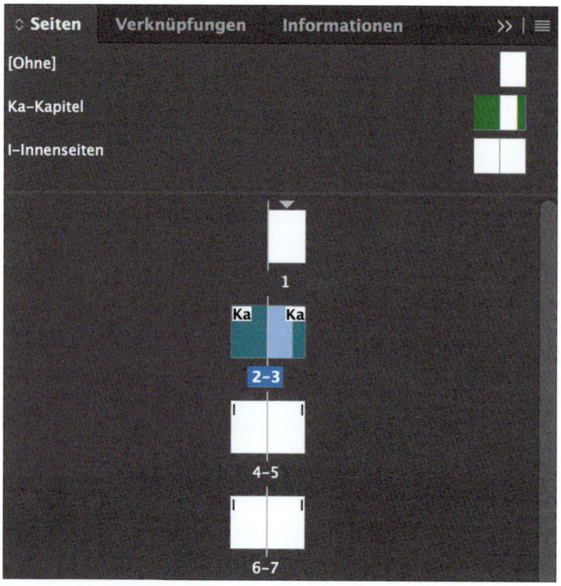

Abbildung 8.11 *Einzelseite ohne Musterseite, Kapiteleinstieg und dann Innenseiten mit den jeweiligen Produkten*

3 Farben benennen

Dem Kapitel »Kleider« wurde aus der Kreation ein voller Grünton zugeordnet, der mit dem CMYK-Wert 100/0/100/25 belegt ist.

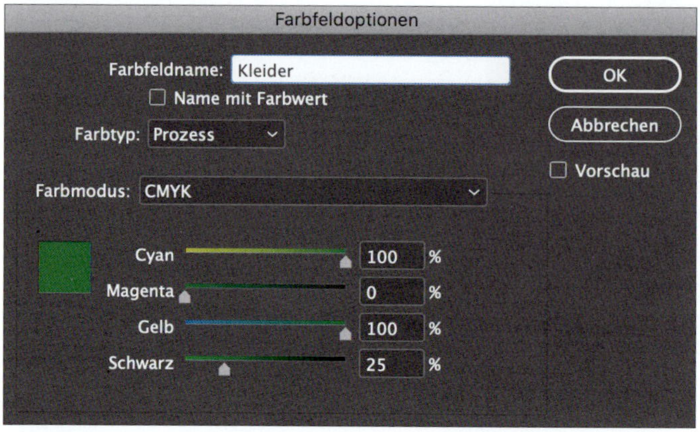

Abbildung 8.12 *CMYK-Prozessfarbe mit individuellem Namen*

Da jedes Kapitel einen unterschiedlichen Farbwert erhält, aber alle Farbwerte aus dem ersten Master-Dokument synchronisiert werden, macht es Sinn, diese nach dem Kapitel zu benennen. Entfernen Sie daher das Häkchen bei **Name mit Farbwert**, und tragen Sie den entsprechenden Namen des Kapitels dafür ein. Der Farbwert muss zwingend auf **Prozess** bleiben, die Benennung dient in diesem Fall nur der leichteren Bearbeitung.

4 Seitennummerierung

Wählen Sie nun in den **Nummerierungs- und Abschnittsoptionen** die automatische Seitennummerierung, und setzen Sie eine Abschnittsmarke namens »Kleider«. Eine detaillierte Erläuterung von Abschnittsmarken finden Sie in Abschnitt 3.6.1, »Musterseiten für Literatur«.

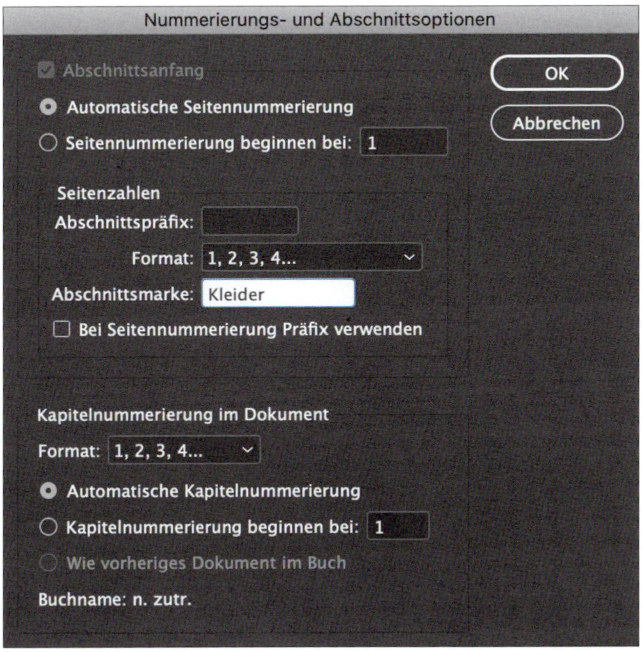

Abbildung 8.13 *Nummerierungs- und Abschnittsoptionen für das erste Kapitel*

Nun gehen Sie zurück auf die Musterseite »Kapitel« und fügen die Abschnittsmarke mit einem weißen Textrahmen ein (siehe Abschnitt 3.6.1, »Musterseiten für Literatur«). Hier wird nun immer der jeweilige Abschnitt angezeigt.

Abbildung 8.14 *Abschnittsmarke auf der Musterseite »Kapitel«*

5 Buch erstellen

Anschließend können Sie das InDesign-Buch erstellen. Speichern und schließen Sie das erste Kapitel, und erstellen Sie ein neues Buch über **Datei > Neu > Buch...** Es öffnet sich ein neues Fenster, das Ihr neues Buch beinhaltet. Fügen Sie nun über das Plus (+) das InDesign-Dokument des ersten Kapitels hinzu.

Abbildung 8.15 *InDesign-Buch mit dem ersten Kapitel für den Beispielkatalog*

Das kleine Icon links neben dem InDesign-Dokument zeigt an, dass es sich hierbei um die Formatquelle handelt, also Ihr Master-Dokument.

Sie sehen neben diesem Formatquelle-Icon und dem Dateinamen auch die enthaltene Seitenzahl des InDesign-Dokuments.

Seien Sie vorsichtig

Dieses Icon muss sich immer neben Ihrem Master-Dokument befinden. Sollten Sie versehentlich ein anderes Dokument als Quelle auswählen und dann das Buch synchronisieren, gehen Ihre angelegten Formate usw. verloren.

6 Weitere Kapitel anlegen

Sie können nun die weiteren Kapitel anlegen und dem Buch hinzufügen. Legen Sie dazu das nächste Kapitel »T-Shirts & Tops« mit 15 Seiten an. Beachten Sie hierbei, dass Sie mit einer Doppelseite starten müssen. Wählen Sie daher in Ihrem neuen Dokument bei **Seiten** 15 aus, und bei **Anfangsnummer** wählen Sie 2. Die korrekte Seitennummerierung erfolgt später durch das InDesign-Buch.

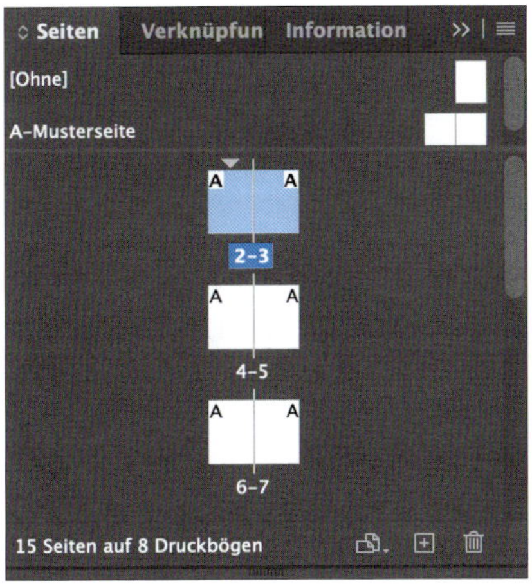

Abbildung 8.16 *Zweites Kapitel des Beispielkatalogs, beginnend mit einer Doppelseite*

Wählen Sie nun wieder die **Nummerierungs- und Abschnittsoptionen**, aktivieren Sie die automatische Seitennummerierung, und setzen Sie eine Abschnittsmarke namens »T-Shirts & Tops«. Dieses neue Dokument fügen Sie jetzt in Ihr Buch ein, und Sie werden sehen, dass die Seitenzahl automatisch angepasst wird.

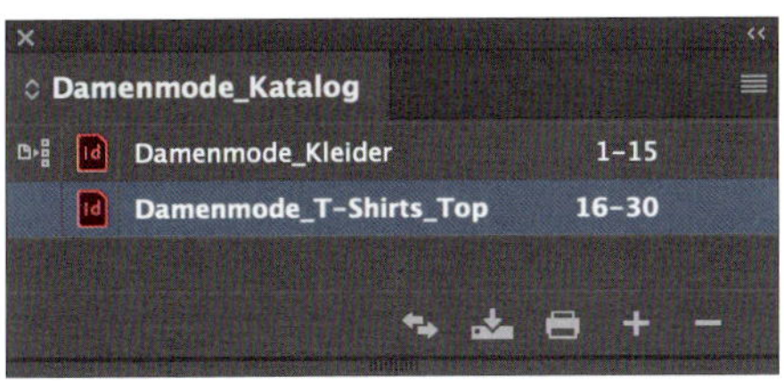

Abbildung 8.17 *Zweites Kapitel im Buch mit automatischer Anpassung der Seitenzahlen*

Fügen Sie nun auf dieselbe Art und Weise die weiteren Kapitel ein. Achten Sie bei der Berechnung der Seitenzahlen darauf, dass die Seitenzahlen immer auf eine gerade Zahl aufgerundet werden und dass die Gesamtseitenzahl durch vier teilbar ist. Im letzten Kapitel muss wie im ersten Kapitel eine Einzelseite vor dem Umschlag angelegt werden.

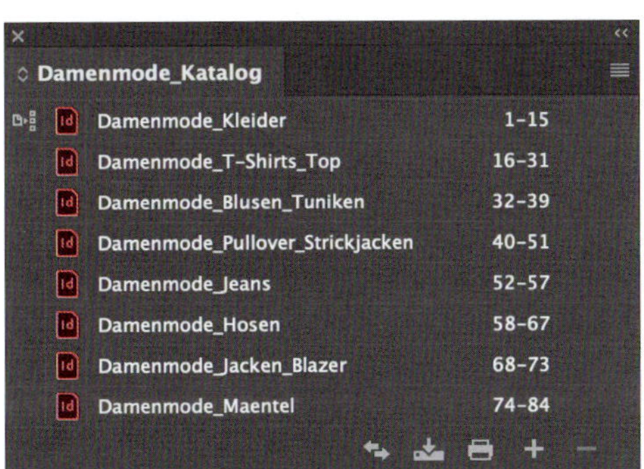

Abbildung 8.18 *Übersicht des gesamten Beispielkatalogs*

7 Synchronisieren

Sie sehen, dass das Icon für die Quelldatei immer noch auf dem ersten Dokument steht. Wenn Sie nun den Button mit den beidseitigen Pfeilen drücken, werden die Formate und Farbfelder mit der Quelle (Master-Dokument) synchronisiert. Dieser Vorgang kann ein paar Sekunden dauern, anschließend informiert InDesign Sie über den Abschluss des Vorgangs.

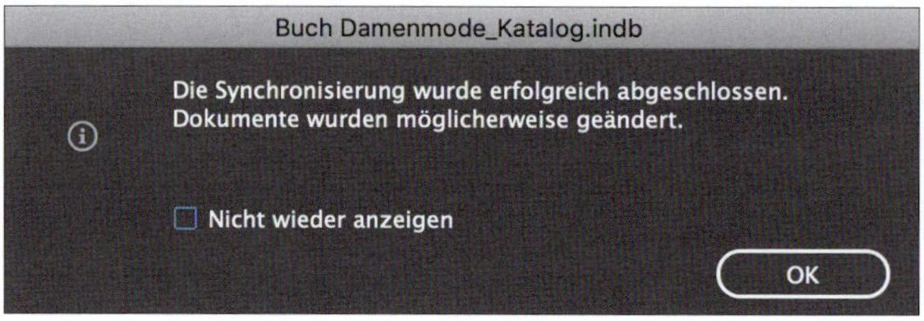

Abbildung 8.19 *Synchronisierung wurde erfolgreich abgeschlossen*

Alle Zeichen- und Absatzformate, Objektformate und Farbfelder wurden nun aus dem Quelldokument in alle in dem Buch enthaltenen Dokumente übertragen.

Fügen Sie nun im ersten Kapitel (Master-Dokument) die Farbwerte für alle Kapitel hinzu, und synchronisieren Sie erneut. Dann kopieren Sie die Musterseiten aus dem Master-Dokument über **Musterseite verschieben** das Bedienfeldmenü von **Musterseiten** in die folgenden Kapitel.

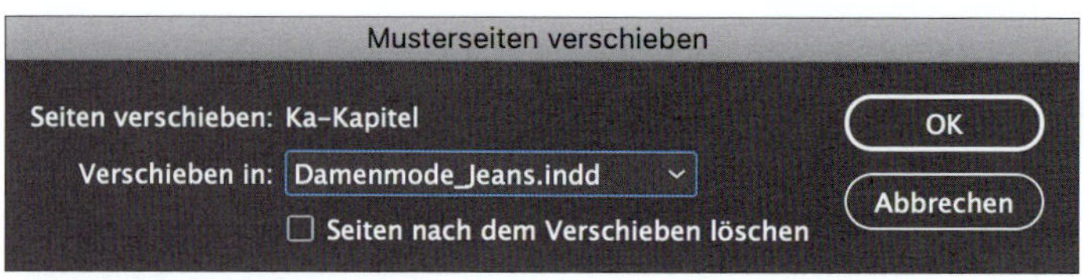

Abbildung 8.20 ***Musterseiten verschieben*** *kopiert die ausgewählte Musterseite in ein anderes, geöffnetes InDesign-Dokument.*

Ersetzen Sie zuletzt die jeweilige Kapitelfarbe auf der Musterseite (siehe dazu Abschnitt 4.3, »Prozessfarben löschen und ersetzen«). Sie könnten die Musterseiten auch über die Synchronisierungsoptionen mitsynchronisieren, allerdings hätten Sie dann alle Musterseiten in jedem Dokument. Dies kann jedoch für andere Projekte durchaus sinnvoll sein. Sie erreichen die **Synchronisierungsoptionen** über das Bedienfeldmenü des Buch-Fensters.

Sie können hier auch weitere Einstellungen vornehmen, die für Ihr Projekt relevant sind, und natürlich Einstellungen deaktivieren, falls Sie sie nicht benötigen.

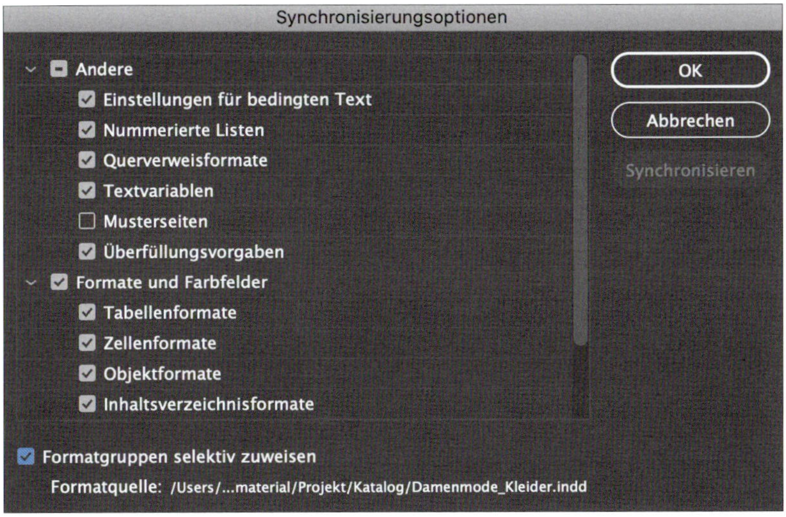

Abbildung 8.21 *Dialogfeld* ***Synchronisierungsoptionen*** *des InDesign-Buches*

Zusammenarbeit mit anderen Reinzeichner*innen | Nun können Sie den Katalog nicht nur ressourcensparend bearbeiten, sondern auch mit weiteren Reinzeichner*innen parallel an dem Projekt arbeiten. Sobald ein InDesign-Dokument aus dem Buch geöffnet wird, wird dies innerhalb des InDesign-Buches markiert und gesperrt. Erst wenn die Bearbeitung abgeschlossen ist, kann das Dokument über das Buch wieder geöffnet werden. So entstehen keine Fehler bei der Gemeinschaftsarbeit.

Jegliche Anpassung der Formate oder Farben sollte jedoch in dem Quelldokument erfolgen und anschließend in die anderen Dokumente synchronisiert werden.

Exportvorteile durch die Buch-Funktion | Sie haben durch das InDesign-Buch auch einige Möglichkeiten für den Export:

- Sie können sowohl ein Dokument als auch das ganze Buch für den Druck verpacken.
- Sie können ein Dokument oder das ganze Buch als PDF exportieren.
- Sie können das Buch als ePUB exportieren.
- Sie können ein Dokument oder das ganze Buch drucken.

Besonders Punkt 2 beinhaltet einen kleinen Trick: Wenn Sie beim Export eines normalen InDesign-Dokuments Probleme bekommen bzw. der Export gar nicht durchgeführt wird, können Sie das Dokument einmal in ein Buch setzen und das Buch exportieren. In manchen Fällen geht der Export hier durch, und Sie umgehen den Fehler.

8.3.2 Verankerte Objekte erzeugen oder umfließen lassen

Sie haben in InDesign die Möglichkeit, Bilder und Grafiken sowohl im Text als auch neben dem Text zu verankern, sodass sie sich entsprechend dem Textfluss mitbewegen. Hierbei unterscheidet man zwischen drei Arten:

1. Neben dem Text verankern
2. Über dem Text verankern
3. Im Text verankern

Neben dem Text verankern | Um ein bereits in InDesign verknüpftes Bild oder eine Grafik neben dem Text zu verankern, ziehen Sie den Anker, den jedes Bild automatisch besitzt (blaues Quadrat am Bildrahmen), auf die entsprechende Stelle im Text. Sollte die Verankerung erfolgreich gewesen sein, wird ein kleines Ankersymbol am Bildrahmen angezeigt, und auch an der Textstelle erscheint ein Symbol.

Abbildung 8.22 *Das Verankerungssymbol im Text*

Sobald der Text an eine andere Stelle bewegt wird, bewegt sich das Bild automatisch mit, damit es immer relativ zum Text steht.

Abbildung 8.23 *Mit dem Wort »Wasserfall« verankertes Bild*

Um detaillierte Einstellungen zur Verankerung vorzunehmen, halten Sie beim Ziehen des Ankers die `Alt`-Taste gedrückt. Es öffnet sich ein Dialogfeld mit weiteren Einstellungen.

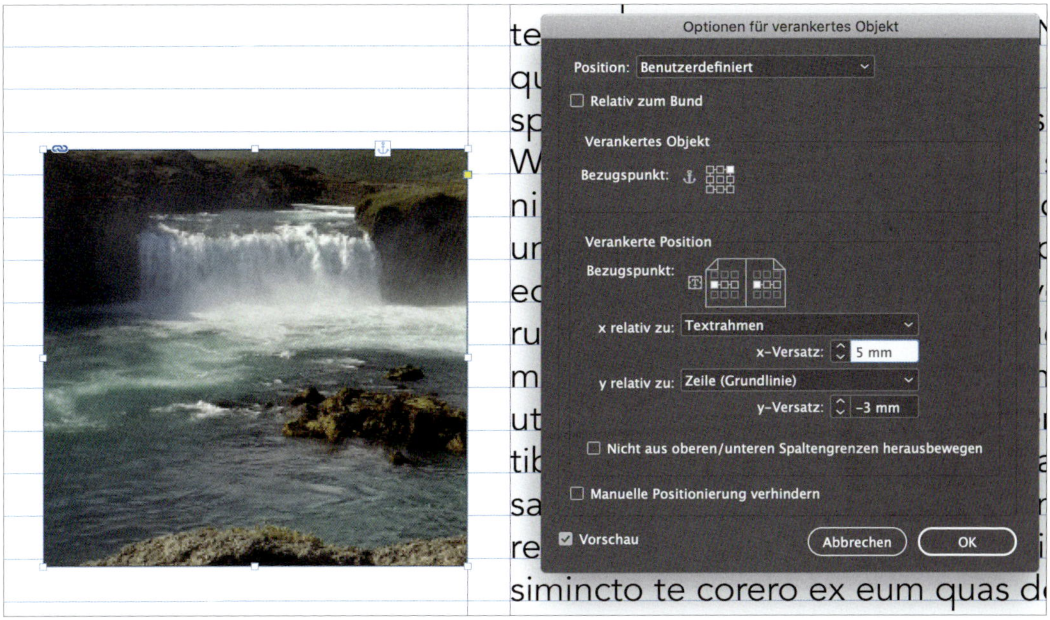

Abbildung 8.24 *Optionen für verankertes Objekt*

Sie können hier sowohl den Bezugspunkt als auch den genauen x-/y-Versatz relativ zum Wort festlegen.

Dieses Vorgehen eignet sich besonders für Literaturprojekte mit einer eigenen Spalte für Bildelemente. So bleiben selbst bei späteren Textänderungen die Bilder immer automatisch an der gewählten Textstelle haften, ohne dass dies händisch nachgebessert werden muss.

Im oder über dem Text verankern | Elemente im oder über dem Text zu verankern, funktioniert relativ ähnlich. Kopieren Sie dazu das zugehörige Objekt in die Zwischenablage, und fügen Sie es innerhalb des Textes wieder ein. Nun haben Sie das Element bereits im Text verankert. Über das Menü **Objekt > Verankertes Objekt > Optionen** können Sie nun weitere Einstellungen vornehmen.

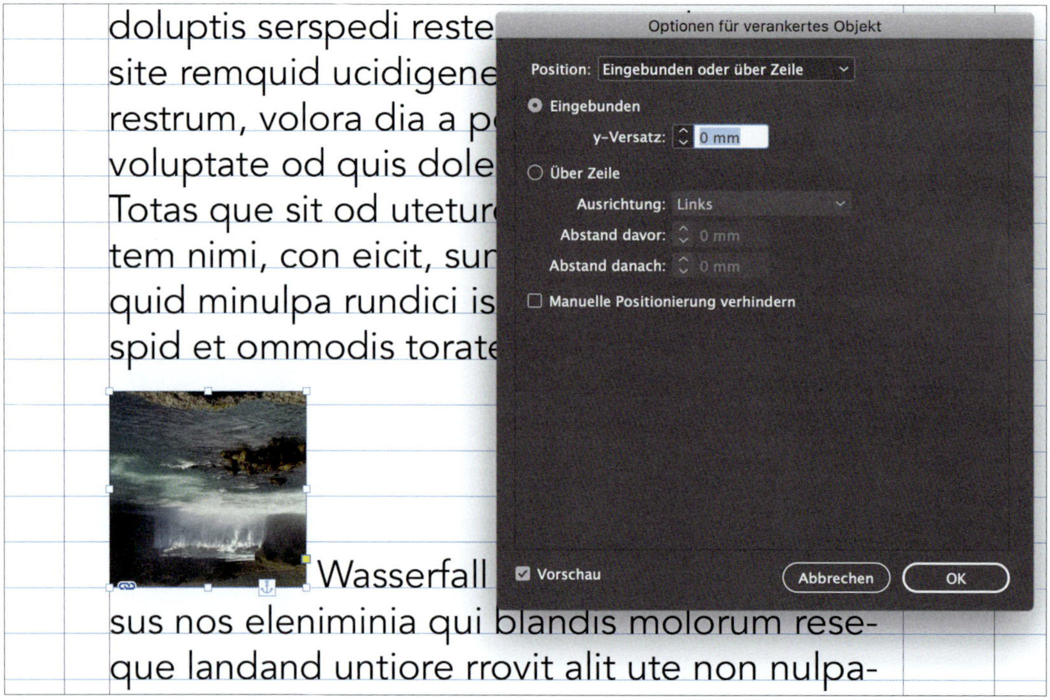

Abbildung 8.25 *Optionen für verankertes Objekt: Eingebunden*

Um es innerhalb der Zeile zu verankern, wählen Sie **Eingebunden**. Hier können Sie jetzt noch den y-Versatz zur Grundlinie festlegen.

Wichtige Funktion

Wie bereits anfangs erwähnt, sollten Sie in der Reinzeichnung umfangreicher Projekte bei null beginnen und sie anhand des Kreativlayouts nachbauen. Technische Kniffe wie die verankerten Objekte erleichtern Ihnen das Arbeiten und garantieren die absolute Einheitlichkeit in Ihrem gesamten Projekt. Sie schlagen also zwei Fliegen mit einer Klappe.

Möchten Sie das Element über dem Text verankern, so wechseln Sie in dem Dialogfeld auf **Über Zeile**. Hier können Sie dann weitere Einstellungen vornehmen.

Sie können zwischen den Ausrichtungsoptionen links, zentriert und rechts wählen. Außerdem haben Sie die Möglichkeit, einen **Abstand davor** und einen **Abstand danach** zu definieren. Dies kann besonders bei Überschriften oder neuen Kapiteln vonnöten sein.

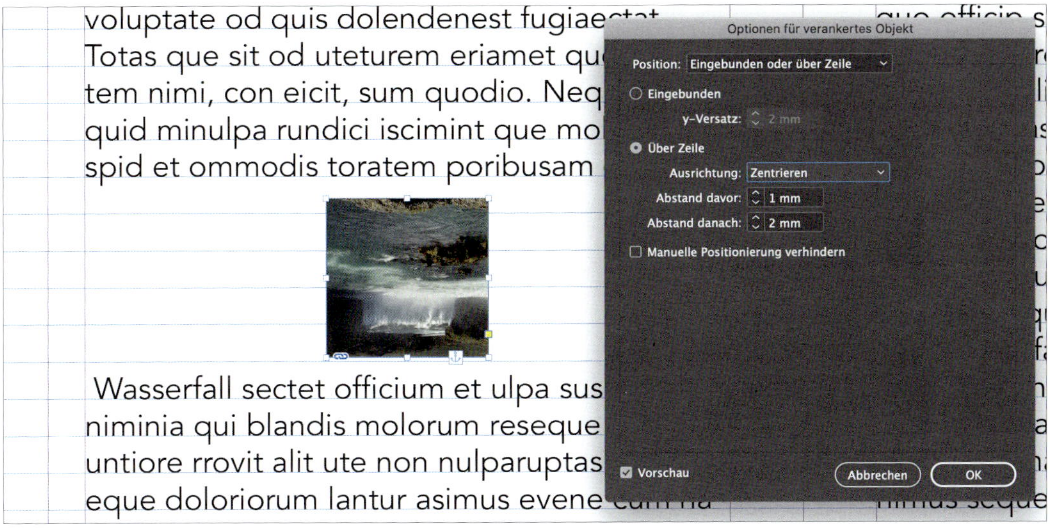

Abbildung 8.26 *Optionen für verankertes Objekt: Über Zeile*

8.3.3 Inhaltsverzeichnisse

Haben Sie über das ganze Projekt hinweg sauber mit Zeichen- und Absatzformaten gearbeitet (siehe Abschnitt 6.5, »Zeichen- und Absatzformate«), geht das Erstellen von Inhaltsverzeichnissen, die sich automatisch aktualisieren, leicht von der Hand. Ziel hierbei ist es, aus einem InDesign-Dokument oder InDesign-Buch alle Überschriften und alle folgenden Unterüberschriften mit ihrer korrekten Seitenzahl im Dokument auszugeben.

SCHRITT FÜR SCHRITT
Ein Inhaltsverzeichnis erstellen

Für ein Inhaltsverzeichnis ist es wichtig, dass Sie sich vorab Absatzformate für die jeweiligen Überschriften anlegen und diese konsequent benutzen.

1 Absatzformate anlegen

Sie sollten vor der Anlage eines neuen Inhaltsverzeichnisses überlegen, wie es formatiert aussehen soll. Erstellen Sie dazu einen neuen Textrahmen in Ihrem Dokument, und befüllen Sie ihn mit folgenden Absätzen:

- Inhaltsverzeichnis
- Überschriften
- Unterüberschrift 1
- Unterüberschrift 2
- Unterüberschrift 3 usw.

Nun formatieren Sie die Absätze so, wie sie später aussehen sollen, und legen für jeden Absatz ein Absatzformat an, beispielsweise »directory0«, »directory1«, »directory2«, »directory3«. Die Namen spielen keine große Rolle, sie werden nur dem Inhaltsverzeichnis einmal zugewiesen.

Abbildung 8.27 *Beispielhafte Formatierung der jeweiligen Einträge im Inhaltsverzeichnis*

2 Inhaltsverzeichnis anlegen und formatieren

Nun löschen Sie den Inhalt des Textrahmens und legen ein neues Inhaltsverzeichnis über **Layout > Inhaltsverzeichnis...** an. Es öffnet sich das gleichnamige Dialogfeld.

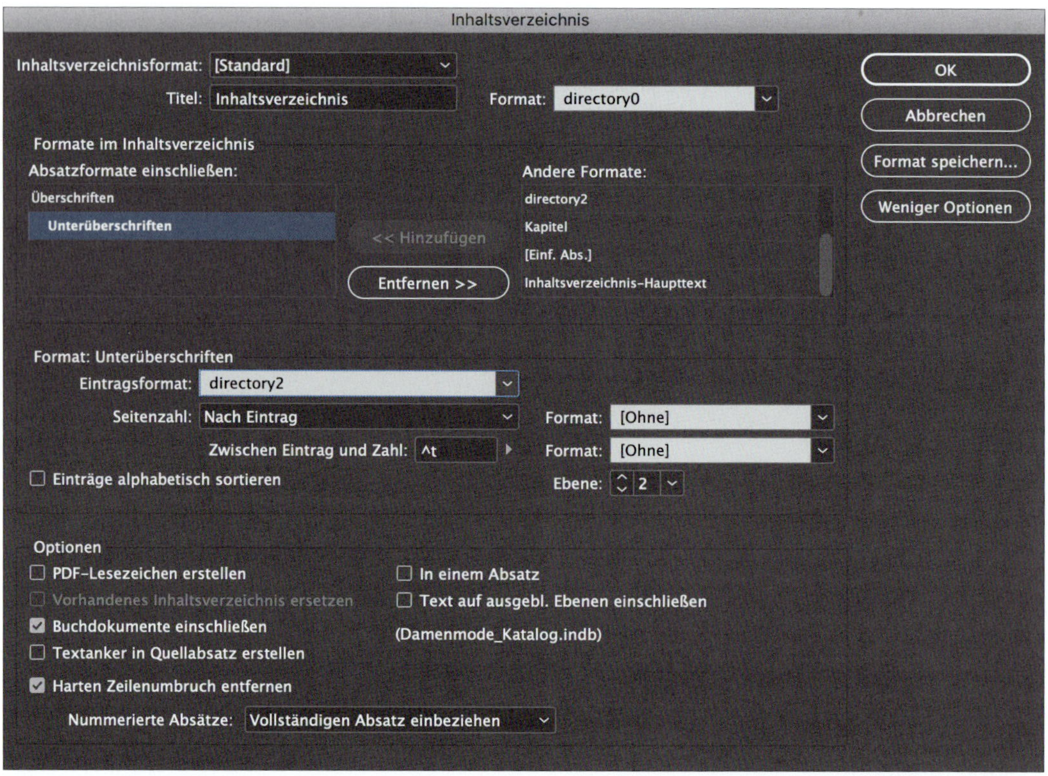

Abbildung 8.28 *Inhaltsverzeichnis in InDesign*

Hier müssen Sie nun einige Einstellungen vornehmen. Klicken Sie als Erstes auf den Button **Mehr Optionen**, um sich alle verfügbaren Einstellungen anzeigen zu lassen.

Nun geben Sie einen **Titel** für das Inhaltsverzeichnis ein. Daneben weisen Sie diesem Text das zugehörige Absatzformat zu, in unserem Beispiel »directory0«.

Im nächsten Schritt müssen Sie auswählen, welche Absatzformate vom Inhaltsverzeichnis berücksichtigt werden sollen (unter **Absatzformate einschließen**). Sie können hier eine Vielzahl an Unterüberschriften festlegen, die sich immer weiter ineinander verschachteln. In unserem Beispiel gibt es nur eine Überschrift und eine Unterüberschrift. Mit einem Klick auf den Button **<<Hinzufügen** wählen Sie die Absatzformate aus, die Sie einschließen möchten.

Sie können nun jedes eingeschlossene Absatzformat einzeln anklicken, um sich weitere Informationen zur Ausgabe anzusehen. Zunächst legen Sie das **Eintragsformat** fest, das Sie je Ebene vorab festgelegt haben.

Dann können Sie festlegen, wo sich die Seitenzahl befinden soll, nämlich **Nach Eintrag**, **Vor Eintrag** oder **Keine Seitenzahl**. In den meisten Fällen können Sie bei der ersten Ebene die Seitenzahl weglassen und erst ab der zweiten Ebene die Seitenzahl nach dem Eintrag angeben, denn meist befindet sich auf der Seite der ersten Überschrift auch die erste Unterüberschrift. Sollte dem nicht so sein, sollten Sie natürlich auch auf der ersten Ebene schon die Seitenzahl nach dem Eintrag nennen.

Danach legen Sie fest, welche Zeichen nach dem Eintrag und vor der Seitenzahl ausgegeben werden sollen (unter **Zwischen Eintrag und Zahl**). Hier wird vorab schon der Tabulator ^t angeboten, der auch zu empfehlen ist. Sie können aber natürlich auch ein Leerzeichen oder irgendein anderes Zeichen ausgeben.

Sowohl der Seitenzahl als auch der Zeichenkette zwischen Eintrag und Seitenzahl lässt sich ein eigenes Zeichenformat zuweisen, wenn Sie dies möchten.

3 Weitere Optionen auswählen

Zuletzt können Sie noch einige Optionen aktivieren:

- **PDF-Lesezeichen erstellen:** Hier können Sie im PDF direkt Hyperlinks auf die jeweilige Seitenzahl generieren, falls Ihr Ausgabe-PDF für den Monitor und nicht für den Druck optimiert sein soll.
- **Buchdokumente einschliessen:** Sollte es sich bei Ihrem Projekt um ein InDesign-Buch handeln (siehe Abschnitt 8.3.1, »Bücher erstellen«), so können Sie mit diesem Haken alle InDesign-Dokumente innerhalb des Buches einschließen, um das Inhaltsverzeichnis korrekt zu erstellen.
- **Textanker im Quellabsatz erstellen:** Mit dieser Option können Sie das Ausgabemedium für ePUB optimieren, und die Leser*innen können über einen Klick auf den jeweiligen Text im Inhaltsverzeichnis im Reader direkt auf die Seite springen.
- **Harten Zeilenumbruch entfernen:** Diese Option sollten Sie unbedingt aktivieren, da Ihre Überschrift layoutbedingt auch mal umbrochen werden muss. Solch ein Umbruch hat in einem Inhaltsverzeichnis natürlich nichts zu suchen.

- **In einem Absatz:** Durch diese Funktion werden alle Einträge aus dem Inhaltsverzeichnis in einen einzelnen Absatz gesetzt.
- **Text auf ausgeblendeten Ebenen einschliessen:** Mit dieser Option wird auch Text auf ausgeblendeten Ebenen in das Verzeichnis eingeschlossen. Grund hierfür kann sein, dass jedes Kapitel oder jeder Abschnitt durch ein Bild ohne Text eingeleitet wird. In diesem Fall können Sie sich eine versteckte Ebene anlegen, die ein Textfeld mit dem jeweiligen Kapitelnamen enthält. So können Sie ein automatisiertes Inhaltsverzeichnis erstellen, ohne den Text auch in der sichtbaren Fläche zu verwenden.

4 Inhaltsverzeichnis platzieren

Klicken Sie anschließend auf **OK**, und platzieren Sie den Inhalt Ihres Inhaltsverzeichnisses in dem Textrahmen. Schon haben Sie ein schön formatiertes Inhaltsverzeichnis, das sich automatisch bei jeder Änderung anpasst.

Hierzu müssen Sie das Inhaltsverzeichnis allerdings aktualisieren: **Layout > Inhaltsverzeichnis aktualisieren**.

Abbildung 8.29 *Inhaltsverzeichnis für den Beispielkatalog aus Abschnitt 8.3.1, »Bücher erstellen«*

5 Abstände anpassen

Nun müssen Sie in dem Textrahmen noch Einstellungen für den Tabulator über [cmd]/[Strg]+[T] vornehmen, wenn Sie dies nicht bereits im Absatzformat festgelegt haben. Setzen Sie am besten einen rechtsbündigen Tabulator in einem angenehmen Abstand zum Text.

Abbildung 8.30 *Rechtsbündiger Tabulator im Inhaltsverzeichnis*

6 Füllzeichen bestimmen

Sie können entweder an dieser Stelle direkt ein Füllzeichen bestimmen, beispielsweise einen Punkt, oder dies über das Absatzformat in den Inhaltsverzeichnis-Einstellungen definieren.

Öffnen Sie hierzu das zugehörige Absatzformat der Ebene, und gehen Sie auf den Reiter **Tabulatoren**. Dort legen Sie einen rechtsbündigen Tabulator zusammen mit einem Füllzeichen fest.

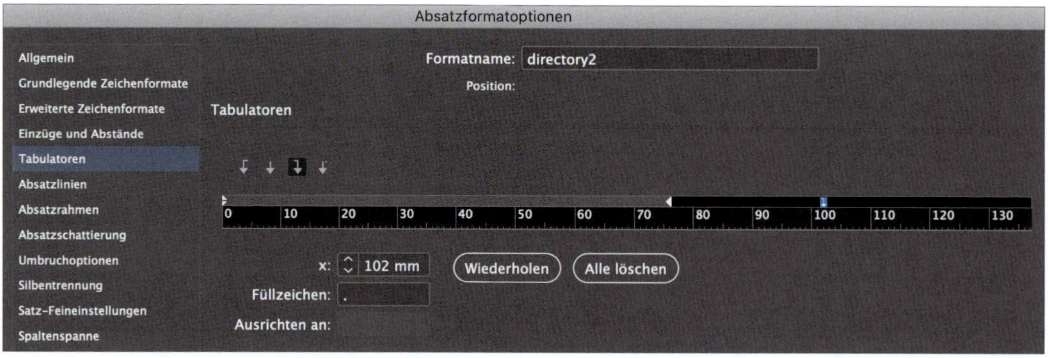

Abbildung 8.31 *Tabulator-Einstellungen mit Füllzeichen im Absatzformat*

Nun wird in Ihrem Inhaltsverzeichnis automatisch eine gepunktete Linie vom Eintrag bis zur Seitenzahl erzeugt.

Abbildung 8.32 *Tabulatur mit Punkt-Füllzeichen im Inhaltsverzeichnis*

7 Automatische Anpassungen genießen

Wenn Sie nun die Reihenfolge der InDesign-Dokumente innerhalb des Buches verändern oder wenn aufgrund von Korrekturen im Abstimmungsprozess Seiten verschoben oder gelöscht werden, müssen Sie sich um Ihr Inhaltsverzeichnis keine Sorgen machen – es wird immer nach einer Aktualisierung korrekt ausgegeben.

8.3.4 Index erstellen

Neben einem Inhaltsverzeichnis können Sie auch einfach einen Index bzw. ein Register erstellen.

SCHRITT FÜR SCHRITT
Index anlegen

Öffnen Sie hierzu das Index-Bedienfeld über **Fenster > Schrift & Tabellen > Index**.

1 Indexeinträge markieren

Gehen Sie nun Ihr Dokument in Ruhe durch, und markieren Sie die Wörter, die Sie dem Index hinzufügen möchten. Dafür drücken Sie jeweils im Index-Bedienfeld auf das Pluszeichen (**Neuen Indexeintrag erstellen**) oder betätigen die Tasten cmd/Strg+7.

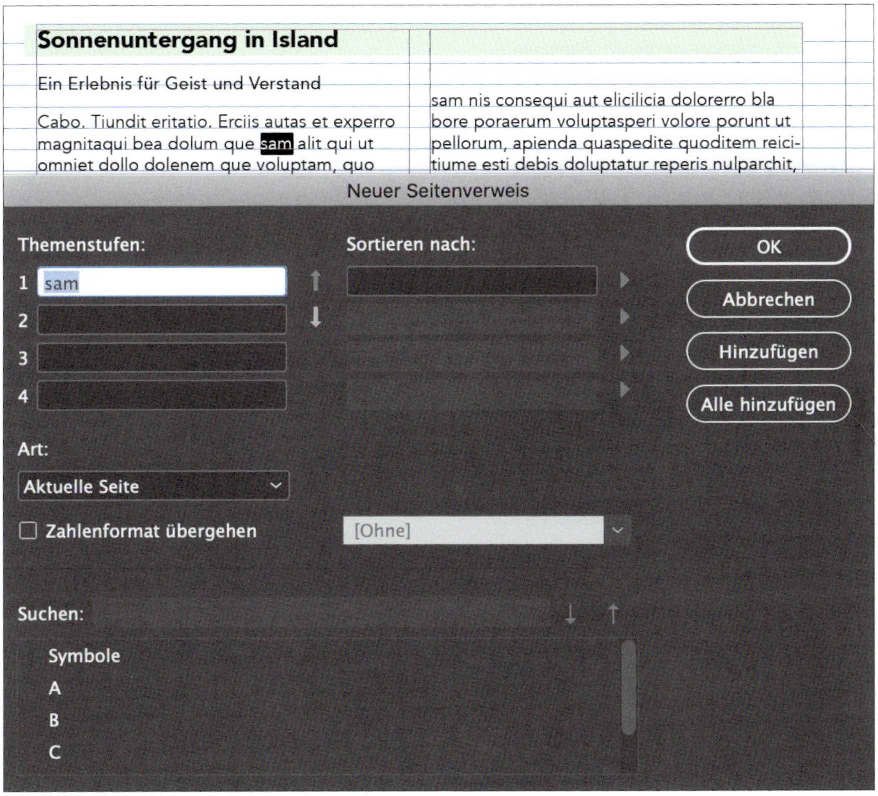

Abbildung 8.33 *Neuer Seitenverweis für den Index in InDesign*

Sie können hier ähnlich wie beim Inhaltsverzeichnis (siehe Abschnitt 8.3.3, »Inhaltsverzeichnisse«) zwischen den verschiedenen Themenstufen bzw. Indexebenen wählen.

Dann legen Sie noch fest, wie der Verweis notiert werden soll. Beispielsweise können Sie die aktuelle Seitenzahl, den Vermerk »siehe [Verweis]« oder eine komplett benutzerdefinierte Ausgabe einstellen. Für einen normalen Index ist die aktuelle Seitenzahl jedoch völlig ausreichend.

Wollen Sie jedes Vorkommen des Wortes in den Index aufnehmen, klicken Sie auf **Alle hinzufügen**, um das ganze Dokument nach dem Wort zu durchsuchen.

2 Indexeinträge überprüfen

Im Index-Bedienfeld werden Ihnen dann alle Einträge alphabetisch angezeigt. Sie können jeweils die Einträge ausklappen, um sich anzeigen zu lassen, auf welchen Seiten das Wort vorkommt und ob Sie eine einheitliche Schreibung gewählt haben (Vorsicht bei Einzahl und Mehrzahl der Einträge).

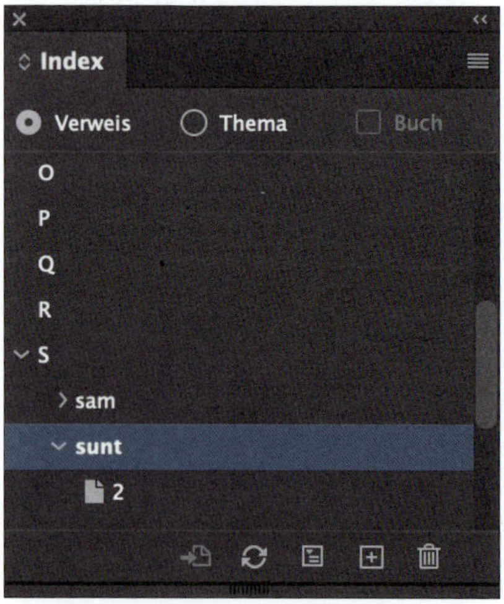

Abbildung 8.34 *Index-Bedienfeld mit ersten Einträgen inklusive der jeweiligen Seitenzahlen*

3 Index generieren lassen

Haben Sie alle Wörter hinzugefügt, können Sie anschließend den Index generieren und im Dokument platzieren. Klicken Sie dazu im Index-Bedienfeld auf **Index generieren.**

Es öffnet sich das Dialogfeld **Index generieren**, in dem Sie als Erstes auf den Button **Mehr Optionen** klicken sollten, um sich alle Einstellungen anzeigen zu lassen.

Abbildung 8.35 *Index generieren in InDesign*

Hier können Sie erneut mit den vorab angelegten Absatzformaten für das Inhaltsverzeichnis arbeiten (siehe Abschnitt 8.3.3, »Inhaltsverzeichnisse«). Legen Sie einen **Titel** fest, der in der Ausgabe als Überschrift für Ihren Index verwendet wird. Dann weisen Sie ihm ein Absatzformat zu, das bereits existieren muss.

Setzen Sie unbedingt den Haken bei **Indexabschnittsüberschriften einschliessen**, damit in der alphabetischen Sortierung der jeweilige Buchstabe als Überschrift für die Einträge verwendet wird. Sie können dieser Überschrift im Reiter **Indexformat** unter **Abschnittsüberschrift** auch ein Absatzformat zuweisen.

Dann legen Sie unter **Stufenformat** die Absatzformate der jeweiligen Stufen Ihres Indexes fest. Außerdem lassen sich die **Eintragstrennzeichen** bearbeiten; diese sind in der vorgegebenen Art allerdings für den Index schon optimal.

4 Index finalisieren

Klicken Sie zuletzt auf **OK**, und platzieren Sie Ihren Index in dem Textrahmen.

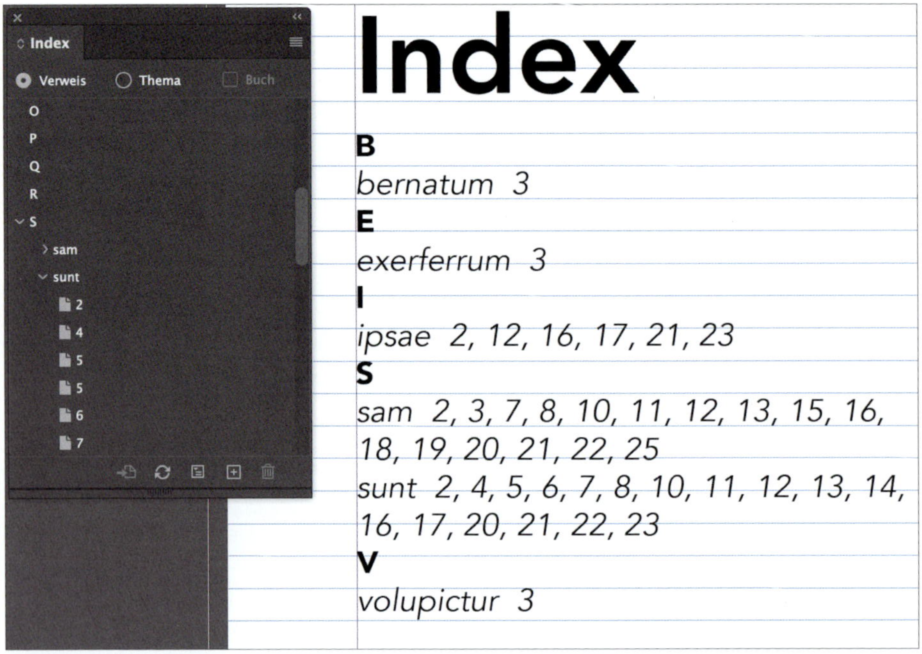

Abbildung 8.36 *Beispielhafter Index*

Um neue Einträge hinzuzufügen und diese in den Index zu integrieren, müssen Sie ihn aktualisieren. Klicken Sie hierzu im Index-Bedienfeld erneut auf **Index generieren**, und achten Sie im Dialogfeld darauf, dass der Haken bei **Vorhandenen Index ersetzen** gesetzt ist. Dieses Feld war beim ersten Erstellen des Index gesperrt; sobald sich jedoch ein Index im InDesign-Dokument befindet, können Sie so wählen, ob Sie einen weiteren Index anlegen oder den bestehenden überschreiben möchten. Wenn der Index generiert ist, gibt InDesign Ihnen einen entsprechenden Status zurück.

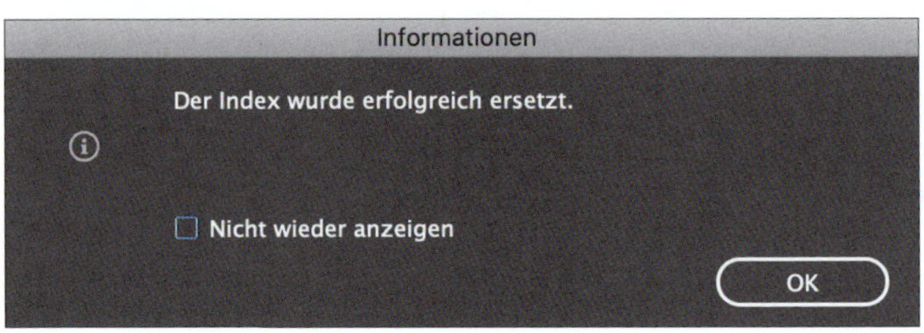

Abbildung 8.37 *Statusinformation zum ersetzten Index*

So halten Sie einen Index beispielsweise am Ende einer Broschüre immer auf dem neusten Stand und haben nicht nachträglich Mühe damit, die jeweiligen Seitenzahlen zu kontrollieren und zu korrigieren.

8.4 Mehrsprachensatz

In der Reinzeichnung kommt es nicht selten vor, dass Sie eine Broschüre oder einen Geschäftsbericht in einer Sprache als Kreativlayout erhalten und den Hinweis dazu, dass dieses Projekt auch in diversen anderen Sprachen ausgeliefert werden soll. Sie können sich hierbei vor allem durch ein geschicktes Einsetzen und Kombinieren von Ebenen die Arbeit einfach machen (siehe Abschnitt 8.1, »Tipps für das Arbeiten mit Ebenen«).

8.4.1 Mikrotypografie im Mehrsprachensatz

Neben dem reinen Austauschen der Sprache gehört auch hier ein Fingerspitzengefühl für Mikrotypografie zur Reinzeichnung. Andere Länder haben nämlich abweichende Standards, die wir für die Sprachen Englisch (USA), Französisch, Spanisch und Italienisch einmal näher betrachten wollen:

Sprache einstellen | Zur Erinnerung: Die Sprache können Sie unter **Absatzformat > Erweiterte Zeichenformate > Sprache** einstellen. Bei der Schreibung von **doppelten Anführungszeichen** gibt es Folgendes zu beachten:

- **Englisch:** “English”
- **Französisch:** « Français » (mit Viertelgeviert)
- **Spanisch:** «Español», inzwischen auch “Español”
- **Italienisch:** «Italiano», inzwischen auch “Italiano”

“English”
« Français »
«Español»
«Italiano»

Abbildung 8.38 *Doppelte Anführungszeichen international*

Einfache Anführungszeichen werden entsprechend geschrieben:

- **Englisch:** ‘English’
- **Französisch:** ‹ Français › (mit Viertelgeviert)
- **Spanisch:** ‘Español’
- **Italienisch:** ‘Italiano’

‘English’
‹ Français ›
‘Español’
‘Italiano’

Abbildung 8.39 *Einfache Anführungszeichen international*

Fragezeichen und Ausrufezeichen haben folgende Besonderheiten:

- **Englisch:** English?
- **Französisch:** Français ? (mit Viertelgeviert)
- **Spanisch:** ¿Español?
- **Italienisch:** Italiano?

English?
Français?
¿Español?
Italiano?

Abbildung 8.40 *Fragezeichen international*

Zahlen werden folgendermaßen organisiert:

- **Englisch:** 1,000
- **Französisch:** 1 000 (mit Achtelgeviert)
- **Spanisch:** 1.000 oder 1 000 (mit Achtelgeviert)
- **Italienisch:** 1.000

1,000	(English)
1 000	(Français)
1.000	(Español)
1.000	(Italiano)

Abbildung 8.41 *Zahlen international*

Die Datumsschreibweise unterscheidet sich in allen Ländern deutlich. Als Beispiel dient hier der 1. Juni 2022:

- **Englisch:** 6/1/2022
- **Französisch:** 01-06-2022
- **Spanisch:** 01/06/2022
- **Italienisch:** 01-06-2022

6/1/2022	(English)
01-06-2022	(Français)
01/06/2022	(Español)
01-06-2022	(Italiano)

Abbildung 8.42 *Daten international*

8.4.2 Mehrsprachensatz durch Wechsel nur einer einzelnen Druckplatte

Sie können in der Reinzeichnung in enger Absprache mit der Produktion auch – abhängig vom Kreativlayout – den Vorschlag machen, die Sprachversionen allein durch den Wechsel einer einzelnen Druckplatte vorzunehmen. Dies bedarf zwar einer Menge Aufmerksamkeit, Vorstellungsvermögen und Fingerspitzengefühl, allerdings lassen sich die Produktionskosten so deutlich reduzieren. Außerdem – und das wiegt noch viel schwerer – müssen die Farbbilder für nur eine einzelne Sprachversion abgestimmt werden und bleiben für alle weiteren Sprachversionen unverändert. Dies kann gerade bei Verkaufsprospekten mit hohem Anspruch an die Farbtreue der abgebildeten Produkte von gewaltigem Vorteil sein.

Wie funktioniert dieses Vorgehen? Der Druck findet später ganz regulär in vier Farben statt, allerdings wird er um eine weitere Druckplatte für den Text erweitert. Der Drucker muss also fünf Drucktürme in seiner Druckmaschine zur Verfügung haben, in denen die ersten vier ganz normal CMYK drucken. Der letzte Turm druckt allerdings eine Sonderfarbe, beispielsweise wieder Schwarz. Hierfür wird eigens eine Druckplatte erstellt, die anschließend für die jeweiligen Sprachen immer ausgetauscht wird. Der CMYK-Druck bleibt unverändert.

Vorsicht Überdrucken!

Achten Sie darauf, dass die Texte überdrucken können. Dies prüfen Sie am besten über die Separationsvorschau (siehe Abschnitt 4.4.4, »Farbseparationen«). Wählen Sie den Farbkanal einfach ab, und gehen Sie das gesamte InDesign-Dokument Seite für Seite durch. So stellen Sie am sichersten fest, ob der Text reibungslos aufgedruckt werden kann oder ob sich Probleme ergeben könnten. Hierbei gilt es dann in Absprache mit der Druckerei entsprechende Vorkehrungen am Layout bzw. an der Reinzeichnung zu treffen.

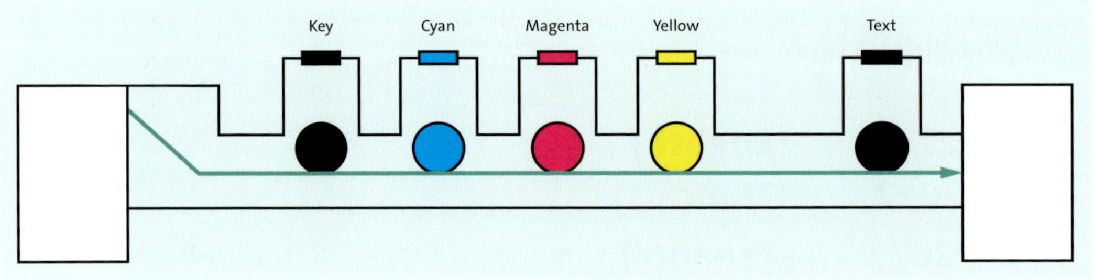

Abbildung 8.43 *Fünf Druckwerke in der Druckmaschine für den Austausch einer Druckplatte nur für den Text*

Dafür muss das Kreativlayout allerdings einige Voraussetzungen erfüllen. So darf der Text nicht negativ stehen, sondern muss ausschließlich überdrucken können (siehe Abschnitt 4.4.1, »Überdrucken«). Oder der Text steht in Weiß negativ immer auf derselben Farbfläche, die nur mit dem einen vorher definierten Farbkanal für den Text bedient wird – beispielsweise auch Schwarz. Allerdings kein Tiefschwarz aus mehreren Farben, sondern ein unbuntes Schwarz (siehe Abschnitt 4.4.5, »Schwarzdarstellung«).

Die grafischen Elemente innerhalb des Kreativlayouts dürfen die Schrift auch nicht eng umfließen. So können rechteckige Kästen, in denen ein Text steht, zum Problem werden. Viele Sprachen, beispielsweise Russisch, laufen deutlich länger als Deutsch und könnten so nicht mehr in den vorgegebenen Rahmen passen. Sie sollten dafür Sorge tragen, dass immer mindestens noch 30 % Freiraum in dem Textrahmen ist, um gegebenenfalls länger laufende Sprachen weiter unterbringen zu können.

Sollten diese Voraussetzungen jedoch erfüllt sein, können Sie mithilfe eines smarten Einsatzes von Ebenen und einer entsprechenden Volltonfarbe für alle Texte einiges an Zeit und Geld einsparen.

8.5 Fremdsprachensatz am Beispiel arabischer Texte

Das Thema arabische Texte wird in den letzten Jahren immer gefragter. Unternehmen und Behörden möchten ihre Kundschaft vermehrt multilingual ansprechen. Dies stellt für Sprachen mit lateinischen Buchstaben keine große Hürde in InDesign dar. Sobald allerdings Sprachen in nichtlateinischen Buchstaben gesetzt werden müssen, gerät InDesign in der deutschen Version relativ schnell an seine Grenzen.

8.5.1 Einzelne Wörter setzen mit den Platzhalteroptionen

Möchte man nun einzelne Wörter oder einen einzelnen Satz beispielsweise auf Arabisch setzen, so können Sie sich noch mit dem Platzhaltertext-Workaround behelfen (siehe Abschnitt 6.7, »Wörterbücher und Rechtschreibprüfung«). Halten Sie hierzu beim Einfügen von Platzhaltertext die `Alt`-Taste gedrückt. So erreichen Sie die **Platzhalteroptionen**, die Sie anschließend auf **Arabisch** setzen können.

Möchten Sie für diesen Text nun allerdings festlegen, dass der Absatz von rechts nach links laufen soll, fehlt Ihnen diese Option in den Absatz-Einstellungen. Sie können zwar einen Blocksatz erzwingen, aber keine eigenen Einstellungen zur Textrichtung vornehmen.

Abbildung 8.44 *Arabischer Blocksatz über alle Zeilen in InDesign*

Aber nicht nur das, es fehlen auch andere Middle-East-Zeichen- und -Einstellungsformate, die Sie nur mit der entsprechenden InDesign-Version verwenden können. Sollten Sie vor der Reinzeichnung einer Broschüre stehen, in der eine große Menge arabischer Text vorkommt, sollten Sie daher nicht mehr mit dem Platzhaltertext-Workaround arbeiten.

8.5.2 Arbeiten mit der InDesign-MENA-Edition

Installieren Sie hierzu zusätzlich die InDesign-MENA-Edition (Middle East North Africa). Diese wird Ihnen allerdings in der Adobe Creative Cloud nicht direkt angezeigt. Sie müssen hier einige Einstellungen vornehmen, um die Edition installieren zu können:

- Öffnen Sie die Creative-Cloud-Applikation.
- Gehen Sie in Ihr Konto, und wählen Sie **Voreinstellungen**.

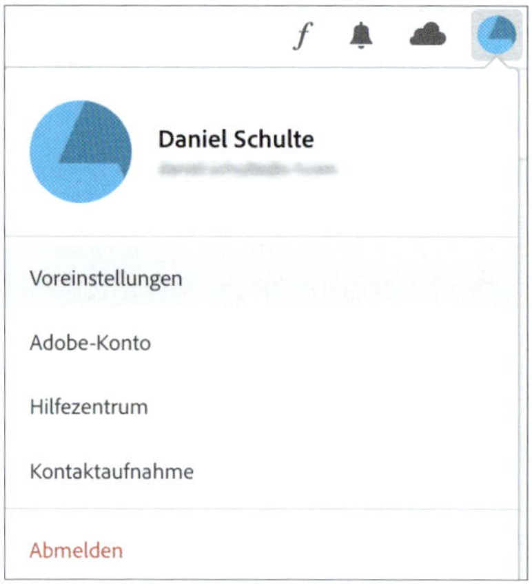

Abbildung 8.45 *Voreinstellungen im Konto der Adobe-Creative-Cloud-Applikation*

- Im Bereich **Applikationen** wählen Sie als **Standardinstallationssprache** den Eintrag **English [Arabisch]** aus.

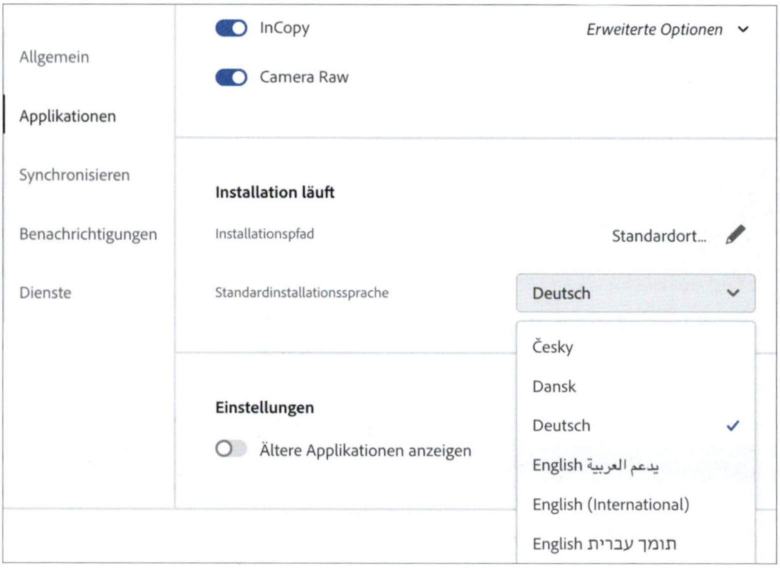

Abbildung 8.46 *Spracheinstellung English [Arabisch] für die Applikationen*

- Klicken Sie auf **Fertig**, um die Einstellungen zu speichern.
- Gehen Sie in der Adobe-Creative-Cloud-Applikation wieder zurück auf **Alle Applikationen**.
- Nun installieren Sie InDesign neu. Die Creative-Cloud-Oberfläche bleibt deutsch, da Sie nur die Einstellungen innerhalb der Programme angepasst haben.
- Abschließend stellen Sie die Sprache der Applikationen wieder zurück auf Deutsch.

Wenn Sie nun die neu installierte InDesign-Version öffnen, sehen Sie neue Einstellungsmöglichkeiten für die arabischen Sprachen. Obwohl dieses Vorgehen auch auf der Adobe-Website für das Arbeiten in arabischen Sprachen empfohlen wird, gibt es offiziell keinen Support für mehrere InDesign-Versionen auf einem Endgerät. Sie müssen also gegebenenfalls vorübergehend die deutsche InDesign-Version deinstallieren und erst anschließend die englische/arabische Version installieren. Es ist aber einen Versuch wert, beide parallel zu installieren, da dies meist funktioniert. Die erstellten INDD-Dateien sollen laut Adobe kompatibel mit allen Länderversionen von InDesign sein.

Nun haben Sie neue Einstellungsmöglichkeiten, die wir uns im Folgenden ansehen.

8.5.3 Bindung rechtsbündig

Bei neuen Dokumenten können Sie nun festlegen, dass die Bindung nicht links-, sondern rechtsbündig erfolgen soll. Dies hat zur Folge, dass die erste Seite in Ihrem Dokument nicht mehr rechts, sondern links und die letzte Seite nicht mehr links, sondern rechts steht.

Abbildung 8.47 *Bindung rechtsbündig*

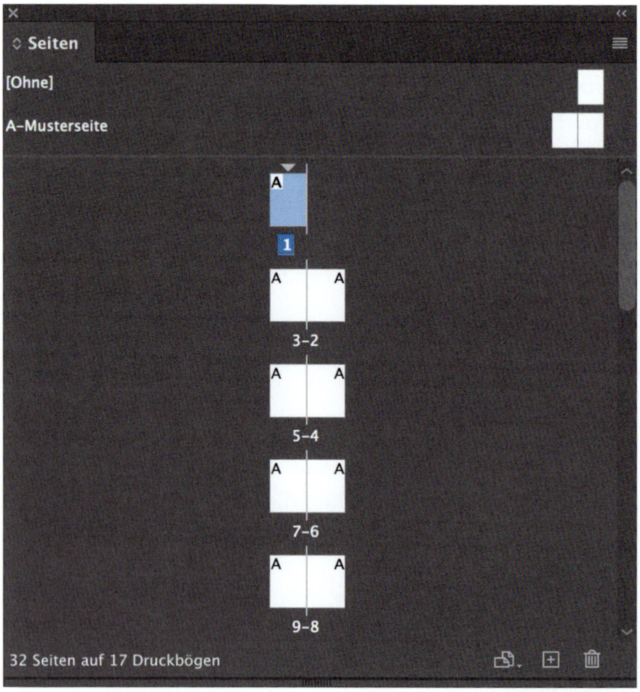

Abbildung 8.48 *Seitenanordnung bei rechtsbündiger Bindung in InDesign*

Dies ist wichtig, um den Anschnitt korrekt anzulegen und die Konfektionierung des Druck-PDFs für den weiterverarbeitenden Dienstleister zu erleichtern bzw. Fehler zu vermeiden. Wäre die erste Seite rechts, würden auch beispielsweise Einstellungen für Innen- und Außenränder falsch wiedergegeben werden.

Weiterhin sehen Sie, dass die Paginierung nun nach der ersten Seite von rechts nach links läuft. Dies wäre ohne die MENA-Edition von InDesign in dieser Form gar nicht oder nur sehr umständlich umsetzbar gewesen. Auf diese Art und Weise haben Sie alle gewohnten automatischen Einstellungsmöglichkeiten in der korrekten Leserichtung.

8.5.4 Absatz- und Zeicheneinstellungen

Ihnen stehen hier zwei neue Felder zur Auswahl, die in der deutschen Version von InDesign nicht vorhanden sind:

- **Absatz-Richtung:** Hier legen Sie fest, in welche Richtung der Absatz laufen soll: von links nach rechts oder von rechts nach links.
- **Kashidas:** Hier können Sie arabische Kashidas festlegen. Die Kashidas definieren den Abstand zwischen Buchstaben, die jedoch anders als in lateinischer Schrift weiterhin verbunden bleiben. Sie können hier wählen zwischen **Keine**, **Kurz**, **Mittel** und **Lang**.

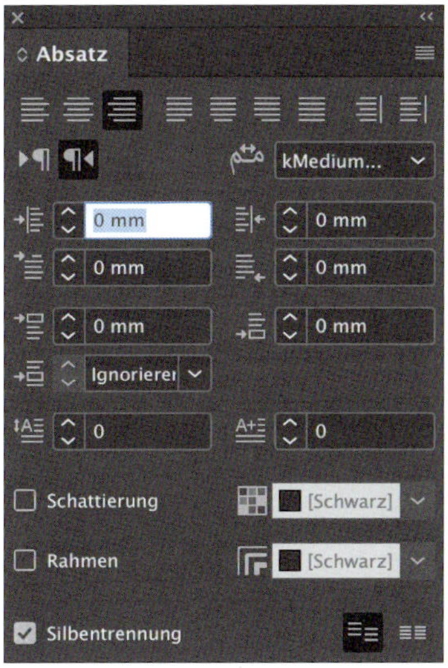

Abbildung 8.49 *Absatzeinstellungen der MENA-Edition von InDesign*

Diese Einstellungsmöglichkeiten stehen natürlich auch in den Absatzformaten zur Verfügung.

Auch bei den **Zeichen** gibt es neue Einstellungsmöglichkeiten: Hier können Sie die Darstellung der Zahlen, die Kashidas, die Textrichtung und die Position von diakritischen Zeichen festlegen.

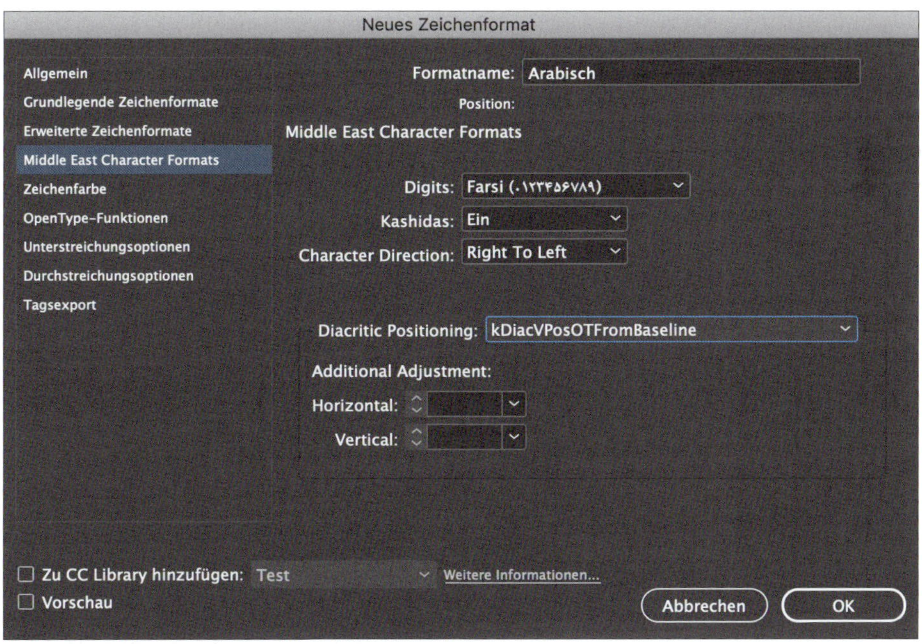

Abbildung 8.50 *Middle East Character Formats*

- **Digits** (Zahlen): Hier haben Sie die Auswahlmöglichkeit zwischen Zahlen in Arabisch, Farsi und Hindi.
- **Kashidas:** Hier können Sie, wie bei den Absätzen, die Kashidas definieren.
- **Character Direction** (Textrichtung): Auch für die Zeichen können Sie die Textrichtung festlegen: von links nach rechts oder von rechts nach links.
- **Diacritic Positioning** (Diakritische Position): Diakritische Zeichen sind kleine an Buchstaben angebrachte Zeichen, die auch in der arabischen Sprache vorkommen. Hier können Sie ihre vertikale Position festlegen.

8.5.5 Middle-East-Zeichen

Außerdem stehen Ihnen Sonderzeichen zur Verfügung, die Sie in der MENA-Edition in Ihrem InDesign-Dokument einsetzen können.

Abbildung 8.51 *Spezielle Middle-East-Zeichen*

Hier können Sie spezielle Zeichen für Middle-East-Sprachen wählen und Trennstriche für den Textfluss von rechts nach links usw. auswählen und einsetzen.

Mithilfe dieser Einstellungsmöglichkeiten sollten Sie in der Lage sein, auch lange Textabschnitte in arabischen Sprachen sauber zu formatieren und auszugeben. Sie sollten sich jedoch Muttersprachler*innen für das Lektorat suchen, die auch die Zeichen und ihre optische Richtigkeit genau prüfen können. In der arabischen Schrift gibt es einige Tücken, die zu beachten sind.

8.6 Stanzformen und Veredelungen für eine Verpackung

Stanzformen und Veredelungen funktionieren in InDesign auf eine ähnliche Art und Weise. Die Information wird per Volltonkanal an das PDF übertragen. Dennoch müssen Sie unterschiedliche Bedingungen beachten.

8.6.1 Stanzformen

Das Arbeiten mit Stanzformen erfordert zunächst ein umfassendes Verständnis des Endprodukts: Was wird wie gefalzt und gestanzt, um welche Form zu erzielen? Stanzformen kommen meist direkt von der Druckerei. Sollten Sie die Weiterverarbeitung der Stanzform nicht genau verstehen, scheuen Sie sich nicht davor, ein Weißmuster anzufragen. Damit stellt Ihnen die Druckerei idealerweise ein konfektioniertes Endprodukt zur Verfügung, und Sie können genau sehen, wie Sie die Daten in der Reinzeichnung aufbereiten müssen. Mittlerweile hat es sich allerdings als Standard etabliert, nur eine 3D-Ansicht oder ein Foto des konfektionierten Endprodukts zu übermitteln.

Vektorlinien der Stanzform verstehen | Als Erstes gilt es zu definieren, welche Bedeutung die einzelnen Vektorlinien haben. Im Idealfall sind diese schon in einer passenden Sonderfarbe angelegt, beispielsweise »Falz« oder »Stanzform«. Kommen die Stanzformen aus dem Ausland, kann es gut sein, dass diese Unterteilung noch nicht stattgefunden hat. In diesem Fall wären alle Vektorlinien in derselben Farbe, gegebenenfalls nicht einmal in einer Sonderfarbe, und hätten die gleiche durchgezogene Kontur. Dann müssen Sie trotzdem verstehen, welche Vektorlinie gestanzt, welche gefalzt und welche genutet wird.

Eigene Ebene für Stanzform

Denken Sie daran: Stanzformen sollten Sie möglichst auf eine eigene, gesperrte Ebene legen.

Häufig ist es für ein besseres Verständnis hilfreich, die gelieferte Stanzform auszudrucken und verkleinert zusammenzubauen. Vergessen Sie nicht: Deuten Sie die

Stanzform falsch und lassen eine Innenseite bedrucken, ist dies teilweise nur durch einen Neudruck zu korrigieren. Dies ist besonders dann der Fall, wenn rechtlich vorgeschriebene Angaben auf solch einer missdeuteten Seite landen.

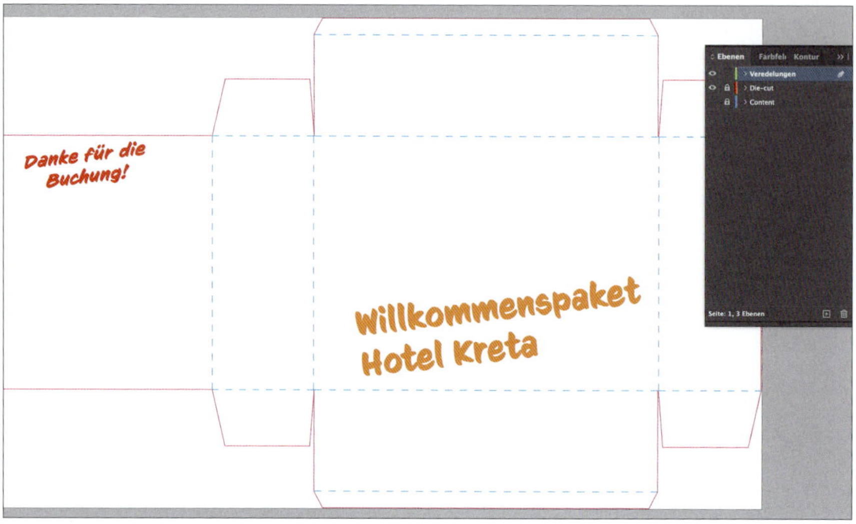

Abbildung 8.52 *Die Stanzlinien sind durchgezogen, die Falzlinien gestrichelt.*

Im besten Fall sind Stanzlinien durchgezogen und Falzlinien gestrichelt. So sind sie schnell zu erfassen, und Sie müssen dann nur noch prüfen, ob sie mit einem Volltonkanal belegt sind. Ein PDF ist nicht in der Lage, Informationen der Weiterverarbeitung zu transferieren, daher nutzt die Druckvorstufe entsprechende Volltonkanäle, um diese Information zu übertragen. Volltonkanäle können einfach extrahiert und aus dem Druckbild entfernt werden. Hierbei ist es allerdings wichtig, zu beachten, dass das Druckbild auf der Ebene darunter nicht ausspart (siehe Abschnitt 4.4.1, »Überdrucken«).

Stanzform in Illustrator prüfen | Die Stanzformen kommen meist im Format EPS oder AI und können daher am besten in Illustrator für die Weiterverarbeitung aufbereitet werden. Nachdem die Stanzformen bearbeitet und gespeichert wurden, geht die Arbeit in InDesign weiter.

SCHRITT FÜR SCHRITT
Stanzformen prüfen

Öffnen Sie das gelieferte Stanzform-Dokument in Illustrator.

1 Vektorlinien prüfen

Prüfen Sie als Erstes, ob es sich bei den dargestellten Linien auch tatsächlich um Vektorlinien handelt. Es kommt vor, dass Stanzformen als Pixelgrafik geliefert und dann einfach in ein Vektorprogramm importiert werden. Sollte dies der Fall sein, fordern Sie die Stanzform bei der Druckerei erneut an.

2 Stanzform vermaßen

Als Nächstes sollte die Stanzform vermaßt sein. Das bedeutet, an den jeweiligen Seiten steht geschrieben, wie lang diese sind. Prüfen Sie in diesem Fall genau nach, ob die angegebene Vermaßung korrekt ist. Es kommt vor, dass Stanzformen skaliert versendet werden. Auch dann empfehle ich, die unskalierte Stanzform erneut bei der Druckerei anzufordern.

3 Globalen Volltonkanal anlegen

Sind Vermaßung und Vektorlinien okay, legen Sie im Farbfelder-Bedienfeld (**Fenster > Farbfelder**) einen neuen globalen Volltonkanal an. Benennen Sie diesen bestenfalls direkt englisch mit »Die-cut« (deutsch »Stanzform«), und legen Sie die Darstellung des Kanals über die CMYK-Palette fest. Wichtig: Dieser Ton wird nicht im CMYK-Raster berücksichtigt, da es sich um einen eigenen Volltonkanal handelt, auch wenn die Darstellung über die CMYK-Palette erfolgt. Sie möchten ja am Ende nicht, dass die Stanzform tatsächlich mitgedruckt wird. Es geht hierbei allein um die Darstellung im Grafikprogramm.

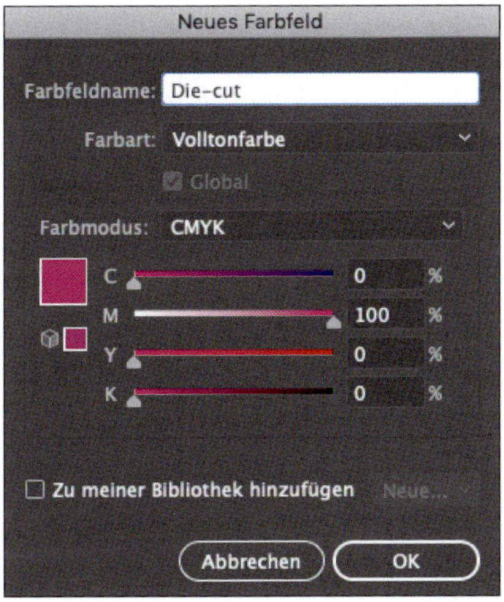

Abbildung 8.53 *Volltonkanal für Stanzform in Illustrator*

4 Vektorlinien mit neuer Farbe auszeichnen

Nun wählen Sie alle Vektorlinien der Stanzform aus und belegen diese mit Ihrer neuen Farbe. Es empfiehlt sich, zusätzlich die Linienkontur auf 1 pt zu setzen. Gehen Sie hierzu über **Fenster > Kontur** in das entsprechende Bedienfeld, und ändern Sie die Stärke auf 1 pt.

5 Aussparung ändern

Dadurch, dass Sie einen eigenen Volltonkanal angelegt haben, wird die Vektorlinie nun im CMYK-Druckbild nicht berücksichtigt. Allerdings spart das Druckbild unter der Linie standardmäßig aus. Dies müssen Sie zwingend ändern, da in der Druckerei die Volltonkanäle für die Stanzform, den Falz usw. entfernt werden und dann entsprechend weiße Linien übrigbleiben.

Der Grund für das Aussparen ist, dass das Grafikprogramm erstmal davon ausgeht, dass die von Ihnen angelegten Volltonfarben auch gedruckt werden sollen. Damit die Basis im Druck weiterhin Weiß bleibt, spart das Druckbild automatisch aus, damit die Volltonfarbe in diese Weißräume gedruckt werden kann.

Diesem Problem entgehen Sie, indem Sie die Kontur des Objekts unter **Attribute** auf **Überdrucken** stellen (siehe Abschnitt 4.4.1, »Überdrucken«).

6 Abschließende Schritte

Führen Sie dieselben Schritte nun für weitere Kanäle wie Falz, Nut usw. aus, und speichern Sie Ihr Dokument dann als EPS-Datei ab. Diese platzieren Sie anschließend in Ihrem InDesign-Dokument. Legen Sie das EPS auf eine eigene Ebene (siehe Abschnitt 8.1, »Tipps für das Arbeiten mit Ebenen«). Anschließend können Sie damit beginnen, das Kreativlayout auf die Stanzform zu übertragen.

Stanzformen in InDesign oder Illustrator? | Über diese Frage werden in der Branche emotionale Diskussionen geführt. Das Arbeiten mit Stanzformen findet primär im Verpackungsbereich statt; dort gibt es einige Firmen, die in der Druckvorstufe vollständig in Illustrator arbeiten. Auch von ausländischen Druckereien werden häufig offene Daten in Illustrator gewünscht, sofern man kein geschlossenes Druck-PDF zur Verfügung stellen kann.

Andere Firmen wiederum, vor allem solche, die neben Verpackungen auch andere Werbemittel erstellen, setzen auf einen Workflow in InDesign. Ein Grund hierfür ist, dass Anwender*innen selten in beiden Programmen gleich sattelfest sind. Außerdem gibt es in InDesign deutlich mehr Prüfmethoden als in Illustrator, mit denen sich die Fehlerfreiheit der Dokumente einfacher gewährleisten lässt. Teilweise gibt es in InDesign sogar Funktionen, die Illustrator gar nicht aufweist. Eine Prüfung der Illustrator-Daten ist entsprechend nur mit weiteren Programmen wie Adobe Acrobat Pro oder PitStop möglich.

Stanzformen in Illustrator

Informationen zur Reinzeichnung von Stanzformen in Illustrator finden Sie in Abschnitt 9.5, »Stanzformen«.

Entscheiden Sie sich, in welchem Programm Sie lieber arbeiten, und bleiben Sie dabei. Sofern Sie am Ende ein druckfähiges PDF generieren, das in der Druckerei inhaltlich nicht weiterbearbeitet werden muss, ist das Programm, mit dem das PDF erstellt wurde, später eigentlich nebensächlich.

8.6.2 Veredelungen

Beim Anlegen der meisten Veredelungen verhält es sich ähnlich wie beim Anlegen von Stanzformen: Auch hier werden die Informationen per Volltonkanal übertragen, aber sind nicht Teil des Druckbildes. Wichtig ist auch hierbei, dass der Volltonkanal aus dem Druck-PDF entfernt werden kann, ohne das Druckbild zu verändern. Über welchen Farbmodus Sie diese Veredelung nun simulieren, spielt absolut keine Rolle, da dieser Kanal allein der Positionierung der Veredelung dient. Es empfiehlt sich allerdings, eine auffällige Farbe zu wählen, die im Druckbild so nicht vorkommt und entsprechend leicht zu erfassen ist.

SCHRITT FÜR SCHRITT
Prägung und Glanzlack als Veredelungen

Nehmen wir als Beispiel eine Willkommensbox aus einem Hotel, die ein Handtuch und ein paar Broschüren vom Hotel enthält. Diese soll auf der Vorderseite eine Prägung erhalten und auf der Rückseite einen partiellen Glanzlack.

Abbildung 8.54 *Beispielverpackung eines Hotels auf Kreta*

- Der Text »Willkommenspaket Hotel Kreta« auf der Vorderseite soll geprägt werden.
- Der Text »Danke für die Buchung!« auf der Rückseite soll einen partiellen Glanzlack erhalten.

Das Vorgehen ist ähnlich wie bei der Stanzform.

1 Volltonfarbfeld anlegen

Legen Sie diesmal in InDesign ein neues Volltonfarbfeld an (siehe Abschnitt 4.1.2, »Volltonfarben«). Benennen Sie dieses mit »Prägung«, und wählen Sie eine prägnante Farbe zur Simulation, beispielsweise Orange.

2 Ebene für Veredelungen anlegen und Effekte entfernen

Dann duplizieren Sie das Textfeld auf der Vorderseite mit über **Bearbeiten > Duplizieren** ohne Versatz und ziehen es auf eine neue Ebene, zum Beispiel »Veredelungen«. Achten Sie unbedingt darauf, Effekte zu entfernen, falls diese auf den Text angewendet wurden. Im oberen Beispiel liegt ein Schlagschatten unter dem Text. Dieser ist in CMYK angelegt und würde so im Druckbild bleiben, auch nachdem der Volltonkanal für die Prägung entfernt wurde.

Entfernen Sie daher alle Effekte, und wenden Sie dann die neue Volltonfarbe »Prägung« auf den Text an.

3 Text auf Überdrucken stellen

Dann wandeln Sie den Text in Pfade (über **Schrift > In Pfade umwandeln**) und stellen ihn auf **Überdrucken** (siehe Abschnitt 4.4.1, »Überdrucken«). Nun sehen Sie, wenn Sie alle Ebenen außer der Ebene »Veredelungen« ausblenden, nur noch den geprägten Text in Pfaden. Wenn Sie alle Ebenen einblenden, liegt die Prägung über dem Druckbild.

Abbildung 8.55 *Prägung auf der Vorderseite in Orange*

4 Volltonkanal Glanzlack erstellen

Für den Glanzlack auf der Rückseite erstellen Sie einen weiteren Volltonkanal namens »Glanzlack« und führen dieselben Schritte wie für die Prägung des Textes auf der Vorderseite durch. Wählen Sie hier eine andere Farbe für die Simulation, um zwischen den beiden Veredelungen differenzieren zu können.

5 Separationsvorschau konsultieren

Sie haben in Ihrem InDesign-Dokument nun zwei Volltonfarben für Veredelungen, nämlich »Glanzlack« und »Prägung«. Die zugehörigen Objekte liegen auf einer eigenen Ebene für Veredelungen. Prüfen Sie in der Separationsvorschau (siehe Abschnitt 4.4.4, »Farbseparationen«) und bei der PDF-Ausgabe noch einmal akribisch, dass alle Veredelungen ohne Auswirkung auf das Druckbild extrahiert werden können.

6 Abschließende Arbeiten

Anschließend können Sie die Daten für die Weiterverarbeitung in der Druckerei vorbereiten.

Abbildung 8.56 *Farbkanäle für Stanzform, Falzlinien, Prägung und Lack in einer Beispielverpackung*

Achten Sie nur darauf, dass Sie für jede Lack- und jede Foliensorte jeweils einen eigene Volltonkanal anlegen und diesen auch detailliert benennen. Es macht darüber hinaus Sinn, jedem dieser Volltonkanäle eine eigene Darstellungsfarbe zu geben, damit Sie weiterhin eine gute Übersicht behalten.

Bei der Erstellung von beispielsweise Tabakwaren werden Sie häufig mit einer Vielzahl von Veredelungen zu tun haben; dabei gilt es dann, entsprechend sauber und klar mit der Druckerei über die Kanäle zu kommunizieren.

8.7 Platzieren von PDFs

Genau wie andere Bilder und Grafiken können Sie auch PDFs in InDesign platzieren. Da ein PDF allerdings deutlich mehr Informationen beinhaltet als beispielsweise ein Pixelbild, sollten Sie beim Import zwingend die **Importoptionen anzeigen**.

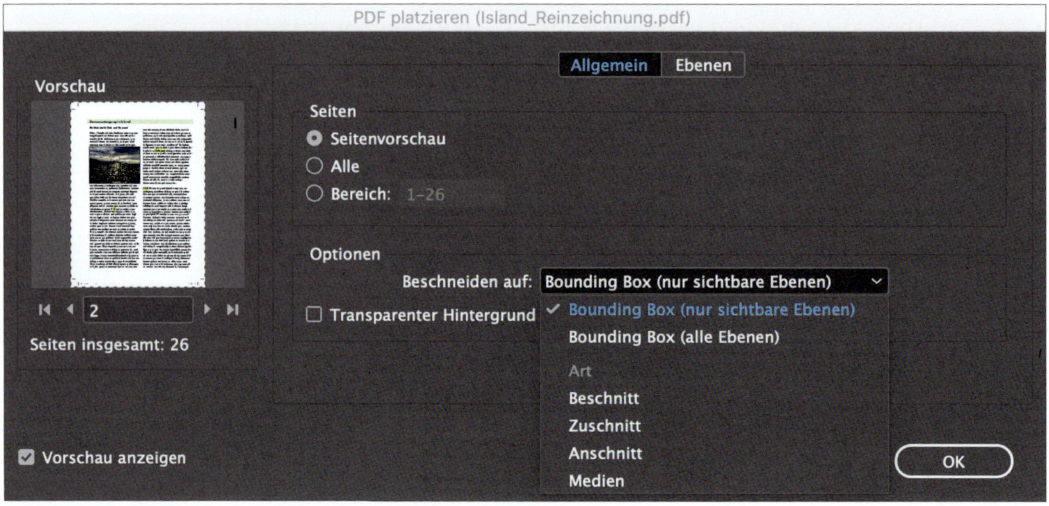

Abbildung 8.57 *Importoptionen für das Platzieren eines PDFs in InDesign*

Hier haben Sie einige Einstellungen, mit denen sich der Import genau auf Ihre Zwecke zuschneiden lässt. In der kleinen Vorschau links sehen Sie die von Ihnen gewählte Seite im PDF. Der gestrichelte Rahmen in der Vorschau zeigt Ihnen den Bereich, der importiert wird. Darunter wird Ihnen die Gesamtseitenzahl im PDF angezeigt, und Sie können die Seite eingeben, die Sie in der Vorschau sehen möchten.

Im Bereich **Seiten** können Sie festlegen, ob Sie die Seite aus der Vorschau, alle Seiten oder einen Bereich von Seiten importieren möchten. Bedenken Sie, dass Sie bei einer Auswahl von mehr als einer Seite alle Seiten einzeln nacheinander platzieren müssen.

Unter **Optionen** wird es dann interessant. Hier können Sie entscheiden, auf welchen Bereich das PDF beschnitten werden soll:

- **Bounding Box:** Die Bounding Box, auch ArtBox genannt, umschließt alle Objekte im PDF. Sie ist somit der kleinste Rahmen und bezieht sich nur auf die Objekte.

Haben Sie beispielsweise eine Vektorgrafik in einem PDF in einem DIN-Format, so wird nur genau die Vektorgrafik importiert. Hier können Sie noch wählen, ob nur die sichtbaren Ebenen eingeschlossen werden sollen oder alle Ebenen.

- **Beschnitt:** Der Beschnitt, auch CropBox genannt, beinhaltet alles, was in Adobe Acrobat angezeigt und gedruckt wird, also auch die Druckermarken und weitere sichtbare Informationen, die im PDF enthalten sind.
- **Zuschnitt:** Mit dem Zuschnitt, auch TrimBox genannt, importieren Sie nur den Bereich, der nach dem Produktionsprozess übrigbleibt – das Endformat. Also abzüglich aller weiteren Informationen wie Anschnittsmarken, Anschnitt usw.
- **Anschnitt:** Der Anschnitt, auch BleedBox genannt, enthält das Endformat zuzüglich des Anschnitts, allerdings ohne die Anschnittsmarken.
- **Medien:** Die Option Medien, auch MediaBox genannt, beinhaltet alle Informationen und ist damit auch der größte Rahmen. Er entspricht dem Medienrahmen des PDF-Dokuments und umschließt alle weiteren genannten PDF-Boxen.

Zum Schluss können Sie noch festlegen, ob der Hintergrund Ihres PDFs transparent sein soll oder nicht. Dies geht einfach über den Haken in der entsprechenden Checkbox.

Wenn Sie ein PDF mit Video, Audio oder Schaltflächen importieren, werden diese Elemente nicht mit importiert, da InDesign sie nicht verarbeiten kann. Sollte das PDF kennwortgeschützt sein, so müssen Sie das Kennwort beim Import eingeben. Auch wenn Sie das PDF aktualisieren, kann InDesign Sie erneut nach dem Kennwort des PDFs fragen. Die Einstellungen für Farbe und Überfüllung werden beim Import unverändert beibehalten.

Die enthaltenen ICC-Profile (siehe Abschnitt 2.4, »Grundlagen ICC-Profile und Profilfunktion«) werden beim Import übernommen, können aber beim erneuten Generieren eines PDFs überschrieben werden. Dies können Sie in der PDF-Ausgabe festlegen.

8.8 Creative Cloud Libraries

Mit den Creative Cloud Libraries oder CC Libraries hat Adobe das Zusammenarbeiten von Kolleg*innen und auch mit unterschiedlichen Programmen erheblich vereinfacht. Sie sind eine Art Designsystem für alle Adobe-Anwendungen. Voraussetzung hierfür ist eine aktive Lizenz für die Adobe Creative Cloud.

In der Reinzeichnung erhalten Sie meist bei einem neuen Projekt einen Design Styleguide bzw. eine Corporate Identity mit Farben, Schriften, Rastern etc. Die Übergabe erfolgt meist als PDF, das entsprechend abgelegt oder teilweise auch ausgedruckt wird.

Abbildung 8.58 *Beispielhafter Design Guide für die Reinzeichnung*

Diese Werte können Sie dann für das entsprechende Projekt immer wieder nachschlagen. Sie können sie allerdings auch in einer Creative Cloud Library speichern, haben sie so immer griffbereit und können sie zusätzlich mit anderen teilen. Besonders spannend wird es, wenn Sie den Styleguide selbst erstellen und andere Kolleg*innen mit Ihren Vorgaben bereits erste Werbemittel aufbauen. Arbeiten Sie in solch einem Fall mit den CC Libraries, werden Ihre Änderungen an der Bibliothek automatisch in die bestehenden Dokumente übernommen.

8.8.1 Creative Cloud Library erstellen

Die Erstellung einer CC Library ist einfach. Schauen wir uns das Beispiel aus Abbildung 8.58 einmal genauer an. Im oberen Bereich werden als Erstes drei Farben definiert: zwei Hauptfarben und eine Highlight-Farbe.

SCHRITT FÜR SCHRITT
Eine Creative Cloud Library anlegen

1 Bibliothek erstellen

Öffnen Sie zunächst über **Fenster > CC Libraries** das CC-Libraries-Bedienfeld, und erstellen Sie eine neue Bibliothek.

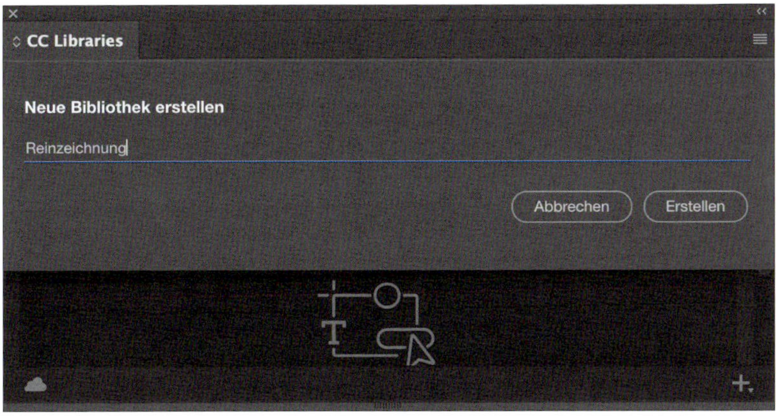

Abbildung 8.59 *Neue CC-Libraries-Bibliothek namens »Reinzeichnung« erstellen*

Nachdem Sie Ihrer Bibliothek einen beliebigen Namen gegeben haben, finden Sie sie in der Liste Ihrer CC Libraries wieder.

2 Einstellungen für die Library

Die Objekte Ihrer Bibliothek lassen sich in der Listenansicht oder in der Rasteransicht darstellen, was Sie im CC Libraries-Bedienfeld rechts über die Quadrate/Liste mit Pfeil einstellen können. Für die Reinzeichnung empfehle ich die Liste, da darin technische Informationen schneller erfasst werden können als in der Rasteransicht.

3 Farben oder Objekte hinzufügen

Wenn Sie über das Pluszeichen nun ein Objekt mit einer Farbe hinzufügen, beispielsweise einer Design-Guide-Farbe, können Sie wählen, ob Sie nur die **Flächenfarbe**, die **Grafik** oder **Alles** hinzufügen möchten.

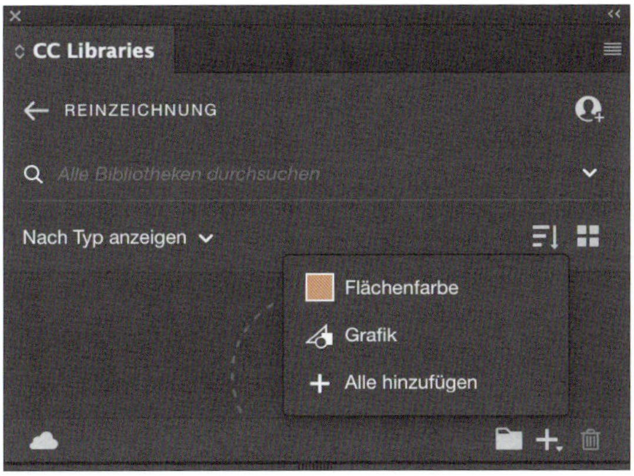

Abbildung 8.60 *Optionen beim Hinzufügen von Objekten zur CC Library*

In unserem Beispiel fügen Sie erstmal nur die Flächenfarben der Hauptfarben hinzu. Möchten Sie die Farben in verschiedenen Farbmodi hinzufügen, müssen Sie dies vorab einzeln anlegen und dann nacheinander der Bibliothek hinzufügen.

Sie können den Objekten auch Namen geben. Bei Farbfeldern stört es nicht, einen beliebigen Namen zu verwenden, da per Mouseover in den CC Libraries sowohl der Name als auch die hinterlegten Farbwerte des Farbmodus angezeigt werden.

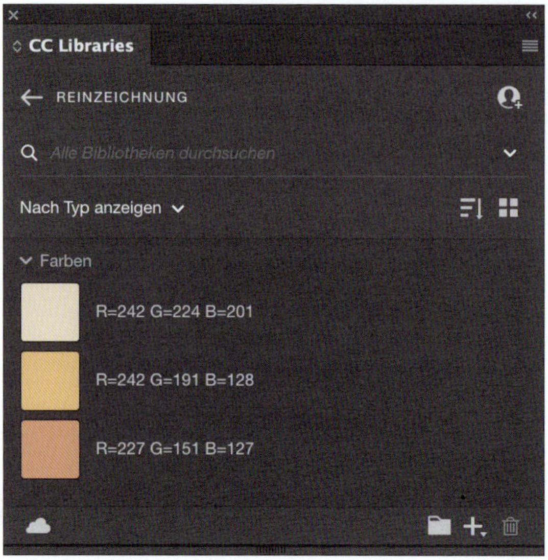

Abbildung 8.61 *Mehrere RGB-Farben in einer CC Library in InDesign*

Mit einem Rechtsklick auf die Farben können Sie auch eine Beschreibung hinzufügen, beispielsweise »Main colour«; diese Beschreibung wird per Mouseover angezeigt. Sie können natürlich auch detaillierte Beschreibungen zum Einsatz des jeweiligen Objekts hinzufügen.

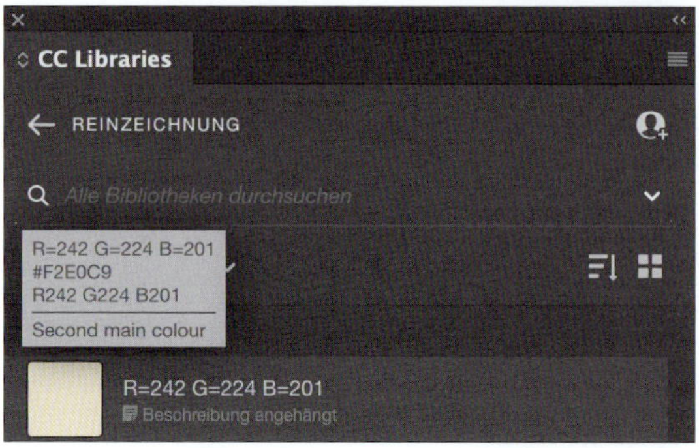

Abbildung 8.62 *Darstellung der Beschreibung per Mouseover*

4 Zeichen- und Absatzformate hinzufügen

Sie können den CC Libraries nicht nur Farben und Objekte hinzufügen, sondern auch Zeichen- und Absatzformate (siehe Abschnitt 6.5, »Zeichen- und Absatzformate«). In dem Design-Guide-Beispiel in Abbildung 8.58 gibt es drei Angaben:

1. Überschrift
2. Unterüberschrift
3. Fließtext

Wählen Sie einen Textrahmen mit hinterlegtem Format aus, so können Sie auch hier in den CC Libraries wählen, ob Sie nur den **Text**, das **Zeichen-** oder **Absatzformat**, die **Grafik** oder **Alle** hinzufügen möchten (Abbildung 8.63).

Sie haben also die Möglichkeit, alle Zeichen- und Absatzformate, die vorher definiert wurden, direkt in die CC Library einzufügen und später zu verwenden (Abbildung 8.64).

Abbildung 8.63 *Optionen beim Hinzufügen von Textobjekten zu einer CC Library*

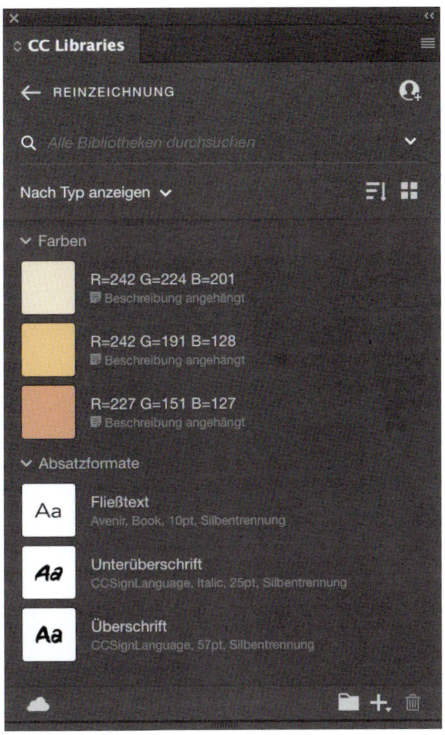

Abbildung 8.64 *CC Library mit Farben und Absatzformaten*

8.8.2 Änderungen in den CC Libraries übernehmen

CC Libraries erleichtern nicht nur das Zusammenarbeiten von mehreren Reinzeichner*innen an beispielsweise einem großen Literaturprojekt oder mehreren Verpackungen – Änderungen an der CC Library werden auch automatisch programmübergreifend in alle Dokumente übertragen.

SCHRITT FÜR SCHRITT
CC Library anpassen

Um dies zu demonstrieren, erstellen Sie bitte eine simple Vektorgrafik in Illustrator, beispielsweise einen Kreis mit einer blauen Farbfüllung.

1 CC Library in Illustrator öffnen

Öffnen Sie nun in Illustrator die CC Libraries über **Fenster > Bibliotheken**, und öffnen Sie die eben erstellte Bibliothek. Ihnen wird auffallen, dass alle Elemente, die Sie in InDesign hinzugefügt haben, nun auch in Illustrator zur Verfügung stehen.

2 Neues Element in Illustrator hinzufügen

Fügen Sie nun den blauen Kreis Ihrer Bibliothek hinzu.

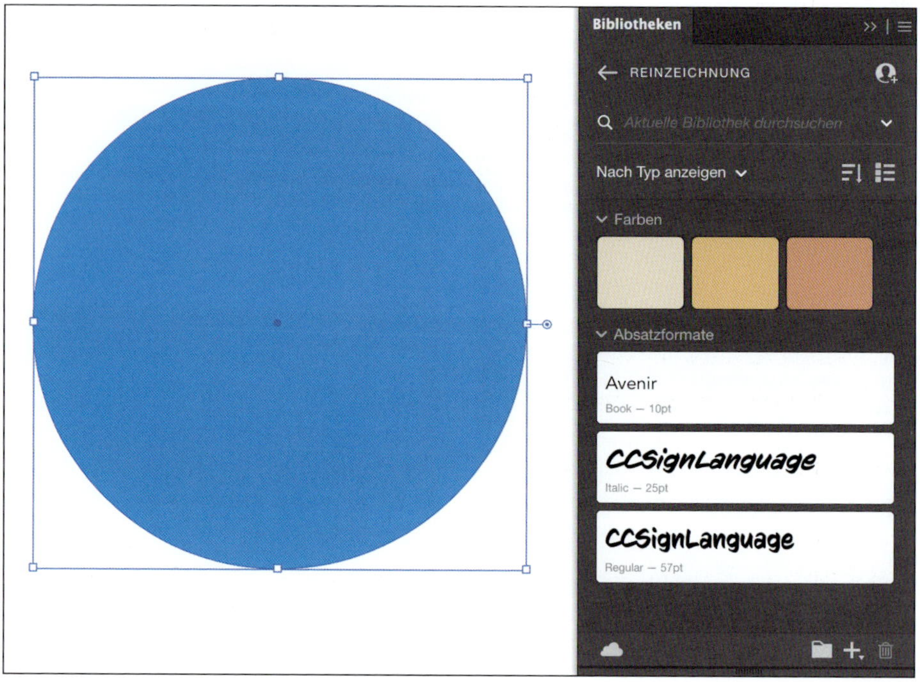

Abbildung 8.65 *CC Libraries in Illustrator*

Wie Sie sehen, haben Sie ein neues Grafikelement in Ihrer Bibliothek, das Ihnen nun auch in InDesign und in allen weiteren Adobe-Grafik-Programmen zur Verfügung steht.

Abbildung 8.66 *CC Library mit Farben, Formaten und Grafiken*

3 CC Library in InDesign

Springen Sie zurück in InDesign, und schauen Sie in Ihre CC Libraries – auch hier finden Sie nun das neue Grafikelement.

Platzieren Sie es in einem neuen InDesign-Dokument, indem Sie es per Drag & Drop aus dem Bibliothek-Bedienfeld auf das Dokument ziehen. Sie können nun in Ihrem Verknüpfungen-Bedienfeld (siehe Abschnitt 7.4, »Platzieren von Bildern und Grafiken«) sowohl im Status als auch in den Verknüpfungsinformationen sehen, dass es sich um eine Verknüpfung aus einer CC Library handelt. Im Status sehen Sie das Icon einer Wolke (englisch »Cloud«). In den weiteren Informationen sehen Sie unter »Pfad« erst den Eintrag »CC Libraries:« und dann die von Ihnen erstellte Bibliothek.

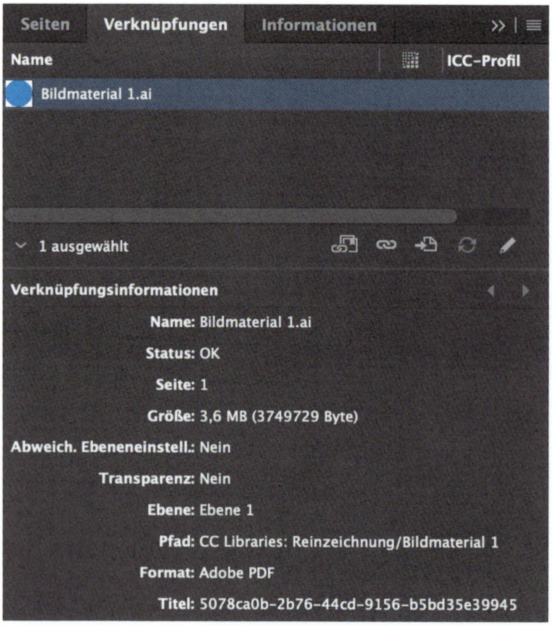

Abbildung 8.67 *Verknüpfungen-Bedienfeld mit einer Grafik aus einer CC Library*

Erstellen Sie nun in InDesign eine Gestaltung bzw. eine Reinzeichnung mit diesem Element, so bleibt die Verknüpfung zur CC Library bestehen.

4 Elemente anpassen

Sollten Sie also das Element in der CC Library zukünftig über Rechtklick und **Bearbeiten** anpassen, öffnet sich automatisch das Erstellungsprogramm (in diesem Fall Illustrator), und Sie haben die Möglichkeit, beispielsweise die Farbe zu ändern.

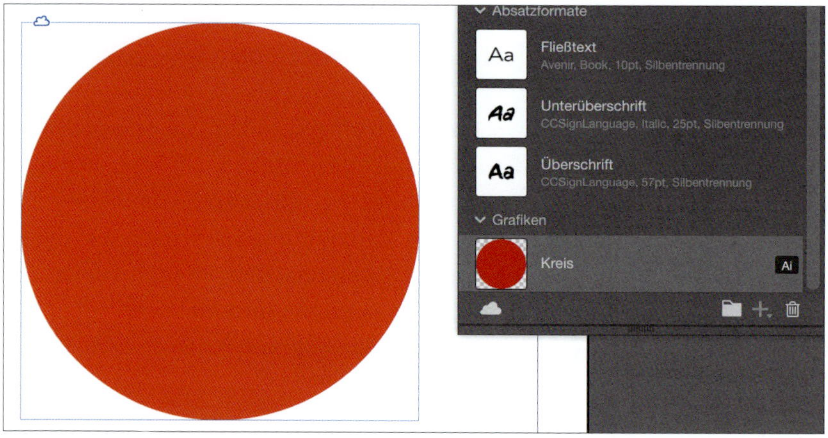

Abbildung 8.68 *In Illustrator geändertes CC-Library-Element, automatisch angepasst in InDesign*

Diese Änderung überträgt sich nach einem Speichern des Elements automatisch auf alle Werbemittel in jeder Anwendung, sofern das Objekt immer aus der CC Library geholt wurde. Dies gilt natürlich nicht nur für Grafiken, sondern auch für Farben und Formate.

8.8.3 Creative Cloud Libraries teilen

Stellen Sie sich vor, Sie erarbeiten beispielsweise einen neuen Design Guide für Nonfood-Verpackungen einer neuen Marke. Sie erstellen einen ersten Entwurf und übertragen alle Elemente, Farben und Schriften mit Beschreibungen inklusive detaillierter Anweisungen zur Verwendung in eine CC Library. Noch während des Prozesses der Abstimmung mit dem Kunden müssen jedoch aus Timing-Gründen die ersten Verpackungen bereits aufgebaut werden. Sie selbst haben dafür keine Zeit, da Sie ja weiterhin mit Hochdruck an der Entwicklung des Design Guides arbeiten. Allerdings haben andere Reinzeichnerinnen in Ihrem Team Zeit und Lust zu helfen. Sie können dann die erstellte Bibliothek einfach mit Ihren Kollegen teilen.

Klicken Sie dazu im Bedienfeldmenü von **CC Libraries** auf **Personen einladen...** oder auf das kleine Personen-Icon mit einem Plus.

Automatisch öffnet sich die Creative-Cloud-Anwendung, die Sie vor allem auf neue Updates der Adobe-Programme hinweist. Dort können Sie nun alle Nutzer*innen mit einer aktiven Creative-Cloud-Lizenz dazu einladen, sich Ihrer Bibliothek zu bedienen. Außerdem lässt sich dort einstellen, ob Sie nur Lese- oder auch Schreibrechte erteilen möchten.

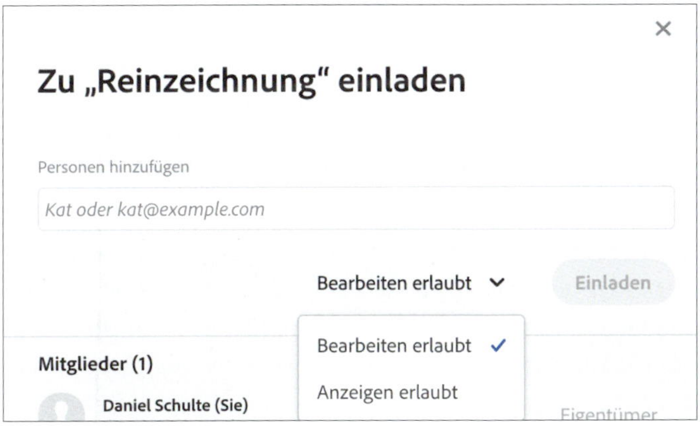

Abbildung 8.69 *Einstellungen für Lese- und Schreibrechte einer CC Library*

Laden Sie daher alle Reinzeichner*innen nur mit Leserechten zu Ihrer Bibliothek ein, damit sie mit dieser Vorlage bereits die ersten Verpackungen aufbauen können. Ändern Sie anschließend die Hintergrundfarbe, das Absatzformat für den Produkttitel oder ein Störer-Element, so werden diese Änderungen automatisch in den jeweiligen InDesign-Dokumenten angepasst.

Sie können auch Kolleg*innen bitten, Ihnen ein schönes Vektorelement in Illustrator aufzubauen, das Sie später in Ihrem Design Guide verwenden möchten. Geben Sie ihnen hierzu auch die Erlaubnis, die Bibliothek zu bearbeiten, und lassen Sie sie ihr Element selbst hinzufügen. So haben all Ihre anderen Kolleg*innen auch automatisch Zugriff auf das neue Element.

Das gemeinsame Arbeiten kann so stark vereinfacht werden. Natürlich müssen Sie in den Beschreibungen einfach und klar kommunizieren, damit die Kollegen und Kolleginnen verstehen, wann welches Element oder welche Farbe zu verwenden ist. Haben Sie sich hier auf ein gemeinsames Wording geeinigt, stehen Ihnen alle Türen offen, um mit maximaler Effizienz Ihr Projekt umzusetzen.

Gibt es andere Stakeholder in Ihrem Unternehmen, die über den aktuellen Prozess des Projekts informiert werden müssen? Oder haben Kund*innen direkten Einblick in den Ablauf? In diesem Fall können Sie die CC Library auch per Link mit Dritten teilen, die dann mit einem Adobe-Account die Möglichkeit haben, im Webbrowser alle Elemente, Farben usw. live anzusehen.

8.9 Liquid Layouts und alternative Layouts

Stellen Sie sich vor, Sie erstellen eine Broschüre im DIN-Format und müssen das Layout für ein Letter-Format adaptieren. Oder Sie haben einen umfangreichen Anzeigen-Flight und müssen eine Basisanzeige in ein Dutzend verschiedene Magazinformate bringen, die sich nur um wenige Millimeter unterscheiden. All diese Layoutvariationen können Sie einfach und vor allem schnell mit Liquid Layouts und alternativen Layouts umsetzen.

Liquid-Layout-Seiten-Regeln und alternative Layouts ermöglichen es, Ihre Designs unkompliziert und schnell in verschiedene Ausrichtungen und Formate zu adaptieren.

Sie erreichen die Liquid-Layout-Seiten-Regeln über das Menü **Fenster > Interaktiv > Liquid Layout** oder **Layout > Liquid Layout** und haben dann die Wahl, ob Sie die Adaption manuell, halbautomatisch oder vollautomatisch vornehmen möchten – abhängig davon, wie viele Regeln Sie einstellen. Gerade bei einer hohen Anzahl an Design-Adaptionen lohnt es sich, eine vollautomatische Lösung anzustreben.

Die Liquid-Layout-Seiten-Regeln erlauben Ihnen zu definieren, wie sich Objekte in Ihrem Dokument verhalten, wenn Sie alternative Layouts erstellen und das Format, die Ausrichtung oder das Seitenverhältnis ändern. Diese Liquid-Layout-Seiten-Regeln geben Ihnen die Möglichkeit, Ihr Layout flüssig (englisch »liquid«) in seinem Format zu verändern. Dies können Sie in InDesign mithilfe von alternativen Layouts tun, ohne ein neues Dokument zu erstellen, d. h., die Layoutvarianten werden in einem Dokument zusammengefasst. Das Arbeiten mit Liquid Layouts sowie alternativen Layouts kann in der Reinzeichnung von großem Wert sein. Um die Regeln der

Liquid Layouts zu verdeutlichen, nehmen wir eine DIN-A4-Anzeige für eine Reise nach Griechenland. Die Anzeige besteht aus vier Elementen:

1. Hintergrundbild
2. Überschrift
3. Preisstörer
4. Kontaktfeld (Textrahmen und farbig hinterlegtes Rechteck)

Abbildung 8.70 *Anzeige für eine Reise nach Griechenland*

Skalieren | Die einfachste Regel des Liquid Layouts ist das Skalieren. InDesign skaliert mithilfe dieser Regel automatisch alle Objekte auf der Seite so, dass sie in das neue Format passen. Dies kann schon gut funktionieren, sofern sich das neue Format in Höhe und Breite proportional zum Ausgangsformat verhält.

Hierzu wählen Sie das Seitenwerkzeug (⇧+P) und markieren das gesamte Dokument. Wählen Sie in der Kontextleiste als **Liquid-Seiten-Regel** nun **Skalieren**, und geben Sie ein beliebiges neues Format an, beispielsweise DIN A5.

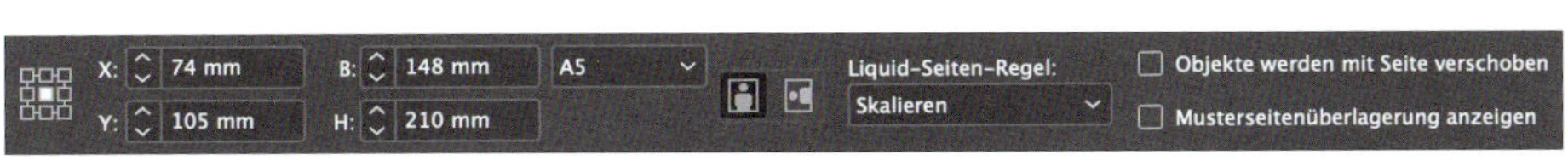

Abbildung 8.71 *Liquid-Seiten-Regel: Skalieren*

Hat das neue Format nicht die gleichen Proportionen, wird die angepasste Höhe oder Breite als Skalierungsgrundlage genommen. Das bedeutet: Ändern Sie eine DIN-A4-Seite über die Liquid-Layout-Regel **Skalieren** auf eine Höhe von beispielsweise 200 mm, so skalieren sich die Objekte in der Höhe proportional auf das neue Format von 200 mm.

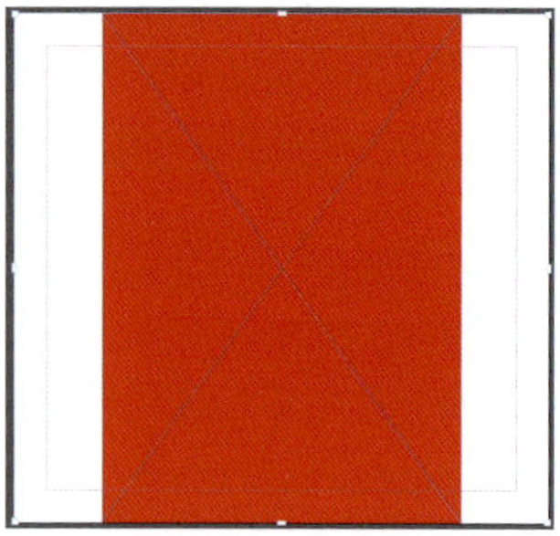

Abbildung 8.72 *DIN A4 (210 × 297 mm), skaliert auf 210 × 200 mm mit der Liquid-Layout-Regel* ***Skalieren***

Objektbasiert | Um allerdings detaillierte Vorgaben machen zu können, öffnen Sie das Liquid-Layout-Bedienfeld über **Fenster > Interaktiv > Liquid Layout**, und wählen Sie als Liquid-Seiten-Regel **Objektbasiert**. Nun haben Sie mithilfe des Seitenwerkzeugs die Möglichkeit, jedes Objekt auf Ihrer Seite zu markieren und festzulegen, wie es sich in seiner Größe und in seinem Abstand zum Rand bei einer Formatänderung verhalten soll.

Abbildung 8.73 *Objektbasierte Liquid-Layout-Seiten-Regeln*

An jedem Objekt gibt es zwei große Punkte, die entweder ausgefüllt oder weiß sind. Die inneren Punkte legen fest, ob sich das Objekt in seiner Höhe oder Breite nach unten, oben, rechts oder links verändern darf. Sind die Punkte ausgefüllt, so darf sich die Größe des Objekts nicht ändern. Sind sie weiß, wird sich das Objekt bei einer Größenänderung entsprechend mit vergrößern oder verkleinern. Die Punkte außen stellen das Verhalten zur jeweiligen Seitenkante dar. Ist ein Punkt ausgefüllt, verändert sich der Abstand zum jeweiligen Rand bei einer Größenänderung nicht. Ist er jedoch weiß, wird der Abstand entsprechend angepasst.

Sie können diese Einstellungen auch ohne die Punkte über das Liquid-Layout-Bedienfeld vornehmen. Über die Checkboxen unter **Objektbeschränkungen** sind dieselben Einstellungen verfügbar, sobald Sie das entsprechende Objekt mit dem Seitenwerkzeug markiert haben.

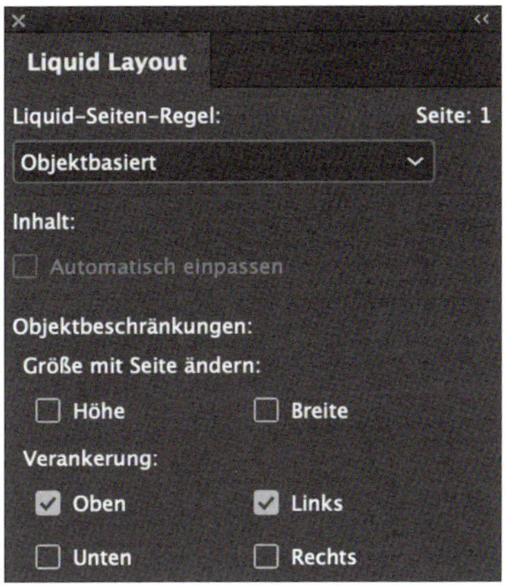

Abbildung 8.74 *Liquid-Layout-Bedienfeld*

Erneut zentrieren | Wenn Sie **Erneut zentrieren** wählen, werden die Objekte in ihrer Größe und Form nicht verändert. Sie werden nach der Formatänderung einfach nur wieder neu zentriert.

Hilfslinienbasiert | Sie haben auch die Möglichkeit, das Verhalten jedes Objekts nicht einzeln zu definieren, sondern mithilfe von Liquid-Hilfslinien gerade Linien über das Dokument hinweg zu setzen, an denen sich die Objekte orientieren. Dies ist allerdings weniger genau, daher empfiehlt sich in der Reinzeichnung das objektbasierte Arbeiten mit Liquid Layouts.

Liquid-Hilfslinien

Die Hilfslinien für das Liquid Layout werden wie normale Hilfslinien erzeugt, allerdings muss vorab zwingend das Seitenwerkzeug ausgewählt worden sein. Die Liquid-Hilfslinien sind daran zu erkennen, dass sie gestrichelt sind.

Anpassung des Dokuments | In unserem Beispiel sollen Sie das Dokument nun so vorbereiten, dass die Anzeige im Format DIN A4 als Master fungiert. Sie soll sich allerdings für jegliche Zeitschriften schnell und unkompliziert im Format leicht verändern lassen, und zwar automatisch. Fixieren Sie dafür jedes der vier Elemente jeweils am nächsten Rand. Die helle Infobox am unteren Rand fixieren Sie links, unten und rechts. Das Hintergrundbild fixieren Sie an allen Seiten.

Nachdem Sie diese Regeln festgelegt haben, sollen Sie den Master nun von 210 × 297 mm in das folgende Zeitschriftenformat bringen: 216 × 320 mm. Sie könnten das Dokument jetzt einfach in seiner Größe verändern und die von Ihnen vorab festgelegten Liquid-Seiten-Regeln anwenden.

Ein Problem: Sie haben dann nicht mehr die Möglichkeit, die neue Anzeige mit der Alten zu vergleichen. Daher kommt jetzt das alternative Layout ins Spiel.

8.9.1 Alternative Layouts

Öffnen Sie das Seiten-Bedienfeld, und erstellen Sie mit einem Rechtsklick auf die Seite ein neues alternatives Layout.

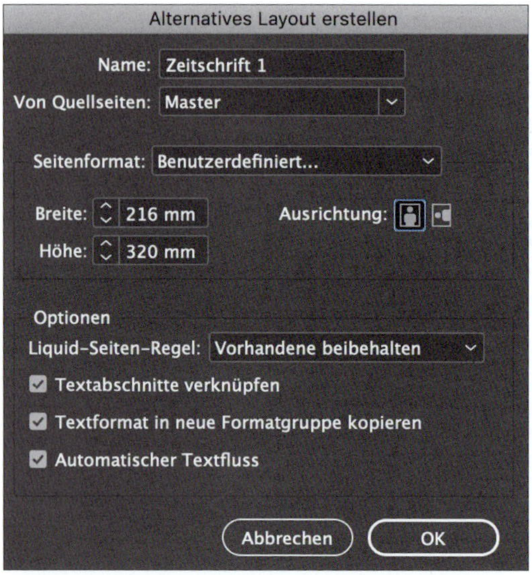

Abbildung 8.75 *Alternatives Layout erstellen in InDesign*

Hier werden Ihnen folgende Optionen angeboten:

- **Name:** Hier legen Sie einen beliebigen Namen für das alternative Layout fest; in unserem Beispiel ist es der Name der Zeitschrift, für die das Originaldokument angepasst wird.
- **Von Quellseiten:** Hier geben Sie an, von welcher Quellseite das neue Layout erzeugt wird. Wählen Sie die Master-Seite aus, die in unserem Beispiel in DIN A4 erstellt wurde.
- **Seitenformat:** Stellen Sie dieses auf **Benutzerdefiniert**, und geben Sie dann Breite und Höhe selbst ein.

- **Liquid-Seiten-Regel:** Hier können Sie nun entweder durch **Vorhandene beibehalten** mit den von Ihnen festgelegten Liquid-Seiten-Regeln arbeiten. Sie haben allerdings auch die Möglichkeit, die Regeln unabhängig davon festzulegen, beispielsweise auf **Skalieren**.

Außerdem können Sie weitere Einstellungen vornehmen, wie sich der Text im alternativen Layout zur Quelle verhalten soll.

Nach einem Klick auf **OK** öffnet sich in Ihrem Seiten-Bedienfeld eine neue Spalte mit dem Titel, den Sie zuvor als neuen Namen festgelegt haben. Außerdem erstellt InDesign automatisch eine neue Musterseite für das alternative Layout.

Abbildung 8.76 *Seiten-Bedienfeld mit alternativen Layouts*

Wenn Sie nun auf den kleinen, abwärts zeigenden Pfeil neben dem Titel Ihrer Master-Seite klicken, haben Sie die Möglichkeit, die beiden Layouts miteinander in einem Split-Screen zu vergleichen. Über denselben Pfeil können Sie den Split-Screen auch wieder beenden.

Abbildung 8.77 *Split-Screen zum Vergleich des alternativen Layouts mit dem Quell-Layout*

Sie sehen deutlich, dass die Objekte ihre Größe behalten haben und sich auch entsprechend den von Ihnen angepassten Regeln zum Rand verhalten. Sie können so in Windeseile Adaptionen für alle möglichen Formate erstellen und müssen diese nicht mehr manuell nachbearbeiten.

Um zu demonstrieren, wie gewaltig dieses Werkzeug ist, erstellen Sie nun beispielsweise aus der Master-Seite in DIN A4 hoch ein Querformat in DIN A4 quer. Wenn die Regeln vorab richtig gesetzt wurden und das Hintergrundbild in alle Richtungen groß genug ist, stellt dies für InDesign kein Problem dar.

Abbildung 8.78 *Automatisch erstelltes Querformat aus einem Hochformat in InDesign mithilfe von Liquid Layout*

Sie haben gesehen: Liquid Layouts in Kombination mit alternativen Layouts bieten Ihnen eine Vielzahl an Möglichkeiten zur Optimierung und Verschlankung Ihres Prozesses in der Reinzeichnung.

8.10 Datenzusammenführung

Die Datenzusammenführung ist eine Funktion, die in den Bereich des Database-Publishings fällt. Die Datenzusammenführung ermöglicht Ihnen beispielsweise die Erstellung von Serienbriefen, Produktblättern, Visitenkarten oder Urkunden. Auf einfachste Art und Weise können Sie so einen Datensatz beispielsweise aus MS Excel in Ihr InDesign-Dokument importieren und automatisch mit Platzhaltern für jeden Datensatz eine eigene Seite generieren.

Sie brauchen für eine Datenzusammenführung ein Layout, eine Datenquelle und die Platzhalter für die Datensätze. Schauen wir uns einmal an, wie es geht.

SCHRITT FÜR SCHRITT
Datenzusammenführung für Visitenkarten

Nicht selten werden zum Beispiel Visitenkarten der eigenen Firma in der Reinzeichnung erstellt.

1 Layout wird erstellt

Erst gestaltet ein Kreativer einen optischen Aufbau. Dieser beinhaltet allerdings nur einen einzelnen Datensatz, meist mit Blindtext, der durch die Reinzeichnung ausgetauscht werden muss.

Abbildung 8.79 *Beispielhafter Aufbau einer Visitenkarte*

2 Excel-Datei als Datenquelle

Anschließend erhalten Sie aus der Personalabteilung einen Excel-Datensatz der Mitarbeiter, für die nun die Visitenkarten erstellt werden sollen. Dieser könnte beispielsweise so aussehen wie in Abbildung 8.80.

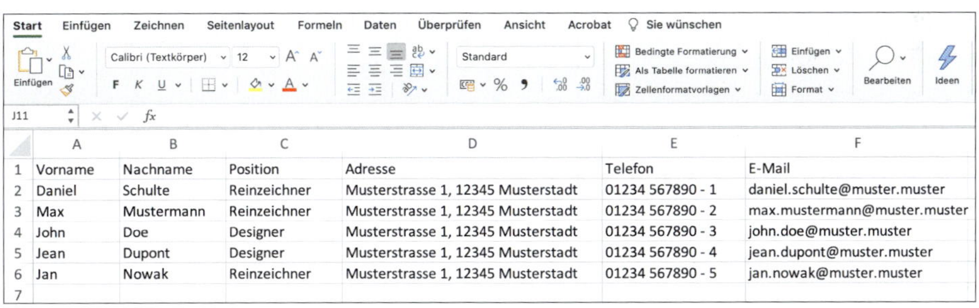

	A	B	C	D	E	F
1	Vorname	Nachname	Position	Adresse	Telefon	E-Mail
2	Daniel	Schulte	Reinzeichner	Musterstrasse 1, 12345 Musterstadt	01234 567890 - 1	daniel.schulte@muster.muster
3	Max	Mustermann	Reinzeichner	Musterstrasse 1, 12345 Musterstadt	01234 567890 - 2	max.mustermann@muster.muster
4	John	Doe	Designer	Musterstrasse 1, 12345 Musterstadt	01234 567890 - 3	john.doe@muster.muster
5	Jean	Dupont	Designer	Musterstrasse 1, 12345 Musterstadt	01234 567890 - 4	jean.dupont@muster.muster
6	Jan	Nowak	Reinzeichner	Musterstrasse 1, 12345 Musterstadt	01234 567890 - 5	jan.nowak@muster.muster
7						

Abbildung 8.80 *Excel-Datensatz für Visitenkarten*

Sie können jetzt natürlich per Copy & Paste alle Daten händisch übertragen. Spätestens wenn Sie allerdings mehr als fünf Datensätze erhalten, wird dies sehr mühselig. Außerdem ist die Gefahr, dass sich beim Copy & Paste Fehler einschleichen, nicht gering. Daher sollten Sie überlegen, die Datenzusammenführung von InDesign zu nutzen.

3 Datenzusammenführung öffnen

Öffnen Sie hierzu **Fenster > Hilfsprogramme > Datenzusammenführung**.

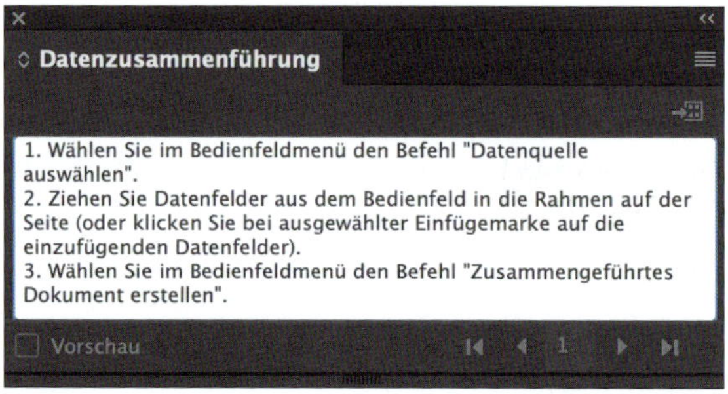

Abbildung 8.81 *Datenzusammenführung in InDesign*

InDesign zeigt Ihnen nun direkt die Schritte, die Sie befolgen müssen, um die Datenzusammenführung erfolgreich einzusetzen:

1. Wählen Sie eine Datenquelle aus.
2. Platzieren Sie die Platzhalter im vorbereiteten Layout.
3. Erstellen Sie ein zusammengefügtes Dokument.

4 Datenquelle vorbereiten und auswählen

Damit InDesign Ihren Excel-Datensatz lesen kann, müssen Sie diesen als TXT-Datei exportieren. Wählen Sie hierzu in Excel **Datei > Speichern unter...** und im folgenden Dialogfeld unter **Dateiformat** den Eintrag **Tabstoppgetrennter Text**.

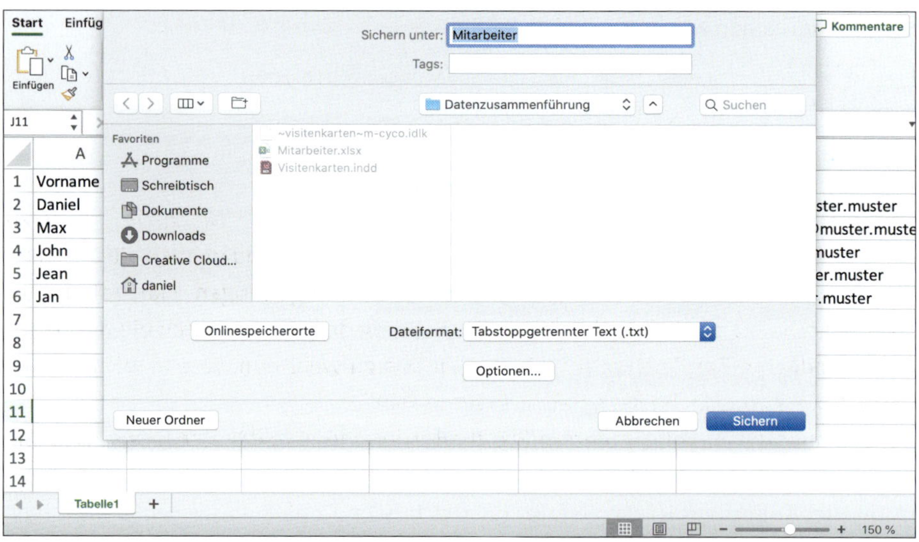

Abbildung 8.82 *Export der Excel-Daten für InDesign*

Dieses Verfahren exportiert alle Datensätze jeweils mit einem Tabstopp getrennt voneinander, sodass InDesign diese Daten entsprechend weiterverarbeiten kann.

Diese neue Datei können Sie nun in InDesign als Quelle auswählen, und schon werden Ihnen die Inhalte der ersten Zeile in Excel als Platzhalternamen in der Datenzusammenführung angeboten.

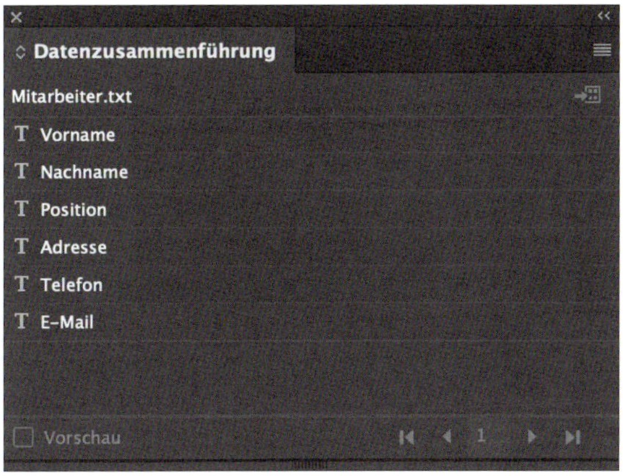

Abbildung 8.83 *Platzhalter in der Datenzusammenführung*

In unserem Beispiel sind dies:

- Vorname
- Nachname
- Position
- Adresse
- Telefon
- E-Mail

5 Platzhalter in das vorbereitete Layout einsetzen

Sie können nun diese Platzhalter in Ihr Kreativlayout einsetzen. Markieren Sie hierzu den entsprechenden Text in Ihrer Visitenkarte in InDesign, und wählen Sie anschließend im Datenzusammenführung-Bedienfeld den zugehörigen Platzhalter aus. Einen Platzhalter erkennen Sie an der Einrahmung des Wortes durch ein doppeltes Kleiner- oder Größer-Zeichen (<< oder >>). InDesign weiß nun, dass an dieser Stelle der entsprechende Datensatz platziert werden soll.

Sie können problemlos mehrere Platzhalter in einem Textrahmen einsetzen, Sie benötigen nicht für jeden Datensatz einen eigenen Textrahmen.

Abbildung 8.84 *Die Texte der exemplarischen Visitenkarte werden durch Platzhalter aus dem Datenzusammenführung-Bedienfeld ersetzt.*

6 Vorschau anzeigen lassen

Haben Sie das InDesign-Dokument vorbereitet, können Sie sich mithilfe des Hakens bei der Checkbox **Vorschau** den ersten Datensatz als Vorschau in Ihrem Dokument ansehen.

Abbildung 8.85 *Vorschau des ersten Datensatzes einer Visitenkarte in InDesign*

Sie können auch mithilfe der kleinen Pfeile im Datenzusammenführung-Bedienfeld in den Datensätzen der Quelldatei vor- und zurückspringen.

7 In PDF exportieren

Wenn Sie mit dem Ergebnis zufrieden sind, können Sie über das Bedienfeldmenü des Datenzusammenführung-Bedienfelds direkt ein PDF mit allen Datensätzen exportieren.

Wählen Sie den PDF-Export, können Sie im folgenden Dialogfeld die Einstellungen für Ihren Export vornehmen.

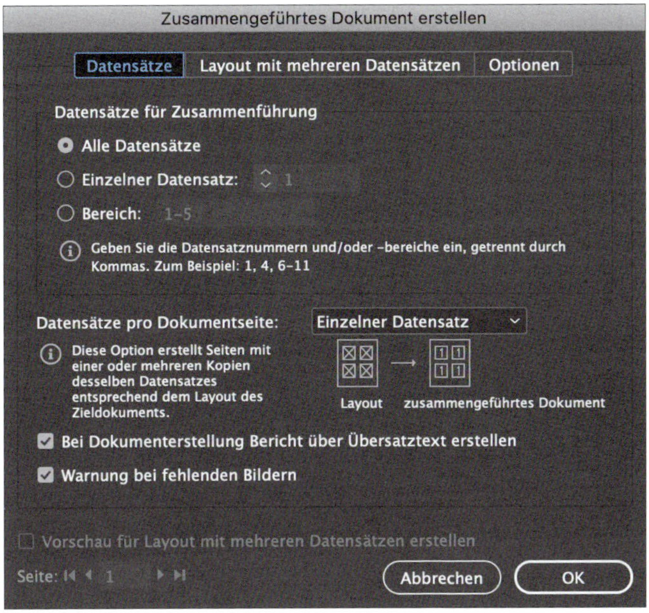

Abbildung 8.86 *Zusammengefügtes Dokument mithilfe der Datenzusammenführung in InDesign erstellen*

Sie können beispielsweise festlegen, ob Sie das Dokument mit allen Datensätzen oder nur einem Bereich erstellen möchten. Mit einem Klick auf **OK** wird dann ein PDF nach Ihren PDF-Vorgaben erzeugt, das die gewünschten Datensätze Ihrer Quelldatei aufweist.

Von InDesign erhalten Sie einen Bericht, ob durch das Einsetzen der Daten ein Übersatztext entstanden ist. Ist dies der Fall, müssen Sie die Textrahmen in Ihrem Dokument größer aufziehen.

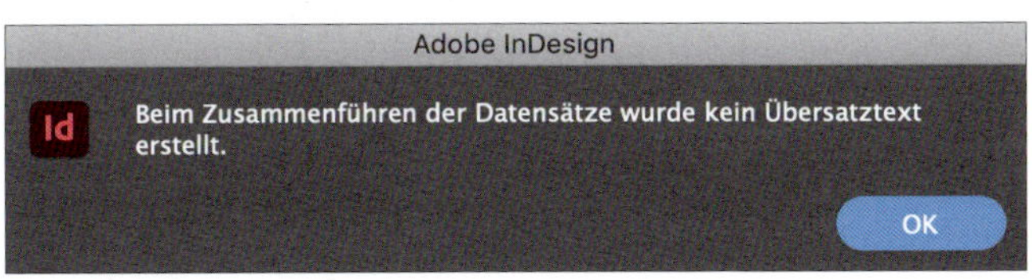

Abbildung 8.87 *Erfolgreicher PDF-Export der Datensätze*

8 Zusammengefügtes InDesign-Dokument mit allen Datensätzen generieren

Sie können alternativ zum PDF-Export auch vor der PDF-Erstellung ein InDesign-Dokument erzeugen, das für jeden Datensatz automatisch eine Seite anlegt. Wählen Sie hierzu aus dem Bedienfeldmenü des Datenzusammenführung-Bedienfelds **Zusammengeführtes Dokument erstellen...**

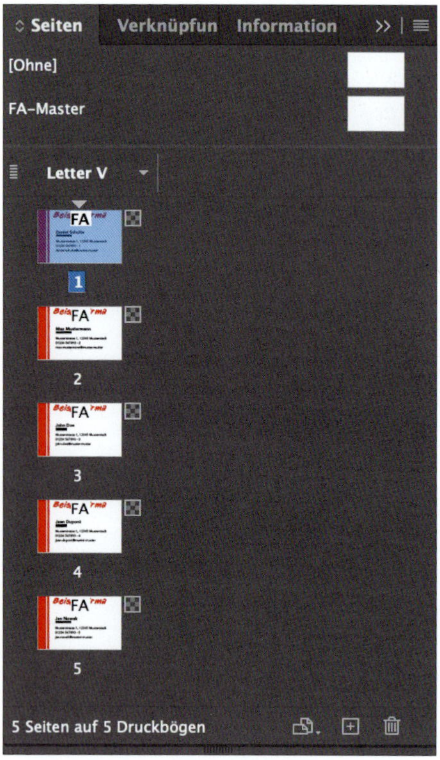

Abbildung 8.88 *Zusammengeführtes Dokument aus Datensatz in InDesign*

Auch hier öffnen sich die Einstellungen, allerdings wird nicht direkt ein PDF exportiert, sondern es wird ein neues InDesign-Dokument generiert. Dieses müssen Sie anschließend abspeichern, am besten unter einem anderen Namen, damit Ihre Ausgangsdatei mit der Datenverknüpfung nicht verloren geht. Das neue Dokument weist für jeden Datensatz eine eigene Seite auf, die Sie anschließend noch bearbeiten können.

Im neuen Dokument besteht keine Verknüpfung zu Ihrer Quelldatei mehr, und der Text steht nun einfach in den Textrahmen.

Fazit: Sie können sich mithilfe der Datenzusammenführung viel Zeit und Arbeit sparen. Auch die Reinzeichnung müssen Sie nur einmal anlegen und können sie für alle Visitenkarten verwenden. Grundlage hierfür ist natürlich, dass Sie die Daten in einem aufbereiteten Format erhalten und diese auch vorher bereinigt wurden. Prüfen Sie daher die gelieferte Datentabelle genau, und nehmen Sie gegebenenfalls Anpassungen vor, bevor Sie sie in InDesign importieren.

8.11 Korrekturfunktionen

Das ortsunabhängige Zusammenarbeiten unterschiedlicher Reinzeichner*innen untereinander und mit anderen Abteilungen tritt immer mehr in den Vordergrund. Adobe hat diesen Bedarf erkannt und nützliche Werkzeuge geschaffen, mit denen auch die ortsunabhängige Zusammenarbeit verschiedenster Personen ermöglicht wird.

8.11.1 Zusammenarbeit mit InCopy

Das Programm Adobe InCopy mit all seinen Facetten und Funktionen werde ich in diesem Abschnitt nicht behandeln können; dafür gibt es eigene Bücher. Allerdings möchte ich an dieser Stelle den Mehrwert und einfache Anwendungsbeispiele für InCopy in Zusammenarbeit mit InDesign in der Reinzeichnung erläutern. Das Arbeiten mit InCopy bietet in der Reinzeichnung mit InDesign nämlich einige Vorteile:

- Reinzeichnung und Textkorrekturen können parallel stattfinden.
- Textkorrekturen werden nicht in der Reinzeichnung, sondern von der Redaktion, dem Lektorat oder den Autor*innen selbst vorgenommen.
- Redaktion, Lektorat oder Autor*innen benötigen kein InDesign.

Diese Punkte sind nicht zu unterschätzen, denn sie bringen nicht nur einen qualitativen Mehrwert, sie beschleunigen die Abwicklung des Projekts auch enorm.

Der Ablauf | Das Zusammenspiel von InDesign und InCopy funktioniert folgendermaßen:

Die Reinzeichnung baut das Dokument auf. Im Dokument befinden sich schon Texte, gegebenenfalls handelt es sich hierbei allerdings um Platzhaltertext.

Wenn der Aufbau abgeschlossen ist, können die Reinzeichner*innen dann Textrahmen für InCopy freigeben. Diese werden dann an einem Speicherort abgelegt und können von der Redaktion geöffnet werden. Der große Vorteil ist, dass die Redaktion das komplette Layout sieht, aber nur die Bereiche bearbeiten kann, die von der Reinzeichnung in InDesign dafür freigegeben wurden. Außerdem kann die Redaktion in einen Textmodus wechseln, in dem das Layout nicht angezeigt wird.

Wurde ein InCopy-Objekt bearbeitet, sieht die Reinzeichnung in InDesign, dass die Verknüpfung – ähnlich einem Bild – aktualisiert wurde, und kann diese Aktualisierung nun in ihr Dokument übertragen.

Nehmen wir als Beispiel hierfür wieder die Island-Broschüre. Hier wurde das Layout bereits angelegt, allerdings gibt es zwei Textabschnitte.

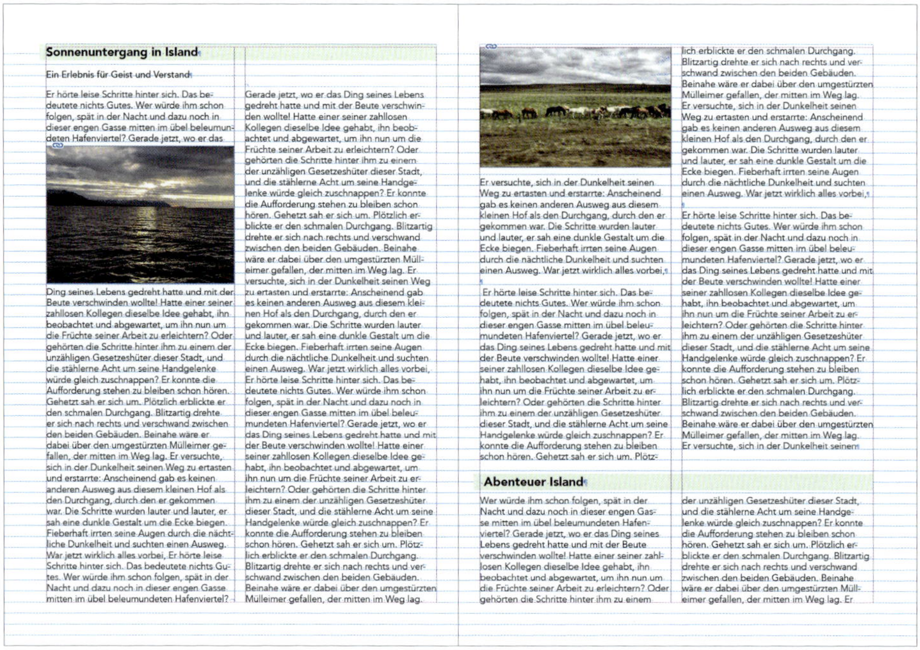

Abbildung 8.89 *Doppelseite mit zwei Textabschnitten mit Blindtext für InCopy*

Eine Aufgabe anlegen | Möchten Sie nun den ersten Abschnitt der Redaktion zuweisen, wählen Sie die beiden zugehörigen Textfelder in InDesign aus und erstellen eine neue Aufgabe in InCopy CC. Gehen Sie dazu auf **Bearbeiten > InCopy > Auswahl der Aufgabe hinzufügen > Neu**.

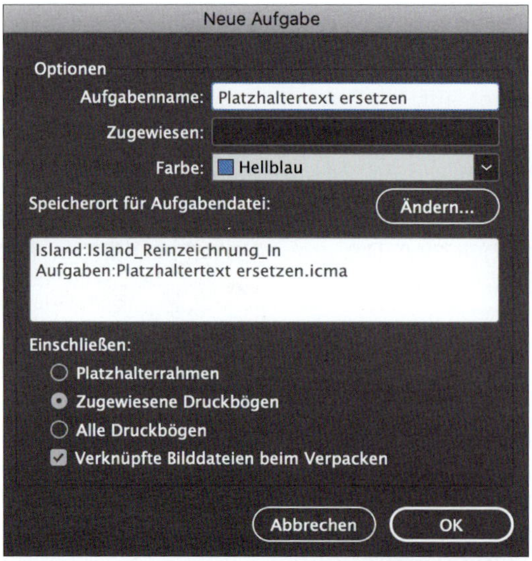

Abbildung 8.90 *Neue Aufgabe für InCopy*

Sie haben auch die Möglichkeit, statt der gewählten Textfelder eine Ebene oder alles der Aufgabe hinzuzufügen. In diesem Fall möchten Sie jedoch nur den gewählten Text anpassen lassen, daher wählen Sie die Auswahl-Option. Jetzt haben Sie einige Einstellungsmöglichkeiten:

- **Aufgabenname:** In diesem Feld geben Sie der Aufgabe einen Namen; in unserem Beispiel befindet sich Platzhaltertext in dem Dokument, der durch einen redaktionellen Text ersetzt werden soll.
- **Zugewiesen:** Damit können Sie die Aufgabe Ihren Kollegen und Kolleginnen direkt zuweisen; dies ist jedoch optional.
- **Farbe:** Hier können Sie eine Farbe für den Bereich festlegen, der für InCopy zur Bearbeitung steht.
- **Speicherort für Aufgabendatei:** An dieser Stelle können Sie angeben, wo das InCopy-Dokument abgelegt werden soll. Es kann sich auch um einen Server-Speicherort handeln, damit die direkte Zusammenarbeit sofort gewährleistet ist.
- **Einschliessen:** Hier können Sie festlegen, was die Redaktion später alles sehen kann. Es ist möglich, nur die Textrahmen, die zugehörige Doppelseite oder sogar das gesamte Dokument mitzuschicken. In der letzten Checkbox können Sie dann noch verknüpfte Bilder miteinschließen.

Aufgaben und Verknüpfungen werden angelegt | Mit einem Klick auf **OK** erstellt InDesign automatisch einen neuen Ordner am Speicherort mit dem Dateinamen des InDesign-Dokuments und dem Zusatz »Aufgaben«. In diesem Ordner befindet sich dann sowohl ein weiterer Ordner mit dem Namen *Content*, der alle Daten enthält, als auch die InCopy-Datei mit der Endung ICMA. Außerdem wird in InDesign eine Verknüpfung für den Textrahmen zu diesem Objekt angelegt, die Sie im Verknüpfungen-Bedienfeld finden.

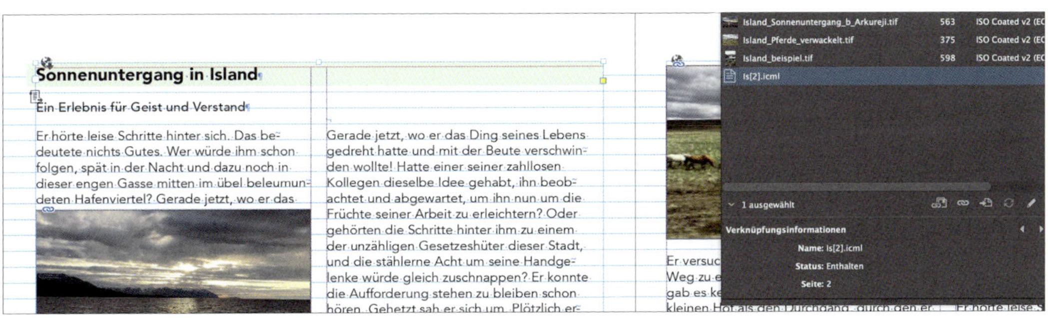

Abbildung 8.91 *InCopy-Element im Verknüpfungen-Bedienfeld von InDesign*

Arbeit der Redaktion | Sie sehen außerdem das kleine Icon am InCopy-Textrahmen. Dieses zeigt an, dass der Textrahmen in InCopy bearbeitet wird. Damit ist es der

Reinzeichnung nicht möglich, in dieser Zeit selbst Änderungen an dem Text vorzunehmen. Sobald Sie versuchen, den Text anzupassen, erhalten Sie die Fehlermeldung in Abbildung 8.92.

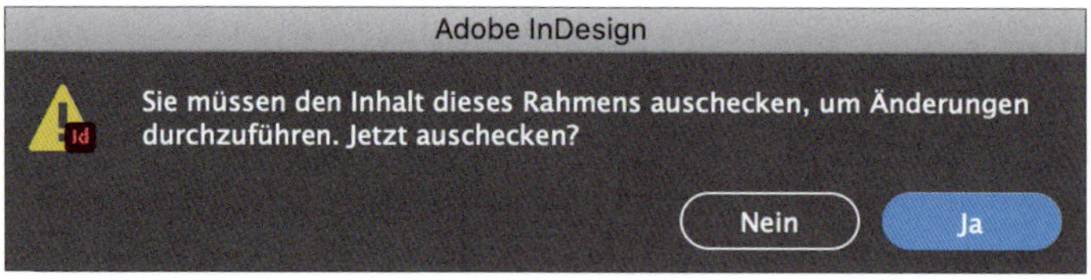

Abbildung 8.92 *Gesperrter InDesign-Textrahmen bei Bearbeitung in InCopy*

So wird verhindert, dass zwei Personen gleichzeitig am Text arbeiten und so die Arbeit des einen verloren geht. Solange sich das Objekt in der Bearbeitung in InCopy befindet, ist es daher gesperrt.

Öffnet nun die Redaktion die ICMA-Datei in InCopy, kann sie die von der Reinzeichnung freigegebenen Bereiche direkt in einem Texteditor bearbeiten.

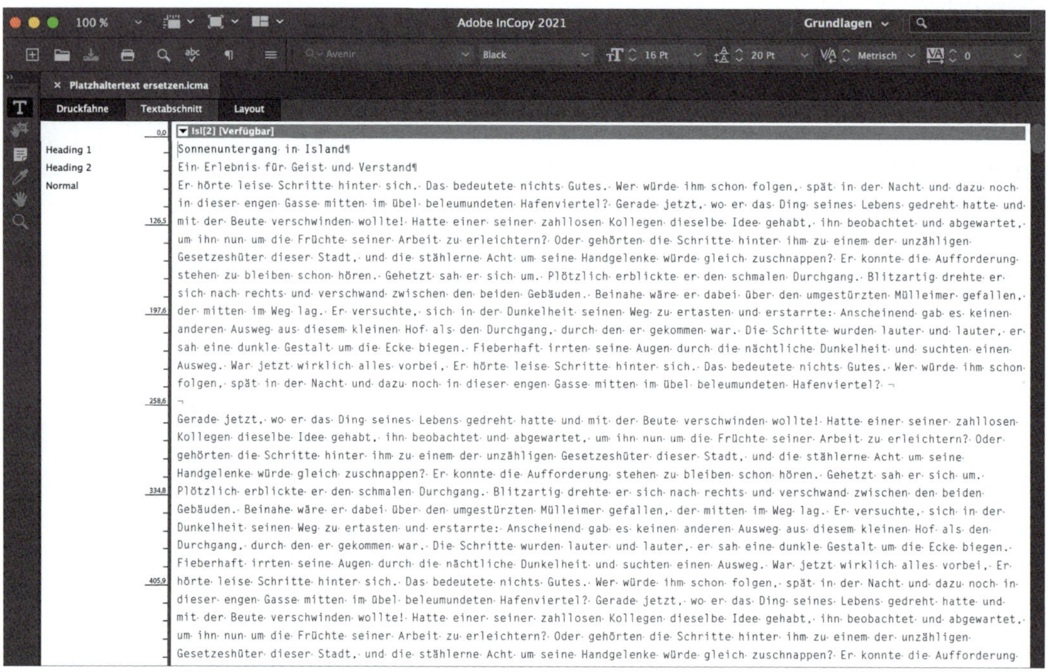

Abbildung 8.93 *Bearbeitung der Aufgabe im Texteditor von InCopy*

Man sieht hier nicht nur den Text selbst, sondern kann auch die zugewiesenen Zeichen- und Absatzformate einsehen. In der oberen Leiste werden auch die jeweiligen Schriftfamilien und -schnitte usw. angezeigt. Die Redaktion hat allerdings auch die

Möglichkeit, über den Reiter **Layout** direkt in eine Layout-Ansicht zu wechseln, da diese Informationen in InDesign bei der Erstellung der Aufgabe hinzugefügt wurden.

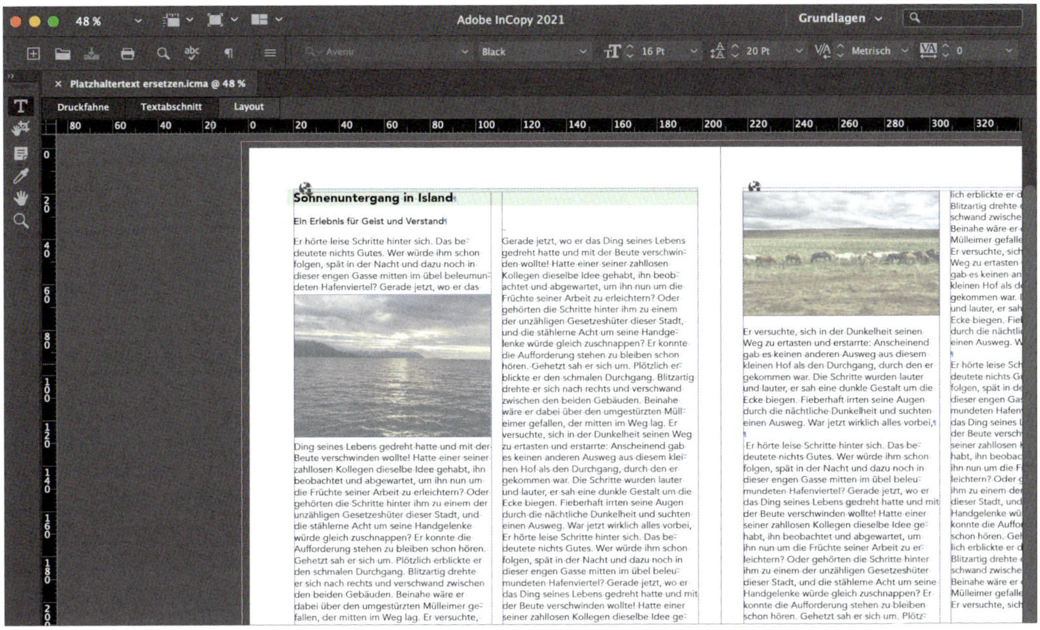

Abbildung 8.94 *Bearbeitung der Aufgabe im Layouteditor von InCopy*

Hier können sich die Redakteure und Redakteurinnen nun austoben. Sie können nicht nur Texte erstellen, wie in unserem Beispiel, sie haben auch die Möglichkeit, Korrekturen vorzunehmen. All dies passiert parallel zur Reinzeichnung; die Reinzeichner*innen können also bedenkenlos weiterarbeiten und erst nach Abschluss aller Anpassungen den Text in ihrem Dokument aktualisieren.

Rückgabe des Dokuments | Ist die Redaktion mit der Arbeit fertig, checkt sie das Objekt wieder ein, und die Reinzeichnung erhält in InDesign im Status der InCopy-Verknüpfung einen Hinweis, dass es eine Aktualisierung gab. Dies wird sowohl mit dem kleinen Symbol am Textrahmen als auch im Verknüpfungen-Bedienfeld in Form eines Warndreiecks angezeigt.

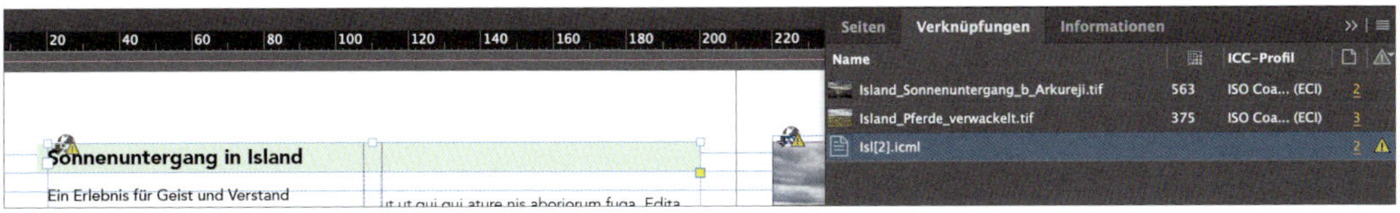

Abbildung 8.95 *Statusänderung der InCopy-Verknüpfung*

Sie können die InCopy-Verknüpfung nun ähnlich wie ein Bild aktualisieren, und alle Änderungen werden automatisch in das InDesign-Dokument übernommen.

Einsatz von InCopy-Aufgaben | Optimal kann dieser Workflow genutzt werden, um Korrekturen parallel zur Reinzeichnung zu bearbeiten. So können Korrektur-PDFs zum Text direkt an die Redaktion oder ein Lektorat geschickt werden, wo der Text geändert und angepasst wird. Mithilfe des Layouteditors in InCopy kann die zuständige Person auch sehen, welche Auswirkungen die Änderungen auf das Layout haben, und gegebenenfalls Rücksprache mit der Reinzeichnung halten.

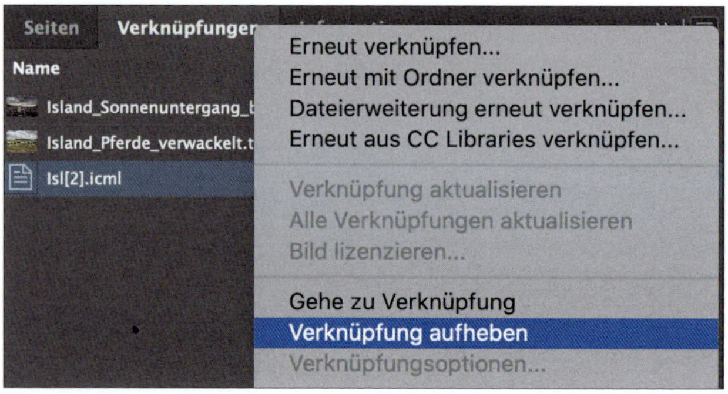

Abbildung 8.96 *InCopy-Verknüpfung aufheben in InDesign*

Über die Auswahl von **Verknüpfung aufheben** im Menü des Verknüpfungen-Bedienfelds können Sie die InCopy-Verknüpfung dann wieder aufheben und den Text ganz normal bearbeiten. Beachten Sie dabei allerdings, dass auch die Redaktion dann keine Anpassungen mehr vornehmen kann.

8.11.2 PDF-Kommentare in InDesign

Der klassische Workflow einer Werbeagentur ist mit der Abstimmung per PDF verbunden. Hierzu erstellt die Grafik, in unserem Fall die Reinzeichnung, ein Ansichts-PDF der erledigten Arbeit zur Abstimmung bzw. zur Freigabe für die Druckdatenerstellung. Häufig gibt es hier mehrere Korrekturrunden, da noch weitere Anpassungen vorgenommen werden müssen. Das PDF wird beispielsweise zur Abstimmung mit dem Lektorat verwendet, das Rechtschreibfehler korrigiert oder Wörter löscht. In den meisten Fällen werden diese Anmerkungen per Kommentar in dem PDF hinterlegt, manchmal sogar händisch auf einem Ausdruck. Dies führt dann wieder zu Rückfragen seitens der Reinzeichnung, wenn Anweisungen unklar oder mehrdeutig sind. InDesign bietet Ihnen ab CC 2019 allerdings auch die Möglichkeit, die Änderungswünsche mithilfe des Kommentieren-Werkzeugs in Adobe Acrobat Pro direkt korrekt anzumerken; sie können dann in InDesign automatisch umgesetzt werden.

Exportieren Sie hierzu Ihr Ansichts-PDF wie üblich, und übergeben Sie es an die jeweilige Korrektur- oder Prüfstelle. Die Mitarbeitenden dort müssen nun mit Adobe Acrobat Pro arbeiten. Über das Werkzeug **Kommentieren** können sie Text löschen oder durch anderen Text ersetzen.

Abbildung 8.97 *Zwei Kommentare in Adobe Acrobat Pro*

In Abbildung 8.98 sehen Sie beispielsweise zwei Kommentare:

1. Das Wort »Schrittte« wurde durch das Wort »Schritte« ersetzt.
2. Das Wort »nichts« wurde gelöscht.

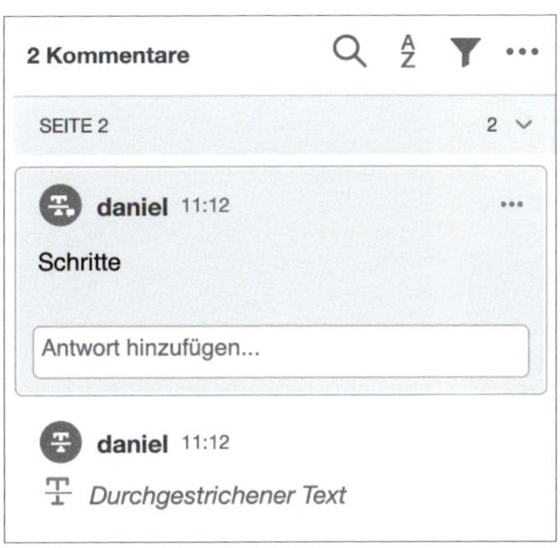

Abbildung 8.98 *PDF-Kommentare in Adobe Acrobat Pro*

Wenn Sie in der Reinzeichnung nun ein PDF mit diesen Kommentaren erhalten, können Sie es direkt in Ihr InDesign-Dokument importieren. Öffnen Sie hierzu das PDF-Kommentare-Bedienfeld über **Fenster > Kommentare > PDF-Kommentare**.

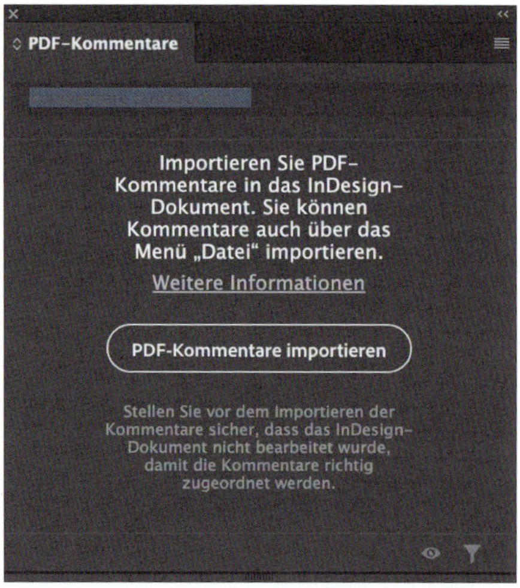

Abbildung 8.99 *PDF-Kommentare-Bedienfeld in InDesign*

Sie können darüber das PDF mit den Korrekturen importieren. Das PDF muss auch nicht zwingend das gesamte Dokument enthalten, sondern kann auch nur einen Bereich oder eine einzelne Seite umfassen. InDesign erkennt, um welche Seiten es sich handelt, und zeigt die Kommentare korrekt an. Nach dem Import der Beispielkorrekturen sehen wir diese nun direkt in InDesign.

Abbildung 8.100 *PDF-Kommentare, direkt im InDesign-Dokument markiert*

Mit einem Klick auf den jeweiligen Kommentar wird Ihnen die Stelle direkt in Ihrem InDesign-Dokument angezeigt. Sie können dann einfach auf **Akzeptieren** klicken, und die Korrektur wird von InDesign automatisch ausgeführt.

Sie haben auch die Möglichkeit, die Kommentare nach Art oder Status zu filtern; klicken Sie dazu auf das kleine Filter-Icon am unteren, rechten Rand.

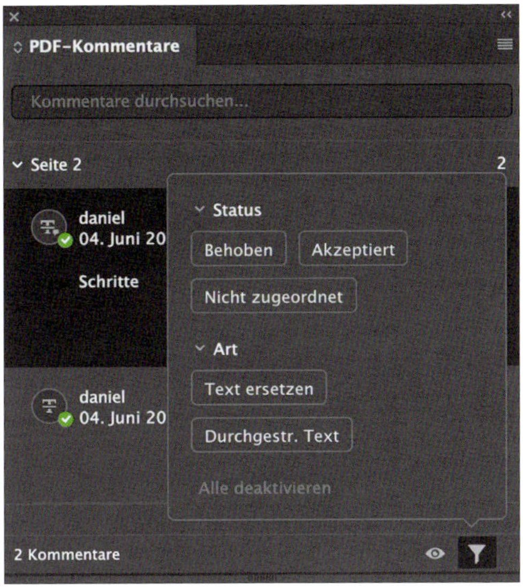

Abbildung 8.101 *Filter für die PDF-Kommentare in InDesign*

Sobald Sie die Korrektur akzeptiert haben, sehen Sie die umgesetzte Änderung im Dokument, und im PDF-Kommentare-Bedienfeld wird der Kommentar mit einem grünen Haken als erledigt markiert.

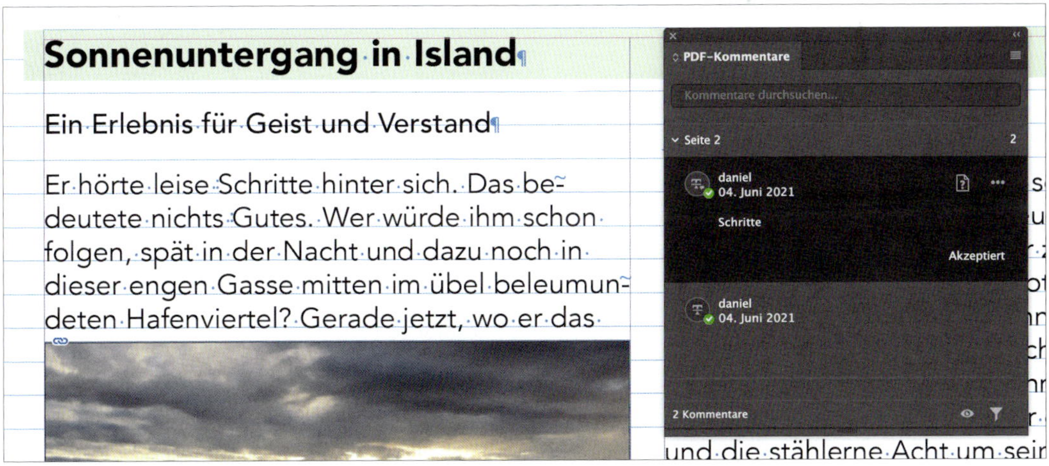

Abbildung 8.102 *Erledigte Kommentare im PDF-Kommentare-Bedienfeld in InDesign*

Dieses Vorgehen minimiert nicht nur Fehler durch manuelle Bearbeitung, es beschleunigt den Korrekturprozess auch enorm und entlastet sowohl die Prüfstelle als auch die Reinzeichnung merklich. Sofern Sie die Möglichkeit haben, Korrekturen automatisch aus einem PDF einzupflegen, sollten Sie sie nutzen.

8.11.3 InDesign Review

Seit Version 2020 lassen sich Korrekturen in InDesign auch über den Webbrowser abstimmen und automatisch umsetzen. Sie müssen also nicht einmal mehr ein PDF schreiben, das Sie mit Korrekturen zurückgesendet bekommen (siehe Abschnitt 8.11.2, »PDF-Kommentare in InDesign«).

Klicken Sie hierzu in InDesign auf das Icon **Freigeben** oben rechts in der Menüleiste. Sie haben dann die Möglichkeit, das Dokument fürs Review freizugeben.

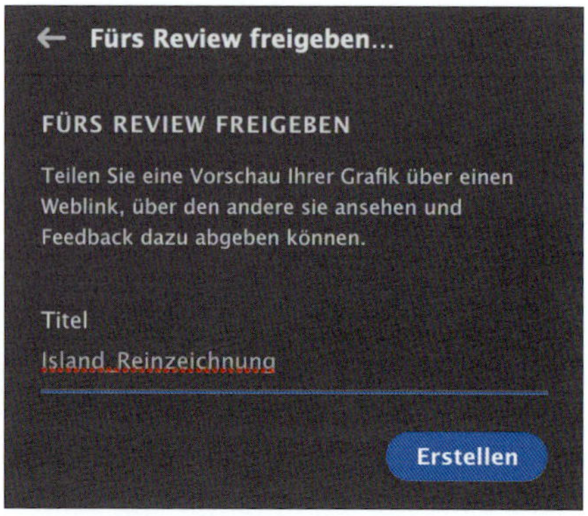

Abbildung 8.103 ***Fürs Review freigeben*** *in InDesign*

Hiermit erstellen Sie einen Weblink, der sich im Browser aufrufen lässt. Außerdem wird über den Browser die Möglichkeit bereitgestellt, Kommentare ähnlich wie in Adobe Acrobat Pro einzufügen (siehe Abschnitt 8.11.2, »PDF-Kommentare in InDesign«).

Im ersten Schritt legen Sie einen Namen fest, der für die Empfänger*innen des Weblinks sofort einzuordnen ist. Im zweiten Schritt können Sie dann Empfänger*innen festlegen und den Weblink generieren.

Sollten Sie das Review auf die Zugangsoption **Nur auf Einladung** gestellt haben, benötigen alle im Prozess beteiligten Mitglieder eine Adobe-ID. Sie können die Zugangseinstellungen auch auf **Öffentlich** ändern und ein Passwort festlegen. Dies ist unter Datenschutzaspekten jedoch nicht zu empfehlen, vor allem nicht, wenn Sie mit vertraulichen Daten arbeiten. Als Reinzeichner*in sollten Sie daher besser die Personen explizit auswählen, die Zugriff auf Ihr Dokument haben sollen.

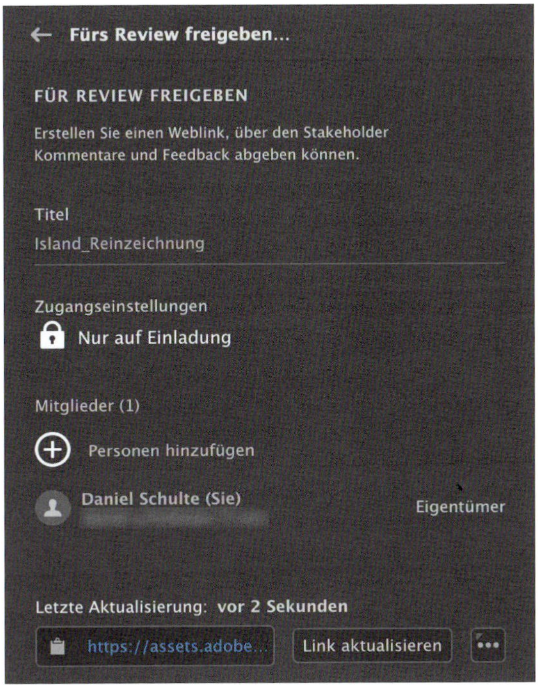

Abbildung 8.104 *Einstellung für die Mitglieder, die für das Review zugelassen sind*

Der Weblink führt auf eine Unterseite von *assets.adobe.com*, die ähnlich aussieht wie die Oberfläche von Adobe Acrobat Pro mit dem Kommentar-Werkzeug.

Abbildung 8.105 *Review von InDesign im Webbrowser mit Kommentarfunktion*

Sie haben auch hier wieder die Möglichkeit, Texte zu löschen oder zu ersetzen.

Abbildung 8.106 *Wortlöschung im Webbrowser in InDesign Review*

Im Review-Bedienfeld (**Fenster > Kommentare > Review**) wird live angezeigt, welche Kommentare im Webbrowser hinterlegt wurden. Sie können diese Kommentare auch ähnlich der PDF-Kommentare entweder nach Art oder Status filtern.

Abbildung 8.107 *Review-Bedienfeld in InDesign*

Die Kommentare können dann entsprechend umgesetzt, bearbeitet oder gelöscht werden. Sie haben außerdem die Möglichkeit, mit den Kommentator*innen zu kommunizieren, indem Sie auf **Antworten** klicken. Damit lassen sich Nachrichten an die Autor*innen von Kommentaren versenden. Nach Abschluss der Bearbeitung können Sie dann den Weblink über das **Freigeben**-Menü aktualisieren und das Dokument gegebenenfalls erneut zum Review bereitstellen.

Fazit: Dieses Vorgehen macht die Zusammenarbeit mehrerer Parteien im Prozess noch einfacher, schneller und weniger fehleranfällig. Sofern jedes Mitglied im Prozess mindestens mit InDesign-Version 2020 arbeitet, sollten Sie entweder die Review-Funktion oder die PDF-Kommentare-Funktion (siehe Abschnitt 8.11.2, »PDF-Kommentare in InDesign«) in InDesign definitiv einem manuellen Korrigieren mithilfe von PDFs oder Ausdrucken vorziehen.

Kapitel 9
Reinzeichnung in Illustrator

Auch Illustrator bietet die Möglichkeit, umfangreiche Reinzeichnungen zu erstellen. Viele Vorgehensweisen sind identisch mit denen in InDesign, die Übrigen werden in diesem Kapitel erläutert.

9.1 Farben

Wenn Sie die Farbeinstellungen der Adobe Creative Cloud über die Adobe Bridge CC korrekt eingestellt haben (siehe Abschnitt 2.1, »Creative-Cloud-Farbeinstellungen synchronisieren«), überprüfen Sie als Erstes, ob die Farbeinstellungen synchronisiert wurden. Öffnen Sie hierzu **Bearbeiten > Farbeinstellungen** (cmd/Strg+⇧+K).

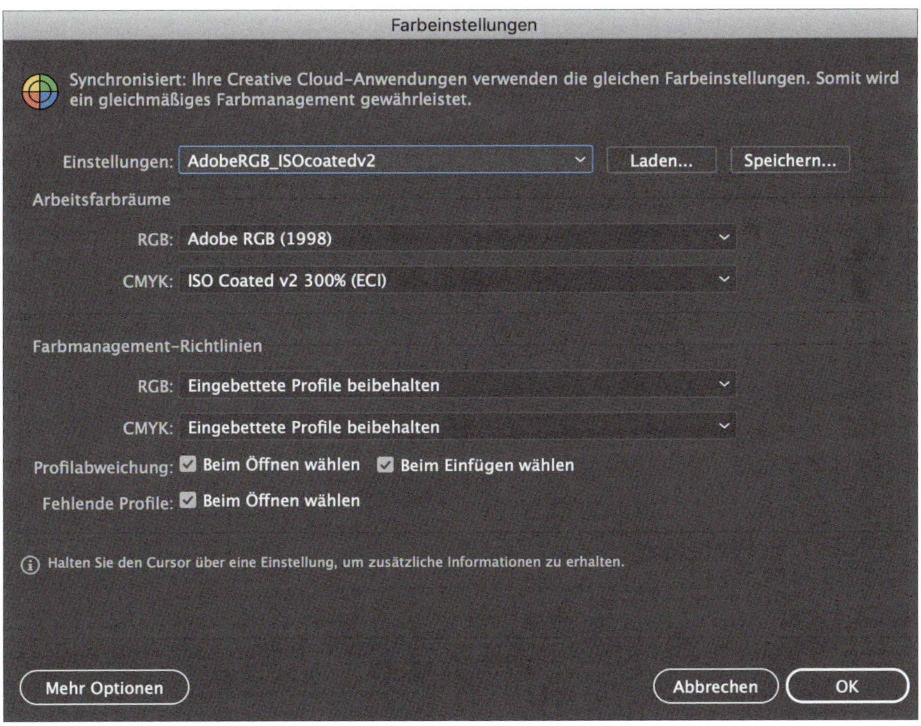

Abbildung 9.1 *Farbeinstellungen in Illustrator*

Sofern die Einstellungen mit der Adobe Creative Cloud synchronisiert sind, können Sie mit der Bearbeitung starten.

9.1.1 Neue Farben anlegen

Im Fenster **Farbfelder** unter **Fenster > Farbfelder** haben Sie nun ähnlich wie in InDesign die Möglichkeit, neue Farben für Ihr Dokument anzulegen. Mit einem Klick auf das Pluszeichen gelangen Sie in das Dialogfeld **Neues Farbfeld**.

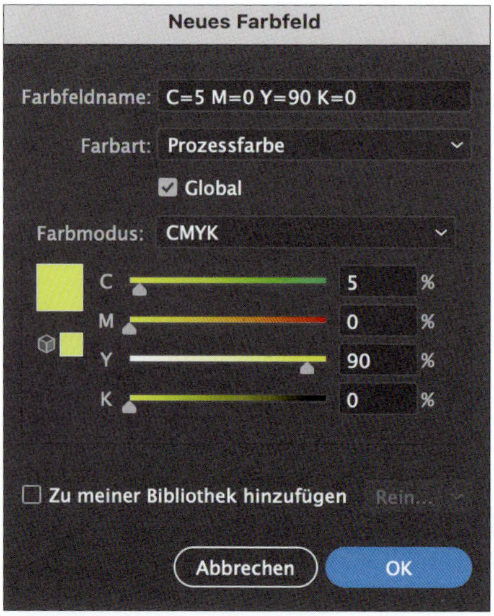

Abbildung 9.2 *Neues Farbfeld in Illustrator*

Die Einstellungen hier sind größtenteils identisch mit denen aus InDesign (siehe Abschnitt 4.1, »Vollton- und Prozessfarben«), auch hier legen Sie **Farbart** (Prozess- oder Volltonfarbe), **Farbmodus** und die zugehörigen Werte fest. Sie haben weiterhin die Möglichkeit, die Farbfelder zu bearbeiten und zu ersetzen.

Allerdings müssen Sie in Illustrator die Farbe noch auf **Global** stellen, damit sie mit den belegten Objekten verknüpft bleibt und diese sich bei einer Änderung der Farbwerte auch mitändern. Dies ist im Gegensatz dazu bei InDesign automatisch der Fall. Sie erkennen eine globale Farbe daran, dass das Farbkästchen ein weißes Dreieck am rechten unteren Rand aufweist. Volltonfarben sind immer global, bei Prozessfarben können Sie dies jedoch deaktivieren.

Abbildung 9.3 *Farbfelder in Illustrator: Volltonfarbe (Quadrat mit dem Kreis), Prozessfarbe (Vierfarbiges Quadrat)*

9.1.2 Farben organisieren

Sie haben auch in Illustrator die Möglichkeit, alle nicht verwendeten Farben auszuwählen oder alle verwendeten Farben hinzuzufügen, die sich noch nicht in der Farbpalette befinden.

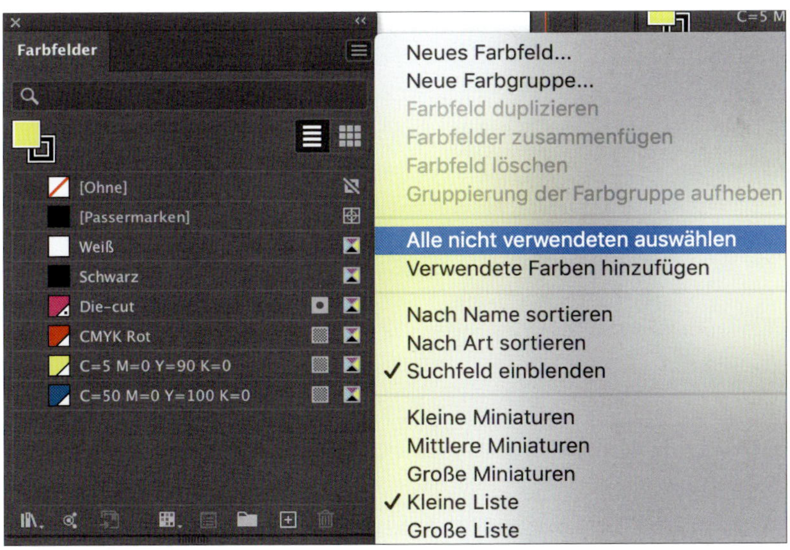

Abbildung 9.4 *Menü des Farbfelder-Bedienfelds*

Außerdem können Sie, wenn Sie im Bedienfeldmenü **Suchfeld einblenden** ausgewählt haben, konkret nach einem Farbnamen in Ihrer Farbpalette suchen. Es empfiehlt sich, das Suchfeld immer zu aktivieren, um Farbfelder schneller zu finden.

Abbildung 9.5 *Suchfeld im Farbfelder-Bedienfeld von Illustrator*

9.2 Bildverknüpfungen

Auch in Illustrator können Sie die im Dokument verwendeten Verknüpfungen über **Fenster > Verknüpfungen** einsehen. Allerdings bietet Illustrator hier gegenüber InDesign deutlich weniger Darstellungsmöglichkeiten. Der Grund hierfür ist sicherlich, dass Illustrator ein Grafikprogramm zur Erstellung von Vektorgrafiken ist und dort Verknüpfungen seltener verwendet werden.

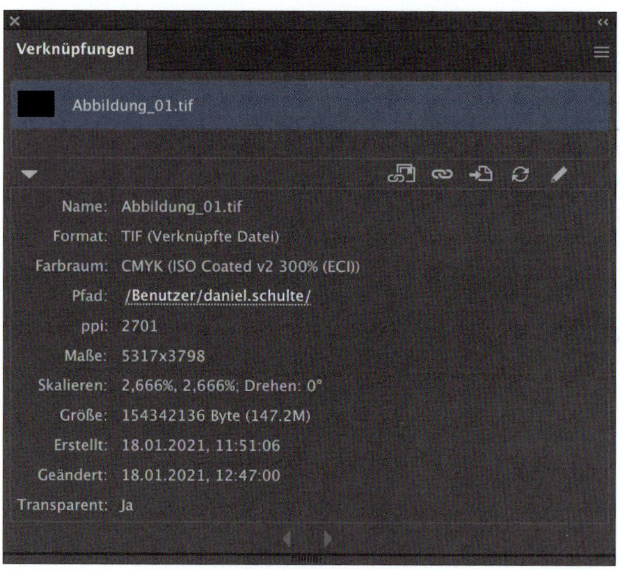

Abbildung 9.6 *Verknüpfungen-Bedienfeld in Illustrator*

- **Name:** Dateiname der Verknüpfung.
- **Format:** Dateiformat der Verknüpfung. Hier sehen Sie auch, ob die Grafik verknüpft oder eingebettet ist.
- **Farbraum:** Hier lässt sich sowohl der Farbmodus als auch das hinterlegte ICC-Profil des verknüpften Bildes ablesen.
- **Pfad:** Speicherort der Verknüpfung.
- **ppi:** Hier werden die effektiven PPI angezeigt und nicht die Original-PPI der verknüpften Datei.

Sie können also alle relevanten Informationen einsehen, allerdings nicht übersichtlich im Verknüpfungen-Bedienfeld wie in InDesign, sondern erst in den Verknüpfungsinformationen, nachdem Sie die jeweilige Verknüpfung ausgewählt haben. Illustrator bietet zwar Bedienfeldoptionen für das Verknüpfungen-Bedienfeld, allerdings beschränken sie sich auf die Miniaturgröße der Verknüpfungen-Liste.

Abbildung 9.7 *Optionen für das Verknüpfungen-Bedienfeld in Illustrator*

Informationen einsehen
Ergänzend können Sie bei markierter Verknüpfung auch über die Auswahl von **Verknüpfungsdateiinformationen...** aus dem Bedienfeldmenü Informationen wie beispielsweise Kameradaten, Ursprung und Autor erhalten.

9.2.1 Grafiken einbetten

Ähnlich wie in InDesign können Sie Grafiken auch in das Illustrator-Dokument einbetten. Dies ist in Illustrator gegebenenfalls sinnvoll, wenn es sich um eine feststehende Grafik wie einen Störer oder ein Logo handelt. Bedenken Sie jedoch: Sobald Sie eine Pixelgrafik in Ihr Illustrator-Dokument einbetten, ist es nicht mehr unbegrenzt skalierbar. Sollten Sie eine Grafik mit 300 ppi einbetten und die Illustrator-Datei in InDesign auf 140 % skalieren, wird der InDesign-Preflight (siehe Abschnitt 10.9, »InDesign-Preflight«) Sie darauf hinweisen, dass die Verknüpfung nicht mehr druckbar ist.

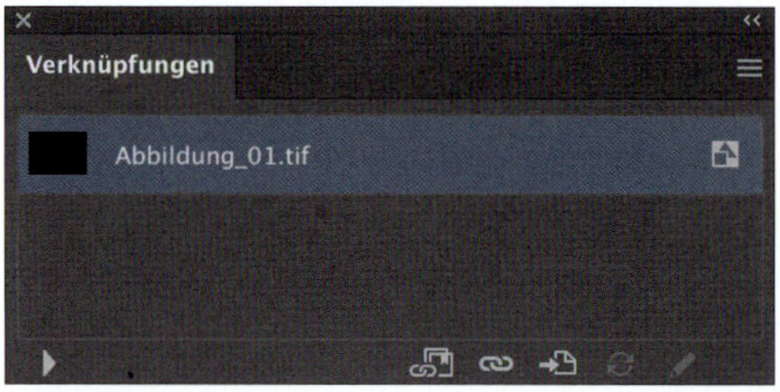

Abbildung 9.8 *Eingebettete Verknüpfung in Illustrator*

Um eine Verknüpfung einzubetten, markieren Sie die Verknüpfung(en) und wählen im Bedienfeldmenü **Bild(er) einbetten**. Neben dem Bild erscheint das Eingebettet-Symbol. Anschließend finden Sie unter **Format** in den Verknüpfungsinformationen den Hinweis **(Eingebettete Datei)**. Auch hat das Bild seinen unabhängigen Farbraum verloren, da es nun im Farbraum des Illustrator-Dokuments ist. Sie können dann wieder über die Auswahl die **Einbettung aufheben**, müssen dann allerdings einen neuen Speicherort für die Grafik angeben.

9.3 Drucktechnische Einstellungen

Wie in InDesign müssen natürlich auch in Illustrator alle relevanten drucktechnischen Einstellungen für die Weiterverarbeitung vorgenommen werden.

9.3.1 Überfüllung

Das Anlegen von eigenen Überfüllungen in Illustrator ist im Gegensatz zu InDesign deutlich einfacher. Hierbei ist allerdings immer noch zu beachten, dass Sie in der Reinzeichnung auf keinen Fall selbst Überfüllungen anlegen sollten, es sei denn, der Druckdienstleister hat Sie explizit darum gebeten und Ihnen auch die genauen Werte mitgegeben. Dennoch möchte ich das Anlegen einmal in Illustrator demonstrieren.

Wählen Sie zuerst die beiden Vektorobjekte aus, zwischen denen Sie eine Überfüllung anlegen möchten. Öffnen Sie anschließend **Fenster > Pathfinder** (cmd/Strg+⇧+F9). Dort wählen Sie im Bedienfeldmenü **Überfüllen**.

Abbildung 9.9 *Überfüllung anlegen über den Pathfinder in Illustrator*

Hier können Sie einstellen, wie stark die Überfüllung sein soll und um wie viel Prozent der Farbton in der Überfüllung verringert werden soll. Mit einem Klick auf **OK** erzeugt Illustrator ein neues Vektorobjekt, das die Überfüllung mit den von Ihnen definierten Werten darstellt.

Abbildung 9.10 *Überfüllung in Illustrator*

Überdruckenvorschau | Mithilfe der Überdruckenvorschau über **Ansicht > Überdruckenvorschau** (`cmd`/`Strg`+`Alt`+`⇧`+`Y`) sehen Sie jetzt die Überfüllung im Druck simuliert. Dadurch, dass Illustrator ein eigenes Objekt für die Überfüllung anlegt, können Sie diese auch ganz einfach im PDF-Export mit ausgeben und müssen nicht extra eine PostScript-Datei wie in InDesign erstellen.

Vorsicht!

Sollten Sie aber nicht konkret die Anweisung der Druckerei erhalten haben, die Überfüllung anzulegen, sollten Sie dies definitiv nicht tun, da es sonst in der Weiterverarbeitung zu Problemen kommen kann.

9.3.2 Überdrucken

Das Einstellen von Überdrucken ist in Illustrator ähnlich einfach wie in InDesign. Öffnen Sie zunächst **Fenster > Attribute** (cmd / Strg + F11). Hier können Sie nun entweder die Fläche oder die Konturlinie überdrucken.

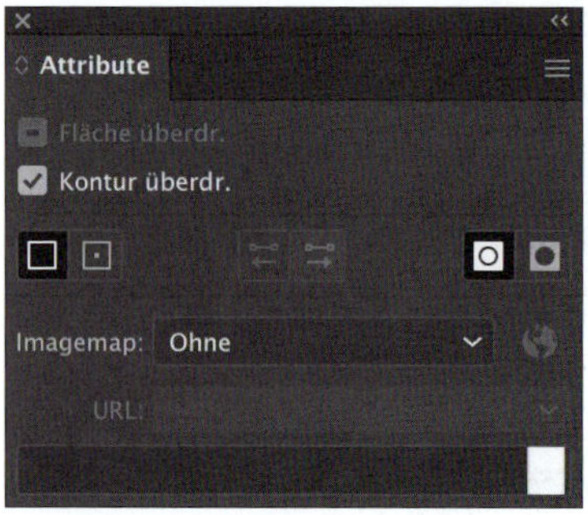

Abbildung 9.11 *Attribute-Bedienfeld in Illustrator*

Vorsicht bei Stanzform mit Volltonfarbe

Haben Sie eine Stanzform mit einer Volltonfarbe angelegt, müssen Sie die Kontur zwingend überdrucken, damit nach dem Extrahieren des Farbkanals keine weiße Fläche im Druckbild zurückbleibt.

9.3.3 Transparenzreduzierung

Sofern Sie in Illustrator in einem Dateiformat basierend auf PostScript arbeiten (beispielsweise EPS), müssen Sie die Transparenzreduzierung (siehe Abschnitt 5.1, »Echte und unechte Transparenz«) berücksichtigen. Haben Sie also eine Transparenz, beispielsweise durch einen Schlagschatten, können Sie ähnlich wie in InDesign diverse Einstellungen dazu vornehmen.

Abbildung 9.12 *Transparenz durch Schlagschatten*

Öffnen Sie **Fenster > Reduzierungsvorschau**. Dann wählen Sie unter **Markieren > Transparente Objekte** und klicken auf **Aktualisieren**. Anschließend wird Illustrator Sie auf alle Bereiche im Dokument hinweisen, bei denen beim Export eine Transparenzreduzierung stattfinden wird.

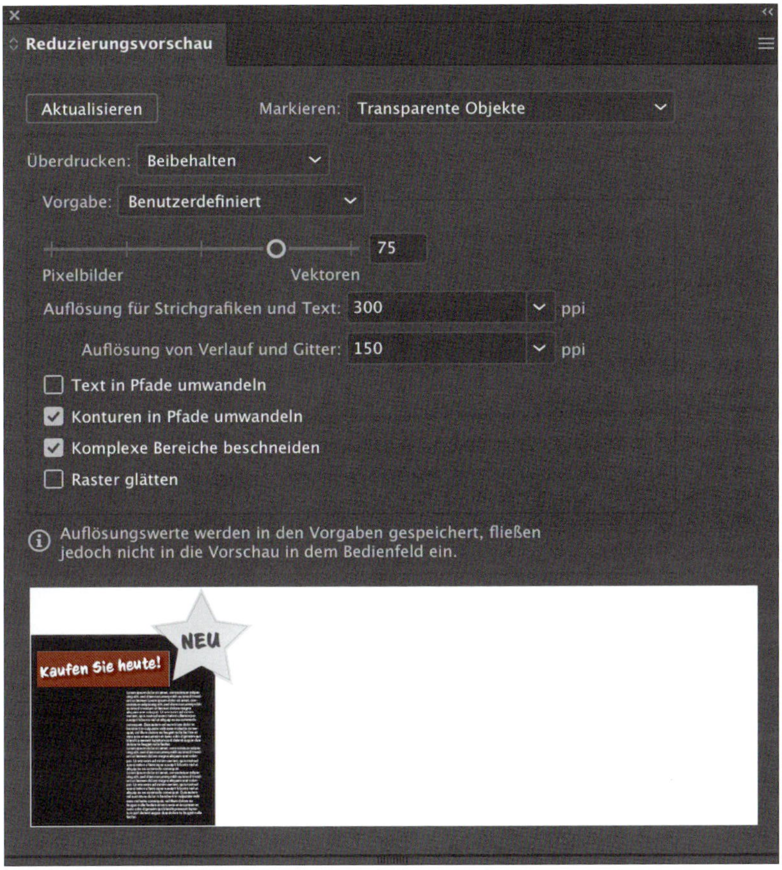

Abbildung 9.13 *Reduzierungsvorschau in Illustrator*

Sie sehen den Bereich der Reduzierung, hier im Beispiel der Schlagschatten, rot hinterlegt. Nun haben Sie die Möglichkeit, unter **Vorgabe** eine bereits existierende Transparenzreduzierungsvorgabe auszuwählen oder eigene Einstellungen vorzunehmen. Diese können Sie dann anschließend über die Auswahl von **Transparenzreduzierungsvorgaben speichern...** abspeichern und später beim PDF-Export auswählen. Hier ist zu erwähnen, dass alle Reduzierungsvorgaben der Adobe Creative Cloud verfügbar sind, somit auch alle Vorgaben, die Sie bereits in InDesign angelegt haben. Die Einstellungsmöglichkeiten sind dieselben wie in InDesign, sehen Sie hierzu auch Abschnitt 10.4.2, »Transparenzreduzierungsvorschau«.

9.3.4 Rastereffekteinstellungen

Über **Effekt > Dokument-Rastereffekt-Einstellungen...** können Sie ähnlich wie in InDesign die Einstellungen für die Rasterung vornehmen, die durch die Transparenzreduzierung erfolgt.

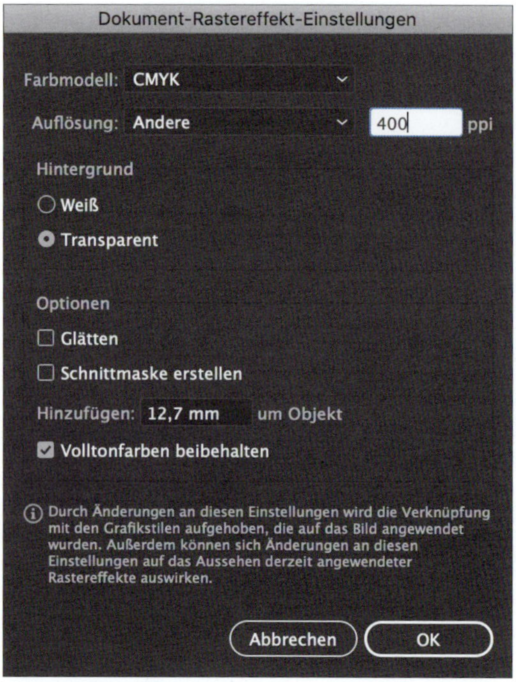

Abbildung 9.14 *Dokument-Rastereffekt-Einstellungen*

- **Farbmodell:** Hier können Sie auswählen, ob der Farbmodus für die Rastergrafiken CMYK oder RGB sein soll. Dieser sollte in den allermeisten Fällen CMYK sein.
- **Auflösung:** Für die Auflösung können Sie dann zwischen den Standard-Voreinstellungen **Bildschirm (72 ppi)**, **Mittel (150 ppi)** und **Hoch (300 ppi)** wählen. Zusätzlich lässt sich unter **Andere** eine eigene Bildauflösung festlegen, die mit den PDF-Exportvorgaben für Farb- und Graustufenbilder Ihres Druck-PDFs übereinstimmen sollte, beispielsweise 400 ppi.
- **Hintergrund:** Damit bestimmen Sie, ob der Hintergrund der Rasterung transparent oder weiß sein soll.
- **Optionen:** Sie können optional angeben, ob eine Glättung erfolgt oder eine Schnittmaske erstellt werden soll. Außerdem entscheiden Sie hier, ob Volltonfarben bei der Rasterung erhalten bleiben oder in Prozessfarben umgewandelt werden sollen.

Vorsicht!

Mithilfe dieser Einstellungen können Sie das Verhalten von Illustrator bei der Rasterung stark beeinflussen. Achten Sie immer darauf, dass bei einer Rasterung auch die unendliche Skalierbarkeit der Vektorobjekte entfällt. Wählen Sie daher lieber eine hohe Bildauflösung.

9.3.5 Vorschaumöglichkeiten

Da Illustrator Vektorgrafiken sowohl für den Print- als auch für den Digitalbereich erstellen kann, haben Sie hier auch jeweils eine Vorschaumöglichkeit. Über **Ansicht > Überdruckenvorschau** (cmd/Strg+Alt+⇧+Y) können Sie sich Ihr Dokument für den Druck als Vorschau anzeigen lassen. Alle von Ihnen getroffenen Überdrucken-Einstellungen werden hierbei berücksichtigt.

Findet Ihr Dokument allerdings im Digitalbereich Anwendung, so können Sie sich mithilfe der Pixelvorschau über **Ansicht > Pixelvorschau** (cmd/Strg+Alt+Y) auch dies simulieren lassen.

Abbildung 9.15 *Überdruckenvorschau in Illustrator*

Abbildung 9.16 *Pixelvorschau in Illustrator*

9.4 Icons und Symbole aufbereiten

Wenn Sie Vektorgrafiken aus der Kreativabteilung erhalten, sollten Sie diese nicht nur auf ihren Farbraum hin prüfen, sondern unter Umständen auch eine Aufbereitung der Daten vornehmen. Auf die folgenden Punkte müssen Sie achten.

Farben prüfen | Als Erstes sollten Sie alle nicht verwendeten Farben entfernen und dann die enthaltenen Farben prüfen. Beinhaltet die Grafik noch Volltonfarben oder buntes Schwarz, sollten Sie dies prüfen und gegebenenfalls anpassen.

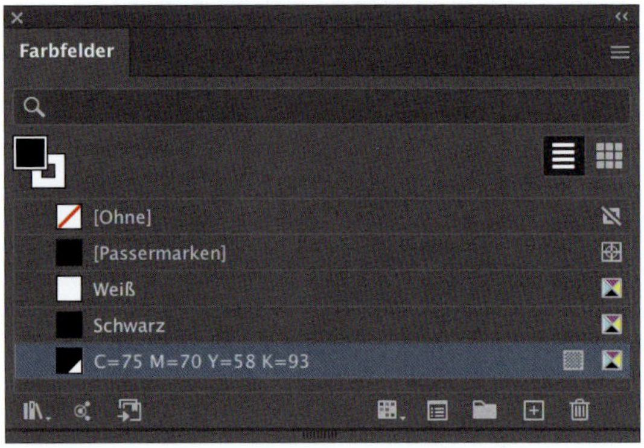

Abbildung 9.17 *Buntes Schwarz in Illustrator*

Optische Bewertung | Anschließend sollten Sie die Grafik optisch bewerten: Sind alle Vektorpunkte horizontal und vertikal bündig? In diesem Beispiel gibt es zwei horizontale Abweichungen: Einmal auffällig im Pfeil und noch einmal etwas weniger auffällig im unteren Rechteck.

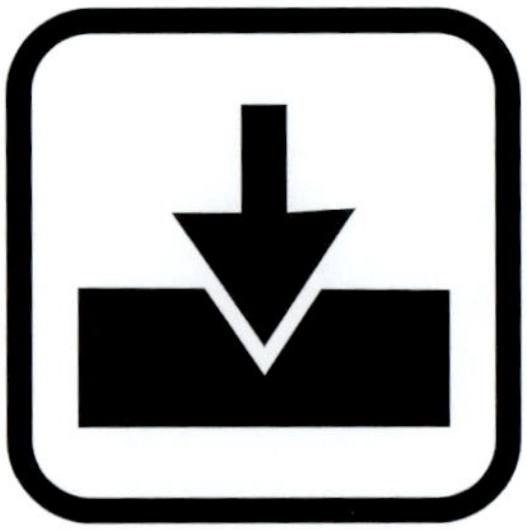

Abbildung 9.18 *Negativbeispiel für horizontale Bündigkeiten des Vektorobjekts in Illustrator*

Überprüfen Sie die Vektorpunkte am besten anhand ihrer Koordinaten.

Überdrucken-Einstellungen prüfen | Sobald die X- und Y-Koordinaten exakt gleich sind, können Sie noch prüfen, ob Überdrucken-Einstellungen vorgenommen wurden und ob diese korrekt sind. Im Fall dieses Beispiels handelt es sich um ein kleines Icon, das vermutlich nur wenige Zentimeter groß eingesetzt wird. Es empfiehlt sich daher, die Kontur und den Pfeil zu überdrucken. Das Rechteck kann aussparen, sofern der Einsatz des Icons nicht zu klein wird.

Im Zuge der Anpassung fällt nun auf, dass die weiße Kontur des Pfeils überdruckt. Dies müssen Sie zwingend anpassen.

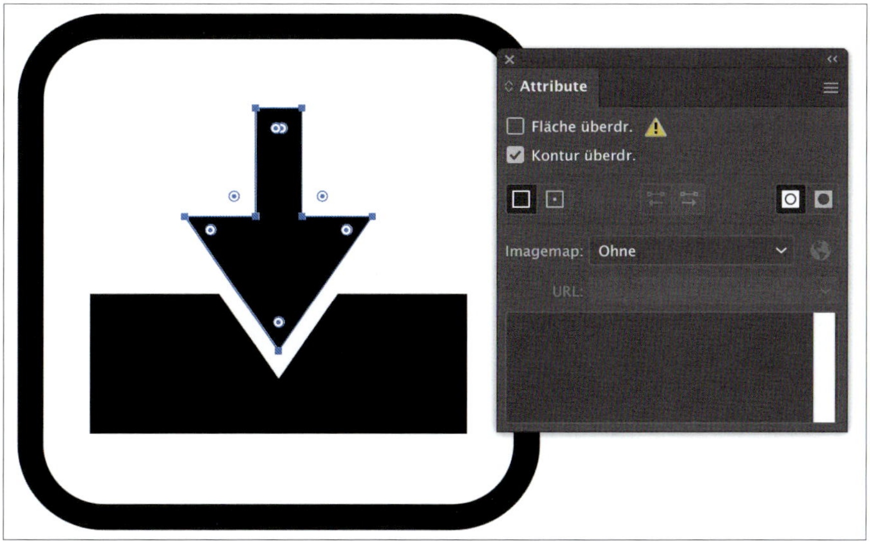

Abbildung 9.19 *Fehlerhafte Überdrucken-Einstellung von Weiß in Illustrator*

Kontur in Fläche umwandeln | Nachdem Sie die Überdrucken-Einstellungen korrekt vorgenommen haben, sollten Sie nun noch die Kontur in eine Fläche umwandeln. Gehen Sie hierzu auf **Objekt > Pfad > Konturlinie**.

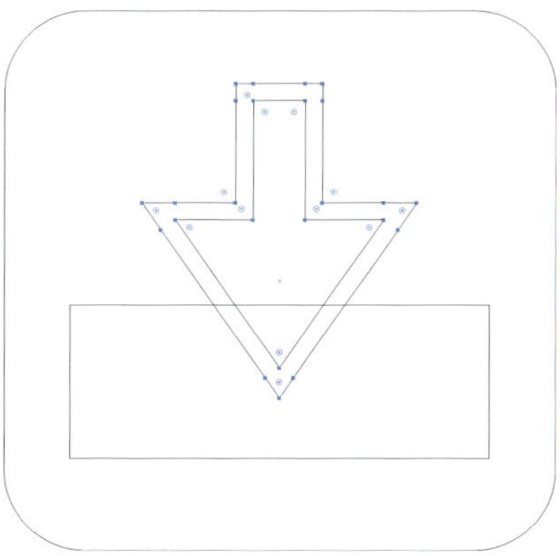

Abbildung 9.20 *Kontur des Pfeils als eigenes Objekt in Illustrator*

Dadurch haben Sie ein neues Vektorobjekt erzeugt, das Sie nun mithilfe des Pathfinders vom Rechteck abziehen können. Markieren Sie hierzu beide Objekte, und wählen Sie im Pathfinder **Vorheriges Objekt abziehen**. Nun können Sie noch den Rest des Dreiecks hinter dem Pfeil entfernen. Anschließend sollten Sie auch noch die Kontur um das Icon auf dieselbe Art und Weise in ein Pfadobjekt umwandeln, und schon haben Sie ein sauber aufbereitetes Icon.

Zeichenfläche anpassen | Passen Sie nun noch die Zeichenfläche an, indem Sie mit [cmd]/[Strg]+[A] alles markieren und über das Zeichenflächenwerkzeug die Zeichenfläche an die ausgewählte Grafik anpassen.

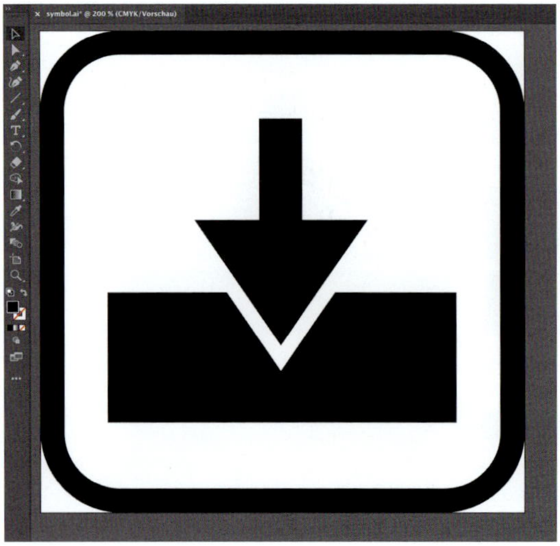

Abbildung 9.21 *Zeichenfläche an Icon anpassen*

Die von Ihnen erstellte Grafik kann nun fehlerfrei in InDesign platziert und weiterverarbeitet werden.

9.5 Stanzformen

Ähnlich wie in InDesign sollten Stanzformen oder Falzlinien mit einem Volltonkanal und einer Stärke von 1 pt auf Überdrucken angelegt werden (siehe Abschnitt 8.6, »Stanzformen und Veredelungen für eine Verpackung«).

Abbildung 9.22 *Farbfeldoptionen für Stanzform in Illustrator*

Im Unterschied zu InDesign wird in Illustrator die Kontur selbst nicht zur Größe des Objekts hinzugezählt. Erstellen Sie also in InDesign ein Rechteck mit den Maßen 100 × 100 mm und fügen ihm eine 1-pt-Kontur hinzu, ändert sich das Objekt auf die Maße 100,353 × 100,353 mm. In Illustrator jedoch bleibt das Maß in diesem Szenario bei 100 × 100 mm. Dies kann bei Stanzformen zum Vorteil genutzt werden. Denn die Stanzform selbst ist die Vektorlinie, die Kontur dient nur der Visualisierung. Mit Illustrator können Sie Ihre Objekte einfacher exakt an der Stanzkontur ausrichten.

Abbildung 9.23 *Objektausrichtung an der Vektorlinie der Stanzform in Illustrator*

9.6 Zusammenspiel von Illustrator und InDesign

Beim Kopieren von Inhalten in Illustrator und InDesign ist zu beachten, dass Effekte und Objektrahmen nicht richtig übertragen werden. Eine detaillierte Erklärung dazu finden Sie im Abschnitt »Copy & Paste von Illustrator-Objekten in InDesign (und umgekehrt)« in Abschnitt 7.4.4. Sollten Sie also Objekte aus Illustrator in InDesign einfügen wollen, dürfen Sie diese nicht kopieren und einfügen, sondern müssen sie als Datei abspeichern und diese in InDesign platzieren. Wenn möglich, erstellen Sie eine AI-Datei und keine EPS-Datei, da beim Speichern in ein PostScript-Format eine Transparenzreduzierung stattfindet.

9.7 EPS oder AI

Das Format *EPS (Encapsulated PostScript)* basiert auf PostScript und hat sich in den vergangenen Jahren zum Standard für Vektorgrafiken entwickelt. EPS-Daten können natürlich auch Pixeldaten beinhalten, allerdings ist dies für die Weiterverarbeitung nicht zu empfehlen. Besonders im Zusammenspiel mit InDesign können wichtige Informationen wie ICC-Profil und Bildauflösung vom EPS nicht erfasst werden.

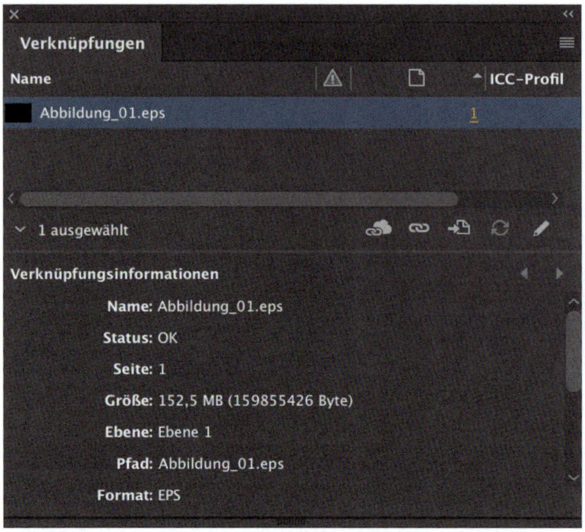

Abbildung 9.24 *EPS-Datei mit Pixelgrafik in InDesign*

Durch die APPE (siehe Abschnitt 11.2, »Adobe PDF Print Engine«) hat Adobe neue Möglichkeiten vor allem im Bereich Transparenz geschaffen, die PostScript früher oder später ersetzen werden. Um diese neuen Möglichkeiten einsetzen zu können, darf die Datei allerdings nicht mehr auf PostScript basieren, sondern auf der APPE. Um dies in Illustrator zu gewährleisten, ist das Speichern des Dokuments im Illustrator-Format AI nötig.

9.8 PDF-Export und Drucken

Um Ihr Illustrator-Dokument als PDF zu exportieren, müssen Sie es neu abspeichern. Gehen Sie hierzu auf **Datei > Speichern unter...** (cmd/Strg+⇧+S). Dann wählen Sie als Format **Adobe PDF**; daraufhin öffnet sich das Dialogfeld **Adobe PDF speichern**. In diesem Beispiel erstellen wir ein Druck-PDF mit PDF/X3-Standard (siehe Abschnitt 11.1.2, »PDF/X3«) in Device-CMYK.

Reiter »Allgemein« | Im ersten Reiter **Allgemein** nehmen Sie folgende Einstellungen vor:

- **Beschreibung:** Hier können Sie eine Beschreibung Ihres PDF-Exportprofils festhalten. Dies lohnt sich natürlich nur, wenn Sie dieses Exportprofil für die Zukunft speichern und wiederverwenden möchten.
- **Optionen:** Hier können Sie die Seitenminiaturen in das PDF einbetten oder es für eine schnelle Webansicht optimieren, falls Sie ein PDF für das Internet erstellen. Außerdem können Sie sich das gespeicherte PDF direkt anzeigen lassen.

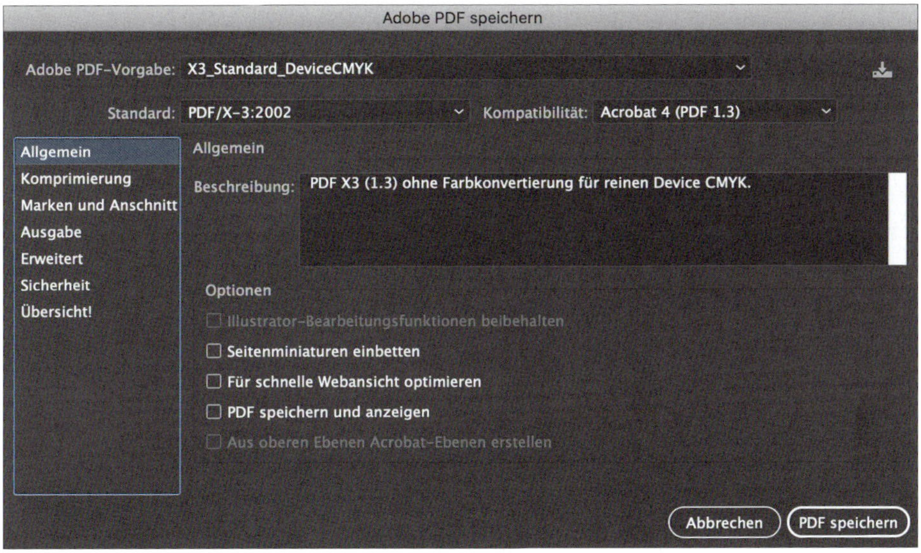

Abbildung 9.25 *PDF-Export – Reiter: Allgemein*

Reiter »Komprimierung« | Im Reiter **Komprimierung** können Sie einstellen, wie mit Bildern und Grafiken im PDF umgegangen wird.

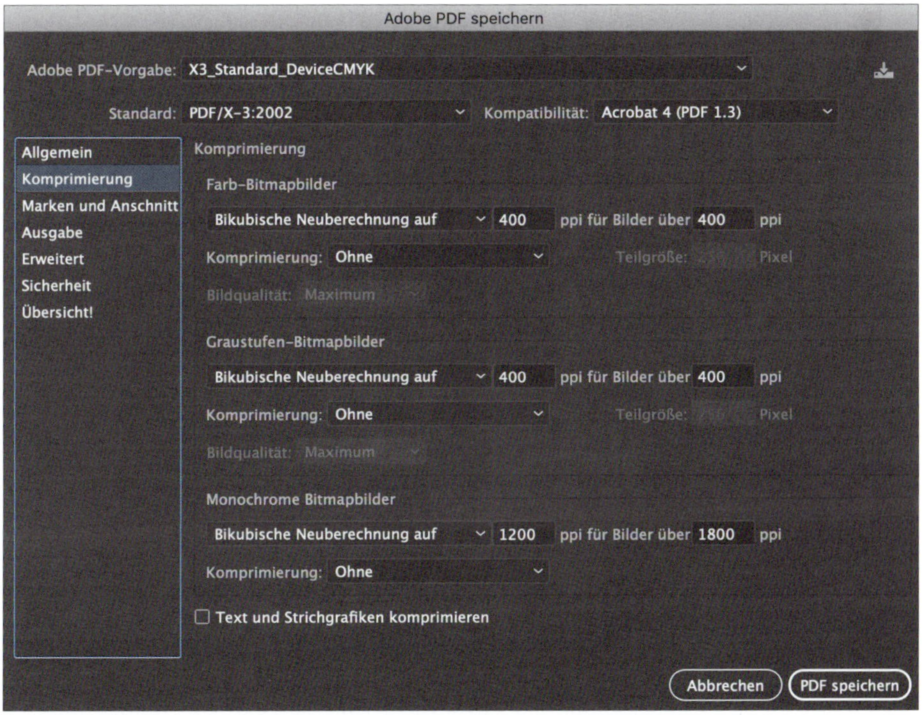

Abbildung 9.26 *PDF-Export – Reiter: Komprimierung*

Unter **Farb-Bitmapbilder** und **Graustufen-Bitmapbilder** legen Sie fest, ob Farb- oder Graustufenbilder ab einer definierten Bildauflösung neuberechnet werden sollen oder nicht. Die Neuberechnung findet entweder durchschnittlich, bikubisch oder per Subsampling statt. Hier ist die bikubische Neuberechnung empfehlenswert, sofern eine Neuberechnung stattfinden soll. Als Grenzwert empfiehlt es sich, eine Neuberechnung ab 400 ppi auf 400 ppi durchzuführen, da abhängig von Druckmaschine und Linienraster moderne Druckereien schon 400 ppi im RIP verarbeiten können.

Für den Druck empfehle ich Ihnen, keine Komprimierung anzuwenden (**Komprimierung > Ohne**). Für Ansichts-PDFs können Sie natürlich bedenkenlos eine Komprimierung der Bilder vornehmen. Hier sollten Sie eine Neuberechnung ab 150 ppi auf 150 ppi vornehmen, da Monitore selten eine höhere Bildauflösung darstellen.

Für einfarbige Bilder oder auch monochrome Bitmapbilder benötigen Sie natürlich eine höhere Bildauflösung (siehe Abschnitt »Bildauflösung bei Graustufen- und Schwarz-Weiß-Bildern« in Abschnitt 7.1.2). Stellen Sie hier am besten eine Neuberechnung ab 1.800 ppi auf 1.200 ppi ein, um das PDF nicht unnötig groß zu machen.

Zuletzt haben Sie noch die Möglichkeit, den Text und Strichgrafiken zu komprimieren.

Reiter »Marken und Anschnitt« | Im Reiter **Marken und Anschnitt** legen Sie die Druckermarken und die Einstellungen für den Anschnitt fest.

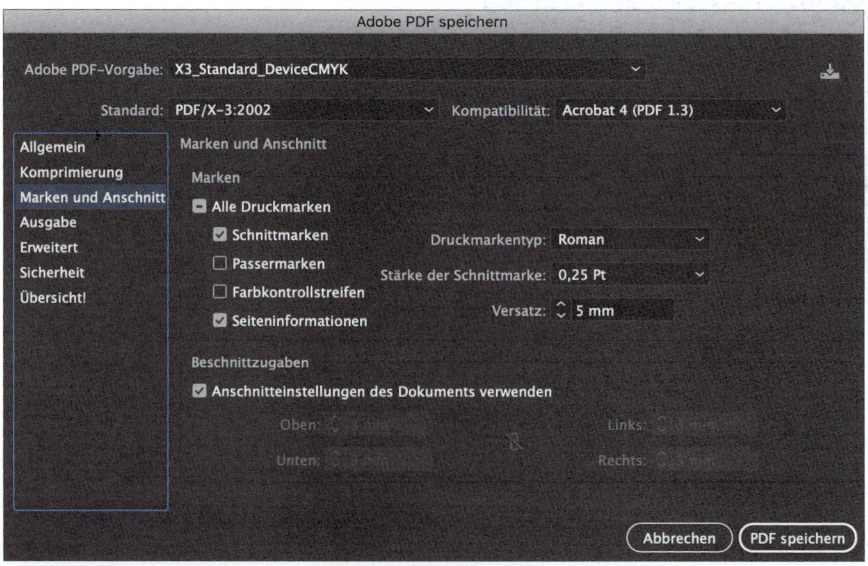

Abbildung 9.27 *PDF-Export – Reiter: Marken und Anschnitt*

Detaillierte Informationen zu jeder Druckermarke, ihrer Bedeutung und sinnvolle Einstellungen finden Sie in Abschnitt 10.1, »Druckermarken und Farbkontrollstreifen«.

Unter **Beschnittzugabe** legen Sie den Anschnitt des Dokuments fest. Hier empfiehlt es sich, die Anschnittseinstellungen des Dokuments zu verwenden, denn Sie wollen in der Lage sein, das Exportprofil auf alle Projekte anzuwenden, es gibt jedoch je Projekt unterschiedliche Anschnittsvorgaben der Druckerei. So können Sie im jeweiligen Illustrator-Dokument den Anschnitt festlegen und entsprechend dieser Vorgabe exportieren. Sollte der Anschnitt sich vom Versatz unterscheiden, können Sie diesen noch einheitlich anpassen. Wenn Sie hingegen an dieser Stelle einen Anschnitt definieren, werden die Einstellungen im Illustrator-Dokument ignoriert.

Reiter »Ausgabe« | Im Reiter **Ausgabe** definieren Sie die Farbeinstellungen für Ihr Ausgabe-PDF. Dieser Reiter ist einer der wichtigsten beim Erstellen der Druckunterlagen in der Reinzeichnung.

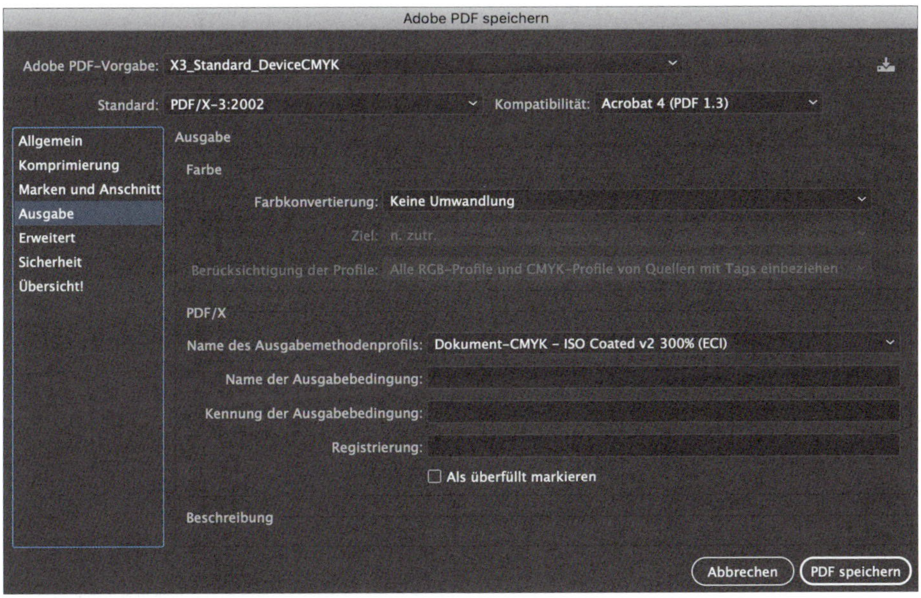

Abbildung 9.28 *PDF-Export – Reiter: Ausgabe*

- **Farbkonvertierung:** Hier legen Sie den Umgang mit Bildern in Ihrem PDF fest. Sie können entweder **Keine Umwandlung** vornehmen, beispielsweise wenn all Ihre Bilder bereits im richtigen Ausgabefarbraum sind. Arbeiten Sie in einem medienneutralen Workflow (siehe Abschnitt 2.6, »Medienneutraler Workflow«), müssen Sie zwingend eine Konvertierung vornehmen, da die Bilder noch nicht für das Ausgabemedium vorbereitet wurden. Sie können in diesem Fall entweder **In Zielprofil konvertieren** oder **In Zielprofil konvertieren (Nummern beibehalten)** auswählen. Bei Letzterem werden die CMYK-Werte der Vektorobjekte nicht verändert, sondern nur die Pixelgrafiken (siehe Abschnitt 7.3.2, »RGB in CMYK bei CI-Farben«).

Falls Sie eine Konvertierung vornehmen, müssen Sie im nächsten Dropdown-Menü das Zielprofil auswählen.

- **PDF/X:** Im letzten Bereich des Reiters **Ausgabe** können Sie noch das Ausgabeprofil für das PDF/X festlegen. Wählen Sie in dem Dropdown-Menü **Name des Ausgabemethodenprofils** entweder ein ICC-Profil direkt aus, oder verwenden Sie das **Dokument-CMYK**. Sofern Sie nicht medienneutral arbeiten, wird Ihr Illustrator-Dokument immer das gewünschte Farbprofil der Druckerei aufweisen, daher ist dies als allgemeine Einstellung zu empfehlen. Bei einem medienneutralen Workflow müssen Sie jeweils den zugehörigen Arbeitsfarbraum einstellen.

Reiter »Erweitert« | Im Reiter **Erweitert** finden Sie weitere Einstellungen zu Schriften und zur Transparenzreduzierung.

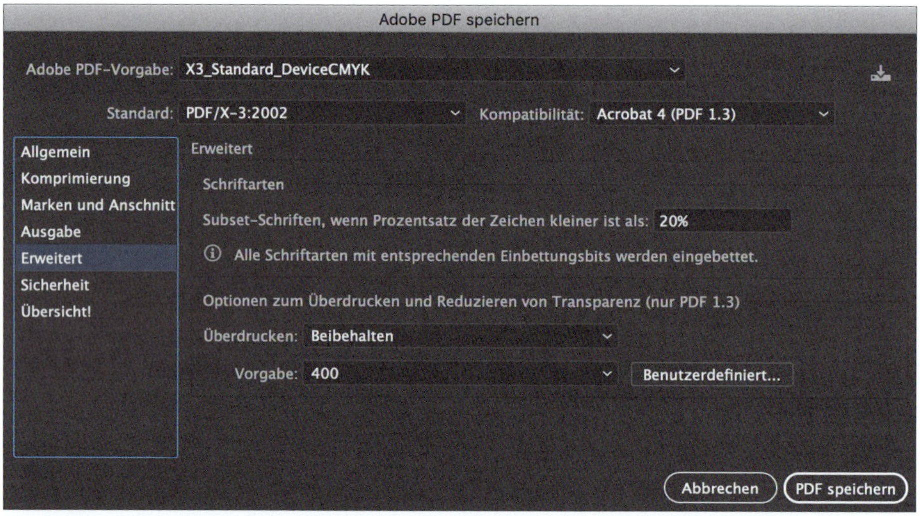

Abbildung 9.29 *PDF-Export – Reiter: Erweitert*

Unter **Schriftarten** lässt sich bestimmen, ab wann eine komplette Schriftart eingebettet werden soll und wie lange nur die verwendeten Zeichen der Schriftart enthalten sind. Legen Sie hier fest, dass beispielsweise ab 20 % der verwendeten Zeichen die komplette Schriftart eingebettet wird, so gibt es nach Erstellung des Druck-PDFs später noch die Möglichkeit, uneingeschränkt Textänderungen vorzunehmen. Werden weniger als 20 % verwendet, so wird nicht die komplette Schrift eingebettet, was eine spätere Korrektur erschwert.

Im Bereich **Optionen zum Überdrucken und Reduzieren von Transparenz** lässt sich angeben, ob die von Ihnen im Illustrator-Dokument verwendeten Einstellungen zum Überdrucken beibehalten oder gelöscht werden sollen. Außerdem legen Sie hier die

Reduzieren-Vorgabe fest, mit der die Transparenzreduzierung durchgeführt werden soll (nur PDF/X1a und PDF/X3).

Reiter »Sicherheit« | Der Reiter **Sicherheit** entfällt beim PDF/X-Standard, da ein PDF nach X-Standard nicht mit einem Passwort versehen werden darf. In der **Übersicht** sehen Sie dann noch einmal, welche Einstellungen Sie getroffen haben und welche Warnungen dazu seitens Illustrator ausgegeben werden.

Export starten | Sie haben dann die Möglichkeit, dieses Exportprofil zu speichern, indem Sie auf das kleine Speichern-Symbol in der oberen rechten Ecke klicken. Sie können dann zukünftig aus dem Dropdown-Menü **Adobe PDF-Vorgabe** die entsprechende Vorgabe auswählen und alle getroffenen Einstellungen so wiederherstellen.

Mit einem Klick auf den Button **PDF speichern** starten Sie den Export. Anschließend haben Sie die Möglichkeit, das erstellte PDF in Adobe Acrobat Pro zu prüfen (siehe Abschnitt 11.4, »Druckvorstufen-Funktionen in Adobe Acrobat Pro«).

9.9 Checkliste: Reinzeichnung in Illustrator

	Ist die Bildauflösung ausreichend?
	Wurden Bilder verzerrt eingesetzt?
	Sind alle Verknüpfungen vorhanden?
	Sind alle Bilder im richtigen Farbraum?
	Wurden Überdrucken-Einstellungen korrekt gesetzt?
	Wurden die Transparenzreduzierungs- und Rastereffekteinstellungen beachtet?
	Wurden bei Stanzformen die Konturen auf Überdrucken gestellt?

Kapitel 10
Ausgabe vorbereiten

Bevor die Druckdaten erstellt werden, gilt es, die Daten so vorzubereiten, dass der Ausgabe nichts im Weg steht. Neben dem finalen Check können auch noch letzte Korrekturen vorgenommen werden. Bei den letzten Schritten auf dem Weg zur Ausgabe sollten Sie sehr sorgfältig vorgehen.

10.1 Druckermarken und Farbkontrollstreifen

Bei der PDF-Ausgabe von InDesign können Sie im Reiter **Marken und Anschnitt** einige Druckermarken einstellen, die für die Weiterverarbeitung in der Druckerei sehr wichtig sein können. So legen Sie für die Konfektionierung fest, wo gedruckt, geschnitten, gefalzt, genutzt und die Farbe sowie der Passer kontrolliert wird.

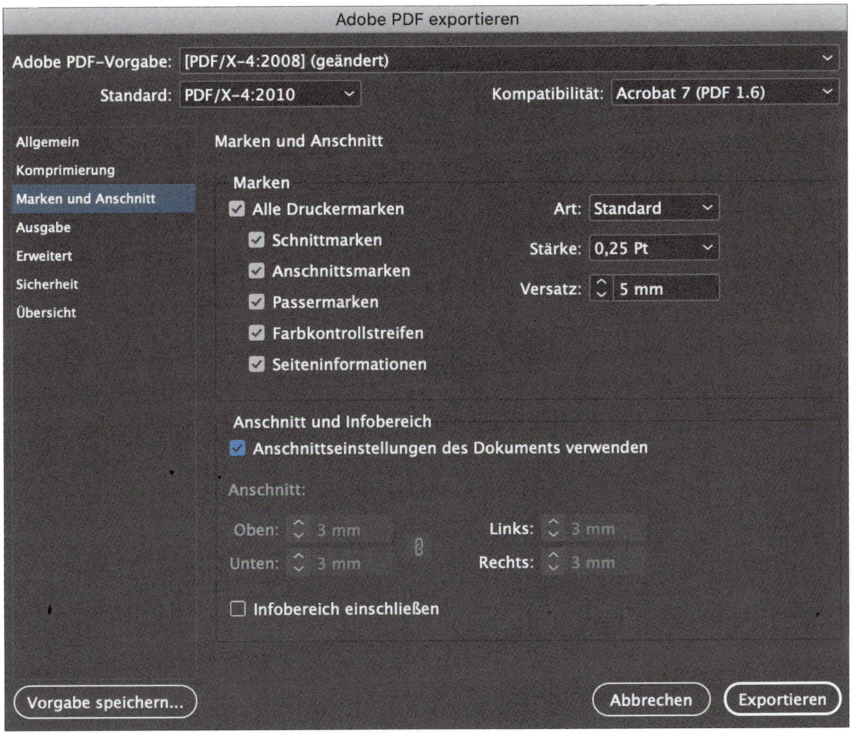

Abbildung 10.1 *PDF-Ausgabe mit aktivierten Druckermarken*

Sie haben die Möglichkeit, per Checkbox bei jeder PDF-Ausgabe festzulegen, welche Druckermarken Sie ausgeben möchten und welche nicht. Auch den Versatz zum Druckbild können Sie hier definieren.

- **Schnittmarken:** Die Schnittmarken bestehen aus Haarlinien, die horizontal und vertikal die Schnittlinie für das Endformat markieren. Sie laufen daher durch den Anschnitt, um im Fall eines Verschnitts trotzdem keine weißen Blitzer zu erzeugen.
- **Anschnittsmarken:** Im Gegensatz zu den Schnittmarken markieren die Anschnittsmarken nicht den Bereich des Schnitts, sondern nur das Ende des gedruckten Anschnitts. Sie liegen damit außerhalb der Schnittmarken.
- **Passermarken:** Die Passkreuze, auch Passer genannt, sind feine Fadenkreuze und dienen als Referenzpunkte, um die Passergenauigkeit und Registerhaltigkeit der Farbauszüge zu kontrollieren. In InDesign gibt es ein eigenes Farbfeld für die Passermarken, das aus allen vier druckenden Farben besteht. Die Passermarken werden exakt aufeinander gedruckt. Sobald sich jedoch eine Passerungenauigkeit einschleicht und ein Farbfilm etwas verrutscht, steht er durch den Versatz auf Weiß und wird somit deutlich sichtbar. Die Marken liegen außerhalb des Beschnitts, da sie nicht Teil des Endformates sind. Die Passergenauigkeit wird in modernen Druckmaschinen automatisch durch Sensoren kontrolliert und bedarf keiner händischen Kontrolle mehr.
- **Farbkontrollstreifen:** Die Farbkontrollstreifen sind kleine CMYK-Farbfelder sowie Graustufenfelder, die der Druckerei helfen, die Farbdichte ihrer Druckmaschine zu justieren und anzupassen.
- **Seiteninformationen:** Die Seiteninformationen fügen dem PDF außerhalb des Seitenbereichs Informationen über das InDesign-Dokument wie Dateinamen, Seitenzahl, Datum und Uhrzeit hinzu.
- **Versatz:** Der Versatz legt fest, welchen Abstand zum Seitenbereich die Druckermarken aufweisen sollen. Er sollte mindestens so groß wie der Anschnitt sein, da die Druckermarken sonst in den Anschnitt gedruckt werden und dann bei einem Fehlschnitt gegebenenfalls im Endformat sichtbar wären.

Mithilfe der Druckermarken und des Farbkontrollstreifens wird der Druckerei die Arbeit etwas leichter gemacht, und es kommt nicht zu Missverständnissen. Beachten Sie aber, dass die Passermarken und Farbkontrollstreifen in 9 von 10 Fällen in der Druckerei selbst noch einmal gesetzt werden und im Druck nicht die Adobe-Marken und -Kontrollstreifen verwendet werden.

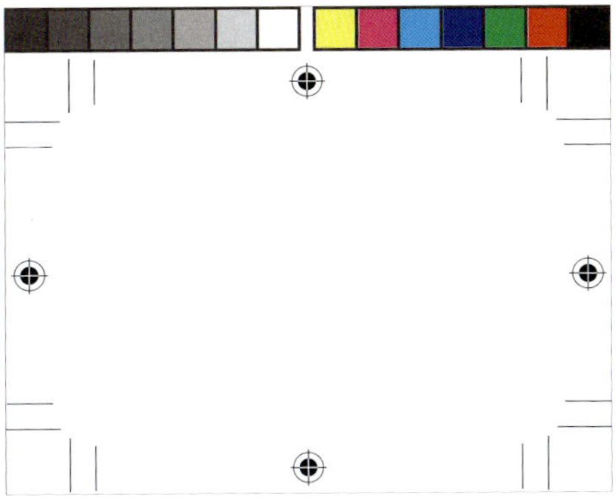

Abbildung 10.2 *Druckermarken aus InDesign*

Bedenken Sie immer den Einsatzzweck

Auch sollten Sie bedenken, dass diese Marken nur sinnvoll eingesetzt werden, wenn Ihr Projekt auch auf diese Art und Weise weiterverarbeitet wird. Arbeiten Sie beispielsweise mit einer Stanzform in Ihrem InDesign-Dokument, macht es natürlich keinen Sinn, Schnitt- oder Anschnittsmarken zu setzen. Grundsätzlich können Sie, je nach Verteilung der Drucknutzen auf dem Druckbogen, auf die meisten Marken verzichten. Die wichtigsten Informationen liegen im PDF durch die einzelnen PDF-Boxen (siehe Abschnitt 8.7, »Platzieren von PDFs«) bereits für die Weiterverarbeitung vor.

10.2 Umwandeln von Fonts in Zeichenwege

Nicht selten kommt von Druckereien, meist von ausländischen Herstellern beispielsweise aus China, die Anforderung, die Druck-PDF so aufzubereiten, dass alle Schriften in Pfade umgewandelt werden.

An sich wäre dies nicht nötig, sofern das PDF im Anschluss nicht noch bearbeitet, sondern direkt gedruckt werden würde. Auch mit der Lizenzierung der Schriftart (siehe Abschnitt 6.1, »Umgang mit Schriften«) hat dies nichts zu tun, diese muss unabhängig von der Umwandlung in Zeichenwege trotzdem erfolgen.

Grund hierfür ist meist, dass die gelieferte Stanzform zur Gestaltung (siehe Abschnitt 8.6, »Stanzformen und Veredelungen für eine Verpackung«) nicht exakt den verwendeten Stanzformen der Weiterverarbeitung entspricht. Unabhängig davon, weshalb der Dienstleister Ihr Druck-PDF noch einmal bearbeiten möchte, sollten Sie in der Lage sein, die Daten ohne Schriftart und jeglichen Text als Zeichenwege auszugeben. Hierzu gibt es mehrere Ansätze:

Einzelnes Umwandeln der Textrahmen | Sie können natürlich jeden Textrahmen in Ihrem Dokument händisch in Zeichenwege umwandeln. Am besten erstellen Sie hierzu eine neue Ebene, beispielsweise mit dem Namen »Path«, und duplizieren alle Textrahmen mit Text auf diese Ebene. Anschließend blenden Sie die ursprüngliche Textebene aus und beginnen, jeden Rahmen zu markieren und umzuwandeln. Wählen Sie hierzu **Schrift > In Pfade umwandeln**. Blenden Sie am besten im Zuge des Umwandelns alle anderen Ebenen aus, damit Sie nur die Texte sehen. So übersehen Sie im Prozess keinen Textrahmen. Wenn Sie das PDF anschließend exportieren, bestehen die Schriften nur noch aus Zeichenwegen, und die Schriftart wird nicht ins PDF eingebettet.

Transparenzreduzierungsvorgaben in InDesign | Sie haben außerdem die Möglichkeit, über die Transparenzreduzierungsvorgaben (siehe den gleichnamigen Abschnitt 5.2.1) im Zuge der Reduzierung eine Umwandlung von Schrift in Pfade vorzunehmen. Diese Einstellungen werden beim PDF-Export verwendet, müssen aber vorab erstellt werden.

Gehen Sie hierzu auf **Bearbeiten > Transparenzreduzierungsvorgaben**. Dann erstellen Sie eine neue Vorgabe nur zum Reduzieren der Schriften.

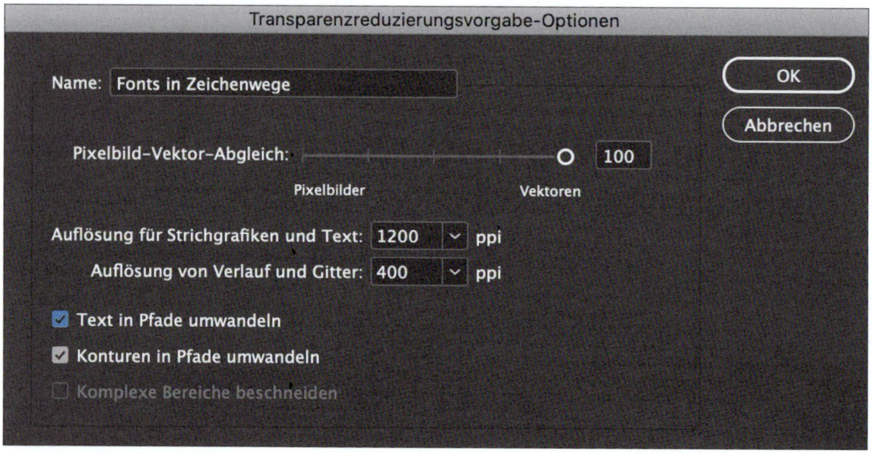

Abbildung 10.3 *Transparenzreduzierungsvorgabe-Optionen zur Umwandlung von Fonts in Zeichenwege*

Wählen Sie hier wohlwollende Einstellungen (siehe Abschnitt 5.2.1, »Transparenzreduzierungsvorgaben«), und setzen Sie den Haken bei **Text in Pfade umwandeln**. Exportieren Sie nun dieses InDesign-Dokument als PDF, müssen Sie unter dem Reiter **Erweitert** die neuen Voreinstellungen der Transparenzreduzierung auswählen.

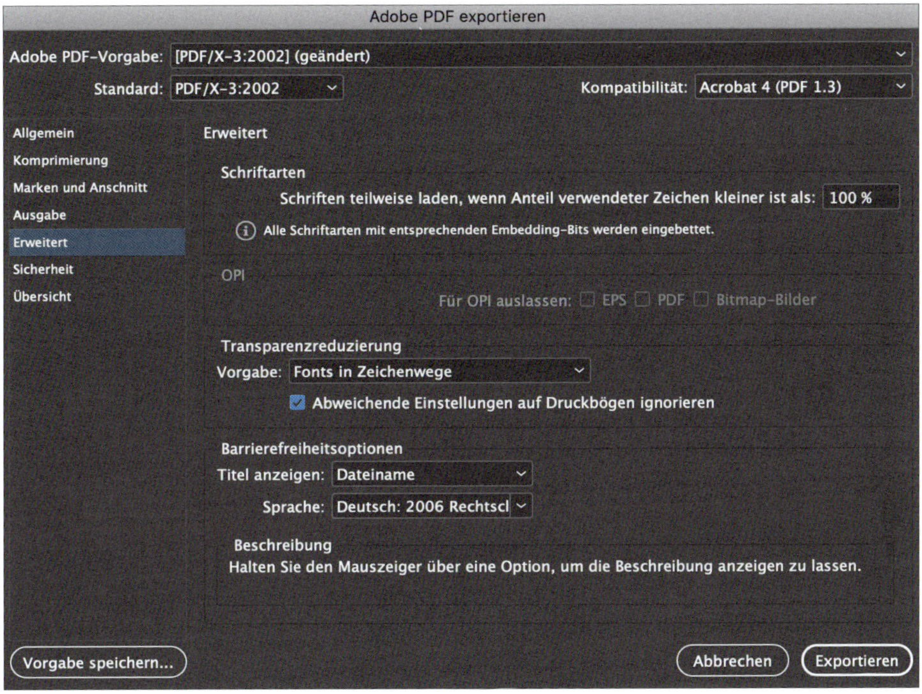

Abbildung 10.4 *Transparenzreduzierungsvorgaben zur Umwandlung von Fonts in Zeichenwege*

Anschließend wandelt InDesign beim PDF-Export alle Schriften entsprechend der Vorgabe in Pfade um.

Sie können dies auch einfach in Adobe Acrobat Pro testen, indem Sie das PDF öffnen und über **Datei > Eigenschaften** die im PDF enthaltenen Schriften anzeigen. Sofern Sie bei den Druckermarken (siehe Abschnitt 10.1, »Druckermarken und Farbkontrollstreifen«) nicht die Seiteninformationen ausgewählt haben, sollten sich hier keine Schriften befinden.

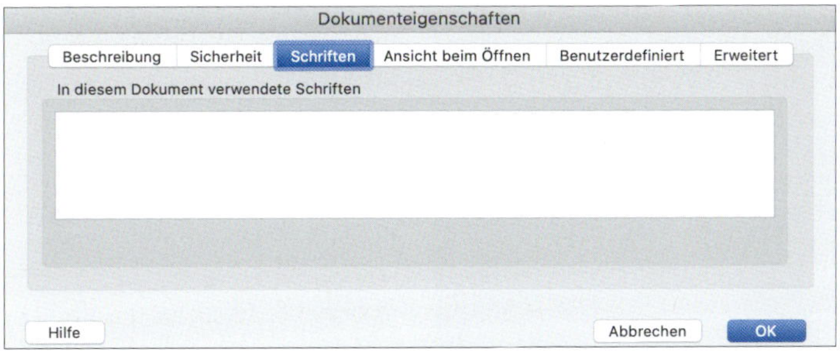

Abbildung 10.5 *Reiter* ***Schriften*** *in Adobe Acrobat Pro*

Die zweite Herangehensweise ist hier zu bevorzugen, da das manuelle Umwandeln jedes einzelnen Textrahmens nicht nur zeitintensiv ist, sondern auch eine mögliche

Fehlerquelle darstellt. Natürlich müssen Sie darauf achten, dass auf allen Seiten mit Text auch eine Transparenz vorhanden ist. Sonst kommt die Transparenzreduzierung nicht zum Einsatz.

10.3 Grobdaten durch Feindaten ersetzen

Arbeiten Sie in der Reinzeichnung mit Daten aus einer Kreativabteilung, so ist es immer zu empfehlen, die Grobdaten jedes Bildes manuell durch Feindaten zu ersetzen.

Wenn sich im Zuge der Ausarbeitung der EBV beispielsweise das Endformat ändert, verspringt das Bild im InDesign-Bildcontainer. Ist die Änderung nur minimal, sehen Sie diesen Versatz gegebenenfalls nicht sofort und lassen ihn unverändert.

Außerdem prüfen Sie so optisch, ob alle Bilder auch noch so aussehen wie im Layout angedacht. Hier kann es zu Veränderungen eines Hintergrunds, der Farbigkeit eines Objekts oder zu einem Entfallen der Transparenz kommen. Daher ist es gerade beim Nachbau eines Layouts hilfreich, sofort Vorabdaten aus der EBV zu erhalten, die Sie in Ihrem Dokument platzieren können (siehe Abschnitt »Schnittstelle EBV und Reinzeichnung« in Abschnitt 7.5).

Grobdaten automatisch austauschen | Haben Sie jedoch selbst die Grobdaten erstellt und wissen genau, woher die Daten kommen und dass es keine Abweichungen zum finalen Bild gibt, so können Sie die Dateien auch automatisch mit InDesign austauschen. Dazu müssen die Grobdaten und Feindaten im selben Ordner liegen und dürfen sich nur in der Dateiendung unterscheiden. Meist weisen die Grobdaten die Dateiendung JPEG und die Feindaten die Dateiendung TIFF auf. Haben Sie also im Zuge Ihrer Arbeit alle hochauflösenden TIFF-Daten durch JPEG-Daten getauscht und wollen diesen Vorgang nun rückgängig machen, können Sie dies mithilfe des Verknüpfungen-Bedienfelds schnell erreichen.

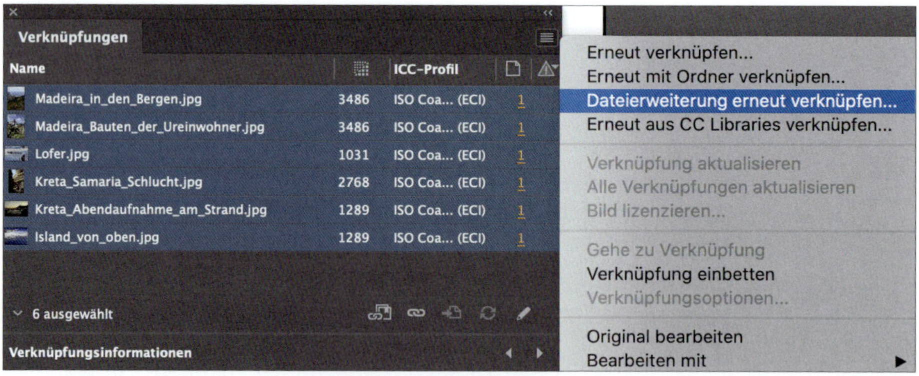

Abbildung 10.6 *Dateierweiterung erneut verknüpfen in InDesign*

Markieren Sie hierzu die Verknüpfungen, die Sie austauschen möchten. Gehen Sie dann im Bedienfeldmenü auf **Dateierweiterung erneut verknüpfen...** Sie können anschließend die Endung der Datei festlegen, durch die die aktuelle Datei ersetzt werden soll. Wählen Sie hier beispielsweise TIF.

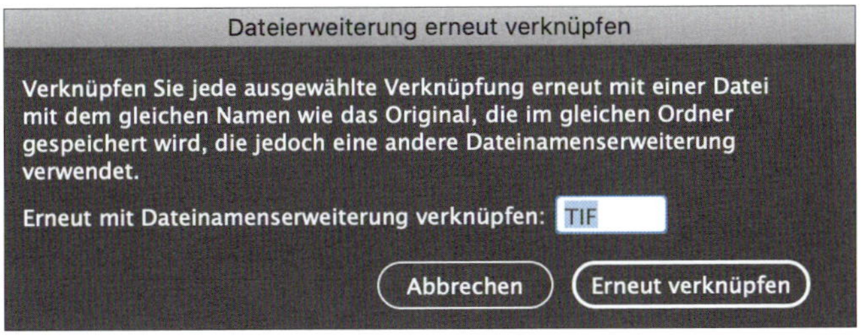

Abbildung 10.7 *Auswahl der Dateiendung der neu zu verknüpfenden Daten*

Klicken Sie nun auf **Erneut verknüpfen**, ersetzt InDesign alle ausgewählten Verknüpfungen mit den gleichnamigen Dateien, allerdings mit der von Ihnen angegebenen Dateiendung. So können Sie innerhalb von Sekunden Dutzende Verknüpfungen austauschen.

10.4 Technische Vorschaumöglichkeiten in InDesign

InDesign bietet Ihnen die Möglichkeit, die wichtigsten technisch relevanten Einstellungen als Vorschau darstellen zu lassen. Sie können sich sowohl die Überdrucken- und Transparenzreduzierungs-Einstellungen als auch die Separationen als Vorschau live in Ihrem Dokument anschauen.

10.4.1 Überdruckenvorschau

Die Überdruckenvorschau in InDesign dient als Hilfe für eine optische Prüfung der angelegten Überdrucken-Einstellungen der Objekte in Ihrem InDesign-Dokument (siehe Abschnitt 4.4.1, »Überdrucken«). Diese Funktion kann nicht standardmäßig aktiviert werden, was auch nicht zu empfehlen ist, da sie den Grafikprozessor der Grafikkarte stark beansprucht. Sie aktivieren sie temporär über **Ansicht > Überdruckenvorschau** (`cmd`/`Strg`+`Alt`+`⇧`+`Y`).

Nach dem Aktivieren der Funktion werden alle Bilder und Vektoren in hoher Qualität angezeigt. Auch alle Überdrucken-Einstellungen, beispielsweise die Stanzkontur einer Verpackung, werden korrekt angezeigt. Überdruckt eine magentafarbene Linie auf einem dunklen Untergrund, wird auch die Linie selbst dunkel, da sie nicht mehr auf Weiß steht. Ohne die Überdruckenvorschau sieht die Linie allerdings normal magentafarben aus, da das Überdrucken standardmäßig nicht simuliert wird.

Abbildung 10.8 *Stanzform einer Verpackung in der Überdruckenvorschau*

Sie können im Umkehrschluss auch prüfen, ob weiße Flächen oder Text fälschlicherweise auf Überdrucken gestellt wurden. Diese würden beim Aktivieren der Überdruckenvorschau verschwinden, da Weiß bei Prozessfarben ausgespart wird und entsprechend nicht überdrucken kann. Dies müssen Sie zwingend über die Attribute in InDesign deaktivieren. Manchmal ist die Checkbox in diesem Fall ausgegraut und der Haken zum Überdrucken trotzdem gesetzt.

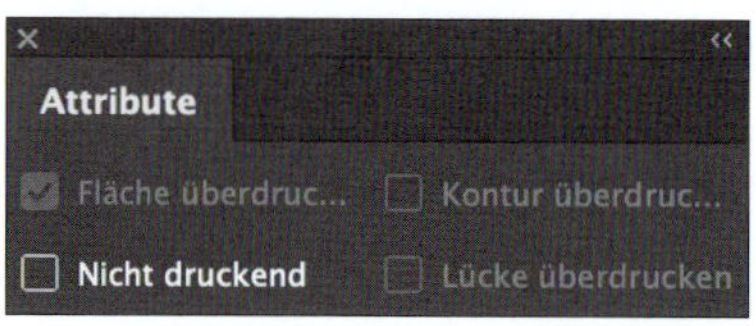

Abbildung 10.9 *Weiße Fläche, die fälschlicherweise überdruckt, in InDesign*

Der Grund hierfür ist, dass InDesign das Überdrucken von Weiß verhindern möchte, die Einstellungen aber irgendwie trotzdem übertragen wurden (beispielsweise beim Kopieren aus Illustrator). In diesem Fall legen Sie einfach eine andere Farbe fest, entfernen den Haken beim Überdrucken und setzen die Farbe anschließend wieder auf Weiß.

Veredelungen prüfen | Auch Veredelungen (siehe Abschnitt 8.6, »Stanzformen und Veredelungen für eine Verpackung«), die mit Volltonkanälen angelegt wurden, können mit der Überdruckenvorschau geprüft werden. Ist die Simulationsfarbe der Veredelung nach Aktivierung der Funktion unverändert, so spart der untere Bereich aus, und die Veredelung wurde nicht korrekt angelegt.

Abbildung 10.10 *Darstellung eines Volltonkanals zur Veredelung auf einer gedruckten Fläche mit aktivierter Überdruckenvorschau*

Werden die Farben sozusagen vermischt, ist die Veredelung korrekt angelegt und kann ohne Verlust des Druckbildes aus dem Druck-PDF entfernt werden.

10.4.2 Transparenzreduzierungsvorschau

Um sofort zu erfassen, auf welchen Seiten in Ihrem InDesign-Dokument Transparenzen vorhanden sind, sollten Sie sich dies direkt neben der jeweiligen Seite im Seiten-Bedienfeld anzeigen lassen. Öffnen Sie hierzu im Bedienfeldmenü des Seiten-Bedienfelds das Dialogfeld **Bedienfeldoptionen**.

Abbildung 10.11 *Bedienfeldoptionen des Seiten-Bedienfelds in InDesign*

Hier können Sie nun unter **Symbole** festlegen, ob Transparenzen auf den jeweiligen Seiten angezeigt werden sollen oder nicht. Setzen Sie den entsprechenden Haken. Nun wird Ihnen neben jeder Seite mit Transparenzen ein kleines Schachfeld-Symbol angezeigt, ähnlich den transparenten Hintergründen in Photoshop.

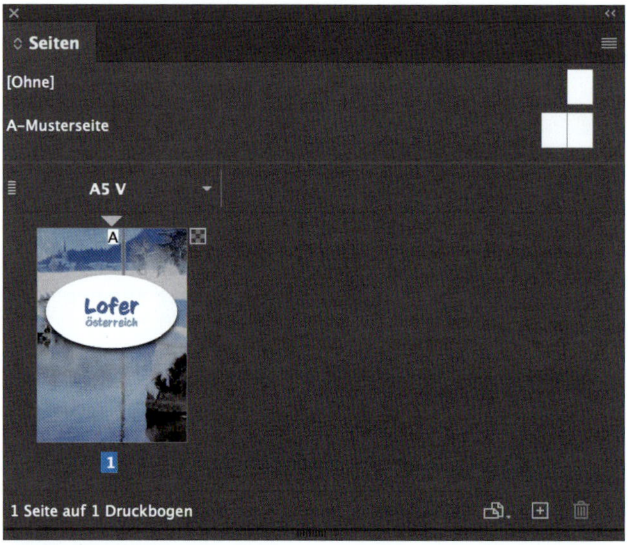

Abbildung 10.12 *Kleines Schachfeld-Symbol neben der Seite für enthaltene Transparenzen*

Mithilfe des Reduzierungsvorschau-Bedienfelds können Sie nun eine Vielzahl von Einstellungen für die Transparenzen und deren Reduzierung vornehmen. Lesen Sie eine detaillierte Erklärung dazu in Kapitel 5, »Umgang mit Transparenz«.

Vorsicht!

Achten Sie hierbei insbesondere auch auf **In Pfade umgewandelter Text**, da hierdurch optische Unterschiede zum restlichen Text auftreten können. Häufig lässt sich dieses Problem einfach lösen, indem die Ebenenreihenfolge verändert wird, also die Transparenz nicht auf dem Text, sondern unter dem Text liegt.

10.4.3 Separationsvorschau

Mithilfe der Separationsvorschau (siehe Abschnitt 4.4.4, »Farbseparationen«) haben Sie die Möglichkeit, wichtige Einstellungen der Farbkanäle zu prüfen. Öffnen Sie diese über **Fenster > Ausgabe > Separationsvorschau** (⇧+F6), und prüfen Sie zuerst, ob alle vorhandenen Farbkanäle auch tatsächlich benötigt werden.

Sie können nun ähnlich der Überdruckenvorschau (siehe Abschnitt 10.4.1, »Überdruckenvorschau«) die Überdrucken-Einstellungen der jeweiligen Volltonkanäle prüfen, sei es für Stanz- oder Falzlinien oder Veredelungen. Deaktivieren bzw. aktivieren Sie hierzu die jeweiligen Kanäle mit einem Klick auf das Auge-Symbol des jeweiligen Farbkanals.

Abbildung 10.13 *Deaktivierte Veredelungen sowie Falzlinien in der Separationsvorschau*

Spart die darunterliegende Fläche aus, so überdruckt der Volltonkanal nicht (siehe Abschnitt 4.4.1, »Überdrucken«). Dies müssen Sie zwingend anpassen, da der Druckdienstleister diese Volltonkanäle aus Ihrem Druck-PDF entfernen wird (siehe Abschnitt 8.6, »Stanzformen und Veredelungen für eine Verpackung«). Achten Sie aber auch besonders auf das Überdrucken der Stanz- und Falzlinien; dies ist ein häufiger Fehler, der schwerwiegende Konsequenzen nach sich ziehen kann.

10.5 Farben konvertieren

Ist das InDesign-Dokument nicht im Ausgabe-Farbraum, so haben Sie mehrere Möglichkeiten, das Druck-PDF beim Export richtig auszugeben. Es empfiehlt sich besonders beim medienneutralen Arbeiten (siehe Abschnitt 2.6, »Medienneutraler Workflow«), einen einheitlichen Farbraum zu verwenden, auch wenn das PDF in der Ausgabe später in unterschiedliche Farbräume konvertiert wird.

Die drei gängigsten Wege, um Farben in InDesign zu konvertieren, wurden bereits detailliert erklärt (siehe Abschnitt 2.5.1, »Farbräume umwandeln«):

1. Umwandeln in Photoshop
2. Farbmanagement in InDesign
3. Farbkonvertierung in der PDF-Ausgabe

10.6 Haarlinien korrigieren

Haarlinien sind feine Linien, die so dünn sind, dass sie im Druck gegebenenfalls nicht richtig wiedergegeben werden können. Ab einer Strichstärke von 0,25 pt müssen Sie sich im Offsetdruck eigentlich keine Sorgen machen, darunter sollten Sie besser eine höhere Strichstärke wählen.

10.6.1 Haarlinien in Acrobat korrigieren

Haarlinien werden am einfachsten automatisch im Nachhinein in Adobe Acrobat Pro korrigiert. Öffnen Sie hierzu das Ausgabe-PDF in Adobe Acrobat Pro, und wählen Sie im Menü **Werkzeuge > Druckproduktion > Haarlinien korrigieren**. Hier können Sie nun einfach festlegen, ab welcher Linienstärke Sie mit welcher Linienstärke korrigieren möchten.

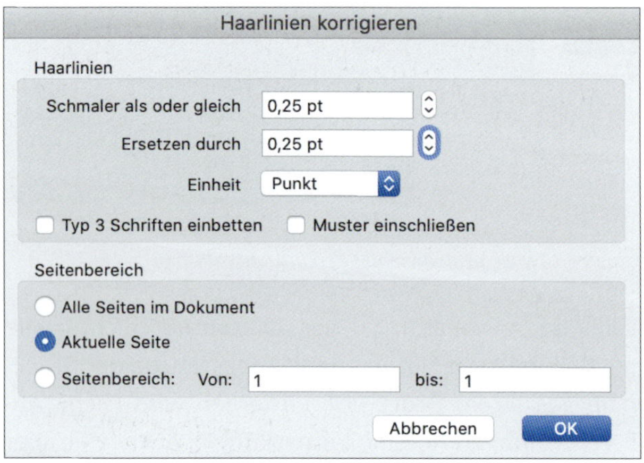

Abbildung 10.14 *Dialogfeld **Haarlinien korrigieren** in Adobe Acrobat Pro*

Wählen Sie als Erstes die Einheit aus, in der die Stärke gemessen werden soll. Anschließend legen Sie fest, ab welcher Stärke (**Schmaler als oder gleich**) durch welche Stärke ersetzt wird (**Ersetzen durch**). Zum Schluss können Sie noch festlegen, welcher Seitenbereich bearbeitet werden soll. Mit einem Klick auf **OK** werden alle Linien automatisch angepasst. Bitte beachten Sie, dass dieser Vorgang nicht rückgängig gemacht werden kann.

10.6.2 Haarlinien in InDesign korrigieren

Sollten Sie allerdings Gründe haben, diese Linien bereits in InDesign korrigieren zu müssen, können Sie einen kleinen Trick anwenden: Erstellen Sie als erstes ein Objektformat (siehe Abschnitt 8.2, »Objektformate erstellen«), und legen Sie ausschließlich eine Kontur mit der Stärke 0,25 pt fest.

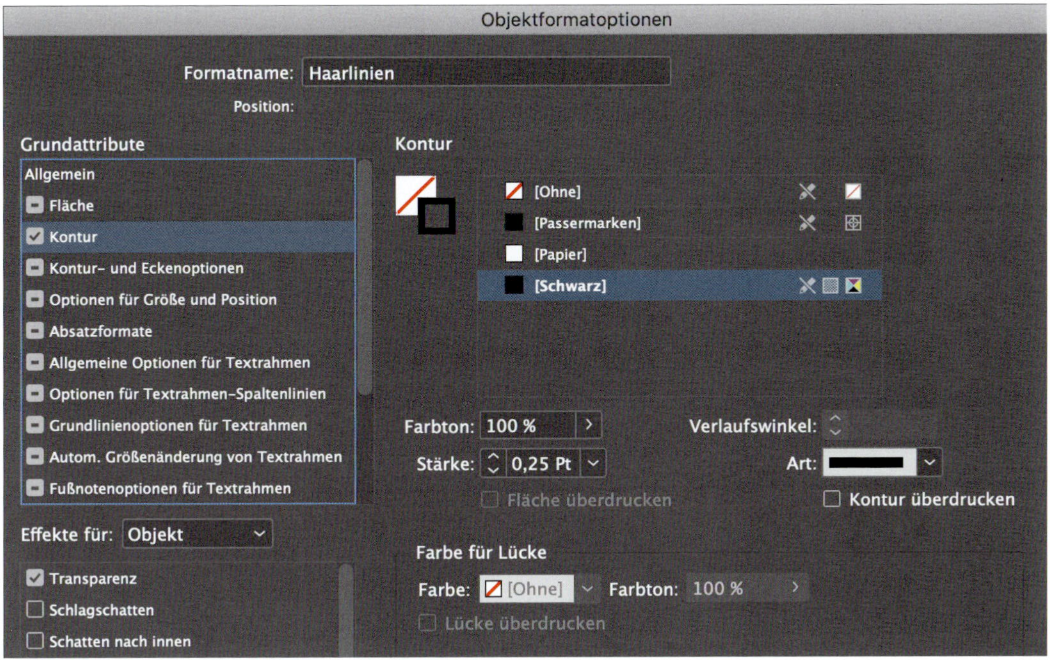

Abbildung 10.15 *Objektformat für die Mindeststärke von Linien in InDesign*

Nun legen Sie einen Preflight in InDesign an (siehe Abschnitt 10.9, »InDesign-Preflight«), der Strichstärken unter 0,25 pt aufzeigt.

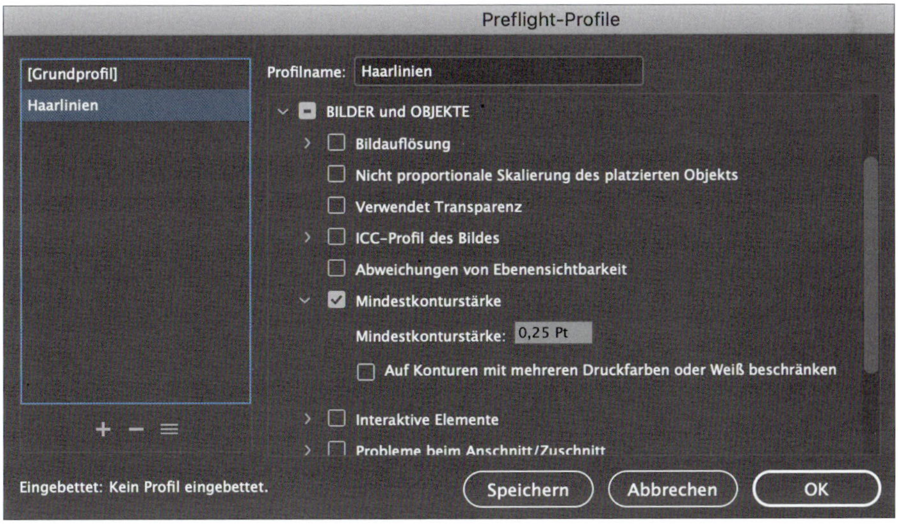

Abbildung 10.16 *Preflight zum Identifizieren von Konturen unter 0,25 pt in InDesign*

Danach starten Sie den Preflight und werden automatisch auf alle Konturen hingewiesen, die die von Ihnen eingestellte Stärke unterschreiten.

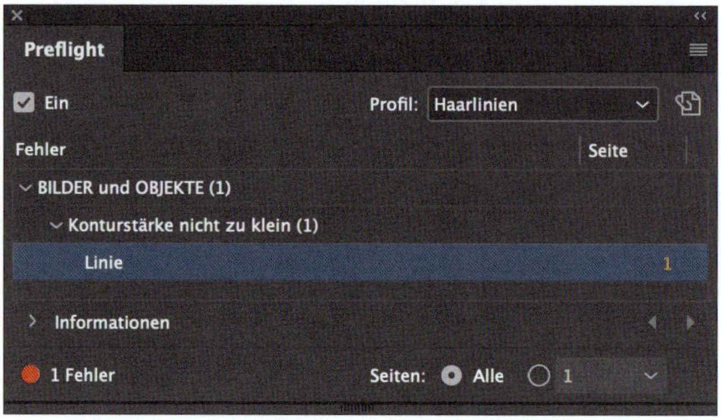

Abbildung 10.17 *Preflight-Ergebnis für die Suche nach feinen Linien unter 0,25 pt*

Mit einem Doppelklick auf die jeweiligen Ergebnisse aus dem Preflight wird das Objekt automatisch ausgewählt. Nun wenden Sie Ihr neues Objektformat auf diese Objekte an und können so in vergleichsweise kurzer Zeit alle Linien anpassen.

10.7 Hintergrundaufgaben in InDesign

InDesign bearbeitet im Hintergrund viele Aktionen, die das Weiterarbeiten nicht komplett blockieren. Dies ist natürlich zum einen ein großer Vorteil, kann aber zum anderen auch zum Nachteil werden, wenn Sie beispielsweise ein Dokument schließen möchten, InDesign aber noch Aktionen im Hintergrund durchführt. Spätestens dann möchten Sie wissen, wie weit InDesign mit der Aktion ist und wann sie vermutlich abgeschlossen ist. Dies ist vor allem beim PDF-Export der Fall.

Mitunter passiert es auch, dass der PDF-Export ewig dauert oder einfriert. In diesem Fall möchten Sie den Export gegebenenfalls abbrechen und zu einem späteren Zeitpunkt erneut starten. All dies lässt sich einfach mit den InDesign-Hintergrundaufgaben umsetzen.

Öffnen Sie hierzu das Hintergrundaufgaben-Bedienfeld über **Fenster > Hilfsprogramme > Hintergrundaufgaben**.

Im oberen Bereich werden die Aufgaben als Liste untereinander dargestellt. Neben der Aufgabenbezeichnung befindet sich außerdem eine Fortschrittsanzeige, die Ihnen mitteilt, wie weit fortgeschritten der Prozess aktuell ist. Außerdem können Sie den Vorgang über das X-Symbol jederzeit abbrechen. Es empfiehlt sich, dieses Bedienfeld in der Reinzeichnung auf dem Paletten-Monitor immer geöffnet zu haben.

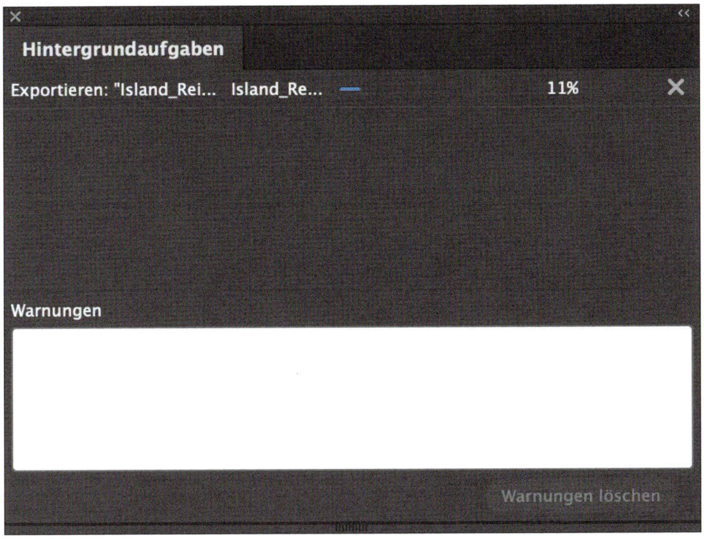

Abbildung 10.18 *PDF-Export im Hintergrundaufgaben-Bedienfeld von InDesign*

Gibt es beim Export Fehler, so werden diese im Textfeld **Warnungen** angezeigt, sobald Sie die entsprechende Aufgabe auswählen. Die Fehlerbeschreibungen sind leider teilweise sehr nichtssagend, beispielsweise »PDF-Export fehlgeschlagen«. Hier können Sie gegebenenfalls noch den Export-Trick über die Buchfunktion testen (siehe Abschnitt 8.3.1, »Bücher erstellen«).

Sollte der Export weiterhin schiefgehen, können Sie auch folgende Maßnahmen ergreifen:

1. Pixelbilder mit effektiv über 1.000 ppi in der Größe reduzieren
2. Vektorgrafiken in Pixelgrafiken rastern
3. Dokument als IDML speichern und dann erneut exportieren

Sollten diese Maßnahmen auch keine Wirkung zeigen, müssen Sie jede einzelne Verknüpfung in Ihrem Dokument öffnen und genau prüfen, ob es hier Einstellungen gibt, die beim Export zu Problemen führen können.

10.8 Dokumente sammeln und verpacken

Nach der PDF-Ausgabe ist das gesammelte und verpackte InDesign-Dokument das häufigste Übergabemedium. Viele Auftraggeber möchten neben den PDF-Druckunterlagen auch zusätzlich die offenen Daten (also gesammelte und verpackte Daten) erhalten, um sie im eigenen Archiv abzulegen. Dies können Sie einfach aus InDesign oder Illustrator realisieren.

10.8.1 Sammeln und Verpacken in InDesign

Öffnen Sie hierzu in InDesign das Dialogfeld **Datei > Verpacken...** ([cmd]/[Strg]+[Alt]+[⇧]+[P]).

Hier sehen Sie als Erstes die **Übersicht** über das zu erstellende Datenpaket und können dort ablesen, wie viele Schriften, wie viele Verknüpfungen in welchen Farbräumen, wie viele Prozess- und Volltonfarben usw. Ihr Datensatz aufweist. Damit erhalten Sie einen guten Überblick über Ihren Datensatz.

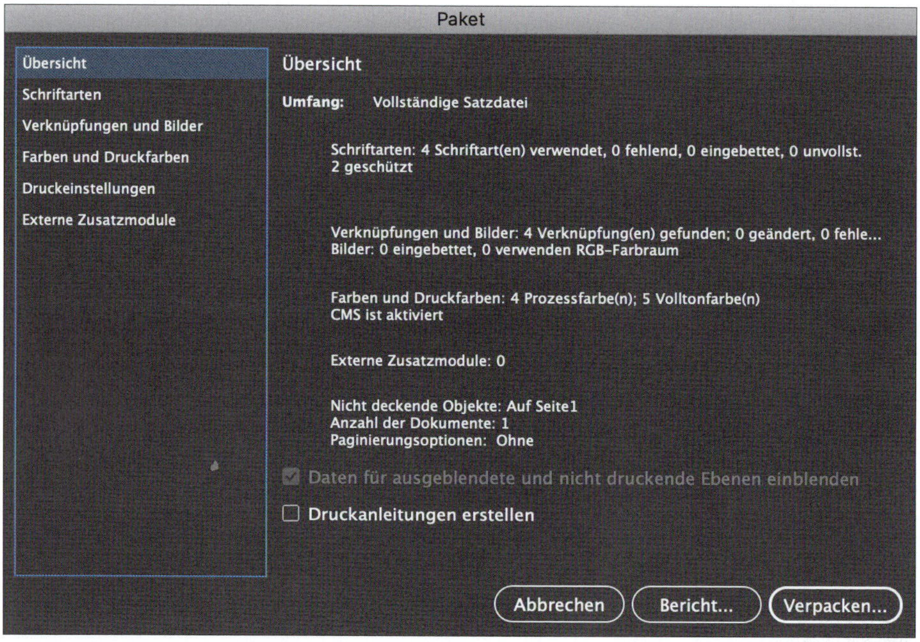

Abbildung 10.19 *Paket verpacken – Übersicht in InDesign*

Im Reiter **Schriftarten** sehen Sie, welche Schriftarten und -schnitte im Dokument verwendet wurden, wie viele davon eingebettet, unvollständig oder geschützt sind. Sollten Sie hier Schriften finden, die Ihnen unbekannt vorkommen, müssen Sie Ihr InDesign-Dokument noch einmal aufräumen. Gerade beim Verpacken von Schriften müssen auch die rechtlichen Vorschriften beachtet werden (siehe Abschnitt 6.1, »Umgang mit Schriften«).

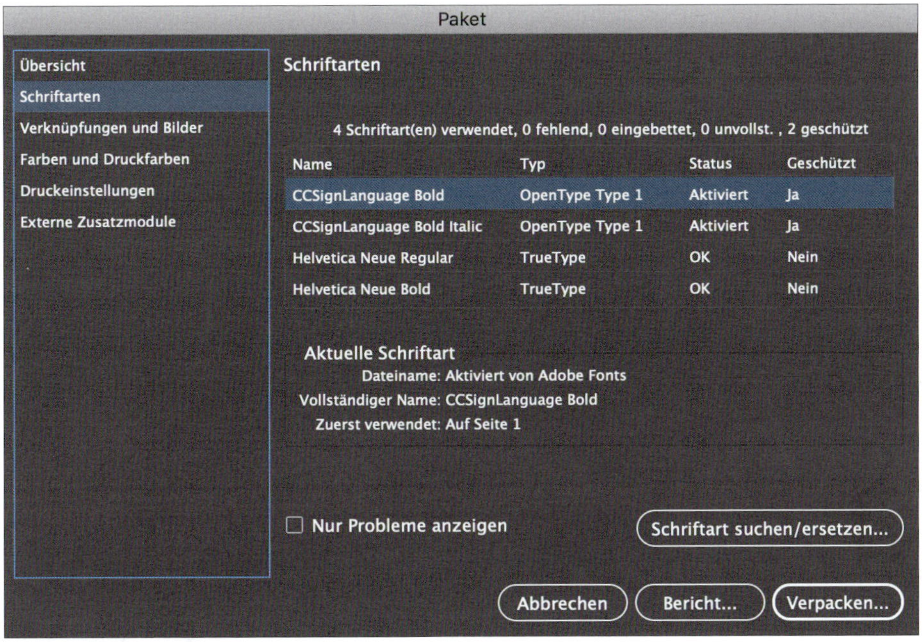

Abbildung 10.20 *Paket verpacken – Schriftarten in InDesign*

Wenn Sie auf Nummer sicher gehen möchten, sollten Sie die Schriftarten nicht mit ausliefern und die jeweiligen Lizenzierungsmöglichkeiten vermerken. InDesign wird Sie beim Verpacken auch darauf hinweisen (siehe Abbildung 10.21).

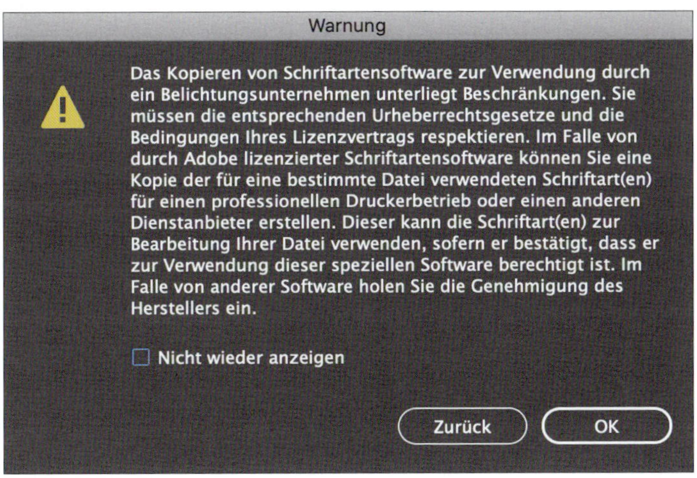

Abbildung 10.21 *Warnung zum Thema Schriften beim Verpacken von Daten in InDesign*

Im nächsten Reiter sehen Sie die **Verknüpfungen und Bilder**.

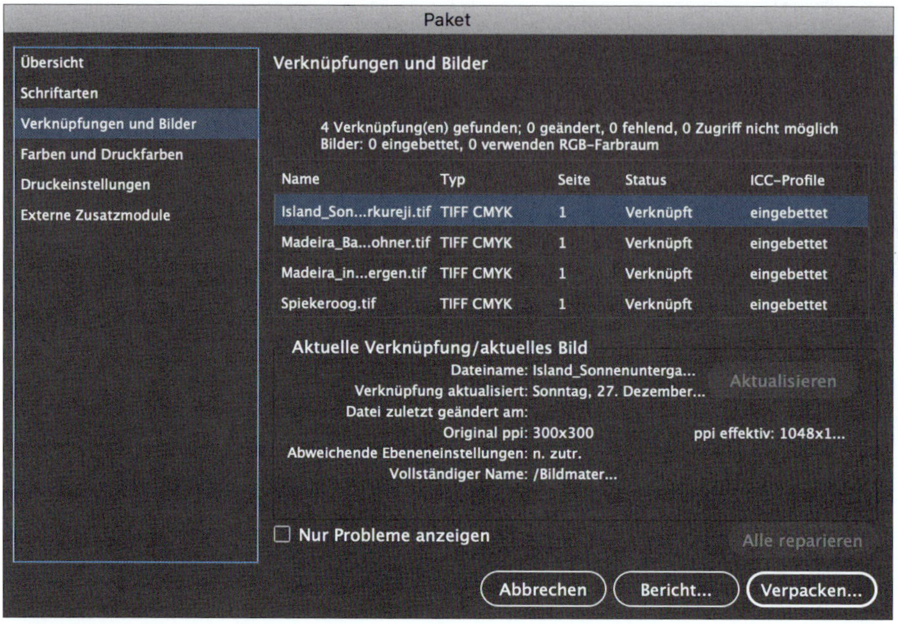

Abbildung 10.22 *Paket verpacken – Verknüpfungen und Bilder in InDesign*

Sie können hier auf einen Blick erfassen, wie viele Verknüpfungen im Dokument enthalten sind, wie viele davon geändert wurden, fehlen oder auf welche kein Zugriff möglich ist. Außerdem sehen Sie eine reduzierte Darstellung der Eigenschaften der Bilder, wie den Namen, den Typ (beispielsweise TIFF in CMYK), die Seite, den Status und die Einstellungen zu den ICC-Profilen (siehe Abschnitt 2.4, »Grundlagen ICC-Profile und Profilfunktion«).

Im folgenden Reiter werden alle **Farben und Druckfarben** zusammengefasst. Hier sehen Sie neben den Prozessfarben auch alle verwendeten Volltonfarben (beispielsweise PANTONE oder HKS), Verarbeitungsfarben (beispielsweise Stanz- und Falzlinien) und Veredelungen (beispielsweise Lacke oder Prägung). Prüfen Sie auch hier genau, ob alle Farben benötigt werden, und löschen Sie alle Volltonkanäle, die fälschlicherweise vorhanden sind (siehe Abbildung 10.23).

Im Reiter **Druckeinstellungen** finden Sie eine kurze Zusammenfassung der Einstellungen im Druck. Wenn Sie das InDesign-Dokument korrekt angelegt haben (siehe Abschnitt 3.1, »Richtiges Anlegen eines Druckdokuments in InDesign«), werden Sie hier über keine Probleme stolpern (siehe Abbildung 10.24).

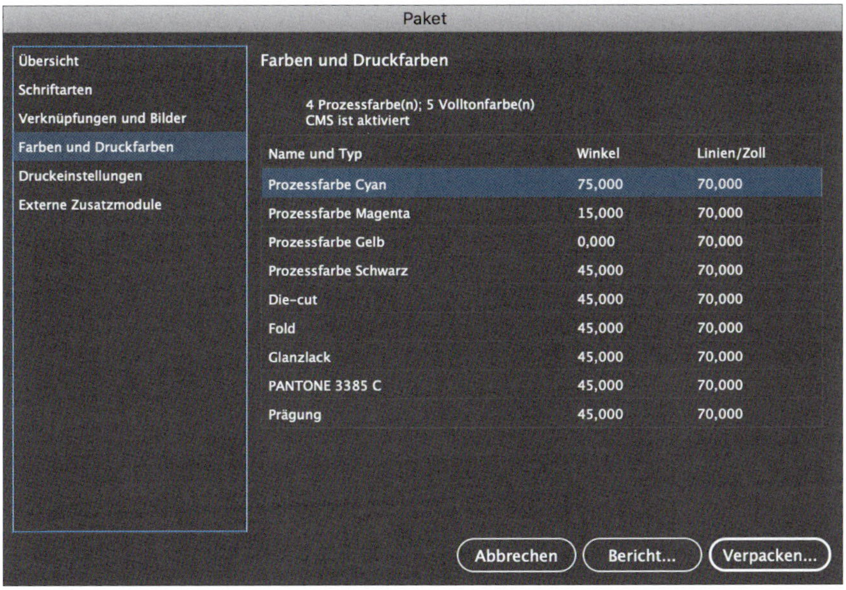

Abbildung 10.23 *Paket verpacken – Farben und Druckfarben in InDesign*

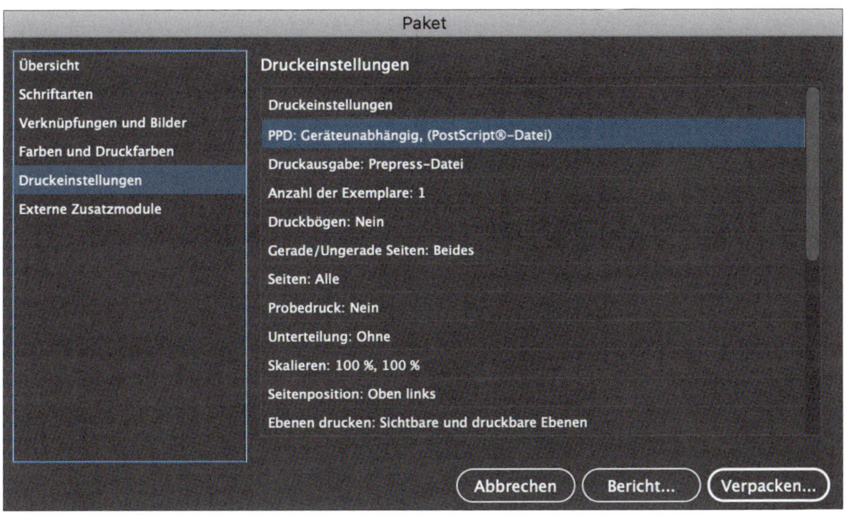

Abbildung 10.24 *Paket verpacken – Druckeinstellungen in InDesign*

Externe Zusatzmodule

Der Reiter **Externe Zusatzmodule** sollte möglichst immer leer sein (einen Hinweis auf die verwendeten Zusatzmodule gibt es schon in der Übersicht). Arbeiten Sie hier mit Zusatzmodulen, sollte dies zwingend mit dem Auftraggeber abgestimmt werden. Sollte dieser bzw. sein Dienstleister diese Zusatzmodule nämlich nicht vorliegen haben, kann es in der Weiterverarbeitung zu Problemen kommen. Zusatzmodule können beispielsweise dafür verwendet werden, die Zusammenarbeit mit einer externen Datenbank zu ermöglichen.

Sind alle Einstellungen in Ordnung, können Sie mit einem Klick auf **Verpacken** das nächste Fenster **Verpackungsordner erstellen** öffnen.

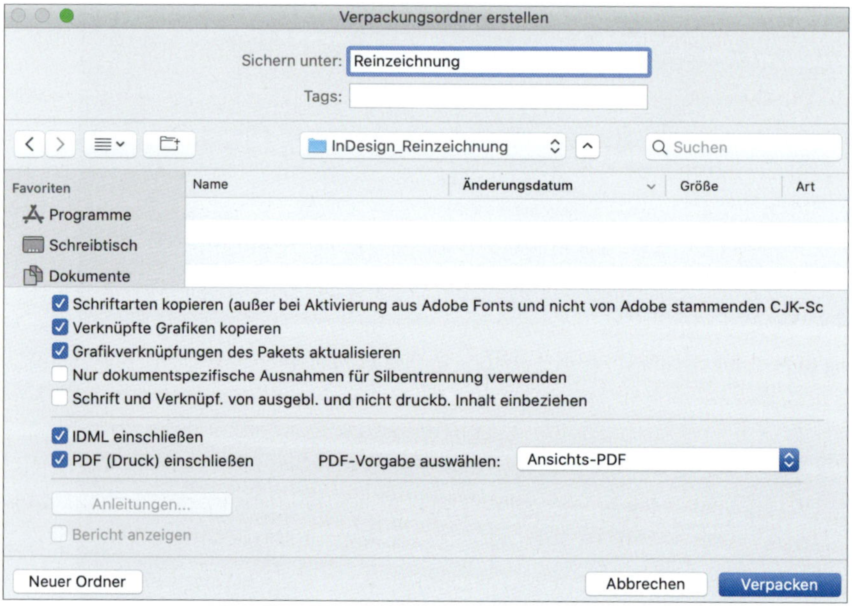

Abbildung 10.25 *Verpackungsordner erstellen*

Hier legen Sie neben dem Namen und dem Speicherort auch fest, welche Daten zusätzlich verpackt werden.

- **Schriftarten kopieren:** Deaktivieren Sie diese Checkbox, werden die Schriftarten nicht mit kopiert (siehe oben). Dies kann aus rechtlicher Sicht durchaus sinnvoll sein; lesen Sie hierzu auch Abschnitt 6.1, »Umgang mit Schriften«.
- **Verknüpfte Grafiken kopieren:** Hier werden alle Verknüpfungen in Ihrem InDesign-Dokument gesammelt und in den neu erstellten Ordner kopiert. Eingebettete Grafiken bleiben natürlich im InDesign-Dokument enthalten (siehe Abschnitt 7.4.3, »Bilder einbetten oder verknüpfen«).
- **Grafikverknüpfungen des Pakets aktualisieren:** Diese Einstellung legt fest, dass die Verknüpfung nun auf den neu erstellten Ordner gelegt wird und nicht mehr auf die ursprünglich verknüpften Dateien auf Ihrer Festplatte. Diese Checkbox sollten Sie zwingend aktivieren, wenn Sie die Daten an Dritte überstellen möchten.

- **Nur dokumentspezifische Ausnahmen für Silbentrennung verwenden:** Haben Sie in Ihrem Dokument spezifische Ausnahmen für die Silbentrennung hinterlegt, können Sie diese mit verpacken und so an den Auftraggeber oder Dienstleister übergeben.
- **Schrift und Verknüpfungen von ausgeblendetem und nicht druckbarem Inhalt einbeziehen:** Haben Sie Ebenen so eingestellt, dass sie nicht gedruckt werden (siehe Abschnitt 8.1, »Tipps für das Arbeiten mit Ebenen«), oder haben Sie Ebenen ausgeblendet, werden die Inhalte entsprechend nicht mitverpackt. Wünschen Sie dies dennoch, müssen Sie die Checkbox aktivieren.
- **IDML einschliessen:** Arbeiten Sie mit der aktuellen Versión von InDesign, kann es vorkommen, dass Ihr Gegenüber nicht auf demselben Stand ist wie Sie. Dies kann mit Zusatzmodulen zu tun haben, die nur für ältere Versionen existieren, oder einfach damit, dass noch kein Update durchgeführt wurde. In diesem Fall kann Ihr InDesign-Dokument nicht geöffnet werden, allerdings das von Ihnen erzeugte IDML-Dokument schon. Daher empfiehlt es sich immer, auch ein IDML-Dokument mit zu verpacken.
- **PDF (Druck) einschliessen:** Es ist auch sinnvoll, ein PDF, entweder Druck- oder Ansichts-PDF, in den gesammelten Ordner einzuschließen. Viele Auftraggeber haben beispielsweise gar kein InDesign und können nur anhand der Dateibenennung schlecht zuordnen, welcher Ordner nun welches Projekt beinhaltet. Mithilfe eines PDFs kann der Aufraggeber bzw. Dienstleister immer sehen, um welche Daten es sich handelt. Sie können dann mithilfe des Dropdown-Menüs auswählen, welche PDF-Exporteinstellung Sie für das PDF verwenden möchten. Sofern nicht anders vereinbart, empfiehlt es sich hier, ein Ansichts-PDF zu wählen und das Druck-PDF gesondert zu übermitteln.

In dem von InDesign erstellten Ordner finden Sie anschließend folgende Ordnerstruktur, abhängig von den von Ihnen gewählten Einstellungen:

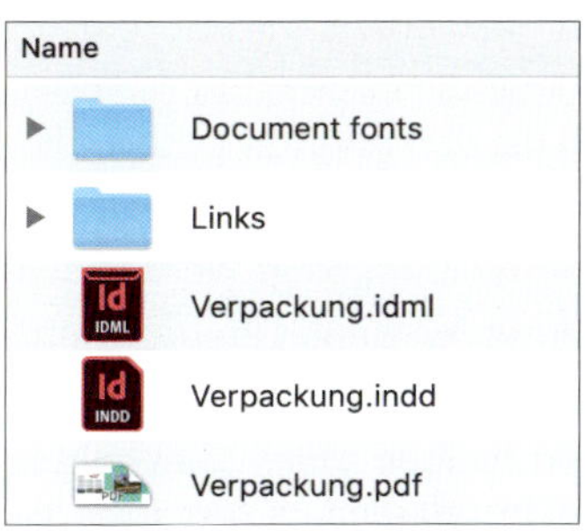

Abbildung 10.26 *Ordnerstruktur eines in InDesign verpackten Datenpakets*

- **Document fonts:** Dieser Ordner beinhaltet alle Schriften, die in Ihrem Dokument verwendet werden. InDesign greift beim Öffnen des InDesign-Dokuments auch automatisch auf diesen Ordner zu und aktiviert die enthaltenen Schriften auf dem jeweiligen Computer.

- **Links:** In diesem Ordner befinden sich alle Verknüpfungen, die Ihr InDesign-Dokument aufweist. Das InDesign-Dokument selbst verweist vom Speicherort der Verknüpfungen nun auf diesen Ordner und nicht mehr auf den Ursprungsordner vor Erstellung des Datenpakets.
- Im Ordner selbst befinden sich dann je nach Auswahl neben dem InDesign-Dokument noch eine IDML-Datei und eine PDF-Datei.

10.8.2 Sammeln und Verpacken in Illustrator

Das Sammeln und Verpacken von Dokumenten ist auch in Illustrator möglich. Öffnen Sie hierzu in Illustrator **Datei > Verpacken...** ([cmd]/[Strg]+[Alt]+[⇧]+[P]). Die Einstellungsmöglichkeiten sind hier allerdings gegenüber InDesign deutlich eingeschränkt.

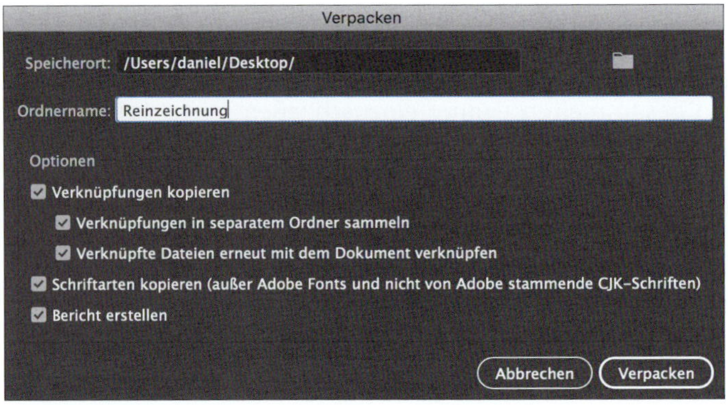

Abbildung 10.27 *Dokument verpacken in Illustrator*

- **Speicherort:** Hier bestimmen Sie den Speicherort.
- **Ordnername:** Hier geben Sie den Ordnernamen des gesammelten Ordners an.
- **Verknüpfungen kopieren:** Damit bestimmen Sie, ob die verknüpften Dateien kopiert werden sollen. Mit **Verknüpfungen in separatem Ordner sammeln** legen Sie fest, dass ein eigener Ordner für die verknüpften Dateien angelegt werden soll. **Verknüpfte Dateien erneut mit dem Dokument verknüpfen** hingegen bestimmt, ob die Verknüpfungen des Illustrator-Dokuments auf den neu erstellten Ordner gerichtet werden oder auf dem Ursprungsspeicherort bleiben sollen (dies sollten Sie zwingend aktivieren, wenn Sie die Daten an Dritte überstellen).
- **Schriftarten kopieren:** Damit legen Sie fest, ob die Schriften auch in den Ordner kopiert werden sollen. Dies nicht zu tun, kann aus rechtlicher Sicht durchaus sinnvoll sein; lesen Sie hierzu auch Abschnitt 6.1, »Umgang mit Schriften«.

- **Bericht erstellen:** Der Verpackungsbericht beinhaltet Informationen über das Dokument, Volltonfarben-Objekte, gegebenenfalls fehlende Schriften sowie fehlende Verknüpfungen oder Bilder.

Die Adobe Creative Cloud macht es Ihnen also so einfach wie möglich, Ihre Daten mit Dritten zu teilen, sofern dies benötigt wird. Beachten Sie dabei nur die rechtlichen Vorgaben für Bilder und Schriften.

10.9 InDesign-Preflight

Der InDesign-Preflight ist ein wichtiges Werkzeug der Reinzeichnung. Er sollte nicht durchgehend aktiviert sein, da er sehr prozessorbelastend ist und ähnlich wie die Überdruckenvorschau die Geschwindigkeit der Bearbeitung stark reduziert. Nach Vollendung der Reinzeichnung sollte allerdings immer ein Preflight über das Dokument laufen, bevor eine Abstimmungsrunde begonnen oder ein PDF exportiert wird.

Der Preflight selbst prüft erstmal nur, was man ihm vorgibt. Nutzen Sie die Vorgaben jedoch geschickt, können Sie sich sowohl für unterschiedliche Projekte als auch allgemein für verschiedene Druckverfahren einen unverzichtbaren Prüfprozess auf Knopfdruck erstellen.

Bedenken Sie dabei auch, dass nicht zwingend ein Fehler vorliegt, nur weil der Preflight auf etwas hinweist. Sie legen nur fest, auf welche Ereignisse Sie hingewiesen werden möchten.

10.9.1 Preflight definieren

Öffnen Sie hierzu **Fenster > Ausgabe > Preflight** (cmd/Strg+Alt+⇧+F).

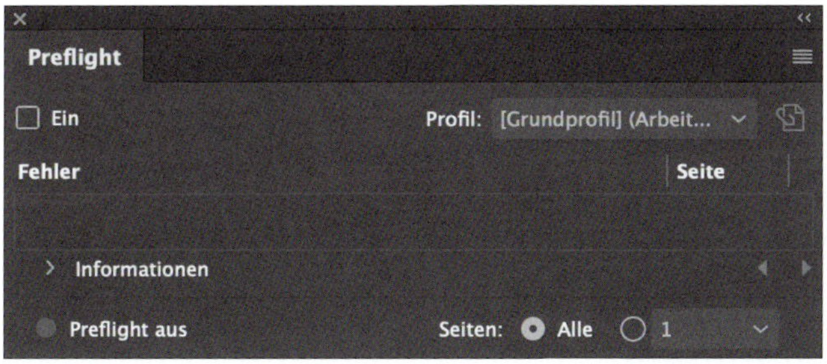

Abbildung 10.28 *Deaktivierter Preflight in InDesign*

Über die Checkbox **Ein** kann der Preflight aktiviert und deaktiviert werden; in diesem Fall ist er deaktiviert, was auch während der Arbeit zu empfehlen ist. Als **Profil** ist noch standardmäßig das **Grundprofil** ausgewählt, es kann allerdings einfach um weitere Profile erweitert werden. Im unteren Bereich sehen Sie sowohl den Status

Preflight aus als auch den Anwendungsbereich. In diesem Fall sind es alle Seiten des InDesign-Dokuments.

Wenn Sie im Bedienfeldmenü des Bedienfelds **Profile definieren…** wählen, gelangen Sie zu den Preflight-Profilen. Über das Plussymbol lässt sich nun ein neues Profil anlegen oder über das Minussymbol ein bestehendes Profil löschen.

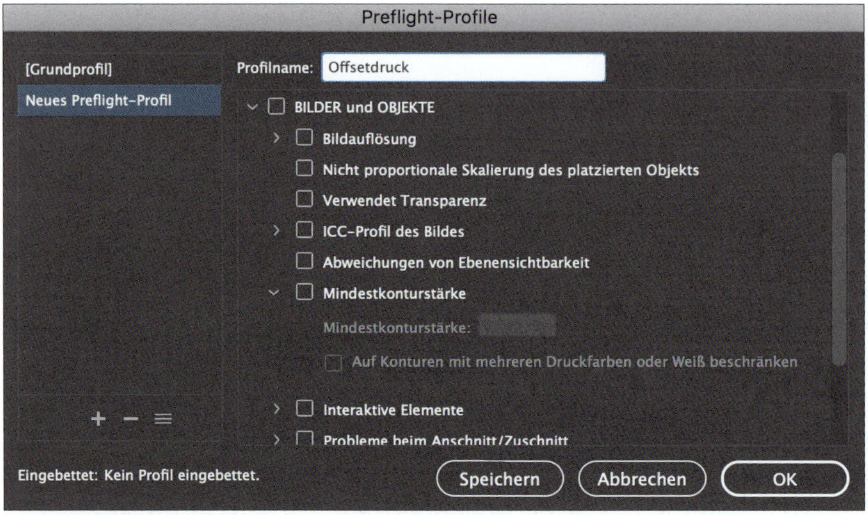

Abbildung 10.29 *Neues Preflight-Profil in InDesign*

Hier haben Sie nun eine Vielzahl von Einstellungsmöglichkeiten, die vom Preflight nach Aktivierung geprüft werden. Geben Sie dem Profil zunächst einen Namen, und speichern Sie es anschließend ab. Zurück im Preflight-Bedienfeld können Sie nun über die Auswahl **Preflight-Optionen…** das neu erstellte Preflight-Profil festlegen.

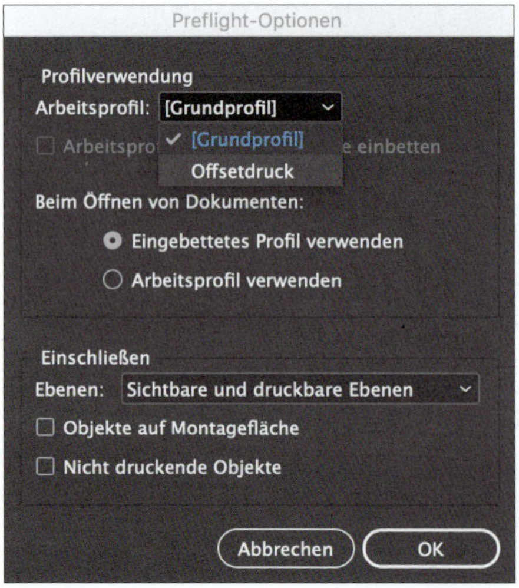

Abbildung 10.30 *Arbeitsprofil im InDesign-Preflight festlegen*

10.9.2 Einstellungsmöglichkeiten der Preflight-Profile

Nun widmen wir uns den Einstellungsmöglichkeiten unseres neuen Preflight-Profils. Über **Profile definieren...** öffnen Sie also das neu erstellte Profil.

Bereich »Allgemein« | Als Erstes verfassen Sie im Bereich **Allgemein** eine kurze Beschreibung Ihres Preflights. In unserem Beispiel soll der Preflight allgemein für den Offsetdruck verwendet werden.

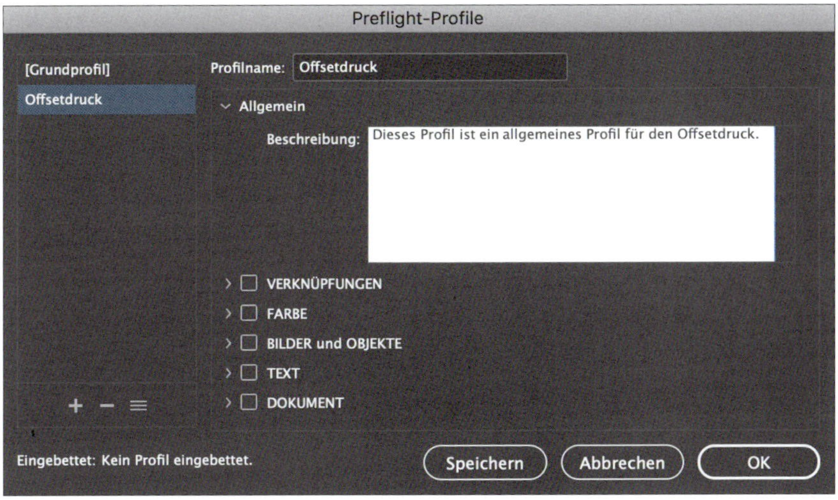

Abbildung 10.31 *Preflight-Profil – Thema: Allgemein*

Bereich »Verknüpfungen« | Anschließend können Sie über den Bereich **Verknüpfungen** Folgendes festlegen:

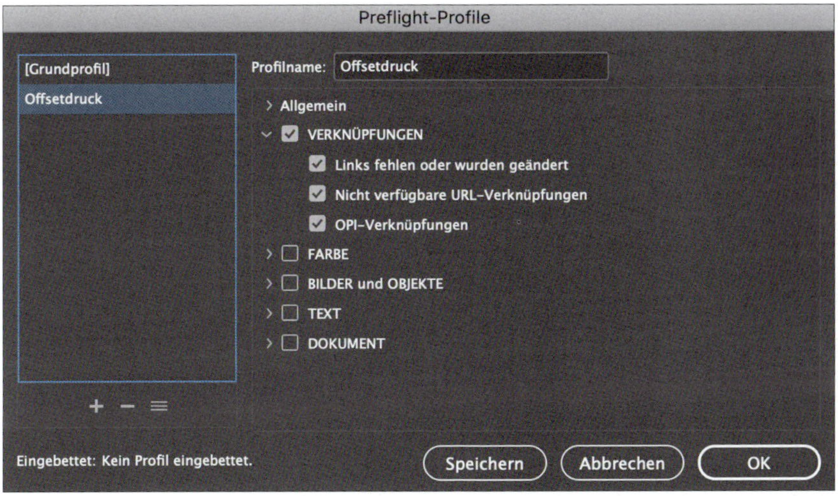

Abbildung 10.32 *Preflight-Profil – Thema: Verknüpfungen*

- **Links fehlen oder wurden geändert:** Dies bezieht sich auf den Status der Verknüpfungen (siehe Abschnitt 7.4, »Platzieren von Bildern und Grafiken«). Fehlt die Verknüpfung also oder wurde sie geändert, weist der Preflight direkt darauf hin.
- **Nicht verfügbare URL-Verknüpfungen:** Wird in InDesign auf eine Webadresse, also eine URL (Uniform Resource Locator), verwiesen, wird automatisch geprüft, ob diese Adresse existiert und entsprechend verfügbar ist. Sollte dies nicht der Fall sein, weist der Preflight darauf hin.
- **OPI-Verknüpfungen:** Bei PDF- oder EPS-Daten gibt es die Möglichkeit, Ansichtsdateien mit einer niedrigen Auflösung mit einem Verweis auf die hochaufgelösten Bilder zu hinterlegen – dies nennt man OPI-Verknüpfungen (Open Prepress Interface). Wenn Sie solches Bildmaterial in Ihrem InDesign-Dokument verknüpfen, kann es Ihnen passieren, dass nur die niedrig aufgelösten Ansichtsdateien angezeigt werden. Der Preflight kann dies prüfen und gegebenenfalls darauf aufmerksam machen.

Bereich »Farbe« | Im Bereich **Farbe** haben Sie folgende Auswahlmöglichkeiten:

- **Transparenzfüllraum erforderlich:** Aufgrund einer Transparenzreduzierung (siehe Abschnitt 5.1, »Echte und unechte Transparenz«) kann es für InDesign erforderlich sein, ein reduziertes Bild zu erstellen. Um dieses Bild erstellen zu können, muss ein Tranzparenzfüllraum definiert werden, der entweder das Dokumenten-RGB oder das Dokumenten-CMYK ist. Sie können sich also beispielsweise darauf hinweisen lassen, wenn der Transparenzfüllraum auf Dokumenten-RGB steht, Sie jedoch Daten für den Druck vorbereiten.

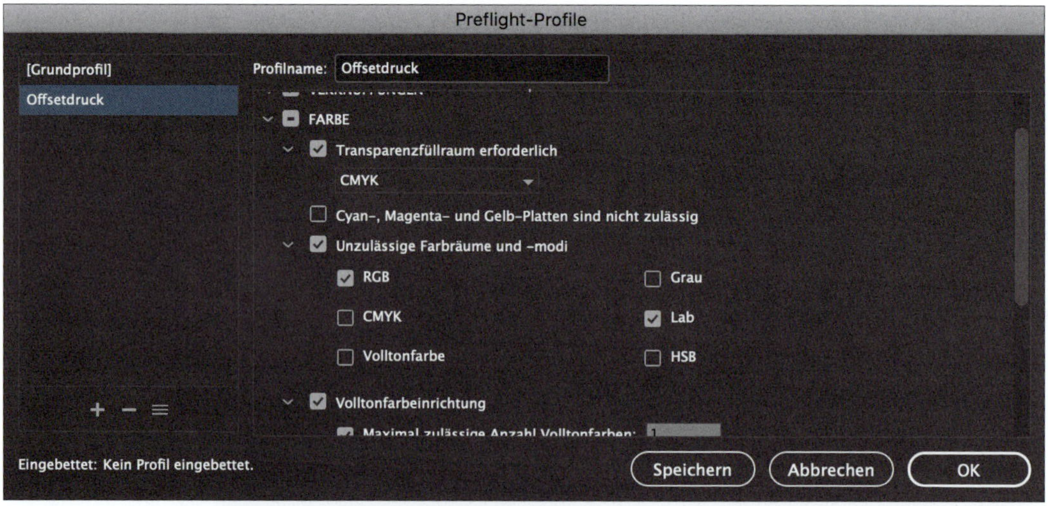

Abbildung 10.33 *Preflight-Profil – Thema: Farbe*

- **Cyan-, Magenta- und Gelb-Platten sind nicht zulässig:** Aktivieren Sie diese Einstellung, werden Sie immer auf einen Fehler hingewiesen, sofern Ihr gesamtes Druckbild nicht nur aus einem unbunten Schwarz (siehe Abschnitt 4.4.5, »Schwarzdarstellung«) besteht. Es dürfen also im CMYK-Druck keine Platten verwendet werden außer der Schwarz-Platte.
- **Unzulässige Farbräume und -modi:** Hier können Sie festlegen, auf welche verwendeten Farbmodi Sie aufmerksam gemacht werden möchten. Für den Druck können Sie sich beispielsweise auf die Farbräume und -modi RGB und Lab hinweisen lassen. Diese sind nicht druckbar und sollten daher ausgetauscht werden.
- **Volltonfarbeinrichtung:** Hier bestimmen Sie, ab welcher Zahl von Volltonfarben Sie auf diese hingewiesen werden möchten. Arbeiten Sie beispielsweise im Verpackungsbereich und haben immer eine Volltonfarbe für die Stanzform, können Sie hier bedenkenlos »1« eintragen. Arbeiten Sie aber im Literaturbereich ausschließlich mit CMYK, so sollten Sie sich schon ab der ersten Volltonfarbe benachrichtigen lassen. Sie können außerdem festlegen, ob die Simulation der Volltonfarbe durch Lab oder CMYK geschehen muss.
- **Überdrucken in InDesign angewendet:** Ich empfehle Ihnen, sich auf jede Überdrucken-Einstellung in InDesign hinweisen zu lassen. Diese kann natürlich korrekt und nötig sein, allerdings sollten Sie immer genau wissen, wo entsprechende Einstellungen in InDesign stattgefunden haben.
- **Überdrucken auf Weiss oder Papier-Farbe angewendet:** Auch diese Einstellung sollten Sie dringend aktivieren, da Weiß bzw. Papier-Farbe beim Überdrucken verschwindet (siehe Abschnitt 10.4.1, »Überdruckenvorschau«).
- **Passermarkenfarbe angewendet:** Die Passermarken dienen als Druckmarken zur Identifizierung von Passerungenauigkeiten (siehe Abschnitt 10.1, »Druckermarken und Farbkontrollstreifen«). Sie dürfen aber keinesfalls im Druckbild zur Gestaltung angewendet werden. Daher sollten Sie sich auch hier vom Preflight auf gegebenenfalls verwendete Passermarken-Farbe hinweisen lassen.

Bereich »Bilder und Objekte« | Im nächsten Bereich **Bilder und Objekte** stehen folgende Auswahlmöglichkeiten zur Verfügung:

- **Bildauflösung:** Hier können Sie den Toleranzrahmen für die effektive Bildauflösung der verknüpften Bilder festlegen. Ich empfehle eine Benachrichtigung bei einer Bildauflösung unter 280 ppi bei Farb- und Graustufenbildern. Das bedeutet nicht, dass Sie bei 279 ppi schon ein neues Bild anfordern müssen, allerdings sollten Sie darüber informiert werden. Es kommt dann auf die Position des Bildes (beispielsweise Literaturcover) und das Bild selbst an, wo man die Grenze ziehen sollte. 250 ppi sollten jedoch auf keinen Fall unterschritten werden, wenn Sie sich im Offsetdruck befinden.

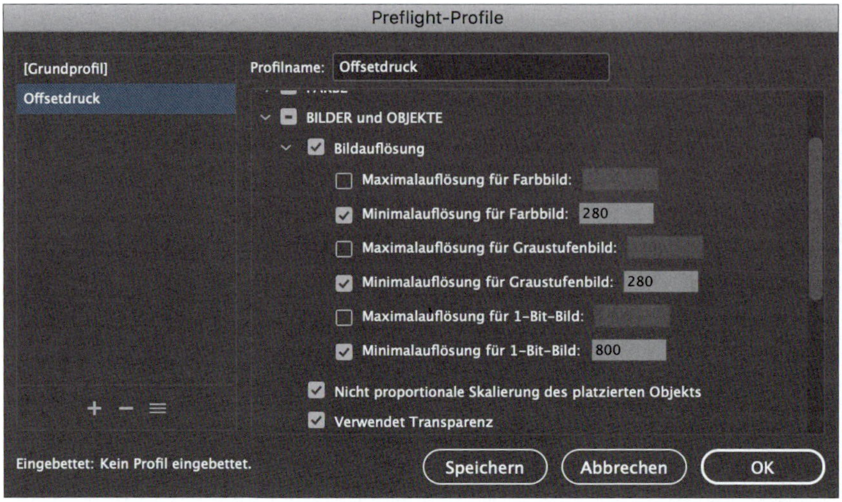

Abbildung 10.34 *Preflight-Profil – Thema: Bilder und Objekte, Teil 1*

- **Nicht proportionale Skalierung des platzierten Objekts:** Ist beispielsweise ein Bild nicht proportional skaliert, werden die Pixel auseinandergezogen. Dies erkennt man auch gut daran, dass die effektive Auflösung aus zwei Werten und nicht nur aus einem besteht (Breite × Höhe). Dies muss in der Reinzeichnung zwingend korrigiert werden.
- **Verwendet Transparenz:** Diese Einstellung weist auf jedes Objekt in InDesign hin, das Transparenz anwendet. Sie sollten sich anschauen, woher diese Transparenz kommt (beispielsweise ein Schlagschatten), und prüfen, ob dadurch in der Transparenzreduzierung gegebenenfalls Probleme entstehen könnten (siehe Abschnitt 10.4.2, »Transparenzreduzierungsvorschau«).
- **ICC-Profil des Bildes:** Hier können Sie einstellen, dass die ICC-Profile (siehe Abschnitt 2.4, »Grundlagen ICC-Profile und Profilfunktion«) mit dem Arbeitsprofil abgeglichen werden. So werden Sie informiert, sobald ein Bild mit hinterlegtem ICC-Profil abweicht bzw. wenn eine Profilumwandlung aufgrund der Profileinstellungen stattfinden kann. Sie können bei dieser Suche auch Bilder ohne hinterlegtes ICC-Profil ausklammern.
- **Abweichungen von Ebenensichtbarkeit:** Wenn Sie ein Objekt mit Ebenen importieren, beispielsweise ein InDesign-Dokument, und dort Einstellungen in der Sichtbarkeit der Ebenen vornehmen, werden Sie durch den Preflight direkt darauf hingewiesen. Gerade beim Import von InDesign-Dokumenten kann eine fehlerhafte Einstellung der Ebenensichtbarkeit in den Importoptionen den Weiterverarbeitungsprozess gegebenenfalls massiv beeinträchtigen.

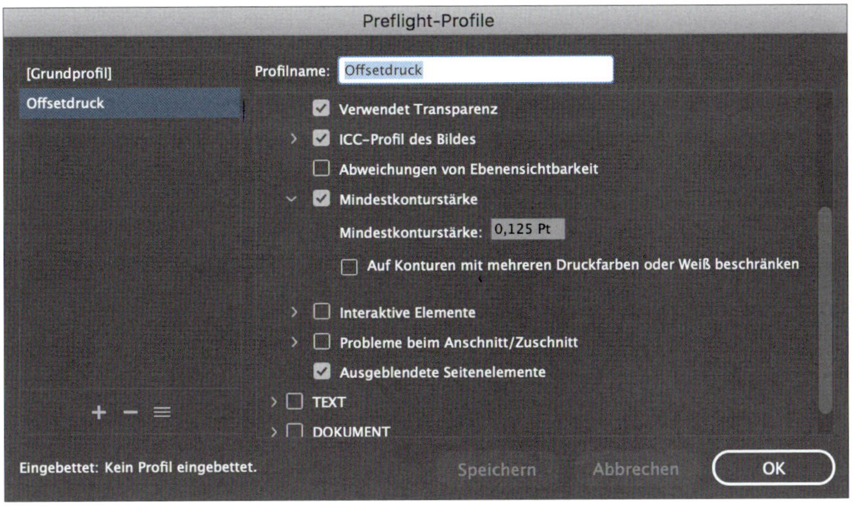

Abbildung 10.35 *Preflight-Profil – Thema: Bilder und Objekte, Teil 2*

- **Mindestkonturstärke:** Abhängig vom Druckverfahren sollten Sie sich hier direkt auf feine Haarlinien hinweisen lassen (siehe Abschnitt 10.6, »Haarlinien korrigieren«). Sie werden im Offsetdruck meist keine großen Probleme bekommen, aber beispielsweise im Flexodruck sollten Sie die von der Druckerei genannten Mindestangaben zwingend per Preflight überprüfen, bevor Sie das Druck-PDF erstellen. Sie haben auch die Möglichkeit, zu definieren, ob Ihre Abfrage sich nur auf mehrfarbige Linien bezieht oder auch auf einfarbige.
- **Interaktive Elemente:** Bereiten Sie ein Dokument für den Druck vor, so sollte es keine interaktiven Elemente beinhalten. Sie können sich mit dieser Einstellung darüber informieren lassen oder sogar noch detaillierter einstellen, auf welche interaktiven Elemente Sie hingewiesen werden möchten: Video, Audio, animiertes Objekt, Objekt mit mehreren Status, Schaltfläche oder Formularfeld.
- **Probleme mit Anschnitt/Zuschnitt:** Haben Sie Objekte, die sich sehr nah an der Schnittkante bzw. am Bund befinden, können Sie hier eine Schutzzone definieren, in der keine Objekte platziert sein dürfen. Von dieser Abfrage können Sie auch ausgeblendete Elemente ausklammern.
- **Ausgeblendete Seitenelemente:** Wenn Sie ein Seitenelement ausblenden (`cmd`/`Strg`+`3`) und dies gegebenenfalls vergessen oder bei einem gelieferten Layout übersehen, werden Sie dank dieser Einstellung sofort darauf hingewiesen und können entsprechende Anpassungen vornehmen, sofern dies nötig ist.

Bereich »Text« | Hier stehen folgende Auswahlmöglichkeiten zur Verfügung:

- **Übersatztext:** Läuft Text länger als der zugehörige Textrahmen, so sollten Sie dies zwingend korrigieren, da sonst ein Teil des Textes nicht mehr dargestellt wird.
- **Absatz- und Zeichenformatabweichungen:** Diese Abfrage macht vor allem dann Sinn, wenn Sie mit umfangreicher Literatur zu tun haben und das Dokument in der Reinzeichnung komplett mit Zeichen- und Absatzformaten sauber nachbauen (siehe Abschnitt 6.5, »Zeichen- und Absatzformate«). Auch in Zusammenarbeit mit Datenbanken kann es erforderlich sein, dass Zeichen- und Absatzformate ohne Veränderung zugewiesen werden, damit eine spätere Weiterverarbeitung der Daten ermöglicht wird. Abhängig von Ihrem Projekt können Sie diese Abfrage aktivieren. Sie haben außerdem die Möglichkeit, im Zuge der Abfrage folgende Abweichungen jeweils zu ignorieren: Schriftschnitt, Kerning/Laufweite, Sprache und Farbe.
- **Schriftart fehlt:** Sobald eine verwendete Schriftart auf Ihrem Computer nicht vorhanden ist, werden Sie benachrichtigt.
- **Glyphe fehlt:** Wenn eine verwendete Glyphe auf Ihrem Computer nicht vorhanden ist, werden Sie informiert.
- **Dynamische Rechtschreibprüfung meldet Fehler:** Sofern Sie ohne ein Lektorat arbeiten, können Sie diese Funktion aktivieren. Allerdings empfehle ich Ihnen, sich nicht blind auf die Rechtschreibprüfung zu verlassen. Dies gilt jedoch nicht nur für InDesign, sondern auch für MS Word usw. Eine Reinzeichnung sollte wenn möglich von einem qualifizierten Menschen Korrektur gelesen werden, bevor sie in den Druck geht.

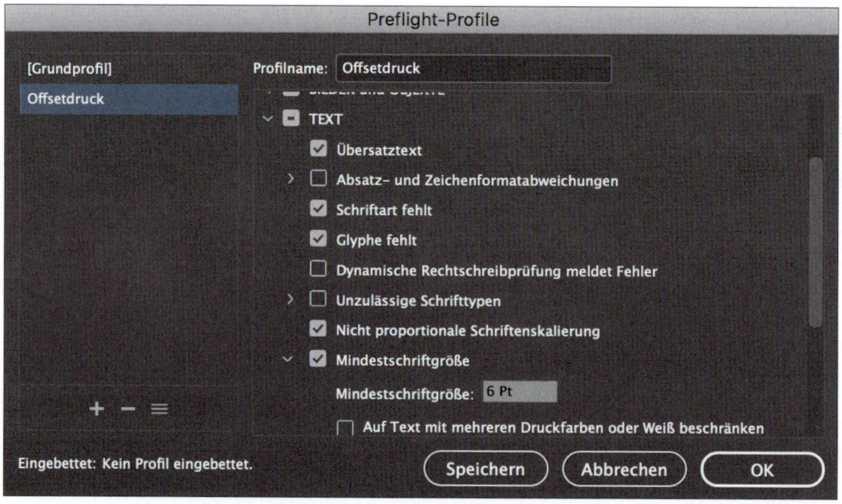

Abbildung 10.36 *Preflight-Profil – Thema: Text, Teil 1*

- **Unzulässige Schrifttypen:** Mit dieser Einstellung können Sie sich auf bestimmte Schrifttypen hinweisen lassen. Dazu zählen geschützte Schriften, TrueType-Schriften, OpenType-Schriften, Bitmap-Schriften und andere.
- **Nicht proportionale Schriftenskalierung:** Ähnlich wie Bilder sollten auch Schriften nicht verzerrt werden. In Ausnahmefällen kann man eine Skalierung von 1–2 % in der Reinzeichnung aufgrund von grafischen Gegebenheiten akzeptieren. Idealerweise sollte eine Schrift jedoch immer auf 100 % skaliert sein. Mit dieser Einstellung werden Sie auf jede nicht proportionale Skalierung hingewiesen und können dann entscheiden, ob Sie eine Anpassung vornehmen.
- **Mindestschriftgröße:** Ähnlich der Mindestkonturstärke unter **Bilder und Objekte** sind Sie hier auf das verwendete Druckverfahren angewiesen. Im Offsetdruck empfehle ich einen Hinweis ab einer Schriftgröße von 6 pt, wobei bei modernen Maschinen Negativschrift in 4 pt absolut möglich ist. In anderen Druckverfahren können Sie allerdings ab 10 oder 12 pt schon Probleme bekommen, daher sollten Sie sich hier mit dem Druckdienstleister absprechen. Sie haben auch die Möglichkeit, sich nur Schriften anzeigen zu lassen, die aus mehreren Farben bestehen oder aussparen (siehe Abschnitt 4.4.1, »Überdrucken«).

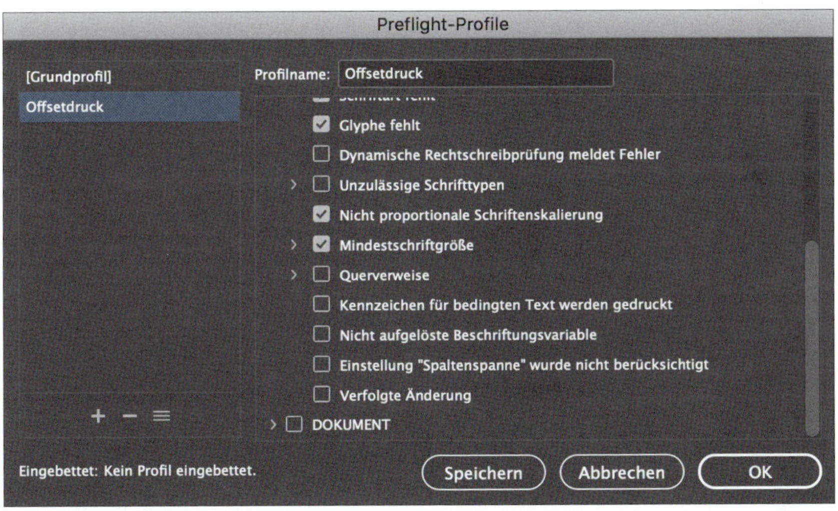

Abbildung 10.37 *Preflight-Profil – Thema: Text, Teil 2*

- **Querverweise:** Sollten Querverweise veraltet oder ungelöst sein, können Sie sich mit dieser Einstellung darauf hinweisen lassen und direkt Anpassungen vornehmen.
- **Kennzeichen für bedingten Text werden gedruckt:** Falls Sie mit Textteilen arbeiten, die im Druckbild nicht erscheinen sollen, können Sie in InDesign mit beding-

tem Text arbeiten. Der Preflight wird Sie mit dieser Einstellung darauf hinweisen, wenn als bedingter Text gekennzeichnete Passagen doch gedruckt werden.

- **Nicht aufgelöste Beschriftungsvariable:** Wenn Sie in InDesign mit Textvariablen arbeiten und für eine Beschriftungsvariable kein Text eingesetzt wurd, werden Sie direkt vom Preflight darauf hingewiesen und können gegebenenfalls reagieren.
- **Einstellung »Spaltenspanne« wurde nicht berücksichtigt:** Wurde die Einstellung **Spaltenspanne** (siehe Abschnitt 6.5.2, »Absatzformate«) nicht berücksichtigt, werden Sie durch diese Einstellung im Preflight direkt darüber in Kenntnis gesetzt.
- **Verfolgte Änderung:** Arbeiten Sie mit InCopy CC (siehe Abschnitt 8.11.1, »Zusammenarbeit mit InCopy«), können Sie sich auf noch vorhandene Änderungsmarkierungen in Ihrem InDesign-Dokument hinweisen lassen.

Bereich »Dokument« | Im letzten Bereich **Dokument** stehen folgende Auswahlmöglichkeiten zur Verfügung:

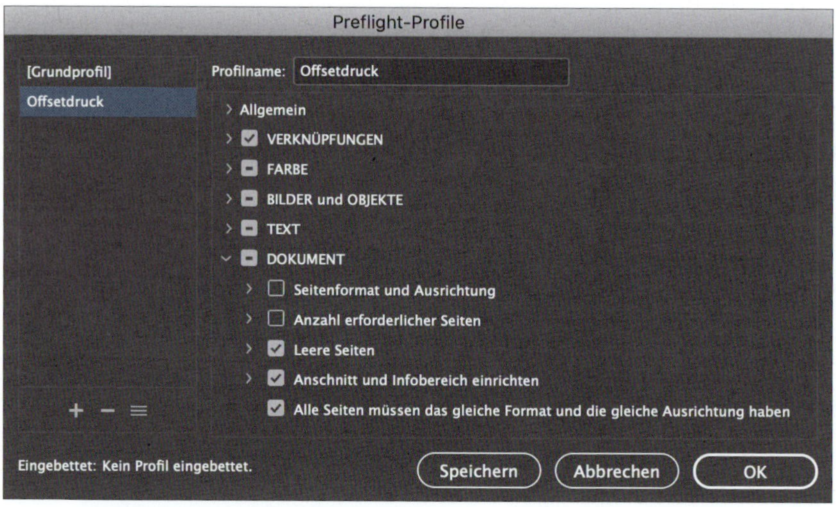

Abbildung 10.38 *Preflight-Profil – Thema: Dokument*

- **Seitenformat und Ausrichtung:** Hier können Sie festlegen, dass Ihr Dokument nur ein festgelegtes Format aufweisen darf. Dies kann nützlich sein, wenn Sie einen Preflight für ein spezielles Werbemittel erstellen, das immer im selben Format angelegt wird. Zusätzlich lässt sich festlegen, ob die Ausrichtung des Formats ignoriert werden soll oder nicht.
- **Anzahl erforderlicher Seiten:** Auch diese Einstellung kann sinnvoll sein, wenn der Preflight für ein wiederkehrendes Werbemittel verwendet wird, das immer eine feste Seitenzahl aufweisen muss. Sie können festlegen, dass das Dokument höchstens, mindestens oder genau soundso viele Seiten beinhalten muss. Außer-

dem lässt sich einstellen, dass die Seitenzahl des Dokuments immer ein Vielfaches einer Zahl, beispielsweise 4, sein muss.

- **Leere Seiten:** Mit dieser Einstellung lassen Sie sich alle leeren Seiten kennzeichnen. Als leer kann eine Seite entweder gelten, wenn sie nur eine Musterseite zugewiesen bekommen hat, nur nicht druckende Objekte beinhaltet oder wirklich leer ist.
- **Anschnitt und Infobereich:** Hier können Sie festlegen, dass Anschnitt oder Infobereich höchstens, mindestens oder genau soundso viele Millimeter aufweist. Es empfiehlt sich hier, einen minimalen Anschnitt von 3 mm festzulegen, mehr geht natürlich immer.
- **Alle Seiten müssen das gleiche Format und die gleiche Ausrichtung haben:** Da Sie mithilfe des Seitenwerkzeugs (siehe Abschnitt 3.2, »Druckobjekte mit unterschiedlichen Seitengrößen in einem Dokument anlegen«) jeder Seite im Dokument eine eigene Größe zuordnen können, sollten Sie sich zwingend abschließend auf jede Abweichung vom Anlageformat hinweisen lassen. Gerade minimale Abweichungen können schnell übersehen werden, später aber große Folgen haben.

Ein Preflight ist wie oben beschrieben erstmal nur eine Abfrage nach spezifischen Einstellungen. Ein gemeldeter Fehler muss nicht zwingend korrigiert werden, da er gegebenenfalls im Rahmen der Toleranz liegt. Da Sie nun alle Einstellungen des Preflights kennen, sollten Sie sich für jedes größere Projekt einen eigenen Preflight mit den entsprechenden Einstellungen anlegen. Für kleine Projekte reicht gegebenenfalls ein allgemeiner Preflight für das Druckverfahren aus.

Insgesamt sollten Sie dieses Werkzeug nicht ungenutzt lassen, da Sie mit wenigen Handgriffen eine Abfrage starten können, die die meisten Fehler in der Weiterverarbeitung aufdeckt.

10.10 Checkliste: Ausgabe

	Wurden alle benötigten Druckmarken gesetzt?
	Wird ein Farbkontrollstreifen benötigt?
	Müssen die Fonts in Zeichenwege umgewandelt werden?
	Wurden die Grobdaten durch die Feindaten ersetzt?
	Wurden Haarlinien entfernt?
	Wurde das richtige Ausgabeprofil verwendet?
	Wurde der Preflight fehlerfrei durchgeführt?

Kapitel 11
PDF und Druckdaten

Jetzt wird es ernst. Die Druckdaten werden nach Vorgabe erstellt und in die Weiterverarbeitung gegeben. Hierbei dürfen keine Fehler entstehen, da es sonst zu Produktionsverzögerungen kommen kann.

11.1 PDF/X-Zertifizierung

Das Dateiformat PDF (Portable Document Format) wurde von Adobe entwickelt und sollte vor allem plattformübergreifend den digitalen Austausch von Informationen zwischen mehreren Parteien erleichtern.

Das PDF beinhaltet alle Informationen gebündelt; so sind beispielsweise Schriften, Bilder und Farbraum im PDF eingebettet. Dieses Vorgehen fand verständlicherweise auch in der Druckindustrie Anklang, und so entwickelte sich der PDF/X-Standard (»X« für englisch »exchange«, also »Austausch«) mit Normen zur Beschreibung von Druckvorlagen.

Vorsicht

Allerdings sagt ein PDF/X-Standard noch nichts über die Qualität oder Bildauflösung des Materials aus. Er zeigt nur, dass die Grundvoraussetzungen für den Druck erfüllt sind. Für Linienstärken oder Bildauflösung gibt es keine Vorgaben im PDF/X-Standard.

Über das PDF lässt sich nicht nur das Druckbild übertragen, auch Weiterverarbeitungsschritte können mithilfe von Informationen im PDF unterstützt werden (beispielsweise Veredelungen oder Stanzformen, siehe Abschnitt 8.6, »Stanzformen und Veredelungen für eine Verpackung«). Der PDF/X-Standard hat sich über mehrere Versionen weiterentwickelt. Vor allem das Thema Farbe ist und war Auslöser für neuere Versionen. Die am weitesten verbreiteten Versionen sind PDF/X1a, PDF/X3 und PDF/X4, wobei das mittlerweile in die Jahre gekommene PDF/X3 die Liste noch immer anführt. Mithilfe der PDF/X-Standards wird der Workflow in der Druckerei deutlich vereinfacht; sie ermöglichen so ein schnelleres und kostengünstigeres Arbeiten an den Druckmaschinen.

11.1.1 PDF/X1a

PDF/X1a beinhaltet alle Bilder und Schriften als Objekte im PDF selbst. Es erfolgt also ein vollständiger Datenaustausch. Außerdem müssen die PDF-Boxen (siehe Abschnitt 8.7, »Platzieren von PDFs«) definiert sein.

PDF/X1a erlaubt nur CMYK- und Sonderfarben, hier muss das entsprechende ICC-Profil (siehe Abschnitt 2.4, »Grundlagen ICC-Profile und Profilfunktion«) für die Ausgabebedingungen angegeben werden. Echte Transparenzen (siehe Abschnitt 5.1, »Echte und unechte Transparenz«) sind aufgrund von PostScript nicht möglich. Die Version PDF/X1a:2001 basiert auf der PDF-Version 1.3, die Version PDF/X1a:2003 auf der PDF-Version 1.4.

11.1.2 PDF/X3

PDF/X3 beinhaltet wie PDF/X1a alle Bilder und Schriften. Auch hier müssen die PDF-Boxen definiert werden, und echte Transparenzen sind aufgrund von PostScript auch nicht möglich.

Der große Unterschied zwischen PDF/X3 und PDF/X1a ist das Thema Farbe, denn wo PDF/X1a nur CMYK- und Sonderfarben erlaubt, können in PDF/X3 CMYK-, RGB-, Lab- und Sonderfarben (siehe Abschnitt 2.2, »Farbräume«) mit ICC-Profil hinterlegt werden. Im PDF selbst muss auch das entsprechende ICC-Profil enthalten sein, die Farben können aber natürlich in der PDF-Ausgabe der Druckvorstufe in CMYK umgewandelt werden.

Die Version PDF/X3:2002 basiert auf der PDF-Version 1.3, die Version PDF/X3:2003 auf der PDF-Version 1.4, allerdings ist die Version von 2002 als Standard anzusehen. PDF/X3:2002 ist aktuell weltweit der verbreitetste PDF/X-Standard für den Druck.

11.1.3 PDF/X4

PDF/X4 kann als erste Version des PDF/X-Standards echte Transparenz beinhalten (siehe Abschnitt 5.1, »Echte und unechte Transparenz«). Dies ist möglich, da PDF/X4 nicht mehr auf PostScript, sondern auf der Adobe PDF Print Engine beruht, die in der Lage ist, echte Transparenz darzustellen. Somit entfällt das Reduzieren von Transparenzen, was erhebliche Vorteile gegenüber PostScript bietet (siehe Abschnitt 11.2, »Adobe PDF Print Engine«).

Außerdem bietet PDF/X4 ein Colormanagement, das ein medienneutrales Arbeiten (siehe Abschnitt 2.6, »Medienneutraler Workflow«) erleichtert. Allerdings ist nicht jede Druckerei auf den APPE-Workflow eingestellt und kann diese Daten verarbeiten. Obwohl die APPE seit 2006 zur Verfügung steht, wird als Standard immer noch häufig PDF/X3:2002 verwendet. PDF/X4 basiert auf der PDF-Version 1.6.

11.2 Adobe PDF Print Engine

Bis heute stellt Adobe PostScript den Standard der Druckindustrie dar. PostScript ist eine Seitenbeschreibungssprache, die in der Druckindustrie für Platten- und Filmbelichtung, RIP-Software usw. verwendet wird. Dennoch hat Adobe mit der Adobe PDF Print Engine (APPE) ein neues Zeitalter eingeläutet, in dem PostScript früher oder später komplett abgelöst wird.

Eines der am meisten kritisierten Themen bei PostScript ist die nicht vorhandene Transparenz, die durch unechte Transparenz simuliert wird (siehe Abschnitt 5.1, »Echte und unechte Transparenz«). Dieses Reduzierungsverfahren führt dazu, dass Bilder an Stellen mit Transparenz (beispielsweise ein Schlagschatten) zerschnitten und neu nebeneinandergestellt werden. Hierbei kann es bei der Neuberechnung der Bilder gerade bei gewinkelten Linien zu Fehlern kommen. Auch wird Text, der unter reduzierten Flächen steht, in Pfade umgewandelt. Hierbei kann es auch zu optischen Abweichungen vom Rest des Textes kommen, der noch reiner Text ist. Und nicht zuletzt wurden immer die »weißen Linien« im PDF bemängelt, die aufgrund von Rundungsfehlern der durch die Transparenzreduzierung entstandenen Bildcontainer beim Zoomen im PDF auftreten können.

Adobe hat es sich zur Aufgabe gemacht, diese Probleme zu lösen, und in diesem Zuge die Adobe PDF Print Engine auf den Markt gebracht. Die APPE ist in der Lage, native Transparenzen auszugeben. Die Transparenzreduzierung und die damit verbundenen Probleme entfallen ersatzlos. Sie haben also die Möglichkeit, echte Transparenzen zu erzeugen, die im PDF immer noch transparent und beweglich sind.

Colormanagement

Außerdem beinhaltet die APPE ein Colormanagement, das es Ihnen ermöglicht, medienneutral zu arbeiten (siehe Abschnitt 2.6, »Medienneutraler Workflow«) und erst bei der Plattenbelichtung die Ausgabebedingungen festzulegen.

Um Daten aus der APPE verarbeiten zu können, müssen auch die Druckereien auf dieses neue System umsteigen. Da dies noch nicht branchenweit erfolgt ist, sollten Sie sich vor der Auslieferung von PDF/X-Daten mit Ihrer Druckerei besprechen. Senden Sie nicht einfach Druckdaten aus der APPE, sofern die Vorgaben der Druckerei noch auf PostScript beruhen. Die Druckerei wird Ihre Daten entweder ablehnen oder in der eigenen Druckvorstufe in ein PostScript-PDF umwandeln und dann weiterverarbeiten. Bittet der Druckdienstleister allerdings um Daten aus der APPE, so dürfen Sie ihm wiederum keine PostScript-Daten liefern. Bei Unsicherheiten sollten Sie immer Ihren Dienstleister kontaktieren.

11.3 PDF-Export-Einstellungen

Sie können aus InDesign direkt ein PDF exportieren und müssen nicht mehr den umständlichen Weg über den Acrobat Distiller gehen.

Gehen Sie hierzu in InDesign auf **Datei > Exportieren** (`cmd`/`Strg`+`E`). Nun müssen Sie zuerst den Speicherort festlegen und erhalten anschließend das Dialogfeld für den PDF-Export. Hier können Sie alle weiteren Einstellungen für den PDF-Export vornehmen. In diesem Beispiel erstellen wir ein Druck-PDF mit PDF/X3-Standard (siehe Abschnitt 11.1.2, »PDF/X3«) in Device-CMYK.

Reiter »Allgemein« | Öffnen Sie das Dialogfeld, befinden Sie sich automatisch im Reiter **Allgemein**.

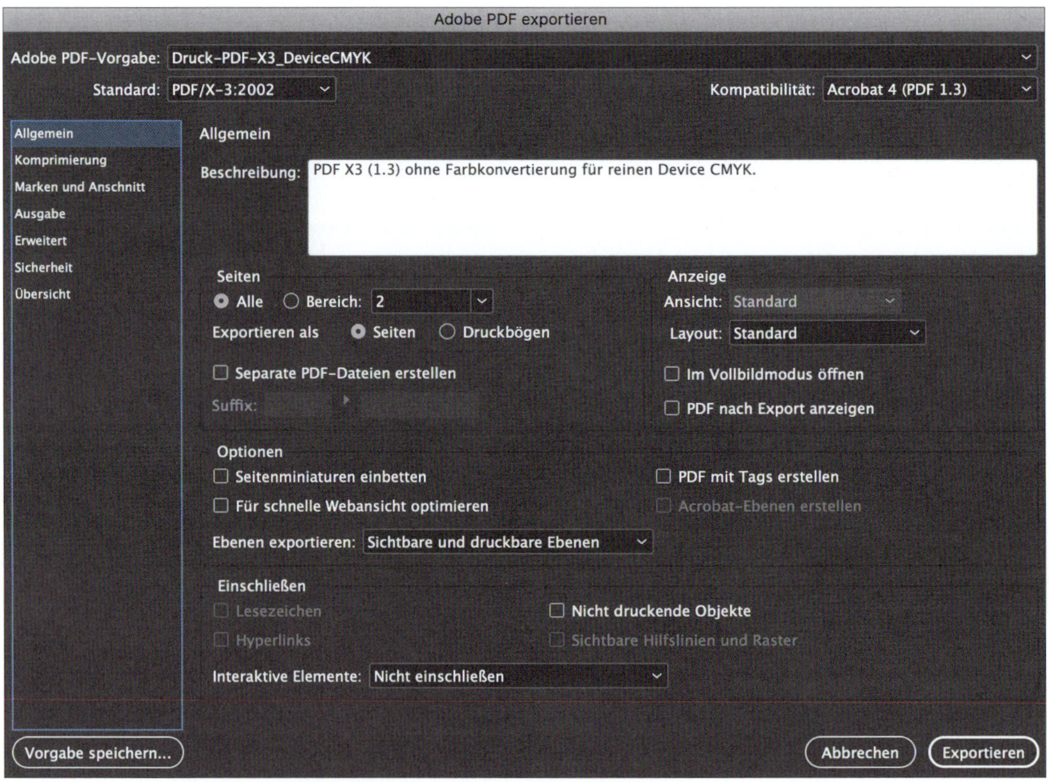

Abbildung 11.1 *PDF-Export – Reiter: Allgemein*

- **Beschreibung:** Hier können Sie eine Beschreibung Ihres PDF-Exportprofils festhalten. Dies lohnt sich natürlich nur, wenn Sie dieses Exportprofil für die Zukunft speichern und wiederverwenden möchten. Besonders, wenn Profile mit anderen Kolleg*innen geteilt werden, macht es Sinn, zu erklären, was in dem jeweiligen Profil genau eingestellt ist.

- **Seiten:** In diesem Bereich legen Sie fest, welcher Seitenbereich exportiert werden soll: entweder alle, eine einzelne Seite oder ein definierter Bereich. Außerdem bestimmen Sie hier, ob Sie den Export mit Einzelseiten oder Druckbögen (bei Literaturprojekten dann Doppelseiten) durchführen möchten.
- **Separate PDF-Dateien erstellen:** Sie haben zusätzlich die Möglichkeit, die Seiten bzw. Druckbögen als separate PDF-Dateien zu exportieren. Dazu können Sie mit Suffixen arbeiten, beispielsweise _^P für eine fortlaufende Paginierung am Ende des Dateinamens. Im Textfeld daneben wird Ihnen eine Vorschau der zu erstellenden Dateinamen angezeigt.
- **Anzeige:** Hier können Sie direkt einstellen, wie die Anzeige Ihres PDFs in Adobe Acrobat Pro aussehen soll. Beispielsweise lässt sich bei einem Literaturprojekt festlegen, dass die Einzelseiten in Adobe Acrobat Pro immer nebeneinandergestellt werden sollen, gegebenenfalls noch mit einem Deckblatt, wenn der Umschlag im selben Dokument enthalten ist. Der Export erfolgt dann trotzdem als Einzelseiten, was fast immer zu empfehlen ist, allerdings werden in der Darstellung dann Doppelseiten simuliert. Außerdem können Sie einstellen, dass das PDF im Vollbildmodus angezeigt und direkt nach dem Export geöffnet werden soll, falls Sie dies wünschen.
- **Optionen:** In diesem Bereich können Sie die Seitenminiaturen in das PDF einbetten oder es für eine schnelle Webansicht optimieren, falls Sie ein PDF für das Internet erstellen. Außerdem haben Sie die Möglichkeit, im Zusammenhang mit barrierefreien PDF-Dokumenten das PDF mit Tags zu erstellen.
- **Ebenen exportieren:** Sie können entscheiden, ob Sie entweder alle, alle sichtbaren oder alle sichtbaren und druckbaren Ebenen exportieren möchten. Für die Erstellung eines Druck-PDFs empfiehlt es sich, die sichtbaren und druckbaren Ebenen auszuwählen.
- **Einschliessen:** Lesezeichen, Hyperlinks, nicht druckende Objekte und sichtbare Hilfslinien und Raster lassen sich beim PDF-Export mit einschließen, sofern diese vorhanden sind. Zusätzlich können Sie entscheiden, interaktive Elemente nicht einzuschließen oder ihr Erscheinungsbild zu berücksichtigen.

Reiter »Komprimierung« | Anschließend folgt der Reiter Komprimierung, der für die Reinzeichnung besonders relevant ist.

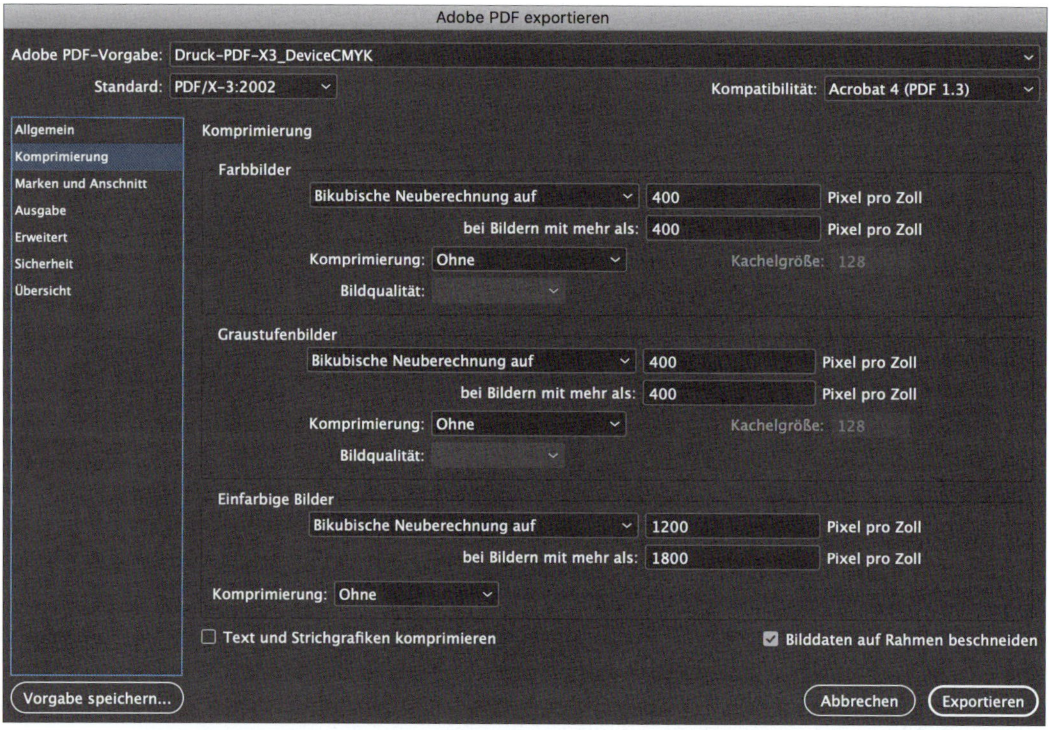

Abbildung 11.2 *PDF-Export – Reiter: Komprimierung*

- **Farbbilder** und **Graustufenbilder:** Hier können Sie festlegen, ob Farbbilder ab einer definierten Bildauflösung neuberechnet werden sollen oder nicht. Die Neuberechnung findet entweder **durchschnittlich**, **bikubisch** oder per **Subsampling** statt. Die bikubische Neuberechnung ist empfehlenswert, sofern eine Neuberechnung stattfinden soll. Als Grenzwert empfiehlt es sich generell, eine Neuberechnung ab 400 ppi auf 400 ppi durchzuführen, da abhängig von Druckmaschine und Linienraster moderne Druckereien schon 400 ppi im RIP verarbeiten können. Ziel ist es immer, dass bestmögliche, aber noch sinnvolle Material zu liefern. Eine Bildauflösung von über 1.000 ppi bei Farbbildern macht grundsätzlich keinen Sinn. Für den Druck empfehle ich, keine Komprimierung anzuwenden. Gerade wenn Sie beispielsweise mit JPEG-Bildern arbeiten und eine erneute JPEG-Komprimierung auf das Bild anwenden, entstehen unschöne Pixelzusammenschlüsse. Wissen Sie jedoch, dass alle im Dokument verwendeten Bilder unkomprimiert sind, können Sie natürlich eine Komprimierung anwenden. Für Ansichts-PDFs ist eine Komprimierung ebenfalls bedenkenlos möglich. Hier sollten Sie eine Neuberechnung ab 150 ppi auf 150 ppi vornehmen, da Monitore selten eine höhere Bildauflösung darstellen.

- **Einfarbige Bilder:** Für einfarbige Bilder, oder auch Bitmap-Bilder, benötigen Sie natürlich eine höhere Bildauflösung (siehe Abschnitt »Bildauflösung bei Graustufen- und Schwarz-Weiß-Bildern« in Abschnitt 7.1.2). Stellen Sie hier am besten eine Neuberechnung ab 1.800 ppi auf 1.200 ppi ein, um das PDF nicht unnötig groß zu machen.
- Zuletzt können Sie noch die Optionen **Text und Strichgrafiken komprimieren** und **Bilddaten auf Rahmen beschneiden** wählen, was bei Druck-PDFs zu empfehlen ist.

Reiter »Marken und Anschnitt« | Im Reiter Marken und Anschnitt legen Sie als Erstes die Druckermarken und anschließend die Einstellungen für Anschnitt und Infobereich fest.

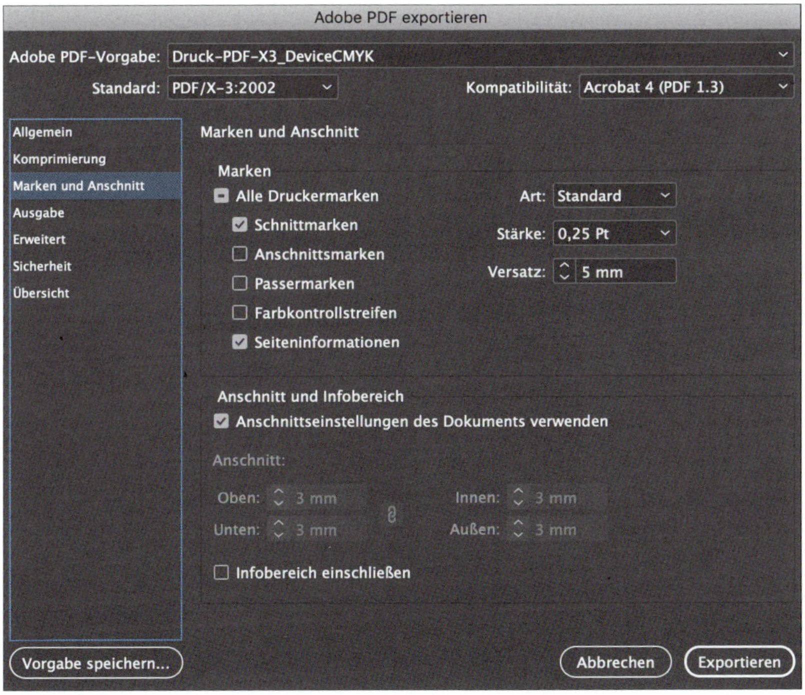

Abbildung 11.3 *PDF-Export – Reiter: Marken und Anschnitt*

- **Marken:** Detaillierte Informationen zu jeder Druckermarke, ihrer Bedeutung und zur sinnvollen Einstellung finden Sie in Abschnitt 10.1, »Druckermarken und Farbkontrollstreifen«.

- **Anschnitt und Infobereich:** Als Erstes legen Sie den Anschnitt des Dokuments fest. Hier empfiehlt es sich, die Anschnittseinstellungen des InDesign-Dokuments zu verwenden, denn Sie wollen in der Lage sein, das Exportprofil auf alle Projekte anzuwenden, es gibt jedoch je Projekt unterschiedliche Anschnittsvorgaben der Druckerei. So können Sie im jeweiligen InDesign-Dokument den Anschnitt festlegen und entsprechend dieser Vorgabe exportieren. Sollte der Anschnitt sich vom **Versatz** unterscheiden, können Sie diesen noch einheitlich anpassen. Wenn Sie hingegen an dieser Stelle einen Anschnitt definieren, werden die Einstellungen im InDesign-Dokument ignoriert. Mit der Checkbox **Infobereich einschliessen** wird der Infobereich beim PDF-Export mit eingeschlossen. Der Infobereich wird bei der Anlage des InDesign-Dokuments definiert (siehe Abschnitt 3.1.2, »Ränder, Anschnitt und Infobereich«).

Reiter »Ausgabe« | Im Reiter Ausgabe definieren Sie die Farbeinstellungen für Ihr Ausgabe-PDF. Dieser Reiter ist einer der wichtigsten beim Erstellen der Druckunterlagen in der Reinzeichnung.

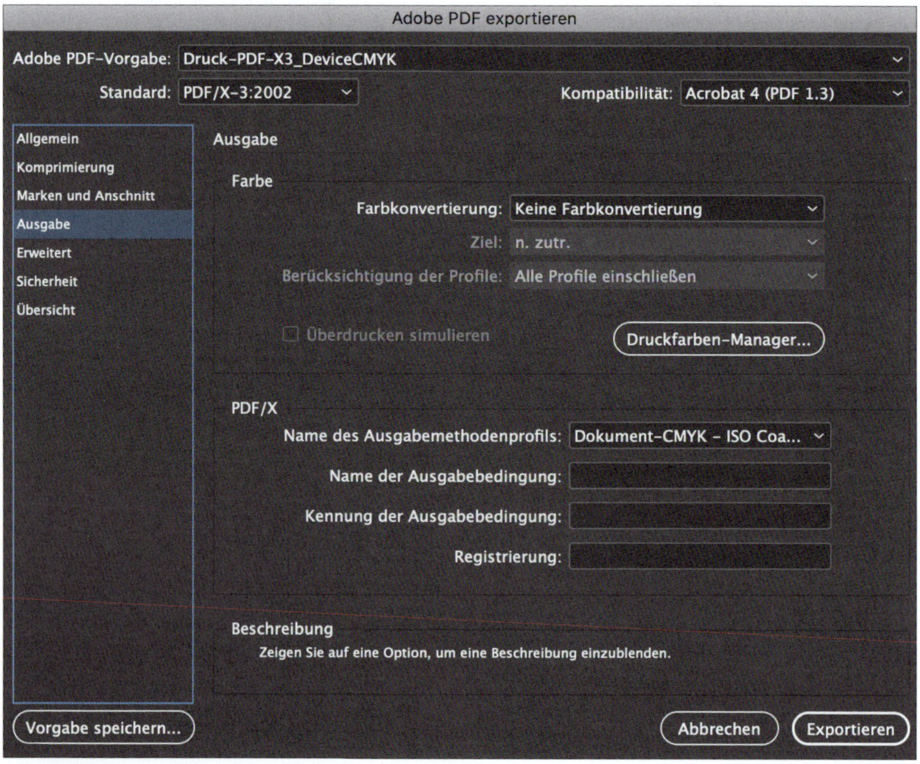

Abbildung 11.4 *PDF-Export – Reiter: Ausgabe*

- **Farbkonvertierung:** Hier legen Sie den Umgang mit Bildern in Ihrem PDF fest. Sie können entweder keine Farbkonvertierung vornehmen, beispielsweise wenn all Ihre Bilder bereits im richtigen Ausgabefarbraum sind. Arbeiten Sie in einem medienneutralen Workflow (siehe Abschnitt 2.6, »Medienneutraler Workflow«), müssen Sie zwingend eine Konvertierung vornehmen, da die Bilder noch nicht für das Ausgabemedium vorbereitet wurden. Sie können in diesem Fall entweder **In Zielprofil konvertieren** oder **In Zielprofil konvertieren (Werte beibehalten)** auswählen. Bei Letzterem werden die CMYK-Werte der Vektorobjekte nicht verändert, sondern nur die Pixelgrafiken (siehe Abschnitt 7.3.2, »RGB in CMYK bei CI-Farben«). Falls Sie eine Konvertierung vornehmen, müssen Sie im nächsten Drop-down-Menü das Zielprofil auswählen.

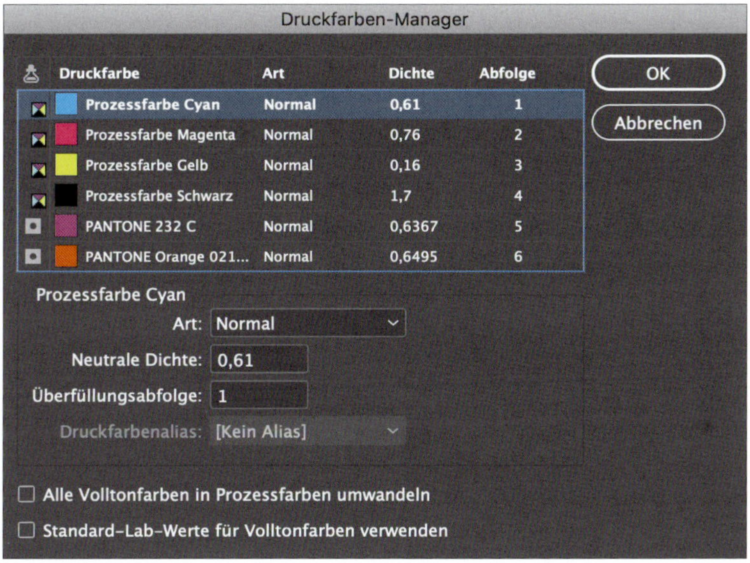

Abbildung 11.5 *Druckfarben-Manager beim PDF-Export*

- **Druckfarben-Manager:** Im Druckfarben-Manager sehen Sie, ähnlich der Separationsvorschau (siehe Abschnitt 10.4.3, »Separationsvorschau«), alle verwendeten Prozess- und Volltonkanäle in Ihrem Dokument. Mit einem Klick auf das Vollton-Icon wandeln Sie einzelne Volltonkanäle in Prozessfarben um (siehe Abschnitt 4.1, »Vollton- und Prozessfarben«). Sie können die Umwandlung allerdings auch über die Checkbox **Alle Volltonfarben in Prozessfarben umwandeln** direkt für alle im Dokument vorhandenen Volltonfarben vornehmen. Beachten Sie dabei, dass auch Veredelungen, die mit einem Volltonkanal angelegt wurden, bei diesem Vorgang in Prozessfarben umgewandelt und somit als Veredelung gelöscht werden.

- **PDF/X:** Im letzten Bereich des Reiters **Ausgabe** können Sie noch das Ausgabeprofil für das PDF/X festlegen. Wählen Sie in dem Dropdown-Menü **Name des Ausgabemethodenprofils** entweder ein ICC-Profil direkt aus, oder verwenden Sie das Dokument-CMYK. Sofern Sie nicht medienneutral arbeiten, wird Ihr InDesign-Dokument immer das gewünschte Farbprofil der Druckerei aufweisen, daher ist dies als allgemeine Einstellung zu empfehlen. Bei einem medienneutralen Workflow müssen Sie jeweils den zugehörigen Arbeitsfarbraum einstellen.

Reiter »Erweitert« | Im Reiter **Erweitert** finden Sie weitere Einstellungen zu Schriften und zur Transparenzreduzierung.

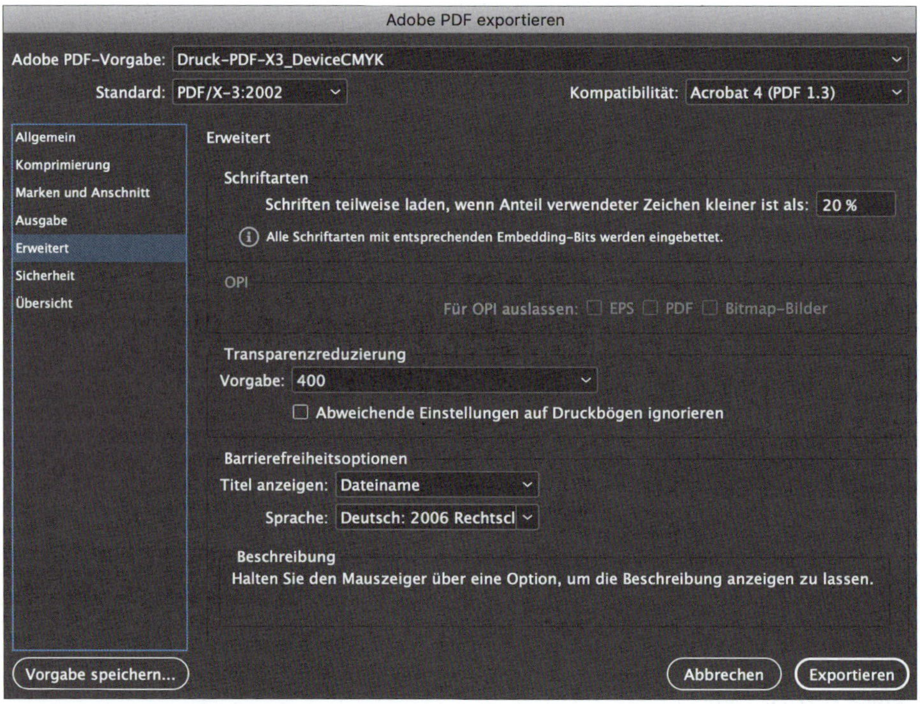

Abbildung 11.6 *PDF-Export – Reiter: Erweitert*

- **Schriftarten:** In diesem Bereich können Sie festlegen, ab wann eine komplette Schriftart eingebettet werden soll und wie lange nur die verwendeten Zeichen der Schriftart enthalten sind. Bestimmen Sie hier, dass beispielsweise ab 20 % der verwendeten Zeichen die komplette Schriftart eingebettet wird, so gibt es nach der Erstellung des Druck-PDFs später noch die Möglichkeit, uneingeschränkt Textänderungen vorzunehmen. Werden weniger als 20 % verwendet, so wird nicht die komplette Schrift eingebettet, was eine spätere Korrektur erschwert.

- **Transparenzreduzierung:** Abhängig davon, was Sie bei der **Komprimierung** des PDFs eingestellt haben, sollten Sie auch die Transparenzreduzierung anpassen. Reduzieren Sie erst ab beispielsweise 400 ppi, so sollten Sie auch für die Transparenzreduzierung eine Vorgabe mit 400 ppi erstellen (siehe Abschnitt 5.2.1, »Transparenzreduzierungsvorgaben«). Reduzieren Sie bereits ab 300 ppi, können Sie die Vorgabe **[Hohe Auflösung]** verwenden.
- **Barrierefreiheitsoptionen:** Hier können Sie Einstellungen für den angezeigten Titel und die Sprache für Ihr barrierefreies PDF definieren.

Reiter »Sicherheit« | Der Reiter **Sicherheit** entfällt beim PDF/X-Standard, da ein PDF nach X-Standard nicht mit einem Passwort versehen werden darf. In der **Übersicht** sehen Sie dann noch einmal, welche Einstellungen Sie getroffen haben und welche Warnungen dazu seitens InDesign ausgegeben werden.

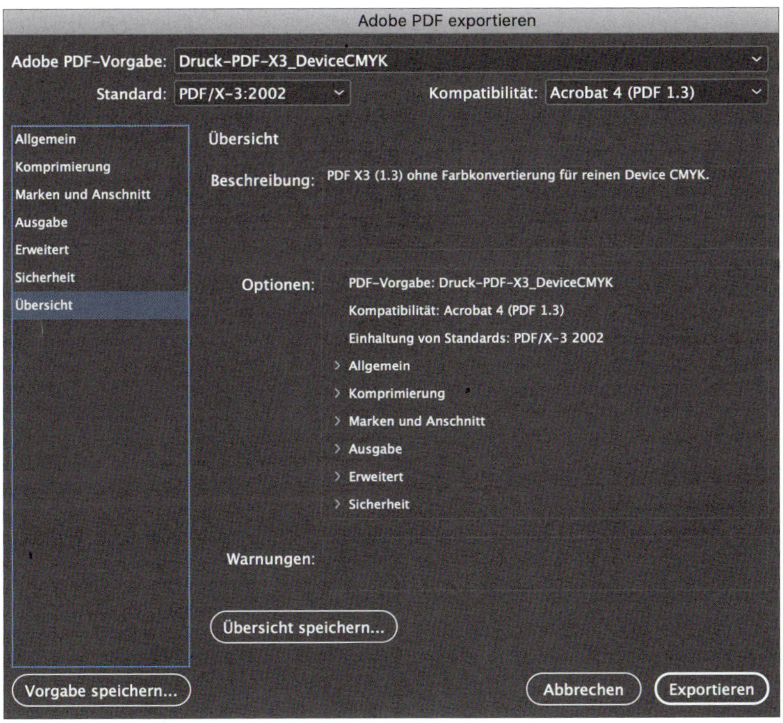

Abbildung 11.7 *PDF-Export – Reiter: Übersicht*

Profil speichern | Dieses Exportprofil können Sie nun speichern, indem Sie auf **Vorgabe speichern...** klicken. Zukünftig lässt sich die entsprechende Vorgabe aus der oberen Leiste **Adobe PDF-Vorgabe** auswählen; damit stellen Sie alle getroffenen Einstellungen wieder her. Oder Sie starten mit einem Klick auf den Button **Exportieren** den Export. Anschließend haben Sie noch die Möglichkeit, das erstellte PDF in Adobe Acrobat Pro zu prüfen.

11.4 Druckvorstufen-Funktionen in Adobe Acrobat Pro

Nachdem Sie das InDesign-Dokument intensiv geprüft (siehe Kapitel 10, »Ausgabe vorbereiten«) und in der PDF-Ausgabe alle relevanten Einstellungen vorgenommen haben (siehe Abschnitt 11.3, »PDF-Export-Einstellungen«), sollte Ihr Druck-PDF eigentlich fehlerfrei und bereit für den Druck sein. Wenn man allerdings bedenkt, welche Produktionskosten hinter einem Druckauftrag stecken können, sollte man das Druck-PDF vor der Auslieferung noch einem letzten Check unterziehen. Hierzu verwenden Sie Adobe Acrobat Pro.

Öffnen Sie das Druck-PDF in Adobe Acrobat Pro. Über **Bearbeiten > Werkzeuge verwalten** fügen Sie nun das Werkzeug **Druckproduktion** hinzu.

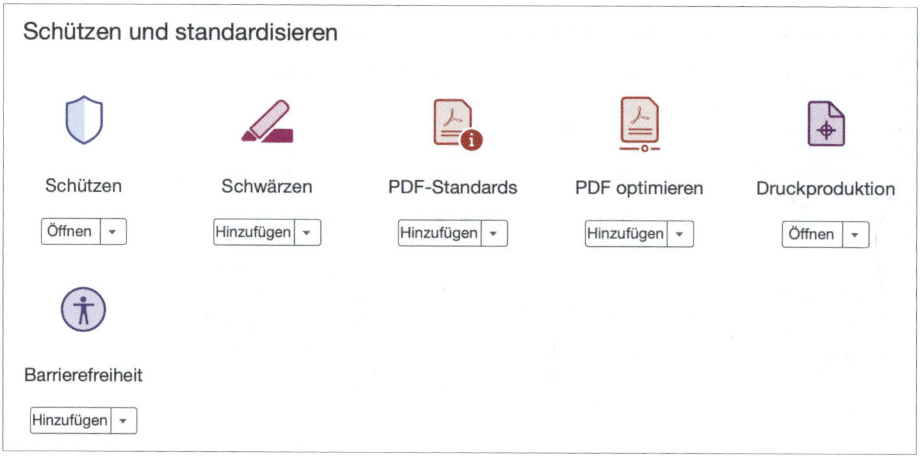

Abbildung 11.8 *Werkzeuge der Kategorie* ***Schützen und standardisieren*** *in Adobe Acrobat Pro*

Mithilfe dieses Werkzeugs können Sie sich einiger Prüfmechanismen für die Druckvorstufe bedienen.

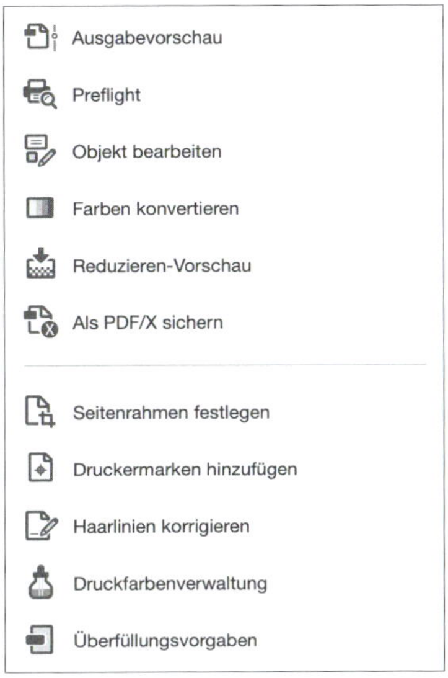

Abbildung 11.9 *Werkzeuge der Druckproduktion in Adobe Acrobat Pro*

11.4.1 Format prüfen

Als Erstes prüfen Sie das Format des PDFs. Öffnen Sie dazu das Werkzeug **Seitenrahmen festlegen**, und prüfen Sie das Endformat sowie das Anschnittformat. Sind Endformat und Anschnitt richtig eingestellt, machen Sie weiter.

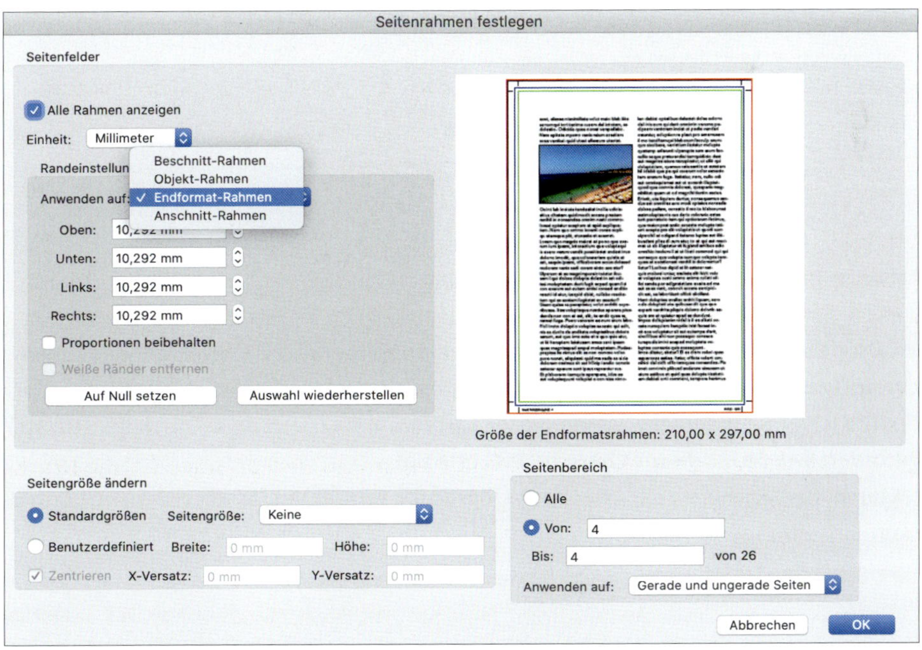

Abbildung 11.10 ***Seitenrahmen festlegen*** *in Adobe Acrobat Pro*

11.4.2 Ausgabevorschau

Öffnen Sie als Nächstes die **Ausgabevorschau**.

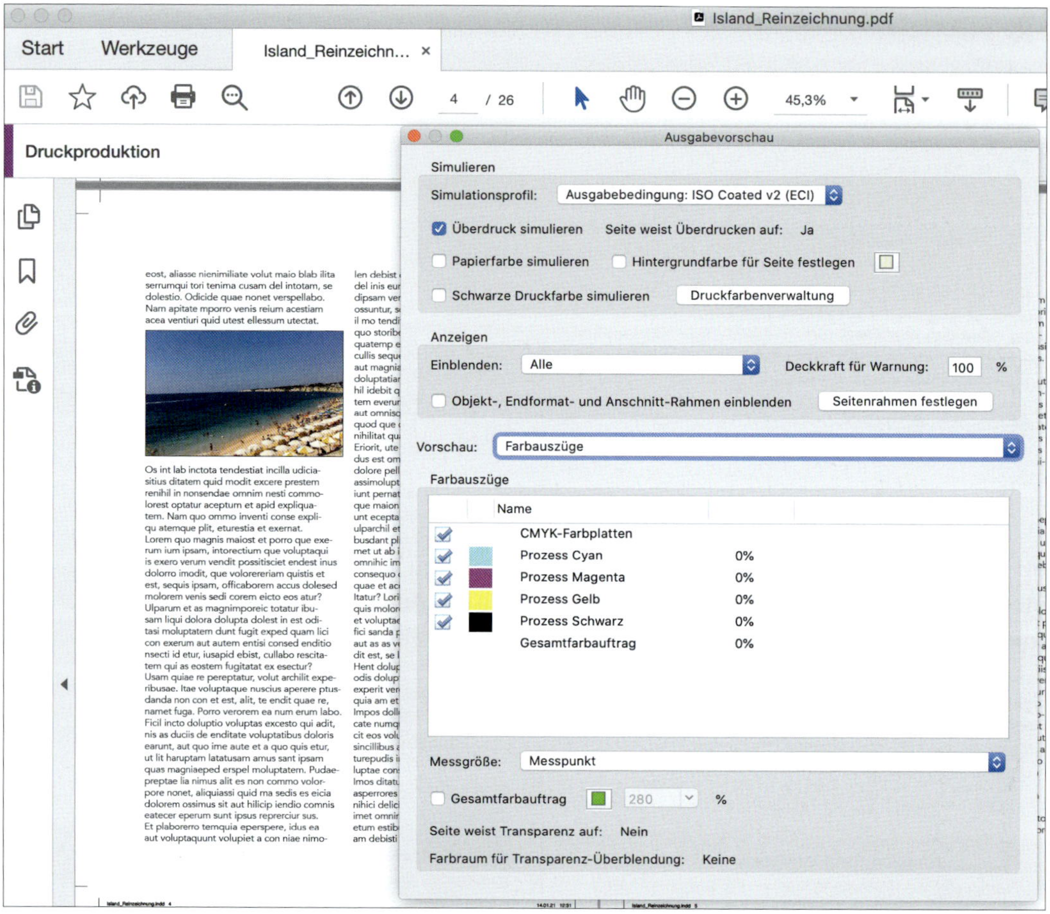

Abbildung 11.11 ***Ausgabevorschau*** *in Adobe Acrobat Pro*

Im Dropdown-Menü **Simulationsprofil** (siehe Abbildung 11.11) sehen Sie direkt, welche Ausgabebedingungen für das PDF gelten. In diesem Fall ist der Farbraum *ISO Coated v2 (ECI)* eingestellt. Wenn dieser Farbraum auch von dem Druckdienstleister gefordert wurde, ist dieser Check bereits erledigt.

Durch das Aktivieren der Checkbox **Überdruck simulieren** lassen sich die Überdrucken-Einstellungen begutachten (siehe Abschnitt 4.4.1, »Überdrucken«).

Über das Dropdown-Menü **Einblenden** können Sie prüfen, ob sich der Inhalt des PDFs im Device-CMYK befindet oder nicht.

Über die **Farbauszüge** sehen Sie, wie viele Farbkanäle im PDF existieren. Sollten neben den vier Prozessfarben noch weitere Volltonkanäle enthalten sein, können Sie sich diese hier auch isoliert anzeigen lassen. Mit den jeweiligen Checkboxen können Sie auch eine Prüfung der Farbseparationen vornehmen (siehe Abschnitt 10.4.3, »Separationsvorschau«).

Druckfarbenverwaltung

Alternativ dazu können Sie auch die **Druckfarbenverwaltung** unter dem Werkzeug **Druckproduktion** öffnen.

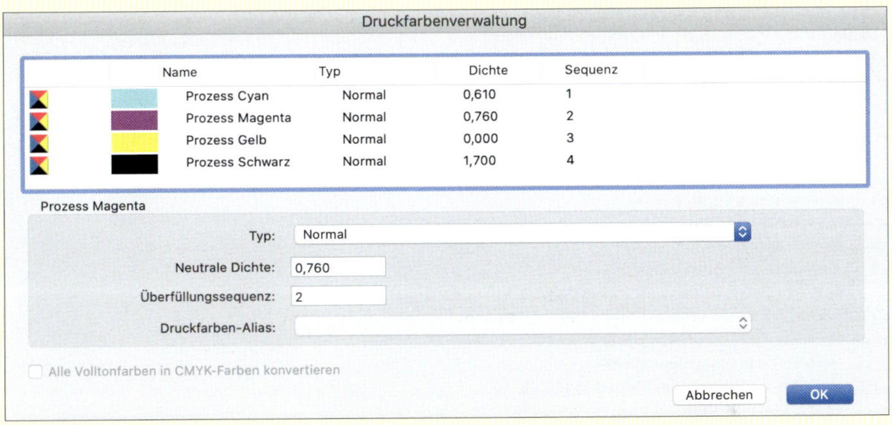

Abbildung 11.12 *Druckfarbenverwaltung in Adobe Acrobat Pro*

Hier können Sie ähnlich dem Druckfarben-Manager in der PDF-Ausgabe in InDesign (siehe Abschnitt 11.3, »PDF-Export-Einstellungen«) per Klick auf das Volltonfarben-Symbol eine Volltonfarbe in eine Prozessfarbe umwandeln.

Haben Sie einen Farbraum, der durch seinen Farbauftrag hervorsticht, so können Sie diesen mit der Checkbox **Gesamtfarbauftrag** und dem jeweiligen Prozentwert auch nachträglich noch prüfen. Dies kann besonders von Vorteil sein, wenn Sie mit einem Farbraum arbeiten, der nur beispielsweise 300 % Farbauftrag zulässt, das Bild aber in der EBV nach der Konvertierung noch bearbeitet wurde.

11.4.3 Preflight

Anschließend öffnen Sie den **Preflight**.

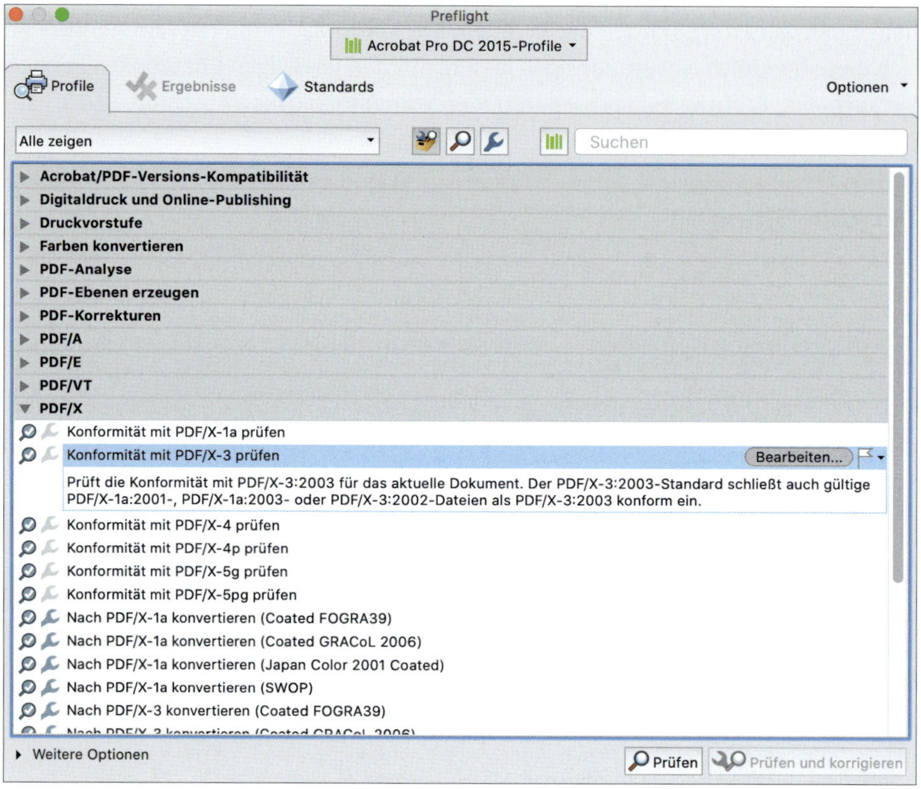

Abbildung 11.13 *PDF/X-Preflight in Adobe Acrobat Pro*

Um Ihr PDF auf den jeweiligen PDF/X-Standard hin zu prüfen, wählen Sie den gewünschten Standard in der Kategorie **PDF/X** aus. In unserem Beispiel handelt es sich um PDF/X3, daher wählen Sie diesen Standard aus (siehe Abbildung 11.13) und klicken auf **Prüfen**. Der Preflight prüft nun automatisch, ob die Normen des PDF/X3-Standards erfüllt sind.

Sofern alles in Ordnung ist, erhalten Sie einen grünen Haken, gefolgt von einer Übersicht aller Parameter des PDFs, zurück. Beachten Sie bitte: Auch wenn die PDF/X-Normen erfüllt sind, sagt das nichts über die Auflösung der Bilder oder die Druckbarkeit der Haarlinien aus.

Sollten beim Prüfen Fehler auftreten, werden diese entweder mit einem roten Kreuz oder einem gelben Dreieck versehen. Fehler mit einem roten Kreuz müssen zwingend behoben werden. Ein gelbes Dreieck zeigt ein suboptimales Ergebnis an, das aber immer noch druckbar ist.

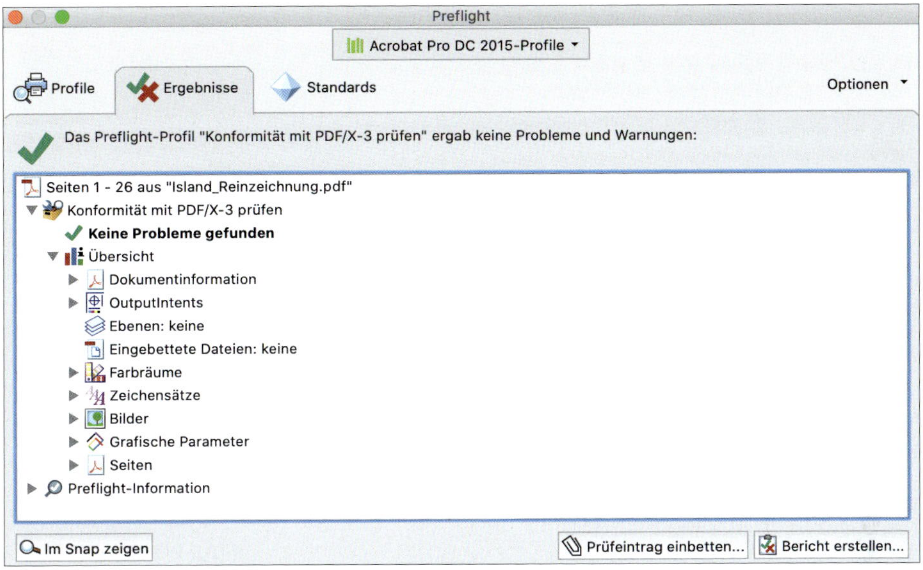

Abbildung 11.14 *Erfolgreiche Prüfung auf PDF/X3-Standard in Adobe Acrobat Pro*

Möchten Sie noch die Auflösung Ihrer Bilder prüfen, können Sie über die Kategorie **Seitenbeschreibung** nach **Farbbildern** suchen (klicken Sie hier vorab auf die Lupe in Abbildung 11.15).

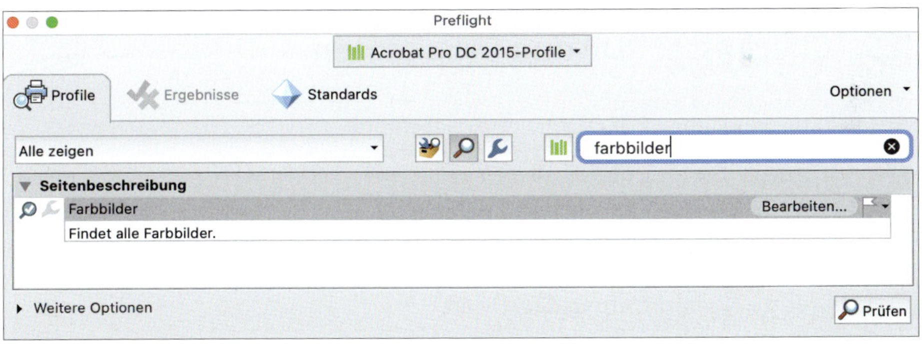

Abbildung 11.15 *Suche nach Farbbildern in Adobe Acrobat Pro*

Die Suche wird natürlich mit einem roten Kreuz gekennzeichnet, da Farbbilder vorhanden sind. Sie können aber in dieser Übersicht detailliert sehen, welche effektive Bildauflösung die einzelnen Bilder haben. Sind alle Bilder ausreichend für den Druck und stimmt auch der Farbraum, ist diese Prüfung trotz des roten Kreuzes erfolgreich abgeschlossen.

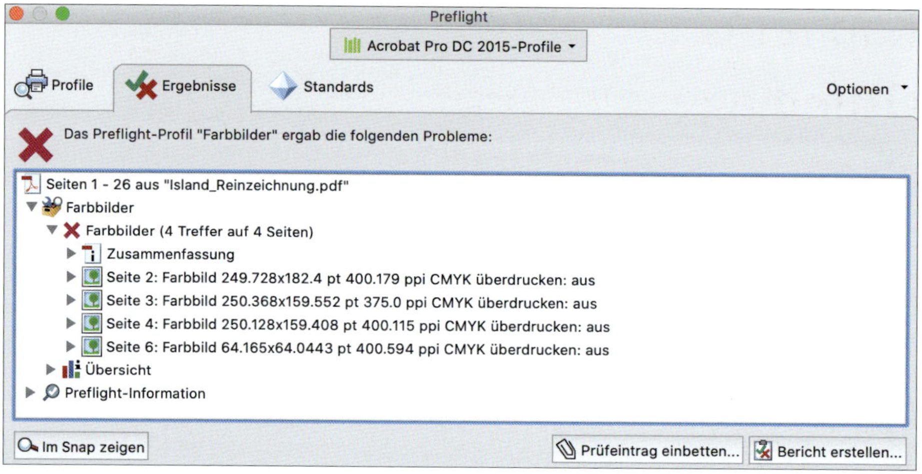

Abbildung 11.16 *Farbbilder-Preflight in Adobe Acrobat Pro*

11.4.4 Optische Prüfung

Zu guter Letzt sollten Sie das PDF Seite für Seite in Adobe Acrobat Pro ansehen und optisch mit Ihrem InDesign-Dokument abgleichen. Ist alles in Ordnung und sind Sie mit dem Ergebnis zufrieden? Dann können Sie das Druck-PDF entweder direkt an den Druckdienstleister senden oder vorab vom Auftraggeber freigeben lassen.

11.5 Checkliste: PDF und Druckdaten

	Wurde die richtige PDF/X-Version ausgewählt?
	Exportieren Sie als Doppel- oder Einzelseiten?
	Wurden bei der Neuberechnung der Bilder die von der Druckerei genannten DPI hinterlegt?
	Wurde die Komprimierung deaktiviert?
	Wurden alle relevanten Druckmarken gesetzt?
	Findet eine Farbkonvertierung statt? Falls ja, ist die Einstellung **Werte beibehalten** aktiviert?
	Wurde die Vorgabe für die Transparenzreduzierung richtig gesetzt? (Nur bei PostScript.)
	Wurde das PDF in Adobe Acrobat Pro sorgfältig geprüft?

Kapitel 12
Grundlagen der Druckproduktion

Grundwissen zu den gängigen Druckproduktionen sollte in der Reinzeichnung vorhanden sein und beachtet werden. Nur so kann drucktechnischen Fehlern frühzeitig entgegengewirkt werden.

12.1 Halbtonraster

Im Druck können nicht alle Tonwertnuancen effektiv gedruckt werden. Es gibt nur die Möglichkeit, im herkömmlichen Druck die Farbe in einem Bereich zu drucken oder nicht zu drucken, so wie es im Fall von Computerprogrammen nur 1 oder 0 gibt (lassen wir Quantencomputer mal außen vor). Damit Tonwertnuancen dargestellt werden können, verwendet man Halbtonraster, die aufgrund der Tatsache funktionieren, dass das menschliche Auge nur bis zu einer gewissen Grenze Feinheiten erkennen kann.

Ein Halbtonraster arbeitet in der Regel mit kleinsten Druckpunkten, die für das menschliche Auge bei einer normalen, alltäglichen Betrachtung nicht wahrnehmbar sind. So werden verschiedene Nuancen dargestellt. Dabei gibt es im Wesentlichen zwei Rastertechniken, die entweder mit der Größe (amplitudenmoduliertes Raster) oder der Anzahl der Rasterpunkte (frequenzmoduliertes Raster) arbeiten. Beide Rastertechniken haben ihre Vor- und Nachteile für das Druckbild und sollten im Vorfeld bei hochwertigen Druckprodukten besprochen werden.

Hybridraster
Beide Rasterverfahren lassen sich auch kombinieren, um die entsprechenden Vorteile je nach Druckbild auszunutzen. Dieses Verfahren wird als Hybridraster bezeichnet.

Egal welche Rastertechnik eingesetzt wird, sie wird je Farbauszug angewendet, sprich: Cyan, Magenta, Yellow, Key (Schwarz) sowie Sonderfarben.

- **Amplitudenmoduliertes Raster (AM-Raster):** Stellen Sie sich das amplitudenmodulierte Raster als eine imaginäre Zelle mit einer fixen Größe vor. In diese Zelle wird durch den *RIP (Raster Image Processor)* ein Halbtonpunkt belichtet. Dabei ist der Punkt in der horizontalen und vertikalen Achse immer mittig ausgerichtet, egal wie groß der Punkt belichtet wird. Je kleiner der Punkt, desto heller der Tonwert – je größer der Punkt, desto dunkler der Tonwert.

- **Frequenzmoduliertes Raster (FM-Raster):** Denken Sie wieder an die imaginäre Zelle mit einer fixen Größe. Beim frequenzmodulierten Raster wird nun nicht mittig ein Punkt belichtet, sondern viele kleine, die die gleiche Größe besitzen. Die Anordnung mag auf den ersten Blick wahllos erscheinen, dahinter verstecken sich aber mathematische Berechnungen des RIP. Je weniger Punkte in der Zelle vorhanden sind, desto heller der Tonwert – und je mehr Punkte, desto dunkler.

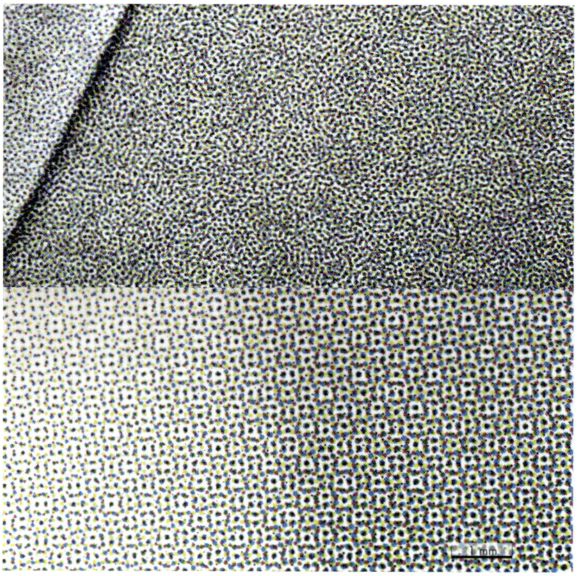

Abbildung 12.1 *Vergleich der Druckraster: unten amplitudenmoduliertes Raster, oben frequenzmoduliertes Raster (© Nico Hähnlein, Copyrighted free use, via Wikimedia Commons)*

Rasterpunktformen

Übrigens muss ein Rasterpunkt nicht immer rund sein. Es gibt u. a. auch quadratische und elliptische Rasterpunkte. Jeder RIP hat gegebenenfalls andere Einstellungen. Das ist auch einer der Gründe (neben vielen weiteren), warum der gleiche Datensatz bei Druckerei A im Druck anders aussieht als bei Druckerei B.

Weitere Rastertechniken

Der Vollständigkeit halber sollte auch noch erwähnt werden, dass es weitere Rastertechniken gibt. Einige davon haben sich nicht durchgesetzt, andere kommen nur selten und in außergewöhnlichen Produktionen zum Einsatz.

12.2 Rasterweite

Durch die Rasterweite, normalerweise angegeben in *Lines per Inch (lpi)* oder zu Deutsch (Achtung: Verwechslungsgefahr in der Kommunikation) Linien pro Zentimeter (lpc, L/cm), lässt sich die Dichte der Rasterpunkte zueinander definieren. Je mehr lpi, desto feiner das Druckbild.

Dabei muss bei der Wahl der Rasterweite auch der Betrachtungsabstand des Druckobjekts berücksichtigt werden. Ein 18/1-Plakat kann mit einer gröberen Rasterweite funktionieren als eine Imagebroschüre, da der Betrachtungsabstand von 18/1-Plakaten größer ist als der einer Broschüre.

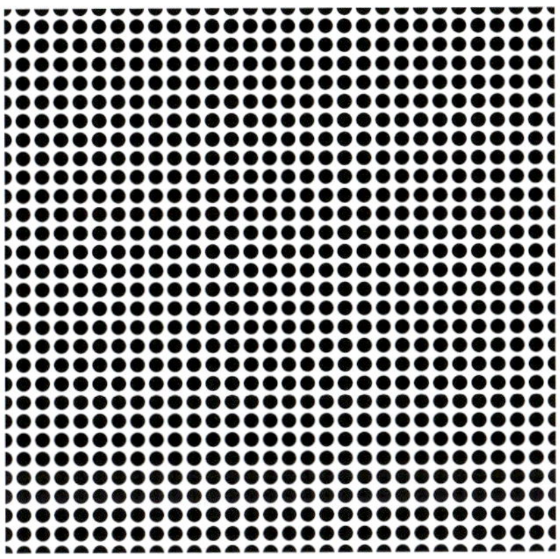

Abbildung 12.2 *Haben Sie ein Raster mit 60 L/cm, befinden sich 60 Rasterpunkte auf einer Strecke von einem Zentimeter nebeneinander.*

Tipp

Sind Sie gezwungen, mit einer groben Rasterweite zu arbeiten, und haben ein Objekt mit einem geringen Betrachtungsabstand, dann lohnt sich gegebenenfalls bei hellen Farben der Einsatz einer Sonderfarbe. Hier geht es dann aber meistens um technische Elemente, zum Beispiel ein Logo oder eine CI-Form, die sehr prägnant ist. Fließtext, der in einem sehr hellen Grau gedruckt werden soll, kann bei groben Rastern ebenfalls zu Problemen führen.

12.3 Druckverfahren

Es ist für die Reinzeichnung in der Druckvorstufe zwingend notwendig, zu wissen, in welchem Druckverfahren das Druckobjekt später produziert wird. Unabhängig davon, ob Sie die Reinzeichnung im Zuge der Gestaltung direkt mitmachen oder mit fremden Layoutdaten von einem Kreativen arbeiten, müssen Sie wissen, welche Merkmale die einzelnen Druckverfahren haben, und diese direkt beim Reinzeichnen der Daten berücksichtigen.

Erstellen Sie Druckunterlagen für eine Plastiktüte, müssen Sie vorher wissen, ob ein 4-farbiges Bild oder ein mehrfarbiger Verlauf überhaupt passgenau druckbar ist. Wenn Sie ein hochwertiges Magazin für einen Modehersteller aufbereiten, sollten Sie wissen, in welchem Raster gedruckt wird, und gegebenenfalls proaktiv ein FM-Raster vorschlagen (siehe Abschnitt 12.1, »Halbtonraster«). Dies wiederum hat Auswirkung auf Ihren Arbeitsfarbraum. All diese Dinge haben bereits ab Beginn der Reinzeichnung einen Einfluss auf Ihre Arbeit.

Sollten Sie von der Druckerei keinerlei Informationen erhalten und nicht auf einer Folie drucken, können Sie der Druckerei notfalls einfach Druckunterlagen für den Offsetdruck überstellen. Die Wahrscheinlichkeit, dass er diese verarbeiten kann, ist sehr hoch.

Es gibt zahlreiche Druckverfahren, die je nach Kosten- und Anforderungsprofil zum Einsatz kommen können. In den folgenden Absätzen werden die gängigsten Druckverfahren erläutert.

12.3.1 Flexodruck

Der Flexodruck arbeitet nach dem Hochdruckprinzip und kommt meist zum Einsatz, wenn Folien, Kartons, Kunststoffe oder Metall bedruckt werden sollen. Die beim Flexodruck eingesetzte Druckform wird Flexoklischee genannt. Die erhabenen Stellen führen die Farbe und bringen diese auf den Bedruckstoff auf. Typisch für das Druckbild ist der bekannte Quetschrand, der durch dieses Klischee im Hochdruckverfahren entsteht.

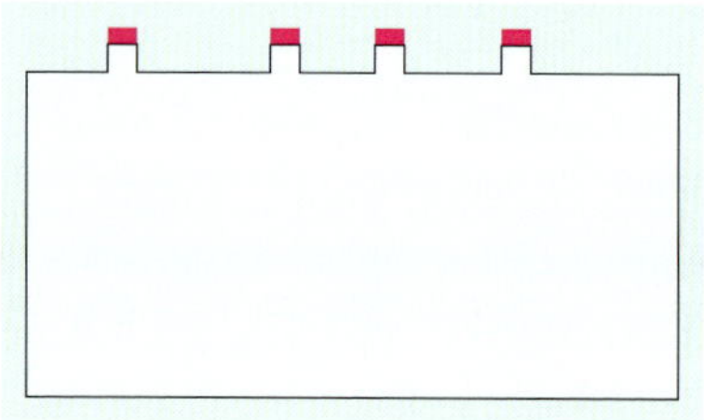

Abbildung 12.3 *Hochdruckverfahren*

Sprechen Sie sich im Vorfeld immer mit der Druckerei ab: Welche Elemente sollten farblich anders separiert werden, welche Strichstärken sind realisierbar (hierbei positive und negative Schriften gesondert erfragen) und welche Mindestschriftgröße wird benötigt?

Beim Thema Schriftgröße ist die reine Punkt-Angabe selten hilfreich, da Schriften unterschiedlich dick laufen. Der Grund für die Mindestschriftgröße ist derselbe wie bei der Strichstärke: Es kann aufgrund der Quetschränder passieren, dass diese im Flexodruck schneller zulaufen als in anderen Druckverfahren. Daher sollten Sie darauf achten, dass die Vorgaben in Millimeter für die Strichstärken auch in etwa bei der Schrift eingehalten werden. Messen Sie dazu gegebenenfalls den Buchstabenstamm.

Berücksichtigen Sie auch, dass die eingesetzten Bedruckstoffe häufig keinen hohen Gesamtfarbauftrag vertragen. Deswegen müssen die Daten in den meisten Fällen mittels vieler Sonderfarben separiert werden. Planen Sie das zeitlich vorher mit ein.

Abbildung 12.4 *Flexodruckmaschine (© Moreno Soppelsa/Shutterstock.com)*

12.3.2 Tiefdruck

Beim Tiefdruck liegen die druckenden Stellen gegenüber dem Hochdruckverfahren vertieft. Typische Druckprodukte sind Broschüren, Magazine, Kataloge und Beilagen, allerdings erst ab einer Auflagenhöhe von 100.000 Stück. Kleinere Auflagen sind nicht rentabel, da die Einrichtekosten der Druckmaschine sehr hoch sind.

Mit einem Fadenzähler erkennt man im Druckbild die im Tiefdruck typischen Sägezähne. Dies liegt daran, dass Texte und sogar Vollflächen gerastert werden müssen (es gibt auch neuere Druckmaschinen, bei denen das nicht mehr der Fall ist). Die Druckformzylinder werden geätzt oder graviert. Dabei entstehen die sogenannten Näpfchen.

Für Ihre Daten im Tiefdruck müssen Sie in speziellen Farbräumen arbeiten, die Sie über die ECI beziehen können (siehe Abschnitt 2.4, »Grundlagen ICC-Profile und Profilfunktion«). Gängige Farbräume für den Tiefdruck sind beispielsweise *PSR LWC PLUS V2* oder *PSR SC STD V2*.

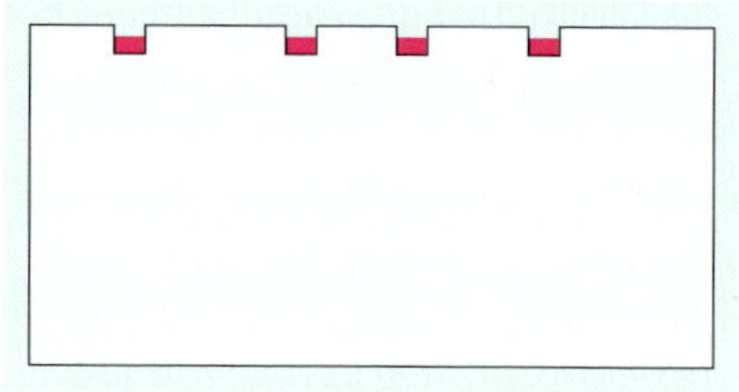

Abbildung 12.5 *Tiefdruckverfahren*

12.3.3 Offsetdruck

Das Offsetdruckverfahren gehört zu den verbreitetsten Druckverfahren weltweit. Grund hierfür ist unter anderem seine hohe Prozessstabilität. Druckende Stellen liegen beim Flachdruck weder erhöht noch vertieft, sondern auf derselben Ebene wie die nicht druckenden Stellen.

Abbildung 12.6 *Flachdruckverfahren*

Der Offsetdruck kann für so gut wie jedes flache Druckobjekt eingesetzt werden, beispielsweise Broschüren, Magazine, Kataloge, Plakate, Flyer, Geschäftsausstattung usw., und dies auch mit einer geringeren Auflage als beim Tiefdruck. Da der Offsetdruck so weit verbreitet ist, können Sie Ihre Farbeinstellungen (siehe Abschnitt 2.1, »Creative-Cloud-Farbeinstellungen synchronisieren«) mit gutem Gewissen an ihm orientieren.

Abbildung 12.7 *Eine Rollenoffsetmaschine (© alterfalter/ Shutterstock.com)*

12.3.4 Durchdruck (Siebdruck)

Das am weitesten verbreitete Durchdruckverfahren ist der Siebdruck. Die druckenden Stellen sind hier wie durch eine Schablone freigelegt (das Sieb) und gelangen so auf den Bedruckstoff. Siebdruck kommt vor allem beim Bedrucken von Materialien wie Textilien, Kunststoffen, Plastik, Glas, aber auch Papier und Pappe zum Einsatz.

Der Vorteil ist, dass eine hohe Farbschichtdicke aufgetragen werden kann. Deswegen werden auch manche Druckveredelungen im Siebdruck aufgetragen.

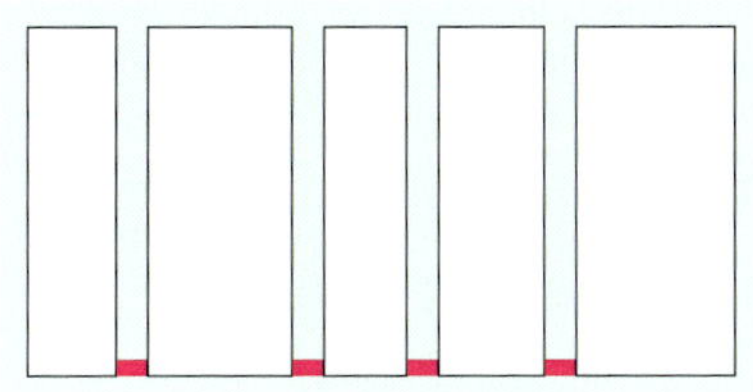

Abbildung 12.8 *Siebdruckverfahren*

Abbildung 12.9 *Druckfarbe wird von Hand mit einer Rakel durch das Sieb gedrückt. (© Petr Lerch/Shutterstock.com)*

12.3.5 Digitaldruck

Der Digitaldruck ist gegenüber den anderen Druckverfahren besonders für Werbemittel mit einer geringen Auflage sinnvoll. Der Grund hierfür ist, dass es keiner Vorbereitung durch Druckplatten bedarf, sondern direkt vom Drucker auf den Bedruckstoff übertragen wird (Non-Impact-Druckverfahren). Dadurch wird vor jedem Druckvorgang das Druckbild neu aufgebaut, auch wenn mehrfach dieselbe Seite gedruckt wird. So werden Druckauflagen von einem Exemplar möglich, die im Offsetdruck beispielsweise wirtschaftlich völlig unsinnig wären. Auch Personalisierungen lassen sich realisieren, da es keine feste Druckform gibt.

Der Digitaldruck lässt sich auch mit dem Offsetdruck kombinieren, das Ganze wird dann Hybridproduktion genannt. Das Druckbild ohne Personalisierung wird vorab beispielsweise im Offsetdruck produziert, und anschließend wird die Personalisierung im Digitaldruck eingefügt. Dies kann sich auf Namen und Adresse, aber auch auf werbespezifische Ansprachen beziehen. Der Digitaldruck wird daher besonders in Kleinstauflagen eingesetzt. Der Bogenoffsetdruck empfiehlt sich in der Regel ab einer Auflage von 500 bis 1.000 Bogen und darüber.

Richtig spannend ist eine Entwicklung der letzten Jahre, die Veredelungen in der Digitaldruckmaschine auf ein qualitativ gutes Level bringt. So können personalisierte Texte in Relieflack, Goldfolie oder beflockt gedruckt werden. Dies bietet gegenüber dem Offsetdruck einen Mehrwert, der durchaus entscheidend sein kann.

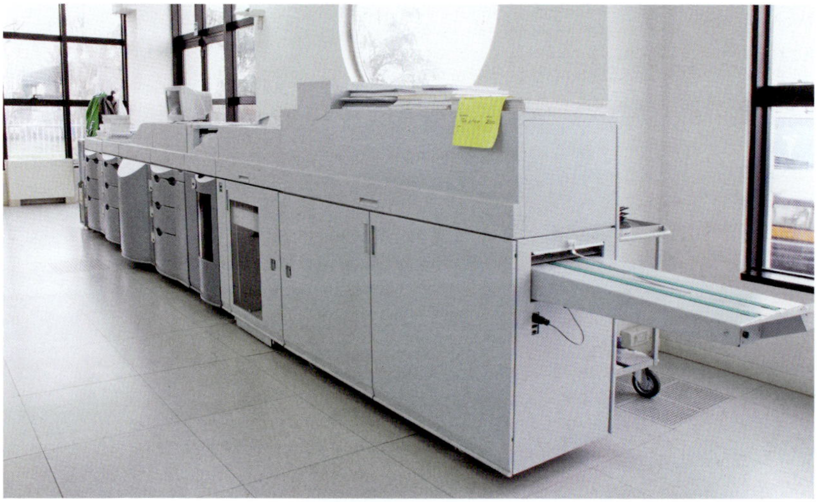

Abbildung 12.10 *Digitaldruckmaschine (© Moreno Soppelsa/Shutterstock.com)*

12.4 Schneiden, Falzprinzipien und Verarbeitungsmöglichkeiten

Nach dem Druck werden die Druckbogen weiterverarbeitet. Dies beinhaltet mindestens das Schneiden, kann aber bis hin zur händischen Buchbindung gehen. Diese Tätigkeiten werden entweder mithilfe von Maschinen ausgeführt oder bei kleinen Auflagen und speziellen Anforderungen auch mit der Hand erledigt.

12.4.1 Schneiden

Bei jedem Druckbogen muss geschnitten werden. Hierbei kann man unterscheiden zwischen Beschneiden und Schneiden. Beim Beschneiden werden Größenunterschiede ausgeglichen, indem der Druckbogenrand reduziert wird. Beim Schneiden spricht man von der Trennung der einzelnen Nutzen auf dem Druckbogen. Das Schneiden kann während des Weiterverarbeitungsprozesses mehrfach nötig sein und den Prozess bis zum fertigen Endprodukt begleiten.

12.4.2 Falzen

Das Falzen bedeutet Falten mit einem Werkzeug. Dies wurde früher noch manuell gemacht, in der modernen Druckproduktion kommt dies allerdings nur noch sehr selten vor.

Die gängigsten Falzprinzipien sind das Schwert- und das Taschenfalzen. Beim Schwertfalzen wird der Druckbogen von oben mit einem Messer gegen zwei rotierende Falzwalzen geschlagen, die ihn dadurch aufnehmen und durch die Falzwalzen laufen lassen. Beim Taschenfalz läuft der Druckbogen in eine Falztasche, die ihn an einer Seite zum Stoppen bringt. Darunter befinden sich zwei weitere Falzwalzen, die ihn durch den Stopp in der Falztasche aufnehmen und nach unten abtransportieren. Dadurch entsteht der Falzbruch.

Es gibt verschiedene Falzarten, die für die Weiterverarbeitung verwendet werden. Diese finden Sie mit Beispielen und Anleitung in Abschnitt 3.3, »Falztechniken und Buchrücken in InDesign anlegen«.

Abbildung 12.11 *Gefalzte Flyer (© Sviecia/Shutterstock.com)*

12.4.3 Sammeln und Zusammentragen

Sofern ein Druckprojekt aus mehreren Falzbogen besteht, müssen diese natürlich entsprechend der richtigen Reihenfolge angeordnet werden. Hierbei gibt es zwei Verfahren:

1. das Sammeln und
2. das Zusammentragen.

Beim Sammeln werden die Bogen in der Mitte geöffnet und entsprechend der Seitenreihenfolge ineinandergelegt. Beim Zusammentragen werden dagegen die geschlossenen Bogen aufeinandergestapelt. Bei beiden Verfahren liegt höchstes Augenmerk darauf, die Seitenreihenfolge korrekt zu beachten.

Abbildung 12.12 *Zusammentragen (links) und Sammeln (rechts)*

12.4.4 Binden

Es gibt mehrere Möglichkeiten, ein Druckprodukt zu binden. Gängig sind hierbei vor allem

- das Drahtheften,
- das Klebebinden und
- das Fadenheften.

Die verbreitetste Technik ist wohl das Drahtheften. Sie ist schnell und kostengünstig. Hierbei werden die gesammelten Bogen durch die Rückseite im Falz mit einer Drahtheftung durchstochen, die anschließend auf der Innenseite geschlossen wird.

Das Klebebinden ist eine Technik, die schon seit vielen Jahren existiert. Hierbei werden die Bogen am Falz aneinandergeklebt und so verbunden. Dies wird beispielsweise häufig beim Erstellen des Buchblocks in der Buchbinderei gemacht.

Beim Fadenheften wird im Gegensatz zum Klebebinden nicht jeder Bogen einzeln aneinandergeklebt, sondern alle Bogen werden mittels einer Nadel und eines Fadens verbunden. Dies geschieht immer in Lagen, daher ist diese Form des Bindens deutlich langwieriger als das Klebebinden.

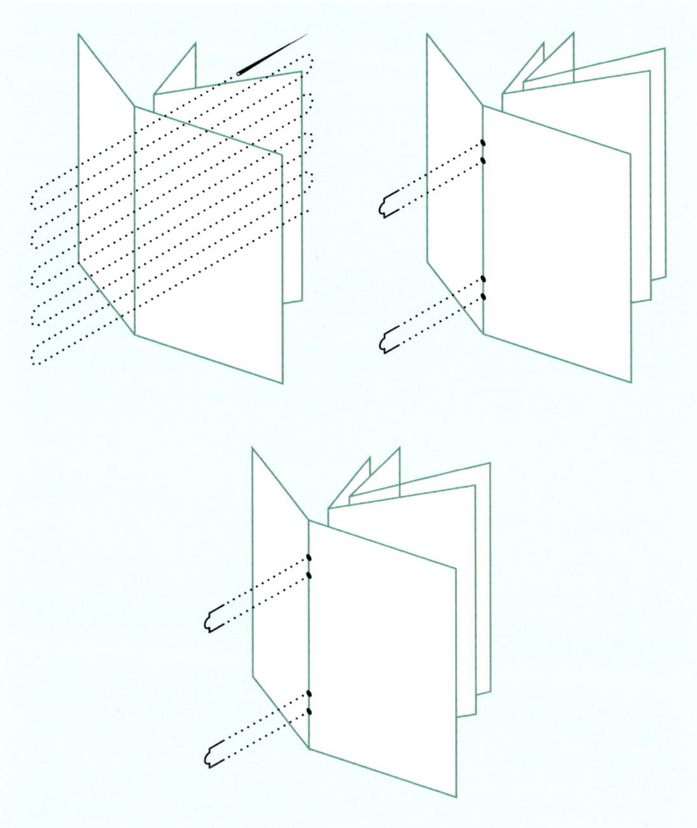

Abbildung 12.13 *Fadenheften (oben links), Drahtheften (oben rechts) und Klebebindung (unten)*

Index

F

G

J

K

L

M

S

T

U

V

W

X

Z

Meistern Sie die Königsdisziplin des Grafikdesigns!

373 Seiten, gebunden, 44,90 Euro
ISBN 978-3-8362-6181-4
www.rheinwerk-verlag.de/4601